高等职业学校"十四五"规划智能制造专业群特色教材

智能制造技术基础

主　编　付娟娟　石义淮　孙海亮　蒋保涛

副主编　高　淼　陈青艳　刘金铁　崔军蓉

主　审　蒋荣良　刘怀兰

华中科技大学出版社

中国·武汉

内 容 简 介

本书主要内容包括智能制造概述、智能制造过程技术、智能制造关键赋能技术、智能制造装备技术、智能产品与智能服务、智能制造系统。随书配套《智能制造技术基础综合实践手册》,手册共 6 个项目 24 个任务,主要内容包括切削加工智能制造单元认知、智能制造单元部件功能调试与参数设置、零件数字化设计加工与在线检测、智能制造单元设备通信与数据交互、智能制造单元人机界面 HMI 设计与开发、智能制造单元运行生产功能调试。

本书可作为高等职业院校机电类相关专业教材,也可作为金砖国家技能发展与技术创新大赛、全国智能制造应用技术技能大赛辅导用书,还可作为智能制造工程技术人员的进修资料及培训用书。

图书在版编目(CIP)数据

智能制造技术基础 / 付娟娟等主编. -- 武汉 :华中科技大学出版社,2025.5.
ISBN 978-7-5772-1665-2

Ⅰ. TH166

中国国家版本馆 CIP 数据核字第 2025BW8157 号

智能制造技术基础
Zhineng Zhizao Jishu Jichu

付娟娟　石义淮　孙海亮　蒋保涛　主编

策划编辑:万亚军
责任编辑:杨赛君
封面设计:廖亚萍
责任校对:刘小雨
责任监印:朱　玢
出版发行:华中科技大学出版社(中国·武汉)　　　电话:(027)81321913
　　　　　武汉市东湖新技术开发区华工科技园　　　邮编:430223
录　　排:武汉正风天下文化发展有限公司
印　　刷:武汉市洪林印务有限公司
开　　本:787mm×1092mm　1/16
印　　张:23.25
字　　数:565 千字
版　　次:2025 年 5 月第 1 版第 1 次印刷
定　　价:69.80(含综合实践手册)

前　言

制造业是立国之本、兴国之器、强国之基。智能制造是新一代信息技术与先进制造技术的深度融合,贯穿设计、生产、服务、管理等制造全生命周期,具有自感知、自学习、自决策、自执行、自适应的新型生产模式,是推动制造业数字化、网络化、智能化转型升级的主要路径,是"互联网+"时代的一场再工业化革命,是制造业未来主攻发展方向,是当前各国研究和发展的重点。

随着先进制造技术、新一代信息技术、人工智能技术、大数据技术等智能制造关键技术的发展,智能制造在企业中的应用日益广泛,给产业界也带来了巨大变革。企业对具备智能制造相关技术技能人才的需求剧增,但目前智能制造的维护人才非常缺乏,而高等职业院校也缺少合适的与训练平台对应的智能制造教材。因此,本书以金砖国家技能发展与技术创新大赛和全国智能制造应用技术技能大赛为依托,将理论与工程实践相结合,由浅入深、层层深入、逐步推进地介绍智能制造的基础知识和应用。先从智能制造概述、智能制造过程技术、智能制造关键赋能技术、智能制造装备技术、智能产品与智能服务、智能制造系统等六个方面介绍智能制造的基础知识,再从切削加工智能制造单元认知、智能制造单元部件功能调试与参数设置、零件数字化设计加工与在线检测、智能制造单元设备通信与数据交互、智能制造单元人机界面 HMI 设计与开发、智能制造单元运行生产功能调试等六个方面介绍智能制造生产线的综合应用,通过任务驱动、项目导向的教学方法力争使读者掌握智能制造生产线的运行和维护技能。关于智能制造单元维护,可以浏览网址 https://bookcenter.hustp.com/detail/21223.html。

本书由武汉软件工程职业学院付娟娟、蒋保涛,武汉华中数控股份有限公司石义淮、孙海亮担任主编,武汉软件工程职业学院高淼、陈青艳、刘金铁、崔军蓉担任副主编,参与编写人员还有武汉软件工程职业学院杨帆、黄书贤、黄佳伟、蒋芬,武汉华中数控股份有限公司曹祥辉、雷雨田、李娇、余尧、岳燕、张要华,武汉高德信息产业有限公司金磊。全书由蒋荣良(武汉华中数控股份有限公司)、刘怀兰(华中科技大学)担任主审。

在本书编写过程中,武汉华中数控股份有限公司、武汉高德信息产业有限公司、华中科技大学等企业和院校提供了许多宝贵建议,在此郑重表示感谢。

在编写本书过程中,编者参阅了大量专著和论文以及其他形式的参考资料,均在书后的参考文献中列出,便于读者拓展阅读。在此,向所有参考文献的作者表示衷心的感谢!

　　智能制造技术作为各国制造业重点发展和主攻的新型技术,涉及面广、发展迅速,加之编者水平和经验有限,书中难免有疏漏和不妥之处,恳请广大读者批评指正,不胜感激。

编　者

2024 年 8 月

PPT 课件　　课程简介

目　　录

第1章

智能制造概述

>>> **1.1 智能制造产生与发展**

智能制造的
产生与发展

1.1.1 智能制造的起源与历史

制造业是人类赖以生存的基础,是国民经济的主体,是立国之本、兴国之器、强国之基,是决定国家发展水平的最基本因素之一。

制造业(manufacturing industry)是指利用某种资源(物料、能源、设备、工具、资金、技术、信息和人力等),按照市场要求,通过制造活动,将原料转化为可供人们使用和利用的大型工具、工业品与生活消费产品的行业。

制造一直是人类最主要的活动之一,在人类社会发展中起着至关重要的作用。每一个社会发展阶段都有与之相匹配的制造技术。进入 21 世纪以来,制造技术日新月异,伴随市场需求变化、社会可持续发展要求,制造生产模式也随之发生了翻天覆地的变化,如表 1-1 所示。

表 1-1 社会各时期制造业的发展

时期	工具	生产模式
原始社会	石器	手工制造
农业社会	铜器、铁器、纺织机	手工制造
工业社会	蒸汽机、内燃机等	机器制造、自动化制造、大规模流水线制造等
信息社会	计算机、PLC、信息物理系统、人工智能技术等	精益生产、敏捷制造、集成制造、规模定制化、服务型智能制造

从制造自动化角度,制造业从工业社会到信息社会大体上每十年上一个台阶:20 世纪 50—60 年代是单机数控,20 世纪 70 年代以后则是 CNC(数控)机床及由它们组成的自动化岛,20 世纪 80 年代出现了柔性自动化和计算机集成制造系统。随着计算机的问世与发展,机械制造大体沿两条路线发展:一是传统制造技术的发展;二是借助计算机和自动化科学的制造技术与系统的发展。20 世纪 80 年代以来,传统制造技术得到了不同程度的发展,但存在着很多问题。先进的计算机技术和制造技术向产品、工艺和系统的设计人员和管理人员提出了新的挑战,传统的设计和管理方法不能有效地解决现代制造系统中所出现的问题,这就促使我们借助现代的工具和方法,利用各学科最新研究成果,通过集成传

统制造技术、计算机技术及人工智能技术等，发展一种新型的制造技术与系统，即智能制造技术（intelligent manufacturing technology，IMT）与智能制造系统（intelligent manufacturing system，IMS）。

智能制造技术（IMT）是先进信息技术（互联网、物联网、云计算、大数据、人工智能等技术）与先进制造技术的深度融合。而智能制造（intelligent manufacturing，IM）是一种由智能机器和人类专家共同组成的人机一体化智能系统，它在制造过程中能以一种高度柔性与集成化的方式，借助计算机模拟人类专家的智能活动进行分析、推理、判断、构思和决策等，从而取代或者延伸制造环境中人的部分脑力劳动，同时收集、存储、完善、共享、集成和发展人类专家的智能。

1.1.2　各国制造业战略部署

当前，智能制造已成为全球主要国家的竞争热点，美、德、法、日、韩、巴西、土耳其等传统发达国家和新兴国家都不约而同地把发展智能制造放在未来产业战略的重要位置，甚至把发展智能制造定位为国家产业结构重建的核心和提升国家竞争力的关键。

新一轮技术与管理的迭代发展催生第四次工业革命，图1-1所示为工业革命发展线路。2008年金融危机后，为刺激经济增长，世界主要工业发达国家抓住新一轮科技革命机遇，纷纷推进"再工业化"，推动高端制造业回流，加大科技创新力度，以保持其科技与产业创新的竞争优势和引领地位。

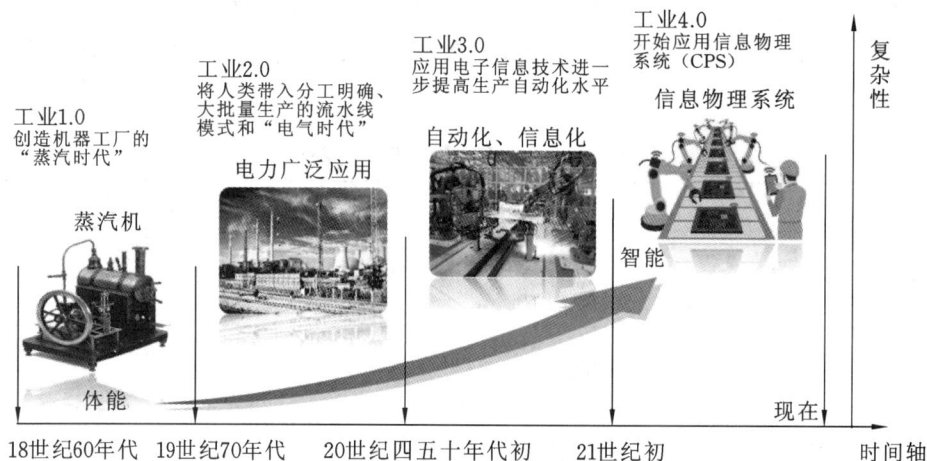

图 1-1　工业革命发展线路图

1. 美国：《先进制造业美国领导力战略》

2008年金融危机后，美国为重振制造业，重启再工业化战略，以2009年发布的《重振美国制造业框架》和2010年《美国制造业促进法案》为标志。此后，美国密集出台多项政策文件，积极抢占新一轮技术革命的领导权。

2011年6月美国启动"先进制造伙伴"计划，通过规划加强先进制造布局，提高美国国家安全相关行业制造业水平，保障其全球竞争力。2012年《华盛顿邮报》提出：人工智能、机器人及数字化制造将是帮助美国赢回制造业优势的三大关键技术。2012年又出台《先进制造业国家战略计划》，提出要加大政府投资，建设"智能"制造技术平台，以促进智能制造技术的创新。2013 年颁布《国家制造业创新网络初步设计》和《美国机器人路线图——从互联网到机器人》，强调并推动数字化制造、新能源和新材料应用等先进制造业发展，强调机器人技术在先进制造业中的重要作用。2015 年提出《美国国家创新战略》。2018 年发布《先进制造业美国领导力战略》报告，指出先进制造是美国经济实力的引擎和国家安全的保障，提出美国先进制造发展的三大主要目标和任务：

一是开发和转化新的制造技术，抓住智能制造系统的未来，开发世界领先的材料和加工技术，确保国内制造生产医疗产品，保持电子设计和制造领域的领先地位，加强粮食和农业制造业的机会。大力发展智能制造、先进工业机器人、人工智能基础设施、增材制造、半导体设计与制造等产业的发展。

二是加强教育培训和聚集劳动力，吸引和发展未来的制造业劳动力，更新和扩大职业及技术教育途径，将熟练工人与需要他们的行业匹配。

三是提升国内制造业供应链能力，鼓励制造业创新生态系统，加强国防制造业基础，增强中小型制造商在先进制造业中的作用。

2. 德国：《国家工业战略 2030》

德国制造业是世界上最具竞争力的，特别是其装备制造业在全球处于领先地位。2008 年金融危机后，为了保持德国制造业在世界的影响力，为了支持工业领域新一代革命性技术的研发与创新，德国政府在 2013 年 4 月的汉诺威国际工业博览会上正式推出《德国工业 4.0 战略计划实施建议》，其目的是提高德国工业的竞争力，在新一轮工业革命中占领先机。德国工业 4.0 主要包括一个核心、三大主题、三大集成、四个特征、六项措施。

（1）一个核心：指信息物理系统（cyber physical system，CPS），即通过信息物理系统实现人、机、物的互联互通，实现快速、有效、个人化的产品供应，构建一个高度灵活的数字化、网络化、智能化的智能制造新模式。

（2）三大主题：智能工厂、智能生产、智能服务。

（3）三大集成：企业内部灵活且可重新组合的纵向集成、企业之间价值链的横向集成、贯穿整个价值链的端到端集成。

（4）四个特征：可调节，即可通过自我调节以应对不同形势；可识别，即通过条码和 RFID 技术使产品可追溯；可变通，即根据市场变化、用户需求变化，企业可改变设计、计划、生产等；可监测，即对生产过程实现全方面监测，便于企业优化生产。

（5）六项措施：建立标准化的参考体系；建立复杂模型管理系统；建立工业宽带基础设施；建立安全保障机制；创新工作组织和设计方式；加强培训和持续职业教育。

2019 年，德国又提出《国家工业战略 2030》，此战略是对德国工业 4.0 战略的进一步深化和具体化，旨在推动德国在数字化、智能化时代实现工业全方位升级。为了确保德国在关键技术领域抢占制高点和掌握主动权，《国家工业战略 2030》提出了以下具体建议：

一是大力发展具体的突破性创新活动。强调当今最重要的突破性创新是数字化的发展，尤其是人工智能的应用，关注"工业 4.0 技术"，如自动驾驶、工业物联网技术、纳米技术、生物技术、新材料和轻质建筑技术等以及量子计算的发展。

二是支持一些关键领域大企业的合并，强调打造本国及欧洲龙头企业旗舰的重要性，通过在互联网、人工智能和自动驾驶等新兴产业领域构建全球性大企业，增加规模优势，以应对美国、中国大型公司的竞争。

三是采取多种举措,增强德国工业整体竞争力。① 扩大处于领先地位的工业产业的优势,增强竞争力,如保持钢铁及铜铝工业、化工产业、设备和机械制造、汽车产业、光学产业、医学仪器产业、环保技术产业、国防工业、航空航天工业和增材制造(3D 打印)等 10 个工业领域处于全球领先地位;② 明确要求维护完整的价值链,增加工业附加值,减少外部冲击和威胁;③ 强化对中小企业的支持,提供个性化优惠和支持,增强其应对颠覆性创新挑战的能力。

3. 日本:《机器人新战略》

日本在 1989 年提出"智能制造系统(IMS)"的思想,1994 年启动了智能制造系统国际合作研究计划。日本认为智能制造系统是"一种在整个制造过程中贯穿智能活动,并将这种智能活动与智能机器有机融合,将整个制造过程从订货、产品设计、生产到市场销售等各个环节以柔性方式集成起来的能发挥最大生产力的先进生产系统"。2011 年,日本发布了《第四期科学技术发展基本计划(2011—2015)》。为提高制造业竞争力,该计划部署了多功能电子设备、信息通信技术、测量技术、精密加工、嵌入式系统等重点研发方向,同时加强智能网络、高速数据传输、云计算等智能制造支撑技术领域的研究。2015 年,为保持"机器人大国"的优势地位,日本发布了《机器人新战略》,将机器人与计算机、大数据、云计算、人工智能等技术深度融合,打造机器人应用社会,使机器人广泛应用于工业、农业、服务业等领域。

4. 韩国:《制造业创新 3.0 战略》

韩国于 1999 年提出了"数字经济"的国家战略。在此战略的指导下,韩国政府制定了国家制造业电子化计划,建立了制造业电子化中心,并确定了将数字化工业设计和制造业数字化协作标准作为创新研发的重点。目前该战略已在电子、造船等行业获得了显著的成效。受德国"工业 4.0"启发,韩国 2014 年正式推出了被称为韩国版"工业 4.0"的《制造业创新 3.0 战略》;2015 年公布了《制造业创新 3.0 战略实施方案》;2020 年,韩国财政部发布《基于数字的产业创新发展战略》。通过制定"数字+制造业"创新发展战略,韩国将重点放在制造业这一优势产业上,旨在提高产品研发、生产、流通、消费等产业活动全过程中数字技术的利用率,增强韩国主力产业的竞争力。

自美国和德国提出"智能制造"概念后,智能制造一直受到众多国家的重视和关注,如英国提出《英国工业 2050 战略》、法国提出"新工业法国"计划,同时,印度、越南、墨西哥等新型工业国家都将智能制造列为国家级战略发展计划和目标,推动本国制造业的发展。当今,在全球范围内德国工业 4.0 战略具有广泛影响。

1.1.3 中国制造业战略

《旧唐书·魏徵传》曰:"以铜为镜,可以正衣冠;以史为镜,可以知兴替;以人为镜,可以明得失。"纵观 18 世纪中叶,自工业文明开启以来,世界强国的兴衰史和中华民族的奋斗史一再证明,没有强大的制造业,就没有国家和民族的强盛。打造具有国际竞争力的制造业,是我国提升综合国力、保障国家安全、建设世界强国的必由之路。

1. 中国智能制造现状

（1）机遇——制造大国。

从 2010 年开始，我国制造业增加值连续多年世界第一；2020 年，我国制造业增加值约为 4 万亿美元，在全球制造业占比近 30%，是名副其实的世界制造大国。图 1-2 所示为主要工业国家制造业增加值。

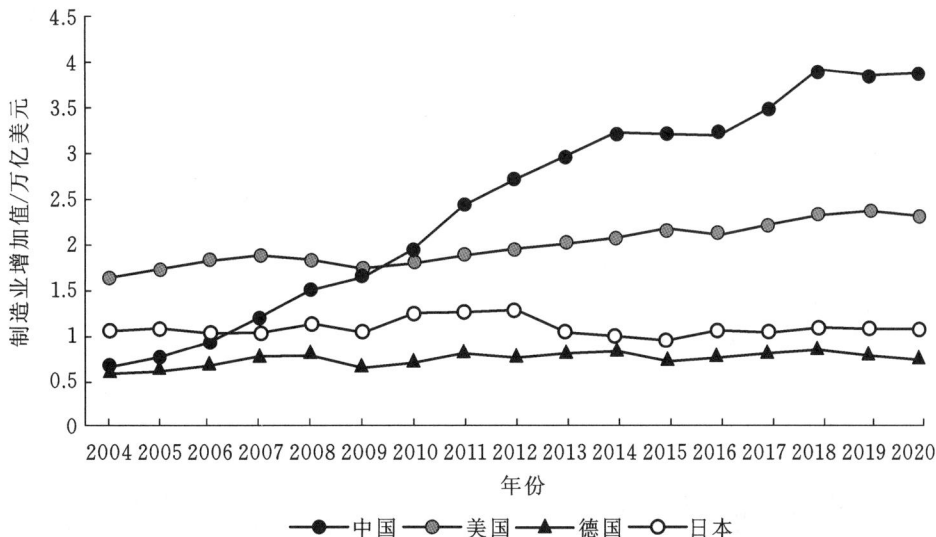

图 1-2　各国制造业增加值

回顾 70 余载历程，特别是改革开放 40 多年来，中国制造业取得了伟大的历史性成就，走出了一条中国特色工业化发展道路。

① 我国制造业拥有超大规模的市场优势，需求是最强大的发展动力。

② 我国制造业规模居全球首位，是世界上唯一拥有全部工业门类的国家；我国是拥有 41 个工业大类、207 个工业中类、666 个工业小类的国家，形成了独立完整的工业体系，具备强大的产业基础。

③ 我国在制造业人才队伍建设方面已经形成了独特的人力资源优势。

④ 我国一直坚持信息化与工业化融合发展，在制造业数字化、网络化、智能化方面掌握了核心关键技术，具有强大的技术基础。

⑤ 我国制造业在自主创新方面取得了辉煌成就，在航空、船舶、高铁、输电、发电、国防等领域，都显示出我国制造业的巨大创新力量。

5G 技术领域处于世界领先地位；光伏发电量全球第一；沈阳 i5 智能数控机床和华中 9 型智能数控机床研发成功；500 m 口径球面射电望远镜（FAST）、北斗导航、"蛟龙"号载人潜水器、中国高铁等均达世界一流水平；国产飞机中国商飞 C919 实现商业载客飞行；嫦娥六号完成全球首次月球背面采样和起飞；介入式脑机接口试验成功；"人造太阳"核聚变装置成功实现了高温状态聚变反应持续 101 s，刷新世界纪录；等等。如图 1-3 所示，这些都标志着中国智能制造在关键领域实现突破。

但是，我国制造业大而不强，存在着突出的问题，面临着严峻的挑战。

（a）

（b）

（c）

（d）

（e）

（f）

（g）

（h）

图 1-3　自主创新取得的成就

(a)5G 技术；(b)光伏发电；(c)沈阳 i5 智能数控机床；(d)华中 9 型智能数控机床；(e)500 m 口径球面射电望远镜；
(f)潜水器深海探测；(g)C919 成功启航；(h)嫦娥六号探测

（2）挑战——非制造强国。

① 信息化、智能化滞后。我国制造业体系庞大，一部分企业正积极由数字化、网络化向智能化、信息化发展，但是很多企业还未完成数字化转型升级，与人工智能等前沿技术

的融合处于初级阶段。

② 产业结构失衡。中国制造业总体处于世界产业链的中低端;战略性新兴产业还不够强大,传统产业升级刻不容缓,产业体系现代化水平不高;产业链"断链""短链""弱链"问题严重;企业不强,产业群关联度小,集而不群,跟风效仿者多,低水平重复与无序竞争现象突出,集群分工和专业化程度不高,缺乏具有世界先进水平的企业和产业集群。

③ 产业基础薄弱。基础零部件/元器件、工业基础软件、基础材料、基础装备及工艺、产业技术基础等关键基础产业存在严重"卡脖子"和"短板"现象,对外依存度很高,基础不牢,产业不强。

④ 产品质量问题突出。产品可靠性不好、品牌不强,在中高端市场缺乏竞争力,市场占有率不高。产品质量问题是中国制造业的切肤之痛,是中国制造业必须全力解决的基础性问题。

⑤ 资源环境面临严峻挑战。资源利用效率低,我国单位国内生产总值(GDP)能耗约为世界先进水平的二分之一;环境保护任务极重,绿色发展势在必行。

⑥ 劳动力成本高。随着经济发展,我国劳动力成本上涨较快,东南亚、南亚国家的劳动力成本优势不断凸显。近年来,不少企业将生产线迁至越南、马来西亚等国,上下游配套企业跟随转移,从而引发产业链外迁且规模日益增大,产业链外迁已成为我国制造业高质量发展的一个潜在的重要挑战。

⑦ 自主创新能力不强。创新体系大而不强,创新能力大而不强;关键核心技术还没有真正掌握在自己手中,科技创新还没有真正成为"第一动力"。在中国制造由大到强、由高速增长到高质量发展的历史时期,自主创新能力不强是最突出、最主要的问题。

整体而言,中国制造业整体竞争力还不强。从"制造大国"迈向"制造强国",中国制造业任重而道远。

2. 中国制造战略

面对世界范围内的新一轮工业革命,为加快制造强国进程,加快企业技术、产业和全球价值链升级,我国确定并全力推进制造强国战略。2015 年,国务院印发《中国制造2025》,指出当前各国都在加大科技创新力度,大力推动三维(3D)打印、移动互联网、云计算、大数据、生物工程、新能源、新材料等领域取得新突破。基于信息物理系统的智能装备、智能工厂等智能制造正在引领制造方式变革;网络众包、协同设计、大规模个性化定制、精准供应链管理、全生命周期管理、电子商务等正在重塑产业价值链体系;可穿戴智能产品、智能家电、智能汽车等智能终端产品不断拓展制造业新领域。我国制造业转型升级、创新发展迎来重大机遇。

《中国制造 2025》是我国实施制造强国战略第一个十年的行动纲领,规划确定了"三步走"战略、五大工程、十大重点领域。

(1)"三步走"战略。

立足国情、立足现实,《中国制造 2025》确定了"三步走"的制造强国战略部署,如图 1-4 所示。

第一步,到 2025 年,中国制造业进入世界制造强国第二方阵,迈入制造强国行列。重点行业单位工业增加值能耗、物耗及污染物排放达到世界先进水平。形成一批具有较强国际竞争力的跨国公司和产业集群,在全球产业分工和价值链中的地位明显提升。

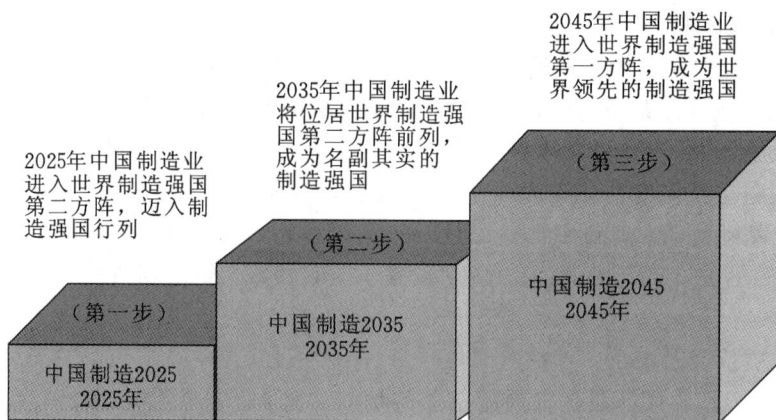

图 1-4　我国实现制造强国三个阶段

第二步,到 2035 年,中国制造业将位居世界制造强国第二方阵前列,成为名副其实的制造强国。创新能力大幅提升,重点领域发展取得重大突破,整体竞争力明显增强,优势行业形成全球创新引领能力,全面实现工业化。

第三步,到 2045 年,乃至中华人民共和国成立一百周年时,中国制造业又大又强,从世界产业链中低端迈向中高端,中国制造业进入世界制造强国第一方阵,成为具有全球引领影响力的制造强国。制造业主要领域具有创新引领能力和明显竞争优势,建成全球领先的技术体系和产业体系。

(2)五大工程。

① 制造业创新中心(工业技术研究基地)建设工程。面向未来的 10 大重点领域的基础研究和产业化的工程,建设一批产学研用相结合的制造业创新中心。

② 智能制造工程。新一轮科技革命的核心,也是制造业数字化、网络化、智能化的主攻方向,通过智能制造,带动产业数字化水平和智能化水平的提高。

③ 工业强基工程。主要解决核心基础零部件(元器件)、先进基础工艺、关键基础材料的落后问题。

④ 绿色制造工程。加快实施工业绿色发展战略,全面推进企业的清洁生产,大力推进节能环保产业发展等。

⑤ 高端装备创新工程。组织实施高档数控机床、核电装备、高端诊疗设备等一批创新和产业化专项。

(3)十大重点领域。

为实现中国制造业由大变强、高端引领,《中国制造 2025》提出了十大重点领域,如表 1-2 所示。

表 1-2　十大重点领域

十大重点领域	关键技术及设备
新一代信息技术	5G、物联网、云计算、大数据、集成电路、数字通信、传感器
高档数控机床和机器人	五轴数控机床、机器人、智能机床
航空航天装备	北斗导航、无人机、长征运载火箭、航空复合材料等

续表

十大重点领域	关键技术及设备
海洋工程装备及高技术船舶	海洋作业工程船、水下机器人、钻井平台
先进轨道交通装备	高铁
节能与新能源汽车	新能源汽车、锂电池、充电桩
电力装备	光伏、风能、核电、智能电网
新材料	新型功能材料、先进结构材料、高性能复合材料等
生物医药及高性能医疗器械	新型疫苗、抗体药物、CT、MRI（核磁共振成像）、X 射线机、基因测序等
农机装备	拖拉机、联合收割机、采棉机、喷灌设备、农业航空作业等

为了实现百年目标，加快企业升级转型，2016 年，工业和信息化部印发了《关于开展智能制造试点示范 2016 专项行动的通知》，并下发了《智能制造试点示范 2016 专项行动实施方案》。

2017 年，国务院发布《关于深化"互联网＋先进制造业"发展工业互联网的指导意见》，指出：加快建设和发展工业互联网，推动互联网、大数据、人工智能和实体经济深度融合，发展先进制造业，支持传统产业优化升级。

2018 年，工业和信息化部印发《高端智能再制造行动计划（2018—2020 年）》，指出：加快实施绿色制造，推动工业绿色发展，聚焦盾构机、航空发动机与燃气轮机、医疗影像设备、重型机床及油气田装备等关键件再制造，以及增材制造、特种材料、智能加工、无损检测等绿色基础共性技术在再制造领域的应用，推进高端智能再制造关键工艺技术装备研发应用与产业化推广，推动形成再制造生产与新品设计制造间的有效反哺互动机制，完善产业协同发展体系，加强标准研制和评价机制建设，探索高端智能再制造产业发展新模式，促进再制造产业不断发展壮大。

2018 年 5 月，工业互联网专项工作组第一次会议审议通过了《工业互联网发展行动计划（2018—2020 年）》，提出通过跨工厂内外工业互联网的建设，联动智能工厂建设及系统集成解决方案，形成智能化生产、网络化协同、个性化定制和服务化延伸等应用模式。

2023 年 9 月召开的全国新型工业化推进大会上，习近平总书记作出重要指示：新时代新征程，以中国式现代化全面推进强国建设、民族复兴伟业，实现新型工业化是关键任务。2023 年底召开的中央经济工作会议明确提出，要以科技创新推动产业创新，特别是以颠覆性技术和前沿技术催生新产业、新模式、新动能，发展新质生产力。

2024 年，"加快发展新质生产力"首次被写入《政府工作报告》。2024 年国务院《政府工作报告》指出，大力推进现代化产业体系建设，加快发展新质生产力。充分发挥创新主导作用，以科技创新推动产业创新，加快推进新型工业化，提高全要素生产率，不断塑造发展新动能新优势，促进社会生产力实现新的跃升。巩固扩大智能网联新能源汽车等产业领先优势，加快前沿新兴氢能、新材料、创新药等产业发展，积极打造生物制造、商业航天、低空经济等新增长引擎。开辟量子技术、生命科学等新赛道。深化大数据、人工智能等研发应用，开展"人工智能＋"行动，打造具有国际竞争力的数字产业集群。发展新质生产力，推动企业高质量发展，加快发展方式创新，实现企业智能化、信息化、绿色化生产转型升级。

虽然我国智能制造研究起步较晚,但已经取得了一大批智能制造技术的研究成果,形成系列先进制造业产业群,已形成以"一带三核两支撑"为特征的先进制造业集群空间分布总体格局。但中国智能制造发展任重而道远,尤其在半导体、高端芯片、光刻机、复合材料、医疗设备等关键技术方面。因此,需建立更加完善的智能制造体系,加大科技自主创新能力,突破核心关键技术,推动企业向绿色、服务型智能制造升级转型。

>>> 1.2 智能制造的概念与特点

1.2.1 智能制造的概念

智能制造的
概念与特征

1988 年,美国纽约大学的怀特教授和卡内基梅隆大学的布恩教授出版了《智能制造》一书,首次提出了"智能制造"的概念,并指出智能制造的目的是通过集成知识工程、制造软件系统、机器人视觉控制,对制造技工的技能和专家知识进行建模,以使智能机器人在无人工干预的情况下进行小批量生产。

1989 年,日本提出了一种人与计算机相结合的"智能制造系统",并于 1994 年启动了 IMS 国际合作研究项目,率先拉开了智能制造的序幕。

2014 年,美国能源部对智能制造做出如下定义:智能制造是先进传感、仪器、监测、控制和工艺/过程优化的技术和实践的组合,它将信息和通信技术与制造环境融合在一起,实现工厂和企业中能量、生产率和成本的实时管理。

2018 年,周济院士在其报告中指出:智能制造是一个大概念,是互联网、物联网、云计算、大数据、人工智能等先进信息技术与新一代制造技术的深度融合,贯穿于产品、生产、服务等制造全生命周期的各个环节及相应系统的优化集成,将助推实现制造的数字化、网络化、智能化,不断提升企业的产品质量、效益、服务水平,推动制造业向创新、绿色、协调、开放、共享发展。

智能制造不能一蹴而就,而是一个长期、循序渐进的过程。智能制造是制造业和信息技术深度融合的产物。从 20 世纪 50 年代到 90 年代中期,以计算、感知、通信和控制为主要特征的信息化催生了数字化制造;从 20 世纪 90 年代中期开始,以互联网大规模普及应用为主要特征的信息化催生了数字化网络化制造;当前,工业互联网、大数据及人工智能实现群体突破和融合应用,以新一代人工智能技术为主要特征的信息化催生了制造业数字化网络化智能化制造。

综上,智能制造可归纳为三个基本范式,即数字化制造——第一代智能制造、数字化网络化制造——"互联网+制造"或第二代智能制造、数字化网络化智能化制造——新一代智能制造,如图 1-5 所示。

1.2.2 智能制造的特征

智能制造是将物联网、大数据、人工智能、传感技术、控制技术等新一代信息技术与先进制造技术深度融合,贯穿设计、生产、管理、服务等制造活动各环节及相应优化集成,实

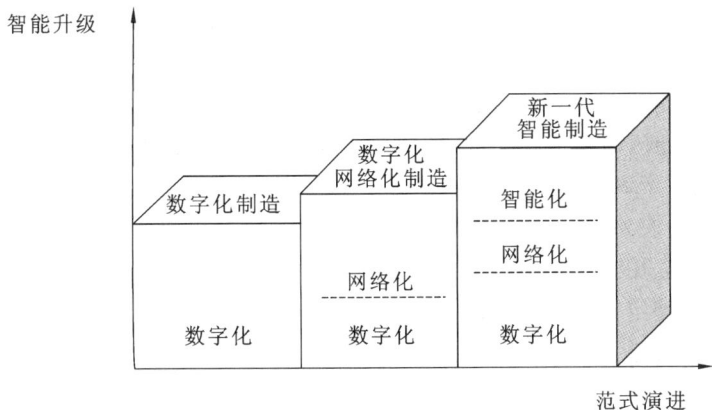

图 1-5　智能制造的三个基本范式

现工厂和企业内部、企业之间和产品全生命周期的实时管理和优化,具有自感知、自学习、自决策、自执行、自适应等功能的先进制造过程、系统和模式的总称。

1. 智能制造系统集成

智能制造系统通过集成将市场需求分析、设计、生产、管理、服务等各个阶段融合成一个大整体,实现信息互联互通,消除信息孤岛,构建信息流的大闭环和智能制造网络。系统集成是智能制造最基本的特征和优势。通常,智能制造系统主要包括三个方面的集成:纵向集成、端到端集成和横向集成。

(1)纵向集成,即企业内部集成,将与生产过程有关的各个阶段集成互联如图 1-6 所示。其实质是将企业底层设备(如加工设备、工业机器人、RFID、传感器、检测设备、物流设备等)与上层计划管理(制造执行系统、企业资源管理系统等)进行高度集成,打通企业各个环节,实现企业内部实时信息互联互通,提高企业效益。纵向集成为横向集成以及端到端的价值链集成提供支持。

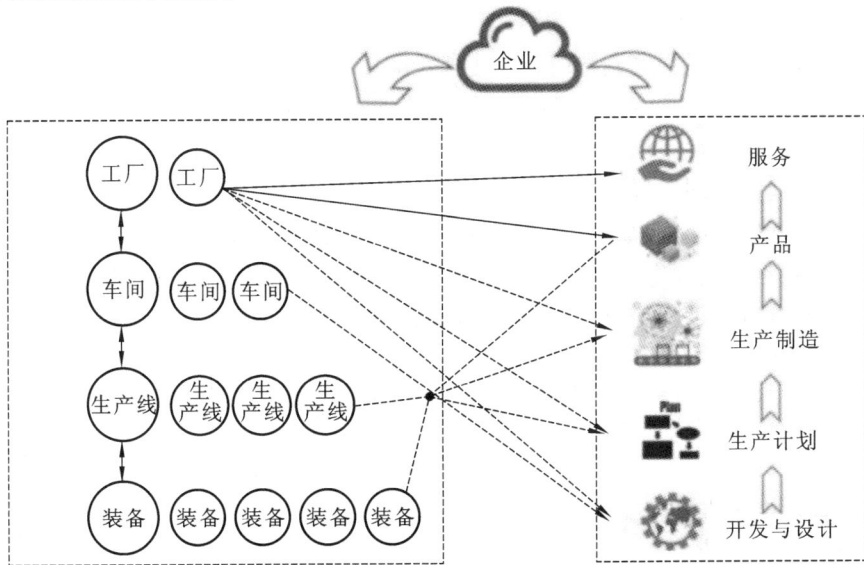

图 1-6　纵向集成

（2）横向集成，即企业间集成，将不同企业的智能系统集成，既包括公司内部的物料、能源和信息的配置（如原材料、生产过程、产品、市场营销等），又包括不同公司之间的价值网络的配置，实现企业间物料流、能源流、信息流的共享、协作和优化。

（3）端到端集成，即围绕客户价值链的集成，贯穿于产品的整个生命周期，包括原材料供应、研发设计、生产制造、服务等各个环节。端到端集成将与产品制造有关的主干企业、相关合作企业的所有终端和用户集成，用户的需求和反馈可以直接与研发设计端相连，形成以产品为核心、以用户需求为中心的互联互通的业务闭环流程，最大限度地实现个性化定制，满足客户的特定需求，改变传统的生产模式和商业模式。

2. 智能制造的特点

与传统制造相比，智能制造是一种由智能机器和人类专家共同组成的人机一体化智能系统，其特点如下。

（1）自律能力——具备搜集、理解环境和自身信息，并能分析、判断、规划自身行为的能力。只有具备自律能力的设备，才能称为"智能机器"，而具备自律能力的"智能机器人"是智能制造不可或缺的条件。

（2）人机一体化。智能制造系统（IMS）是人、机、物一体化的智能系统，是一种混合智能。智能制造系统突出人在制造系统中的核心地位，同时在智能机器的配合下，更好地发挥出人的潜能，使人、机之间表现出一种平等共事、相互"理解"、相互协作的关系，使二者在不同的层次上各显其能、相辅相成。

因此，在智能制造系统中，机器智能和人的智能将真正地集成在一起，互相配合，相得益彰。

（3）虚拟现实（virtual reality，VR）。虚拟现实技术是实现虚拟制造的支持技术，是实现高水平人机一体化的关键技术之一。虚拟现实技术是以计算机为基础，融信号处理、动画技术、智能推理、预测、仿真和多媒体技术为一体，借助各种传感装置，虚拟展示现实生活中的各种过程、物件等，因而虚拟现实技术也能模拟制造过程和未来的产品，从感官和视觉上使人获得如同真实的体验。其特点是可以按照人们的意愿任意变化，这种人机结合的新一代智能界面，是智能制造的一个显著特征。

（4）自组织超柔性。智能制造系统中的各组成单元能够依据工作任务的需要，自行组成一种最佳结构，其柔性不仅突出体现在运行方式上，还突出体现在结构形式上，所以称这种柔性为超柔性，如同一群人类专家组成的群体，具有生物特征。

（5）自学习和自维护能力。智能制造系统能够在实践中不断地充实知识库，具有自学习功能；同时，在运行过程中能自行诊断故障，并具备对故障自行排除、自行维护的能力。这种特征使智能制造系统能够自我优化并适应各种复杂的环境。

►►► 1.3　智能制造的发展目标和趋势

1.3.1　智能制造发展目标

智能制造的发展目标与趋势

"智能制造"概念刚提出时，其预期目标是比较狭义的，即"使智能机器人在没有人干预的情况下进行小批量生产"。随着智能制造内涵的扩大,智能制造的目标已变得非常宏大。比如,"工业4.0"指出了8个方面的建设目标,即满足个性化需求,提高生产的灵活性,实现决策优化,提高资源生产率和利用率,通过新的服务创造价值机会,应对工作场所人口的变化,实现工作和生活的平衡,确保工资仍然具有竞争力。

中国智能制造战略指出,实施智能制造可给制造业带来"两提升、三降低"。"两提升"是指生产率的大幅度提升,资源综合利用率的大幅度提升。"三降低"是指研制周期的大幅度缩短,运营成本的大幅度下降,产品不良品率下降。

结合不同行业实际,智能制造的目标可以归纳为以下五个方面。

（1）优质,是制造业发展的基础。智能制造的最终目标是生产高品质的产品,提高产品竞争力。制造过程中应用先进的前沿信息技术和制造技术,实现设计、生产、管理、服务等产品全生命周期的智能化,确保产品质量的可靠性。

（2）高效,是制造业发展的动力。在保证质量的前提下,以互联网、物联网、智能装备等为基础,构建多层次、多角度、多方面的智能制造系统集成,实现"人、机、物"的信息互联互通,以高效的工作节拍完成产品生产,快捷地响应市场需求。

（3）绿色,是制造业发展的底色。利用绿色制造理念不断改进工艺,使产品在设计、生产、包装、运输、使用到回收再利用、报废处理的整个生命周期中减少能源消耗、废料和污染物的生成与排放,促进生产、消费与环境的和谐共生,最终实现经济效益和社会效益的协调优化,以及智能制造的可持续发展。

（4）融合,是制造业发展的必由之路。从多个层面推动新一代信息技术与制造业理念融合、应用融合、生态融合,如制造技术与信息技术、数字世界与物理世界、多种制造工艺与新材料、生物技术与文化创意等的融合,助力集成创新、科技创新的制造技术和产品的不断涌现,实现制造模式向智能化、绿色化发展。

（5）创新,是智能制造的核心。科技创新已经成为综合国力竞争的决定性因素。当前,智能产品的复杂性、集成度日益增加,产品功能越来越多,性能指标不断提高,必须依靠新材料、新结构、新工艺、新技术等方面的自主创新,才能创造出更加智能化的产品,加快建设制造强国。

1.3.2　智能制造的发展趋势

在21世纪的信息时代浪潮中,全球制造业正经历着一场深刻的变革,智能制造成为不可逆转的趋势。智能制造是制造业企业转型升级的主要路径,是新一代信息技术和先进制造技术深度融合的产物。

当前,大多数智能制造处在数字化网络化阶段,智能制造系统在局部形成了相对完备的智能化系统,具有数据采集、数据处理、数据分析的能力,能够准确执行指令,实现闭环反馈。但智能制造的最终趋势是实现智能化,即从智能制造的顶层设计出发,到产品服务,构建一个完备的智能化系统,使其具有自感知、自学习、自决策、自执行、自适应等功能。而完备的智能化系统自下而上主要包括以下几个方面。

1. 智能产品

智能产品是指嵌入人工智能、传感器、互联网、物联网、云计算等技术的产品,具有记忆、感知、计算和传输等功能,能按照预期目标完成相应的智能活动,实现更智能的人机交互和更高效、更智能的生活方式。智能产品具有独特的可识别性,利用条码或 RFID 技术,可随时追溯产品的整个制造过程细节,实时关注产品的使用状况,确保发挥最佳作用,同时能够在整个生命周期内随时确认自身的损耗程度。

典型的智能产品有智能装备、智能手机、智能穿戴设备、智能汽车、智能机器人、智能家电、智能售货机、无人机等。如图 1-7 所示的智能机器人,安装了多个传感器,如惯性传感器、角度传感器、压力传感器等,用以检测并获取自身状态信息,确保其实际运动状态始终与期望的运动状态一致;视觉传感器(摄像头)用于测量、感知外部环境信息;触觉传感器用于检测与外界之间接触情况;超声波传感器用于检测与目标物之间的接近程度,避免发生碰撞。

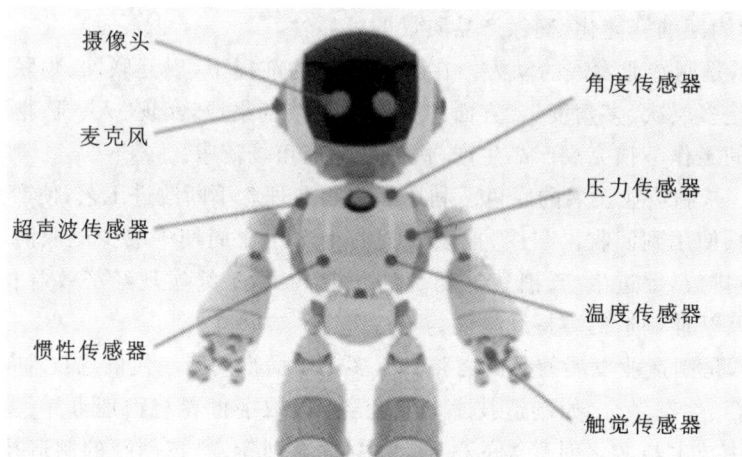

图 1-7 智能机器人

2. 智能服务(smart service,SS)

新一轮的工业革命,推动制造业模式发生翻天覆地的变化,发生从"以产品为中心"到"以用户为中心"的根本性转变。智能服务是指能够自动辨识用户的显性和隐性需求,优质、高效、安全、绿色地满足用户个性化需求的服务。智能服务以云计算、大数据、传感器和物联网等技术为基础,实现以下五个方面服务。

(1)实现云制造、柔性制造等创新模式和技术实现设计者之间的协同,企业与消费者间的协同,制造企业间的协同,生产设备间的协同,从而使大规模定制化、精益化生产与销售成为制造业发展的新常态。

(2)可以实时关注产品的运行状态,对产品进行预防性维护维修,及时提醒客户更换备件,确保产品"长、稳、优"运行。

(3)可以捕捉用户的原始信息,通过后台收集的数据,构建需求结构模型;通过数据挖掘和商业智能分析,获得用户的习惯、喜好、生活状态等,形成特有的客户画像,提供精准、个性化、高效的服务。

(4)可以收集产品运营大数据,辅助企业进行市场决策。

(5)通过线上 APP,向购买产品的用户提供针对性的服务,便于锁定用户,开展服务营销。

3. 智能装备（intelligent equipment，IE）

制造装备经历了从数字化装备到数字化网络化装备的演变，目前正在逐步发展为智能化装备。智能化装备是先进制造技术、信息技术和智能技术的集成和深度融合，是实现智能制造的基石和保障，具有自感知、自分析、自推理、自决策、自控制等功能。典型的智能化装备有智能机床、工业机器人、3D 打印装备等。

图 1-8 所示为智能五轴数控机床 HMC-200i/5a，它能通过华中 9 型数控系统智能感知、实时监测和测量机床各部件的状态信息和特征参数，形成机床运行大数据、大模型，并与机床设定数据进行对比，可以实时判断机床工作状态是否正常，如出现异常，可自行诊断与识别机床的故障类型、严重程度和故障发生部位及原因等，为设备管理、维修提供现场参考依据；同时通过分析历史数据，可以预测潜在故障，从而提前进行维护和修复，避免故障的发生。

图 1-8　智能五轴数控机床 HMC-200i/5a

该产品系统还具有轮廓误差补偿、热误差补偿、切削加工仿真、防碰撞、远程运维等功能，实现加工过程参数不断优化和机床智能化运维管理。

此外，该产品的数控系统具有千机 CAM、iNC-Cloud 和开放式数据接口，在智能化信息制造平台下，实现设备之间的通信、资源共享以及分类 APP 集成，形成专精机床。

4. 智能产线

智能产线是智能制造的重要组成部分，它是在自动化生产线的基础上融入人工智能、信息通信、物联网等技术，集成多功能控制系统、智能装备、传感器、RFID、无人导引小车（AGV）等设备，实现产品加工、检测、装配的智能化生产，具备高度制造柔性化、智能化和集成化的特点。

与自动化生产线相比，智能产线具有以下特点：

（1）能够支持多种相似产品的混线生产和装配，可灵活调整工艺，适应小批量、多品种的生产模式；

（2）在生产和装配过程中，通过 RFID 自动进行数据采集，并通过电子看板实时显示生产状态；

（3）具有柔性，如果生产线上有设备出现故障，能自动调整到其他设备生产；

（4）针对人工操作的提示，能够给予智能的提示。

5. 智能车间

智能车间通常包含多条生产线,涉及多机协同,以及大量的制造对象和物流,是一个复杂动态系统。智能车间通过实时采集并分析生产状态、生产质量、物料消耗、工艺参数、设备状态、能耗等信息,实现高效的生产计划和物料计划安排,提高设备利用率和产品质量,实现生产过程的可追溯性。

6. 智能工厂(smart factory,SF)

当前,以智能制造为主导的第四次工业革命正有序地进行,而智能工厂是构成未来工业体系的一个关键所在。

智能工厂是智能生产的载体,它利用互联网、物联网、云计算、大数据等技术,使多个车间、产线实现信息共享、协同作业;提高生产的可控性,减少生产线的人工干预,合理排程。建立生产指挥中心,对整个工厂进行指挥和调度,及时发现和解决突发问题,这是智能工厂的重要标志之一。

智能工厂的本质是实现人、机器和物料在一个社交平台相互沟通协作,赋予物料"智"的特性,使其明白何时何地要做什么。这主要依赖于各信息系统的集成,包括产品全生命周期管理(product lifecycle management,PLM)、企业资源计划(enterprise resource planning,ERP)、制造执行系统(manufacturing execution system,MES)、客户关系管理(customer relationship management,CRM)、供应链管理(supply chain management,SCM)五大核心系统智能工厂架构,如图1-9所示。

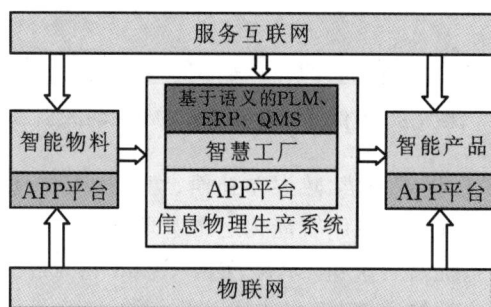

图 1-9 智能工厂架构

(注:QMS 指质量管理系统)

7. 智能研发

智能研发是智能制造中的一个重要环节,是产品创新的源泉。应充分应用 CAD、CAM(computer aided manufacturing)、CAE、CAPP(computer aided process planning)等工具软件和 PLM 管理系统,融入数字孪生、虚拟样机、虚拟现实、物联网、互联网、云计算等新兴赋能技术,将传统的串联研发转变为以用户个性化需求为中心的闭环智能协同研发,缩短产品研发周期,形成从用户到用户产品研发循环,以支持大批量客户定制或产品个性化定制。

此外,产品研发是一个非常复杂的过程,横跨多个专业领域,涉及机、电、软等多个学科,亟须构建统一的多学科协同研发平台。基于产品数字孪生的智能制造价值链协同研发基本框架如图1-10所示。

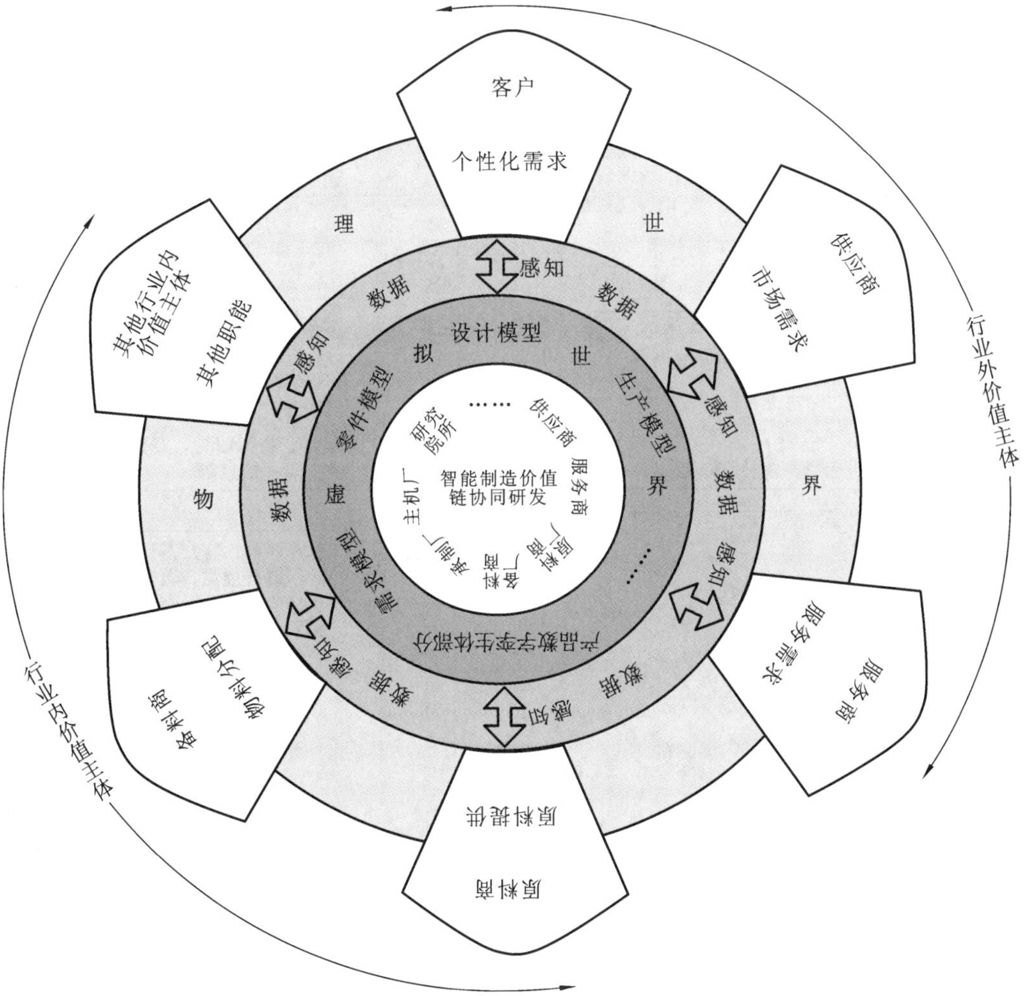

图 1-10 基于产品数字孪生的智能制造价值链协同研发基本框架

8. 智能物流与供应链

制造企业内部的采购、生产、销售流程都伴随着物料的流动。因此,越来越多的制造企业在重视生产自动化的同时也关注物流自动化,智能仓库、AGV、智能吊挂系统得到了广泛应用。而在制造企业和物流企业的物流中心,智能分拣系统、码垛机器人等应用日益普及。仓库管理系统(warehouse management system,WMS)和运输管理系统(transportation management system,TMS)也受到制造企业和物流企业的普遍关注。

9. 智能管理与决策

制造企业在运营过程中产生大量物流、人流、财流、信息流等数据,利用企业资源计划(ERP)将这些数据集成为一体管理,如图 1-11 所示,实现企业资源最优化、客户需求预测等功能,为企业做出决策、制订计划、控制与评估经营业绩等提供全方面的信息和数据。

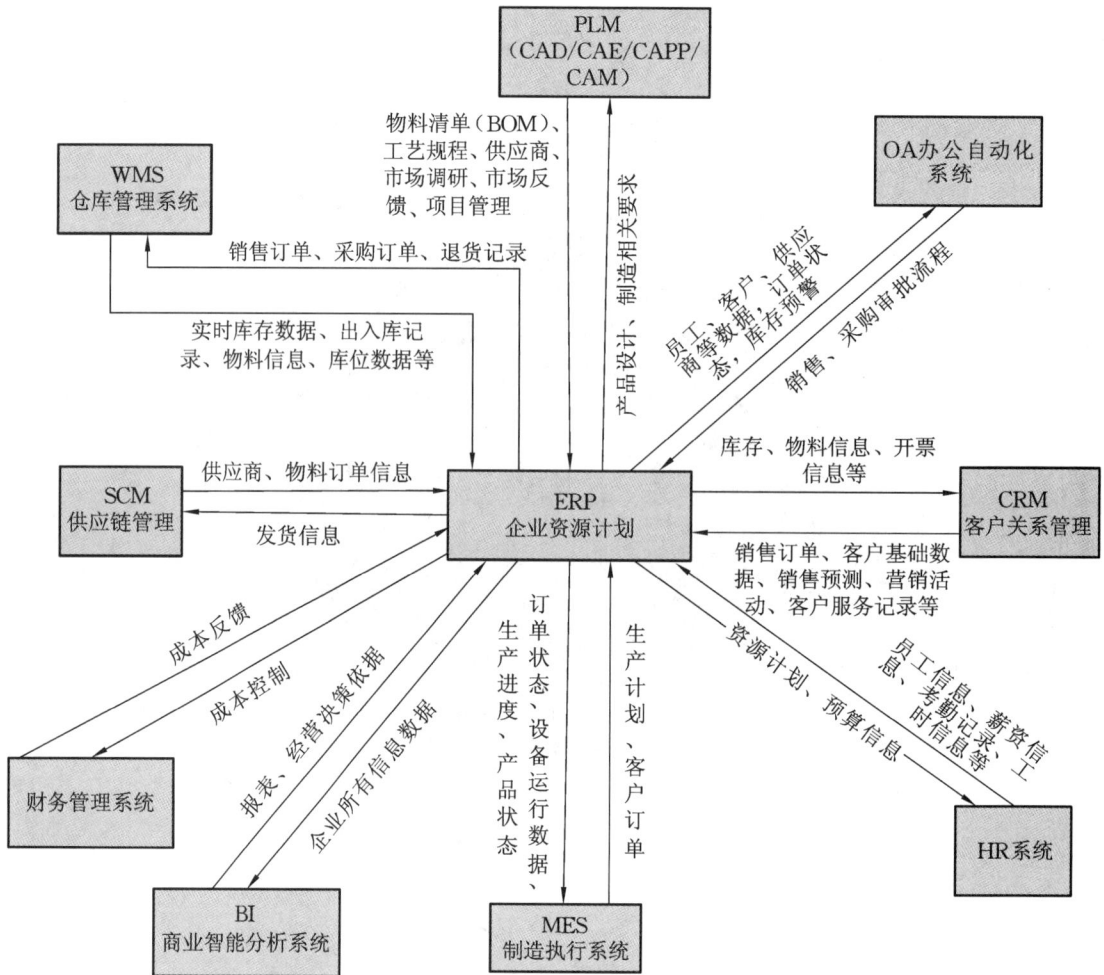

图 1-11　ERP 与其他系统的集成

⟫⟫⟫ 1.4　智能制造典型应用

智能制造是我国制造业转型升级的方向。目前,我国在汽车制造、包装、乳制品加工、电器制造与装配等行业应用了智能制造技术。

1.4.1　蒙牛集团智能制造数字化工厂智能包装生产线

蒙牛集团是乳制品行业里的翘楚企业,积极响应国家智能制造 2025 战略,探索智能制造,于 2015 年成为国家智能制造的首批试点示范企业,建设了智能制造数字化工厂。下面以蒙牛集团智能包装生产线为例进行介绍。

如图 1-12 所示,该生产线主要由 MES、生产看板、智能罐装机、智能传送装置、码垛机器人、AGV、自动化立体仓库等几部分组成,如图 1-13～图 1-17 所示。MES 负责实际生产运营数据的管理,采集运营数据和自动化设备生产过程中涉及的成本、质量、效率等关键数据,实现根据客户的个性化定制进行智能排产。包装机械用于牛奶的包装,传送设备用于传送包装好的产品及智能纠正传送过程中的错误,码垛机器人用于牛奶包装箱的码垛,然后由 AGV 智能小车负责转运,送至立体仓库区,放入智能化的立体仓库。每一个包装箱均有一个二维码,通过生产线上的扫码设备可以实时监控每个产品的状态、位置。同时,生产线的顶端显眼位置有电子看板,可以监控整个包装生产线的过程、产量等信息。

图 1-12　蒙牛集团智能制造数字化工厂智能包装生产线

图 1-13　MES

图 1-14　智能罐装机及传送设备

图 1-15　码垛机器人

图 1-16　AGV

图 1-17　自动化立体仓库

1.4.2　西门子定制化纪念章智能制造生产线

位于北京的西门子亚太区首个数字化体验中心展示了一套定制化纪念章智能制造生产线，如图 1-18 所示，包括设计区、上下料区、数控加工区、质检区、激光打标区、装配区、包装区、交验区等几个区域。该生产线系统由客户个性化定制下单手机平台、智能设计系统、自动数控编程系统、工艺规划系统、虚拟加工系统、生产管控 MES、数控铣床、数控车床、激光打标机、上下料六轴工业机器人、自动装配装置、包装装置、印章托盘式传送装置、RFID 标签、读写装置、自动质量检测设备、生产过程看板等几部分组成。

图 1-18　西门子定制化纪念章智能制造生产线

客户通过手机平台对纪念章的尺寸大小、颜色、形状等产品参数进行个性化定制并下单。当客户现场输入设计参数后，这些参数会在电脑上马上转化为设计模型，并自动生成数控加工程序，在进入生产之前，先在生产线的模型上进行设计和调试优化，之后选择最佳的工作模式，把仿真优化的结果传送到生产线上，整个设计工艺优化过程属于典型的数字化过程。然后通过 MES 进行自动排产，混线生产。由下料区根据客户订单自动下料，并由工业机器人转料到数控车床和数控铣床中进行加工，加工完后再送往下一道检测工序，检测合格的工件进入激光打标区进行文字、图案打标。接着进入产品组装线，其中一个电脑屏幕上显示着产品的合格参数，时刻进行质量控制，装配完成的产品进入包装装置进行加盖包装。工件或产品在传送带的不同工序中均会有 RFID 读写装置往其电子标签上写入相应信息。产品加工完成后会进入交验区，这时客户会在手机上接收到产品加工完成信息，可以到交验区扫码领取自己的产品。该生产线的数字化生产过程如图 1-19 所示。

图 1-19　纪念章下单、设计、生产、装配、包装、激光打标、交付过程图

在全自动化集成技术的支撑下，该智能制造生产线实现了无人化生产、仿真生产线研发、混线生产等未来制造元素，使高效的大规模定制化生产成为可能，提高了产品的生产效率和质量，满足了用户的个性化需求。

1.4.3　海尔的"黑灯车间"——空调外机智能装配生产线

海尔公司作为家电制造业的领导企业，率先探索出了一条智能制造的发展新路。海尔公司的佛山工厂彻底实现了"黑灯车间"。空调外机智能装配生产线，采用 MES 全程订单执行管理系统，装配了 200 多个 RFID 设备、4300 多个传感器、60 个设备控制器，全面实现设备与设备互联、设备与物料互联、设备与人互联，是真正意义上的智能制造生产线，从冲片、串片、胀管到装配，完全实现了无人化作业，显著提高了生产精度和效率，提高了产品质量，如图 1-20～图 1-23 所示。

图 1-20　海尔空调外机智能装配生产线

图 1-21　空调外机装配机器人

图 1-22　装配信息看板

图 1-23　用户个性化定制产品

空调外机前装部分由 5 套机器人协同装配,并结合信息化 RFID 身份证实现产品与机器人、机器人与机器人之间的智能自交互、自动换行和柔性生产。其装配自动智能联机测试系统,能自动识别产品,自交互调研设备参数程序测试,实现自判定,不合格不放行,还能结合物联网技术自动关联测试数据,并存储以实现可追溯。该技术实现了制冷制热性能零误判。

海尔的用户可以通过个性化定制平台,根据个人喜好自由选择产品的机身材质、用料、喷涂颜色、图案等,这些个性化定制订单可以通过该智能装配生产线进行柔性批量生产。用户可以通过平台实时掌握产品生产的过程。

1.4.4　华晨宝马汽车焊装智能制造生产线

沈阳中德合资的华晨宝马汽车公司拥有冲压、车身、涂装和总装等完整的生产工艺和配套设施,运用德国"工业 4.0"技术全部实现了智能制造。如图 1-24 所示,华晨宝马汽车焊装智能制造生产线拥有 150 多台机器人,整个焊装生产线的生产展现了物联网、大数据技术的应用,实现了柔性生产,通过电子标签识别系统,可以追踪和分析车辆的每个零部件和每台机器的每一次作业。基于这种物联网架构,生产线的生产效率得到提高,而先进的设备并辅以自动进行的大数据监测和分析,使得生产线的品质管理更加高效,更接近"零缺陷"生产。

图 1-24　华晨宝马汽车焊装智能制造生产线

1.4.5　东风楚凯汽车零部件加工生产线

东风楚凯(武汉)汽车零部件有限公司专业从事汽车底盘零件的机械加工和装配,专为神龙汽车公司、东风乘用车公司等提供零配件,主要产品有汽车后轴销、轮毂等,年产能达 250 万套。

东风楚凯汽车零部件自动化生产线主要包括制造单元、物流系统单元、检测系统单元三大环节,如图 1-25 所示。

图 1-25　东风楚凯汽车零部件自动化生产线

制造单元主要实现国产数控机床全自动化的加工生产管控,采用桁架机器人、六关节机器人将待加工的工件放入加工装备立式加工中心、车削加工中心、数控磨床等,待加工完成后,再将产品从加工装备中取出,力求实现无缝隙加工生产,以提高效率。

物流系统单元主要实现智能化的物料移送、数字化物流跟踪、物流调度等。立体库内采用堆垛机实现自动搬运,立体库外采用动力轨道以及轨道运输车进行运输。

检测系统单元主要实现工件质量的检测,加工生产线中的测量仪器测量工件后,会自动进行数据存储、分析并给出测量的结果。

1.4.6　苏州胜利精密电子产品生产线

苏州胜利精密"便携式电子产品结构模组精密加工智能制造新模式"项目实现了车间整体三维建模和运行仿真,利用网络系统实现了实时数据采集与资源互联。建设包含189台高速高精钻攻中心、108台华中数控六关节工业机器人、在线视觉检测设备、抛光和打磨设备的20条柔性自动生产线(19条CNC自动化生产线+1条机器人自动打磨生产线),实现了制造现场无人化。

项目建设包括PLM、三维CAPP、ERP、MES、APS(高级计划与排程)、WMS,实现产品全生命周期管理。三维CAPP与工艺知识库,有效缩短了产品开发周期;MES和APS实现了生产计划自动排产和物料精准配送。建设的数据驱动云平台,实现了设备状态可视化管理、工艺参数评估与优化、刀具管理与断刀监测,以及检测数据实时反馈与误差补偿等。

项目全部采用国产智能制造装备,包括华中8型数控系统的高速高精钻攻中心、检测设备与AGV,并且全部采用国产的工业软件。该柔性生产线和抛光打磨生产线实现了便携式电子产品结构模组在批量定制环境下的高质量、规模化、柔性化生产。

项目实施后生产效率提高了45.38%,生产成本降低了24.59%,产品研发周期缩短了39%,产品不良率下降了37.5%,能源利用率提高了23.01%,实现了智能化生产,降低了产品研发和生产过程对人的依赖度,提高了产品的质量和生产效率,降低了能耗和成本。

苏州胜利精密电子产品生产线如图1-26所示。

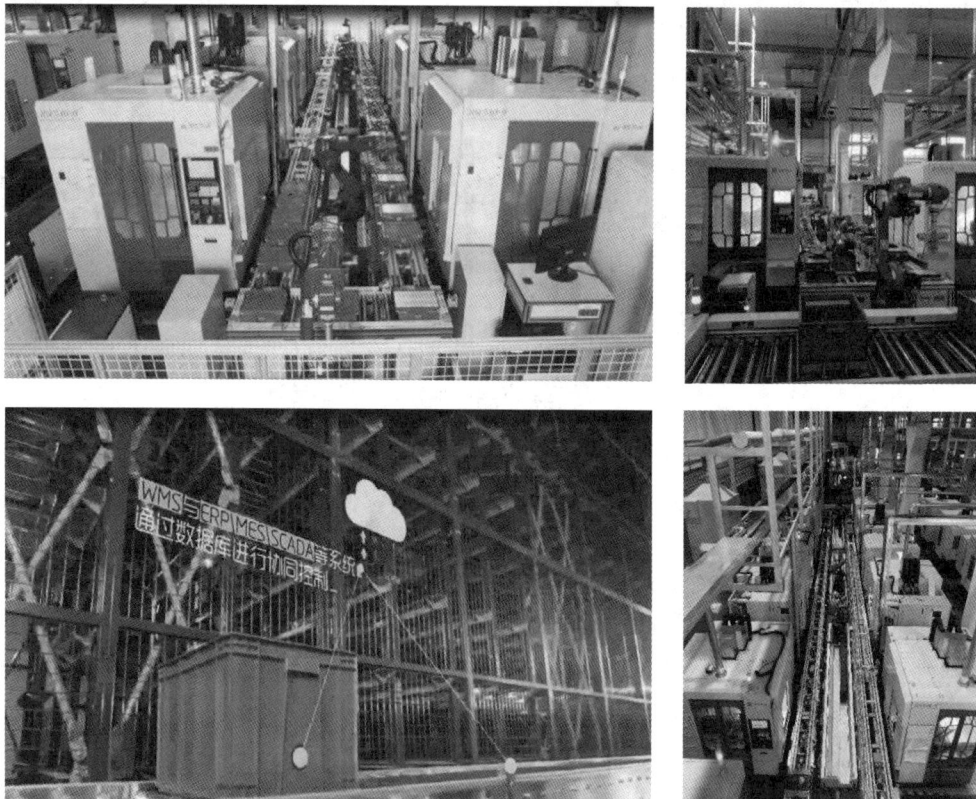

图1-26　苏州胜利精密电子产品生产线

思考题

1. 什么是制造业？制造业发展经历了哪些时期？
2. 什么是智能制造？智能制造在各国的发展现状如何？
3. 智能制造的三个基本范式是什么？
4. 智能制造的特征和发展目标是什么？
5. 我国为实现从"制造大国"迈向"制造强国"做了哪些战略部署？

第 2 章

智能制造过程技术

>>> **2.1 概 述**

智能制造,是先进制造技术与新一代信息技术的深度融合,是用智能技术解决制造问题,是指对产品全生命周期中设计、加工、装配等环节的制造活动进行知识表达与学习、信息感知与分析、智能决策与执行,从而实现制造过程、制造系统与制造装备的智能感知、智能学习、智能决策、智能控制与智能执行。

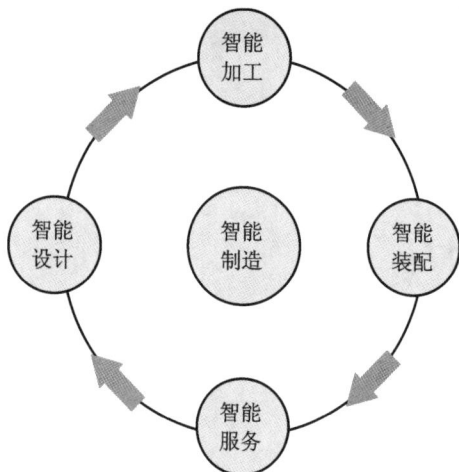

图 2-1 智能制造活动

智能制造涉及产品全生命周期中各环节的制造活动,包括智能设计、智能加工、智能装配和智能服务四大关键环节,如图 2-1 所示。智能制造的实现可以分为四个不同的层面,即制造对象或产品的智能化、制造过程的智能化、制造工具的智能化、服务的智能化;而知识库/知识工程、动态传感与自主决策,构成了智能制造的三大核心。

智能制造的发展经历了数字化制造、数字化网络化制造、新一代智能制造的过程。因此,数字化制造是智能制造的基础。智能制造是数字化制造的必然发展趋势,是企业转型升级的最终目标。

1. 数字化制造定义与内涵

数字化制造是指在虚拟现实、计算机网络、快速原型、数据库和多媒体等支撑技术的支持下,根据用户的需求,迅速收集资源信息,对产品信息、工艺信息和资源信息进行分析、规划和重组,实现对产品设计和功能的仿真以及原型制造,进而快速生产出达到用户要求性能的产品的整个制造过程。也就是说,数字化制造实际上是在对制造过程进行数字化描述而建立起的数字空间中完成产品生产的制造过程,如图 2-2 所示。

数字化制造被认为是一种可以缩短生产时间、成本,而且可以照顾用户的个性化需求、提高产品质量、加快对市场的反应速度的技术。汽车生产商和飞机生产商均在探索利用先进的三维虚拟软件、虚拟现实技术以及产品全生命周期管理(PLM)系统的数字化制造,它不仅有助于制造过程的实施,也有利于在产品开发阶段了解产品的制造成本是否在可承受的范围内。因此,数字化制造是在计算机和网络技术与制造技术的不断融合、发展和广泛应用的基础上诞生的。其内涵主要包括以下三个方面:

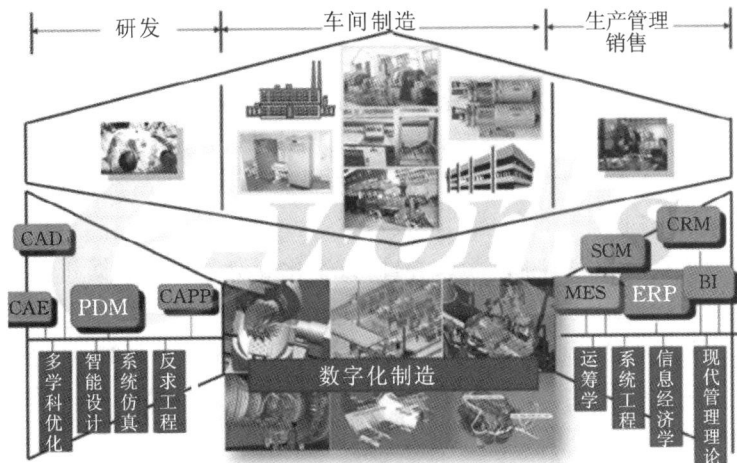

图 2-2 数字化制造示意图

(1) 以控制为中心的数字制造观。

数字制造首先源于数字控制技术(NC 或 CNC)与数控机床,这是数字制造的重要的基础。随着数控技术的发展,先后出现了用一台(或几台)计算机数控装置对多台机床进行集中控制的直接数字控制(DNC),可以加工一组或几组结构形状和工艺特征相似的零件的柔性制造单元(FMC),以及将若干柔性制造单元或工作站连接起来实现更大规模的加工自动化的柔性制造系统。以数字量实现加工过程的物料流、加工流和控制流的表征、存储与控制,这就形成了以控制为中心的数字制造观。

(2) 基于产品设计的数字制造观。

正如数控技术与数控机床一样,CAD 的产生和发展,为制造业产品的设计过程数字化和自动化打下了基础。将 CAD 的产品设计信息转换为产品的制造、工艺规则等信息,让加工机械按照预定的工序和工步的组合和排序,选择刀具、夹具、量具,确定切削用量,并计算每个工序的机动时间和辅助时间,这就是计算机辅助工艺规划(CAPP)。而根据 CAD 模型、工艺规划生成数控加工程序,是计算机辅助制造(CAM)。将制造、检测、装配等的所有规划以及产品设计、制造、工艺、管理、成本核算等的所有信息数字化,并在制造过程的全阶段进行共享,这就形成了基于 CAD、CAM、CAPP 的以产品设计为中心的数字制造。

(3) 以管理为中心的数字化制造。

利用企业内部物料需求计划(MRP),根据不断变化的市场信息和用户订货,从全局和长远的利益出发,基于决策模型,评价企业的生产和经营状况,预测企业未来的运行状况,决定投资策略和生产任务安排,这就形成了制造业生产系统的最高层次的管理信息系统(management information system,MIS)。为了支持制造企业经营生产过程能随市场需求而快速重构和集成,能覆盖产品的市场需求、研究开发、设计、制造、销售、服务、运维等全生命周期信息的产品数据管理(PDM)系统出现了。

当前,随着企业资源计划(ERP)管理平台的广泛应用,企业经营管理中的物流、信息流、资金流、工作流加以集成和综合,形成了集成 MRP、PDM、MIS、ERP、MES 等的以管理为中心的数字化制造。

2. 数字化制造与智能制造的区别

数字化制造是智能制造的基础,智能制造是数字化制造发展的高级阶段。数字化制造技术,包括产品数据管理技术、虚拟制造技术、快速成型技术、计算机辅助检测技术、数字控制技术等,这些技术均为智能制造的基础技术。将数字化制造技术与先进的信息技术相结合,就形成了各种各样的智能制造技术。

但智能制造过程以知识和推理为核心,而数字化制造过程以数据和信息处理为核心,两者之间有着本质的区别:

(1)数字化制造系统处理的对象是数据,而智能制造系统处理的对象是知识;

(2)数字化制造系统处理方法主要停留在数据处理层面,是机械的,而智能制造系统处理方法则基于新一代人工智能技术;

(3)数字化制造系统建模的数学方法是经典数学(微积分)方法,而智能制造系统建模的数学方法是非经典数学(智能数学)方法;

(4)数字化制造系统的性能在使用中是不断退化的,而智能制造系统具有自优化功能,其性能在使用中可以不断优化;

(5)数字化制造系统在环境异常或使用错误时无法正常工作,而智能制造系统则具有容错功能。

智能制造是智能技术与制造技术不断融合、发展和应用的结果。数据挖掘、机器学习、专家系统、神经网络、计算机视觉、物联网、云计算等智能技术与产品设计、产品加工、产品装配等制造技术相融合,形成了知识表达与建模技术、知识库构建与检索技术、异构知识传递与共享技术、实时定位技术、无线传感技术、动态导航技术、自主推理技术、自主补偿技术、自主预警技术等各种形式的智能制造技术,如图 2-3 所示。

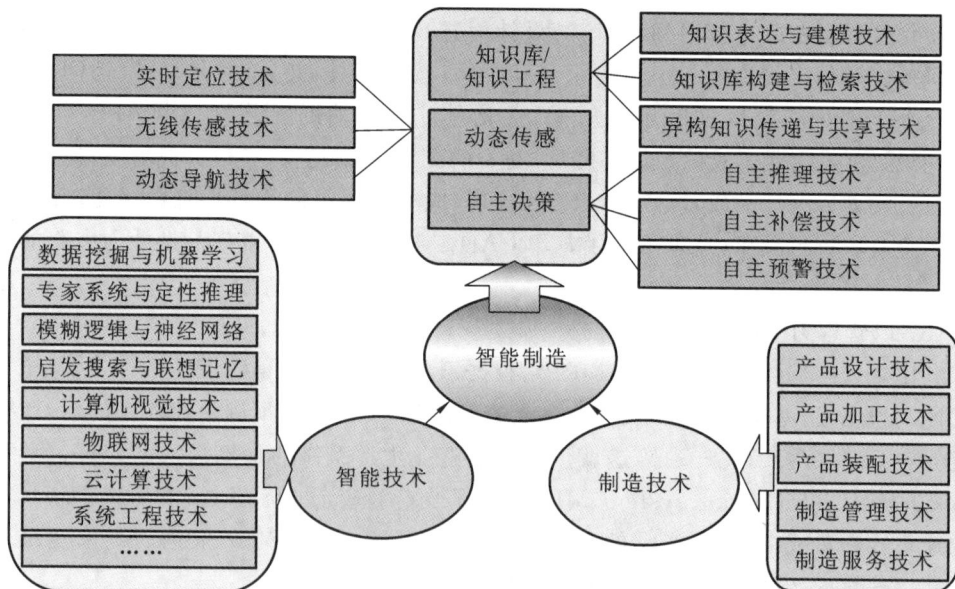

图 2-3　智能制造技术示意图

智能设计

▶▶▶ 2.2 智 能 设 计

伴随着产品数字化、网络化、智能化的发展,产品设计也经历了从数字化设计到智能化设计的发展历程,对智能产品的创新发挥着巨大的作用。

智能设计是智能制造的基础。智能制造的最终目的是生产出符合消费者需求的产品,如何优质、高效地设计出满足用户需求的产品是智能设计需解决的问题。

2.2.1 智能设计的支持技术

智能设计是计算机化的设计,其实现需要相应的技术和手段支持,是数字化网络化设计的高级阶段,是数字化网络化设计的必然发展趋势。

1. 数字化设计支持技术

(1)概念。

数字化是计算机领域的数字技术向人类生活中各个领域全面推进的进程。数字化设计是以新产品为设计目标,以计算机硬件技术为基础,以产品数字化信息为载体,实现产品开发全过程数字化的一种技术,即在网络和计算机辅助下,全面模拟产品设计、分析、制造和装配的过程。

数字化设计辅助技术支持的任务主要包括:

① 产品的概念设计、几何造型、数字化装配、工程图及相关设计文档生成,即计算机辅助设计(computer aided design,CAD),如图 2-4 所示。

② 拓扑结构、形状尺寸、材料性质、颜色配置等的分析优化,属于计算机辅助工程(computer aided engineering,CAE)。

③ 产品静力学、运动学、动力学、热力学、流体力学等方面性能分析与优化,也属于计算机辅助工程,如图 2-5 所示。

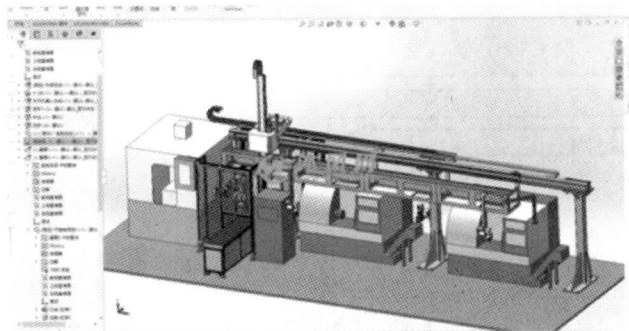
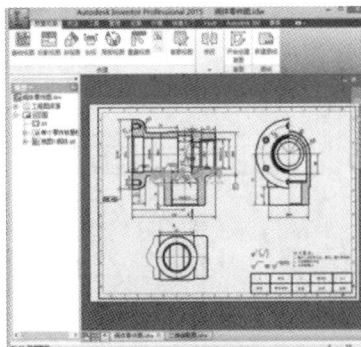

(a)   (b)

图 2-4　数字化设计——CAD 应用

(a)装配仿真;(b)工程图

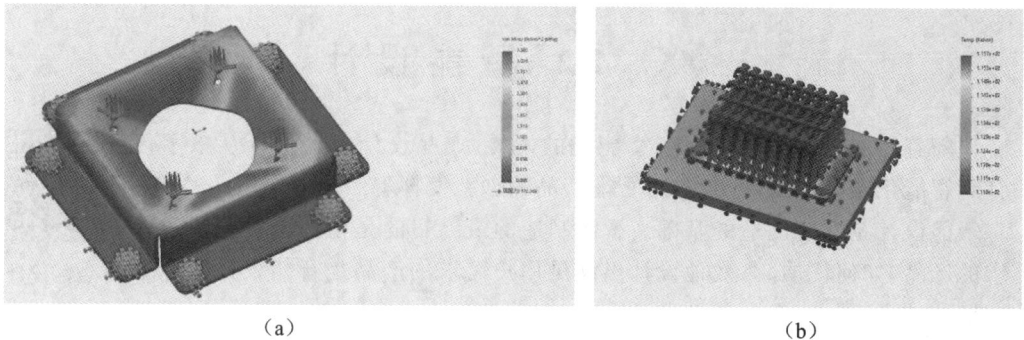

（a）　　　　　　　　　　　　　　　　　　　　（b）

图 2-5　数字化设计——CAE 应用

（a）振动分析仿真；（b）热分析仿真

（2）数字化设计与传统设计的比较。

产品按照传统的开发设计方式，一般需要经过设计→样机制造→试验测试→修改设计等流程，若产品性能达不到用户要求，则需要修改设计，再重复样机制造、试验测试等过程，直到性能符合要求为止。传统研发设计模式存在开发周期长、各系统开发分散、反复试验成本高等缺点。而随着计算机辅助设计技术的发展，现代数字化设计方法在产品开发设计中的应用日益广泛。

概念设计→虚拟仿真设计→结果评估→优化设计→样机制造→试验测试→修改设计的流程，看似非常复杂、烦琐，但由于节省了样机制造时间，虽然在虚拟样机中的反复循环优化设计的次数增加，但能使产品性能很快达到期望要求。

传统设计方法与数字化设计方法的比较如图 2-6 所示。使用数字化设计方法可以快速预估新产品的性能，结合数字化仿真分析结果可以快速进行产品优化改进，以达到快速研发设计、提高产品设计质量和减少设计成本的目的。

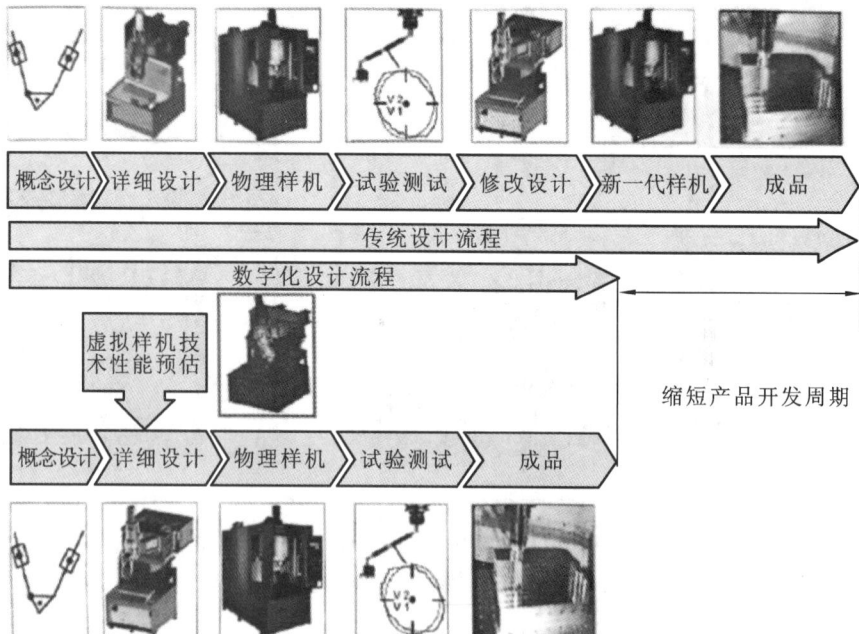

图 2-6　传统设计方法与数字化设计方法的比较

从设计过程的总体结构来看,数字化设计的过程和思路与传统设计的大致相仿,即两者都是与设计人员思维活动相关的智力活动,是一个分阶段、分层次、逐步逼近解答方案并逐步完善的过程。从表 2-1 中可以看出,随着计算机技术、信息技术和网络技术等的飞速发展,产品设计过程中各个设计阶段采用的设计工具、设计理念和设计模式发生了深刻的变化。数字化设计是利用数字化技术对传统产品设计过程的改造、延伸和发展。

表 2-1　传统设计与数字化设计特征比较

项目	传统设计	数字化设计
设计方式	手工绘图	计算机绘图
设计工具	绘图板、丁字尺、圆规等	CAD/CAE 软件、三维扫描仪、计算机等
产品表示	二维工程图、明细表等	三维 CAD 模型、二维 CAD 工程图、物料清单（BOM）等
设计方法	经验设计、手工计算、封闭式设计	基于三维工业设计、有限元分析、优化设计、逆向设计、动态设计等
工作方式	串行设计、独立设计	并行设计、协同设计
管理方式	纸质图档、技术文档管理	基于 PDM 的产品数字化管理
仿真方式	物理样机	虚拟样机、物理样机
特点	可能产生由个人经验、手工计算等带来的设计错误,物理样机反复迭代,修正难度大,设计周期长,成本高	干涉检查、强度分析、动态模拟、优化设计、外观和色彩设计等通过虚拟样机实现,设计错误少,设计周期短,成本低

　　数字化设计技术应用不仅极大地解放设计人员的体力劳动和有效减轻设计人员的脑力劳动,而且有效提高产品设计质量、缩短设计周期、降低设计成本。随着数字化技术的发展,产品数字化设计技术日益成熟,成为产品开发不可或缺的手段和工具。

2. 数字化网络化设计

　　随着互联网、5G 等技术的快速发展,以协同设计技术为主要特征的数字化网络化设计支持技术成为产品开发的重要工具,成为先进制造技术领域的热点。

　　协同设计是指以分布式资源(如设计者、数据库等)为基础,利用数字化、网络化技术支持团队成员交流设计思想、讨论设计结果,及时发现设计细节之间的矛盾和冲突,并加以协调和解决,如图 2-7 所示。

　　协同设计的实质是数字化网络化设计,是"互联网＋数字化设计",即网络化的 CAD 系统。与独立工作运行的 CAD 相比,协同设计在网络环境中由多人异地进行产品的定义、产品的建模、产品的分析与设计、产品的管理和数据交换等工作。其内涵主要包括三个方面:

　　(1) 可以将分布在各地方、单位的设计专家、制造专家等团队集成在一起,共同设计;

　　(2) 将机械、材料、电子、控制、软件、加工等多学科知识和技术进行集成与协同;

　　(3) 把涉及产品全生命周期的设计、加工、装配、调试、销售、售后服务等各部门进行集成与协同。

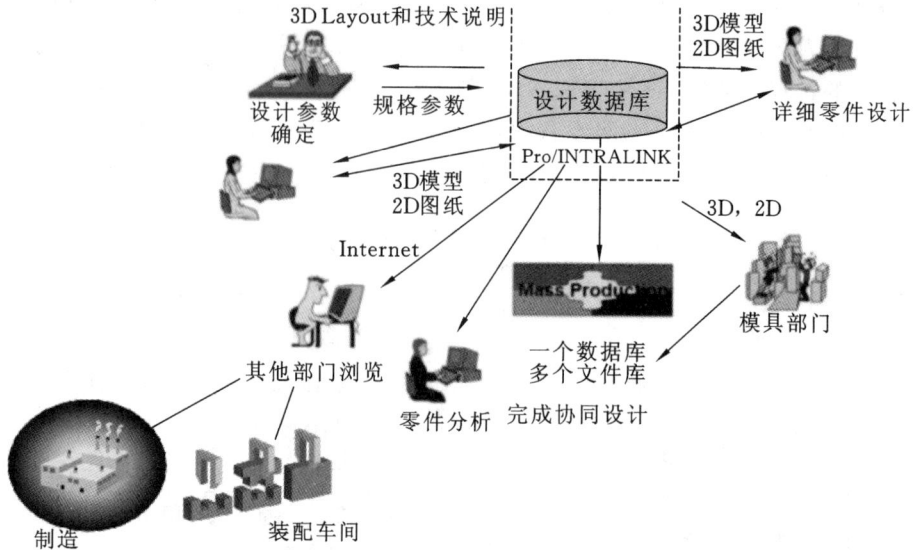

图 2-7 协同设计示意图

协同设计改变了传统的单机作业的产品设计模式,可实现全球范围内产品的协同开发,避免或减少反复设计,极大地提高产品设计效率和质量,降低设计成本。

2.2.2 智能设计概述

1. 智能设计的概念

智能设计是应用现代信息技术,采用计算机模拟人类的思维活动,提高计算机的智能水平,充分发挥人与计算机的交互作用,使计算机替代部分人类脑力劳动,从而使计算机能够更多、更好地承担设计过程中各种复杂任务。

2. 智能设计的特点

智能设计相比以往的设计技术具有以下特点:

(1)以设计方法学为指导。智能设计的发展,从根本上取决于对设计本质的理解。设计方法学对设计本质、过程设计思维特征及其方法学的深入研究是智能设计模拟人工设计的基本依据。

(2)以人工智能技术为实现手段。借助专家系统技术在知识处理上的强大功能,结合人工神经网络和机器学习技术,较好地支持设计过程自动化。

(3)以传统 CAD 技术为数值计算和图形处理工具。CAD 在设计对象的优化设计、有限元分析和图形显示输出方面提供支持。

(4)面向集成智能化。智能设计不但支持设计的全过程,而且考虑与 CAM 的集成,以提供统一的数据模型和数据交换接口。

(5)提供强大的人机交互功能。智能设计允许设计师对智能设计过程的干预,即设计师与人工智能的融合。

3. 智能设计的分类

智能设计按设计能力可以分为三个层次:常规设计、联想设计和进化设计。

（1）常规设计。

常规设计即设计属性、设计进程、设计策略已经规划好，智能系统在推理机的作用下，调用符号模型（如规则、语义网络、框架等）进行的设计。国内外投入应用的智能设计系统大多属于此类，如华中科技大学开发的标准 V 带传动设计专家系统（JDDES）、压力容器智能 CAD 系统等。这类智能设计系统常常只能解决定义良好、结构良好的常规问题，故称为常规设计。

（2）联想设计。

联想设计主要分为两类：一类是进行比较，利用工程中已有的设计事例，获取现有设计的指导信息，这需要收集大量良好的、可对比的设计事例；另一类是利用人工神经网络数值处理功能，从试验数据、计算数据中获得关于设计的隐含知识，以指导设计。这类设计借助于其他事例和设计数据，在一定程度上突破了常规设计，故称为联想设计。

（3）进化设计。

进化设计包括遗传算法（genetic algorithms，GA）、进化编程（evolutionary programming，EP）、进化策略（evolutionary strategies，ES）等。其中，遗传算法是一种借鉴生物界自然选择和自然进化机制的、高度并行的、随机的、自适应的搜索算法。20 世纪 80 年代早期，遗传算法已在人工搜索、函数优化等方面得到广泛应用，并推广到计算机科学、机械工程等多个领域。

2.2.3　智能设计的产生与发展

1. 产生与发展

设计的本质是创造和革新，作为一种创造性活动，设计实际上是对知识的处理和操作。智能化是设计活动的显著特点，也是走向设计自动化的重要途径。

智能设计的产生可以追溯到专家系统技术最初应用的时期，其初始形态采用了单一知识领域的符号推理技术——设计型专家系统，这对设计自动化技术从信息处理自动化走向知识处理自动化有着重要意义，但设计型专家系统仅仅解决设计中某些困难问题，只是智能设计的初级阶段。

近 10 年来，计算机集成制造系统（computer integrated manufacturing system，CIMS）的迅速发展向智能设计提出了新的挑战。在 CIMS 环境下，产品设计作为企业生产的关键环节，其重要性更加突出。为了从根本上强化企业对市场需求的快速反应能力，提高制造业对市场变化和小批量、多品种要求的迅速响应能力，人们对设计自动化提出了更高的要求，即要求计算机在提供知识处理自动化（这可由设计型专家系统完成）的基础上，实现决策自动化，也就是说能帮助人类设计专家在设计活动中进行决策。需要指出的是，这里所说的决策自动化绝不是排斥人类专家的自动化。恰恰相反，在大规模的集成环境下，人在系统中扮演的角色将更加重要。人类专家永远是系统中最有创造性的知识源和关键性的决策者。

因此，像 CIMS 这样的复杂巨型系统，必定是人机结合的集成化智能系统。与此相适应，面向 CIMS 的智能设计走向了智能设计的高级阶段——人机智能化设计系统。虽然它也需要采用专家系统技术，但只是将其作为自身技术基础之一，与设计型专家系统之间存在着根本的区别。CIMS 系统如图 2-8 所示。

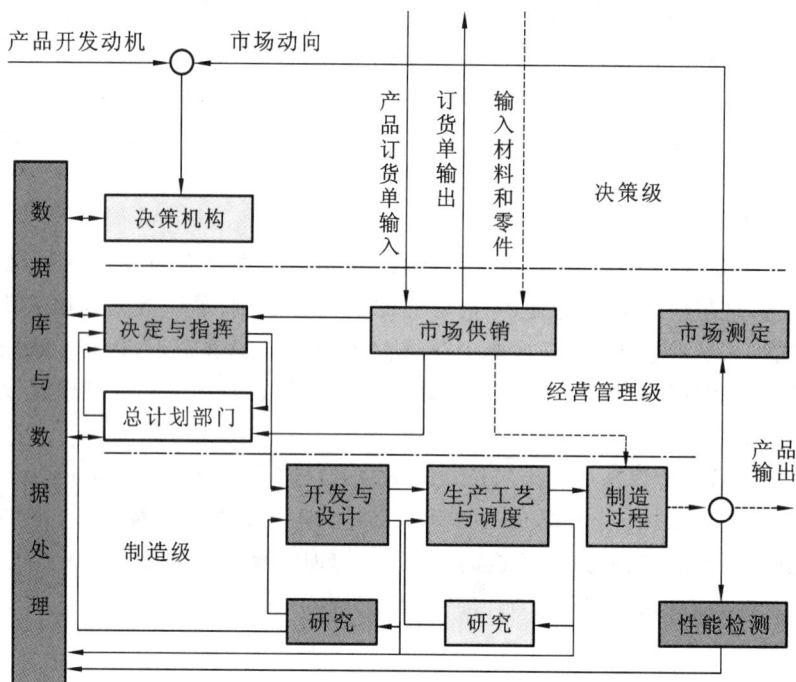

图 2-8　CIMS 系统

2. 设计型专家系统与人机智能化设计系统的区别

尽管人机智能化设计系统也需要采用专家系统技术,但它只是将其作为自己的技术基础之一。设计型专家系统与人机智能化设计系统有根本的区别,具体如下。

(1) 设计型专家系统一般只解决某一领域的特定问题,比较孤立和封闭,难以与其他知识系统集成;而人机智能化设计系统面向整个设计过程,是一种开放的体系结构。

(2) 设计型专家系统只处理单一领域知识的符号推理问题;而人机智能化设计系统则要处理多领域知识、多种描述形式的知识,是集成化的大规模知识处理环境。

(3) 设计型专家系统一般只涉及某单一知识领域范畴,相当于模拟设计专家个体的推理活动,属于简单系统;而人机智能化设计系统涉及多领域多学科知识范畴,模拟和协助人类专家群体的推理决策活动,是人机复杂系统。

(4) 从知识模型来看,设计型专家系统围绕具体产品设计模型或针对设计过程某一特定环节(如有限元分析)的模型进行符号推理;而人机智能化设计系统则能综合考虑整个设计过程的模型、设计专家思想、推理和决策的模型(认知模型)以及设计对象(产品)的模型。

所以,人机智能化设计系统是针对大规模复杂产品设计的软件系统,是面向集成的决策自动化,是高级的设计自动化。

设计型专家系统解决的核心问题是模式设计,方案设计可作为其典型代表。与设计型专家系统不同,人机智能化设计系统要解决的核心问题是创新设计,这是因为在 CIMS 这样的大规模知识集成环境中,设计活动涉及多领域和多学科的知识,其影响因素错综复杂,CIMS 环境对设计活动的柔性提出了更高要求,很难抽象出有限的稳态模式。换言之,设计模式千变万化,几乎难以穷尽。这样的设计活动必定更多地带有创新色彩,因此创新设计是人机智能化设计系统的核心所在。

2.2.4 智能设计与 CAD 技术

智能设计的发展与 CAD 的发展紧密联系在一起,作为计算机化的设计智能活动,仍是 CAD 的一个重要组成部分,在 CAD 发展过程中有不同的表现形式。在 CAD 发展的不同阶段,设计活动中智能部分的承担者是不同的,见表 2-2。传统 CAD 系统只能处理计算型工作,设计智能活动是由人类专家完成的。在智能 CAD(ICAD)阶段,设计智能活动由设计型专家系统完成,但受采用单一领域符号推理技术的专家系统求解问题能力的局限,设计对象(产品)的规模和复杂性都受到限制,故 ICAD 系统完成的产品设计主要还是常规设计,不过在计算机的加持下,设计的效率大大提高。

表 2-2　CAD 发展的不同阶段

设计技术	代表形式	智能部分的承担者	说明
传统设计技术	人工设计/传统 CAD	人类专家	智能设计的初级阶段
现代设计技术	ICAD	设计型专家系统	智能设计的中级阶段
先进设计技术	I2CAD	人机智能化设计系统	智能设计的高级阶段

而在面向 CIMS 的 ICAD 系统,即集成化智能 CAD(integrated intelligent CAD,I2CAD),由于集成化和开放性的要求,智能活动由人机共同承担,这就是人机智能化设计系统。它不仅可以胜任常规设计,还支持创新设计。

2.2.5 智能设计系统的关键技术

智能设计系统的关键技术包括设计过程的再认识、设计知识表示、多专家系统协同技术、再设计与自学习机制、多种推理机制的综合应用、智能化人机接口等。

(1) 设计过程的再认识。

智能设计系统的发展取决于对设计过程本身的理解。尽管人们在设计方法、设计程序和设计规律等方面进行了大量探索,但从计算机化的角度看,目前的设计方法学还远不能适应设计技术发展的需求,仍然需要探索适合于计算机处理的设计理论和设计模式。

(2) 设计知识表示。

设计过程是一个非常复杂的过程,它涉及多种不同类型知识的应用,因此单一知识表示方式不足以有效表达各种设计知识,如何建立有效的知识表示模型和有效的知识表示方式,始终是设计类专家系统成功的关键。一般采用多层知识表达模式,将元知识、定性推理知识以及数学模型和方法等相结合,根据不同类型知识的特点采用相应的表达方式,在表达能力、推理效率与可维护性等方面进行综合考虑。面向对象的知识表示,框架式的知识结构是目前采用的方法。

(3) 多专家系统协同技术。

智能设计一般可以把较复杂的设计过程分解为若干个环节,每个环节对应一个专家系统,多个专家系统协同合作、共享信息,并利用模糊评价和人工神经网络等方法以有效解决设计过程多学科、多目标决策与优化难题。

(4)再设计与自学习机制。

当设计结果不能满足要求时,系统应该能够返回到相应的层次进行再设计,以完成局部和全局的设计任务。同时,可以采用归纳推理和类比推理等方法获得新的知识,总结经验,不断扩充知识库,并通过再学习达到自我完善。

(5)多种推理机制的综合应用。

智能设计系统除了包括演绎推理外,还应该包括归纳推理(如联想推理、类比推理)、基于实例的类比推理、各种非标准推理(如非单调逻辑推理、加权逻辑推理等)以及各种基于不完全知识的模糊逻辑推理方式等。上述推理方式的综合应用,可以博采众长,更好地实现设计系统的智能化。这是目前智能 CAD 系统的一个重要特征。

(6)智能化人机接口。

良好的人机接口对智能设计系统是十分必要的。对于复杂的设计任务以及设计过程中的某些决策活动,在设计专家的参与下,我们可以得到更好的设计效果,从而充分发挥人与计算机各自的长处。

(7)多方案的并行设计。

设计类问题是"单输入/多输出"问题,即用户对产品提出的要求是一个,但最终设计的结果可能是多个,它们都是满足客户要求的可行结果。设计问题的这一特点决定了设计型专家系统必须具有多方案设计能力,需求功能逻辑树的采用、功能空间符号表示、矩阵表示和设计处理是多方案设计的基础。另外,将复杂的设计问题分成若干个子任务,采用分布式的系统结构进行并行处理,可以有效地提高系统的处理效率。

(8)设计信息的集成化。

概念设计是 CAD/CAPP/CAM 一体化的首要环节,设计结果是详细设计与制造的信息基础,必须考虑信息的集成。应用面向对象的处理技术,实现数据的封装和模块化,是解决机械设计 CAD/CAPP/CAM 一体化的根本途径和有效方法。

通过前面的介绍我们可以看出,在智能设计领域,智能化是可以有所作为的。人类的确可以提高计算机的智能,并利用它来帮助或代替人类专家处理数据、信息和知识,以便进行大量的设计决策。智能设计在理论、方法和技术上所取得的进展,已显著拓展和提升设计自动化在设计活动中的适用范围和水平。因此,在设计智能化方面,无所作为的悲观论点是错误的。同时我们也应看到,真正实现设计工作的智能化和自动化还是相当困难的,智能设计理论、方法、技术和实践还远未达到成熟的阶段,还有许多研究工作要做。设计智能化水平的发展主要受两方面因素的限制:建立的设计活动知识模型的完整及准确程度,以及利用计算机硬软件系统来处理这一知识模型所需理论、方法和技术的成熟程度。

首先遇到的难题便是关于人类设计专家的认识活动(思维活动)的规律性,这方面我们知之甚少。有的规律性已被认识,但未必能建立适当的知识模型来描述;当然也有些规律性已被认识并可以模型化,例如人类专家依据知识进行推理决策的活动可以用符号模型来描述,可用专家系统技术来处理。由于人类专家在设计过程中的作用、功能、特性及表现无法完全用知识模型来描述,无法用计算机完全代替人类专家,因而人机智能化设计系统一定要包括人类专家。我们遇到的另一个难题是关于设计过程的规律性的认识还不完全、不充分、不深入，因此也无法用完整、准确的知识模型来描述。设计对象的复杂性也使我们不能全面地建立关于它们的知识模型，这些都会造成设计建模工作的困难。如果没有完善、全面、准确的知识模型，则不可能有完全的设计自动化。人机智能化设计系统一定要包括人类专家的活动，有实物设计对象的参与，即那些无法建模的设计对象或部分设计对象要通过实物模型来进行试验、分析及决策。

当然，随着计算机技术的发展，我们已经有数值计算技术、专家系统技术、模式识别技术、数据库技术、计算机网络技术、计算机智能技术（如人工神经网络、模拟退火算法、遗传算法等）诸多成熟的技术，这些技术的发展使得自动化处理复合知识模型逐渐成为可能，并已应用到实际工程设计之中。

▶▶▶ 2.3 智能加工

制造业一直是国家经济发展的重要支柱之一。随着科技的不断进步和应用，智能加工技术在制造业中扮演着越来越重要的角色。智能加工技术的出现和发展，为制造业带来了革命性的变化，极大提高了生产效率和产品质量，同时也为未来的制造业发展提供了更为广阔的空间。

智能加工

智能加工是智能制造的核心，是零件从原材料或毛坯经过增材制造、等材制造或减材制造，最终成为成品的重要过程。其中，减材制造即数控加工，目前仍然是制造零件和产品的主要方法。

2.3.1 数控加工概述

1. 数控加工的基本概念

数控加工是指在数控机床上进行零件加工的一种工艺方法，即利用计算机辅助制造（CAM）生成数控加工程序，并按照已定的数控程序加工。

数控系统根据程序指令向伺服装置和其他功能部件发出运行、停止等信号以控制机床的各种运动，如主轴起动、停止、旋转方向、转速，进给运动方向、速度、方式，刀具选择，切削液开关等。

2. 数控加工特点

与普通加工相比，数控加工具有以下特点：

（1）自动化程度高。数控加工时，一般除了手工装卸工件外，其余全部加工过程均自动完成。在智能生产线上，上下料、检测、诊断、传输、调度和管理均由数控机床和工业机器人自动完成，减轻操作人员的劳动强度，改善劳动条件。

（2）加工精度高，加工质量稳定。数控加工的尺寸精度通常为 $0.005 \sim 0.1$ mm，不受零件复杂程度的影响，加工中消除了操作人员的人为误差，提高了同一批零件生产的一致性，产品合格率高。

（3）适应性强。数控加工中，加工刀具路线由加工程序控制。当零件发生变化时，只需重新编制程序并输入加工程序，便可自动加工新零件，而无须改变机械部分和控制部分硬件,生产准备周期得以缩短,为复杂结构零件的单件、小批量生产以及试制新产品提供了极大的便利。

(4)生产率高。数控机床主轴的转速和进给量的变化范围比普通机床的大。目前,数控车床的主轴转速已达到 5000~7000 r/min,加工中心的主轴转速已达到 20000~50000 r/min。

(5)易于集成化。数控加工采用数字信息控制,易于与 CAD、CAM、CAPP 集成。

3. 数控加工的基本过程

如图 2-9 所示,利用数控机床完成零件数控加工过程,主要内容如下。

(1)根据零件图样进行工艺分析,确定加工方案、工艺参数等;

(2)根据工艺文件,利用 CAD/CAM 软件,建模仿真并生成零件加工程序代码;

(3)将程序代码输入数控装置,进行试运行、刀具路径模拟等;

(4)正确操作机床,运行程序,完成零件的加工。

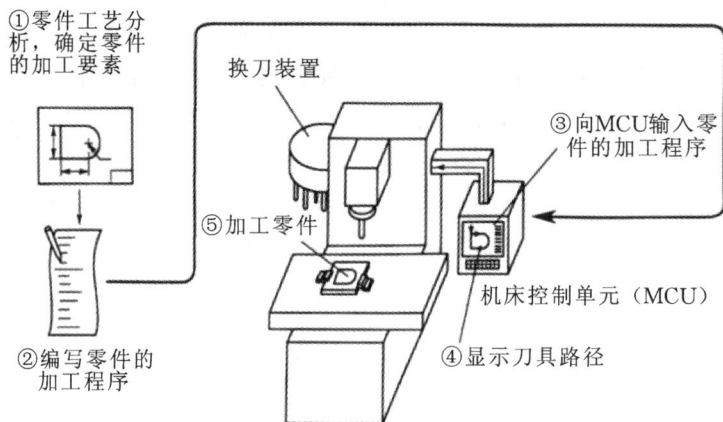

①零件工艺分析,确定零件的加工要素
换刀装置
③向MCU输入零件的加工程序
⑤加工零件
机床控制单元（MCU）
②编写零件的加工程序
④显示刀具路径

图 2-9　数控加工过程

4. 数控加工存在的问题

数控加工过程是复杂、多变的,常规的数控加工技术没有考虑加工过程中机床、刀具、工件的状态变化。在常规的数控加工过程中,数控机床只是根据零件的几何形状、给定切削用量参数、加工工艺,利用数控程序,自动完成加工。

但在生产实践中,数控加工过程并非一直处于理想状态,而是出现多种复杂的物理现象,如加工几何误差、热变形、弹性变形以及机械工艺系统(机床、刀具、夹具、工件)振动等。这些问题的出现,导致利用零件模型编制的"正确"程序,并不一定能够加工出合格、优质的零件。

常规的数控加工技术不考虑这些变化情况,只是按照给定的工件几何轮廓、加工参数、刀具路径进行加工,对于加工过程中出现的"突变"状况无法进行实时处理,不能根据实际加工过程中状态的变化来采取相应的应对措施,也不能实现对加工状态的实时优化,设备加工能力得不到充分发挥,同时也难以保证零件的最终加工质量。

为解决上述问题,必须变革传统的加工理念。智能加工技术是对现有加工技术的一次技术变革,加工前的仿真分析与优化,加工过程中的状态监测、智能优化与控制,贯穿于整个加工过程的数据处理与共享,使得加工过程中各种状态变化量可以被"预测""感知""控制"与"优化",实现智能加工。

在切削加工中引入智能技术是必然趋势,将智能加工技术融入加工的整个过程是未来产品或零件制造加工的发展方向。智能加工技术在加工过程中的应用包括:

(1) 加工前,结合以往制造工艺数据,基于大数据、云计算等技术,对加工工艺进行整体规划(如机床、刀具选择、刀具加工状态、走刀路线、主轴转速、切削深度和进给速度等),并通过建模仿真技术对加工路径、切削用量、刀具角度进行优化和最终加工质量的预测等。

(2) 加工中,利用传感器对加工状态进行实时监测,利用数据处理判断加工状态,利用智能优化决策模块实现加工过程在线优化控制,并对零件加工质量进行在线检测,最终完成零件的智能加工。

(3) 加工后,检测与判断零件加工精度和表面质量。

(4) 数据处理与应用,贯穿于整个智能加工过程中,包括加工前、加工中、加工后不同阶段相关数据的建立、存储、处理、通信和共享。

2.3.2 智能加工技术内涵

1. 智能加工技术概念

智能加工是在数字化制造的基础上,借助先进检测、加工设备和建模仿真技术,实现对加工过程的建模、仿真、预测,以及对加工系统(机床、刀具、工件)的监测与控制;同时集成现有加工知识,使得加工系统能根据实时工况自动优化切削用量、加工路径,调整自身状态,获得最优的加工性能与最佳的加工质量。图 2-10 为智能加工设计因素。

2. 智能加工流程

智能加工涉及材料科学、信息科学、智能理论、机械加工学、机械动力学、自动控制理论和网络技术等多个学科领域。

由于切削过程的复杂性,从工艺规划、仿真优化、切削加工过程优化控制、质量检验到完成加工,这个过程将产生大量的数据信息,建立数据库、知识库可以很好地管理与继承加工过程的数据。此外,利用大数据技术对数据进行挖掘、快速访问、快速分析,能有效地挖掘加工参数价值。利用互联网技术与云平台实现数据云端通信与共享,提升了加工过程中数据的流通性。

智能加工流程具体如下。

(1) 整体工艺规划。在零件实际加工之前,对零件的几何特征进行工艺分析,综合考虑机床、工件、刀具等,对零件进行加工工艺规划,运用大数据技术,确定相应的加工参数与流程。

(2) 建模仿真模拟加工模块。针对不同零件,切削用量、加工路径等参数影响加工质量。完成机床、刀具、零件、夹具几何模型的建立,加工过程仿真,加工路径优化,切削参数优化,刀具角度优化,切削过程中的状态监测与最终加工质量预测等,生成优化后的加工程序。仿真加工过程如图 2-11 所示。

(3) 过程监测模块。智能加工的核心技术包括在线监测模块、优化决策模块、实时控

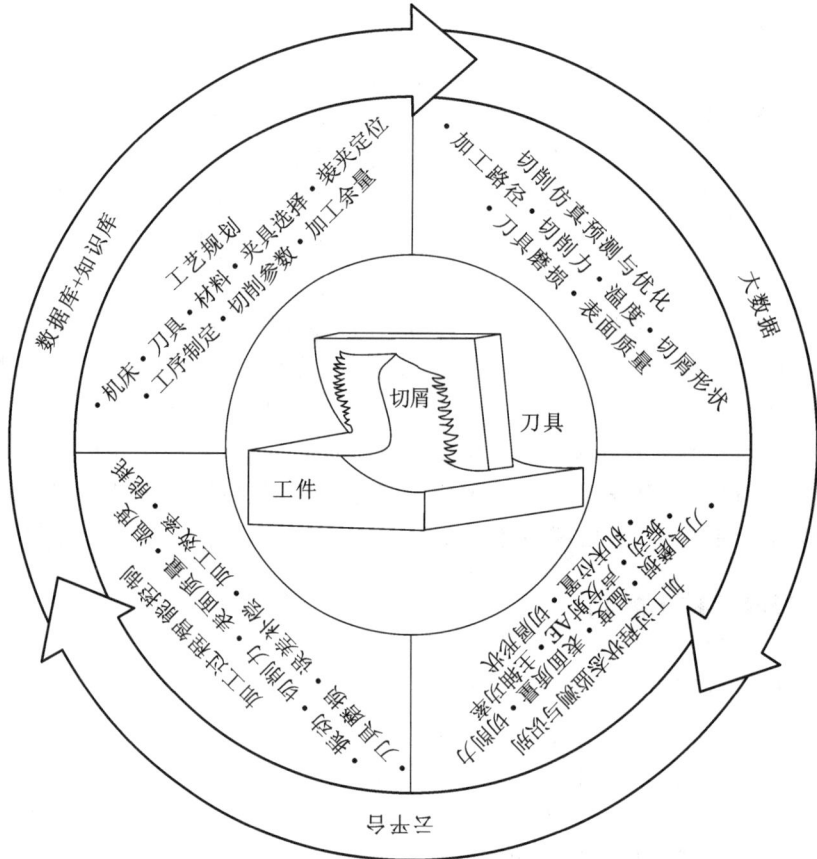

图 2-10　智能加工设计因素

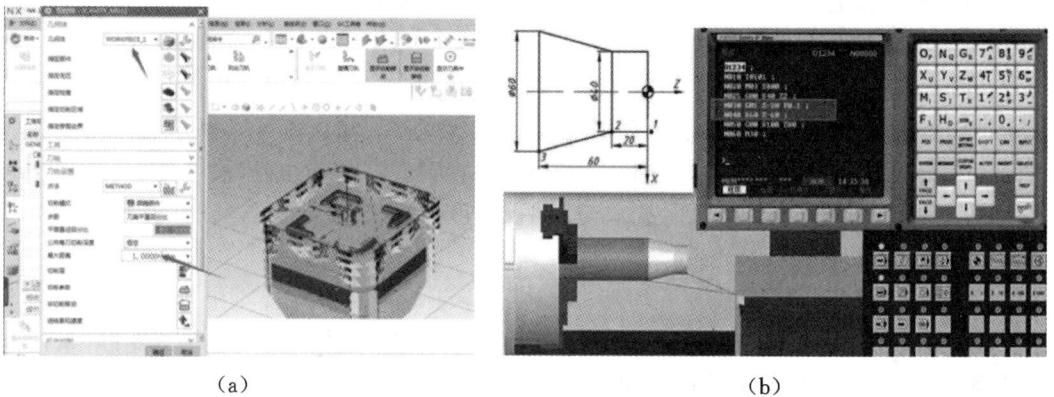

| （a） | （b） |

图 2-11　仿真加工过程

（a）UG 虚拟仿真；（b）模拟数控加工全过程

制模块。该模块主要利用各种传感器、远程监控与故障诊断技术,对加工过程中的振动、切削温度、刀具磨损、加工变形以及设备的运行状态进行实时检测,并根据预先建立的系统控制模型,实时调整加工参数,对加工过程中产生的误差进行实时补偿。

（4）质量检测与判断。质量检测环节为加工的最后环节,即完成对零件尺寸精度、形状精度、位置精度、表面粗糙度、残余应力等加工质量的检测与判断。

（5）数据处理模块。数据处理贯穿于整个智能加工过程,包括机床、工件、刀具、夹具、加工参数、加工过程以及加工完成后相关数据的建立、存储、处理、通信与共享,以及将实时信息传递给远程监控与故障诊断系统、车间管理系统和 MES。互联网＋、大数据、云计算、物联网等技术的发展给智能加工技术的应用带来了更大的发展空间。

图 2-12 所示为智能加工实现流程。

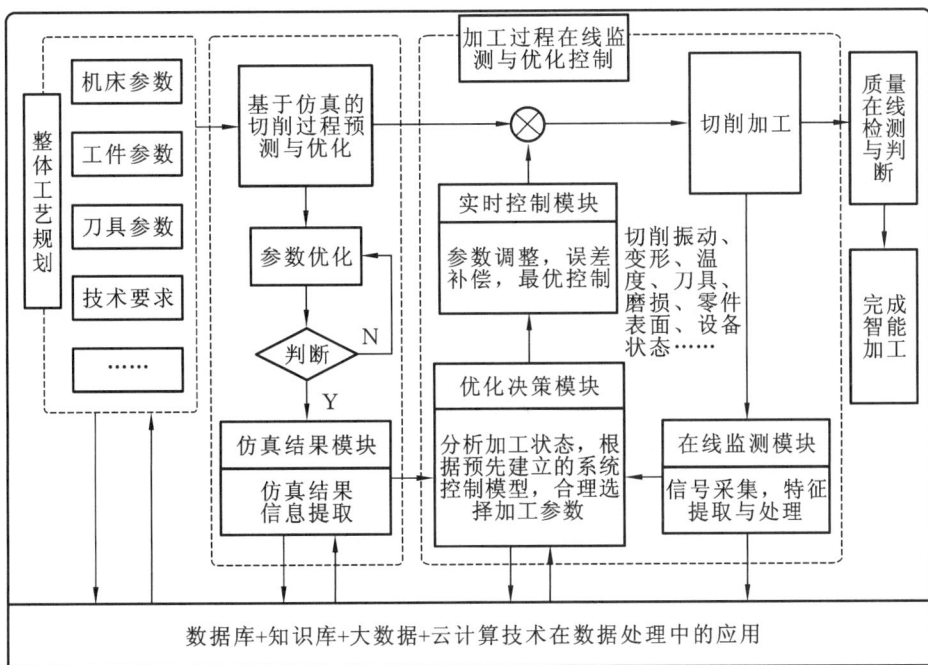

图 2-12　智能加工实现流程

3. 智能加工的基本特征

智能加工是一种基于知识处理、数据优化、智能决策的新加工方式。其基本目的就是应用智能机器来自动检测控制加工过程,模仿人类专家处理产品加工的思维方式去决策,以解决一些不确定的、复杂的、传统中要求人工干预的问题;同时对加工信息进行收集、存储、完善、共享、继承和发展,最终取代人们在加工过程中的脑力活动。智能加工基本特征如下:

（1）代替人的部分决策。对难以量化和形式化的加工信息,智能加工系统能够利用知识专家系统进行决策处理,自动确定工艺路线、零件加工方案和初步的切削参数,同时在面对加工过程中出现的一些现象和问题时,能自行决策并加以解决,完成了原需人来决策的过程。

（2）利用人工智能技术与计算智能技术。智能加工将加工信息量化成计算机能识别的数值和符号,再利用计算机数值计算方法对加工信息进行定量分析,或对难以量化的信息采用符号推理技术进行定性分析,或者对于难以形式化的定性分析采用专家系统进行决策解决。

（3）多信息感知与融合。智能加工系统通过各处的传感器,实时监测加工过程中各个单元的状态,比如振动、切削温度、刀具磨损等,为之后的决策分析提供基础数据。

（4）自适应功能。智能加工系统能够根据传感器提供的加工状态和数据库的数据,自动调整切削参数,优化加工状态,实现最优控制。

（5）对加工经验的继承性。智能加工技术不是从零开始,而是对加工知识和经验进行存储积累、扩大延伸,实现加工过程的延伸。

2.3.3　智能加工工艺规划

产品的制造过程是将原材料或毛坯通过一系列的工艺方法按设计要求加工为成品的过程。工艺设计是机械制造类企业技术部门的主要工作之一,其质量对生产组织、产品质量、产品成本、生产效率、生产周期等有着极大的影响。工艺设计是典型的复杂问题,它包含零件图分析、毛坯与定位基准选择、加工方案制定、工艺路线制定优化等不同性质的功能要求,涉及的知识和信息量相当庞大,与具体的生产环境（比如空气湿度、环境温度、设备自动化程度等）密切关联。

目前,虽已普及数字化工艺,但制定零件加工工艺主要是根据工艺工程师的个人经验,对所要加工的零件进行工艺分析,并选择机床、刀具、夹具和切削用量。人为因素对零件加工质量影响很大,由于工艺工程师个人知识、加工经验不同,因此对于同一零件,不同工艺工程师选取的工艺参数不尽相同,加工后的零件质量也各不相同。

智能加工工艺主要特点是在选择机床、工装夹具、刀具及切削用量的过程中加入数据库、知识库、大数据、云平台等数据处理技术,引入仿真技术对工艺规划进行仿真与优化。以往相同类型零件加工所选取的切削用量,对新零件加工工艺参数的选择具有指导意义。

1. 智能加工工艺概念

（1）CAPP概念。

计算机辅助工艺规划（CAPP）,是借助计算机软硬件技术和支撑环境,利用计算机进行数值计算、逻辑判断和推理等来制定零件机械加工工艺的过程。借助CAPP系统,可以解决手工工艺设计效率低、一致性差、质量不稳定、不易达到优化等问题。CAPP是利用计算机技术辅助工艺工程师完成零件从毛坯到成品的设计和制造过程。图2-13为CAPP系统的功能。

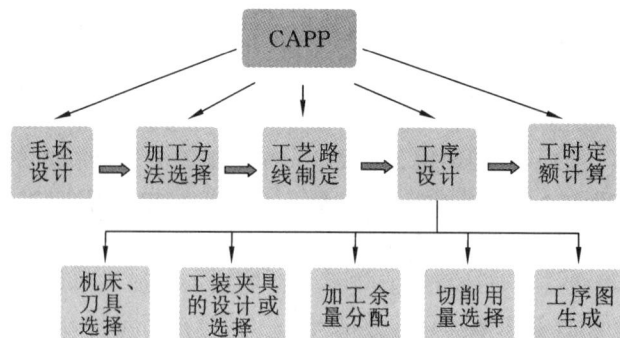

图 2-13　CAPP 系统的功能

（2）智能工艺设计的概念。

随着计算机软硬件技术的不断成熟,计算机辅助工艺规划(CAPP)的理论与方法已发生了质的飞跃。将人工智能理论应用于计算机辅助工艺规划是近几年的研究热点之一,也是工艺设计现代化的发展趋势。不仅人工智能领域中的研究成果被移植到计算机辅助工艺规划,而且人工智能的应用领域也扩大了,两者得到完美结合,促进共同发展。

智能工艺设计与传统的 CAPP 主要有两点区别:

① 智能工艺设计流程显性化、流程化和模块化;

② 智能工艺设计活动智能化、闭环化。

因此,智能工艺设计可以概括为:以数字化方式创建工艺设计过程的虚拟实体,利用智能传感、云计算、大数据及物联网等技术来实现历史及实时工艺设计数据与知识的感知,借助计算机软硬件和支撑环境,通过数值计算、逻辑判断、仿真和推理等功能来模拟、验证、预测、决策、控制设计过程,从而形成零件从毛坯到成品整个设计过程的"数据感知—实时分析—智能决策—精准执行"的闭环,最终实现工艺设计的智能化、实时化、显性化、流程化、模块化和闭环化。

（3）智能工艺设计的发展历程与分类。

CAPP 的开发、研制是从 20 世纪 60 年代末开始的。在制造自动化领域,CAPP 的发展是最迟的部分。世界上最早研究 CAPP 的国家是挪威,始于 1969 年,并于 1969 年正式推出世界上第一款 CAPP 系统 AutoPROS,1973 年正式推出商品化的 AutoPROS。

在 CAPP 发展史上具有里程碑意义的事件是 CAM-I 于 1976 年推出的 CAM-I's automated process planning 系统,取每个单词的首字母,为"CAPP"系统。目前,对 CAPP 这个缩略写法虽然还有不同的解释,但把 CAPP 称为计算机辅助工艺规划已经成为公认的释义。

经过几十年的开发研究,国内外涌现了一大批 CAPP 系统,按照其工作原理一般分为四类:派生式 CAPP 系统、创成式 CAPP 系统、综合式 CAPP 系统、智能式 CAPP 系统。

① 派生式 CAPP 系统。

派生式 CAPP 系统又称为变异式、修订式 CAPP 系统,它建立在成组技术(group technology,GT)的基础上,基本原理是利用零件的相似性进行分组,针对每个零件组制定标准工艺规程,当需要为新零件制定工艺时,按编码搜索零件组,并根据具体情况进行修改和调整,从而派生出新零件的加工工艺。图 2-14 为相似零件组。

CAPP 系统设计可以分为两个阶段,即准备阶段和派生阶段,如图 2-15 所示。准备阶段主要将工厂中所生产的零件按其制造特征分为若干零件组,为每一零件组设计一个主样件,按主样件制定该零件组的标准工艺,并将标准工艺存入数据库中。派生阶段主要设计新零件的工艺,只需通过检索相似零件组的标准工艺并加以筛选,然后编辑或修改即可。

② 创成式 CAPP 系统。

创成式 CAPP 系统的工艺规程是利用计算机自动进行工艺规程设计,即根据程序中的决策逻辑和制造工程数据信息生成工艺文件,这些信息主要是各种加工方法的加工能力和对象、各种设备和刀具的使用范围等一系列的基本知识。工艺决策中的各种决策逻辑被存入相对独立的工艺知识库,供主程序调用。设计新零件的工艺时,输入零件的信息

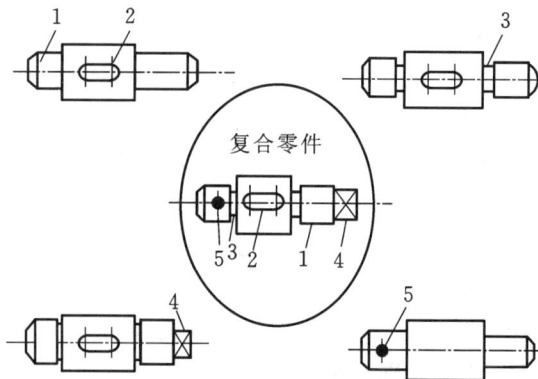

图 2-14　相似零件组

1—外圆柱面;2—键槽;3—功能槽;4—非圆截面;5—辅助孔

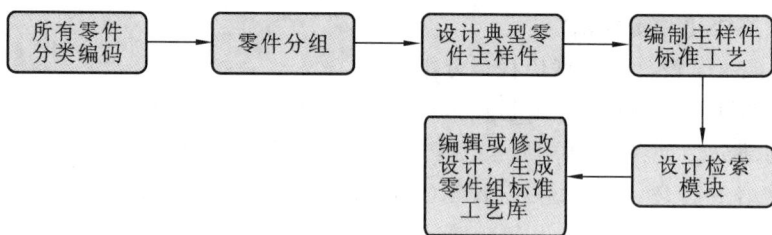

（a）

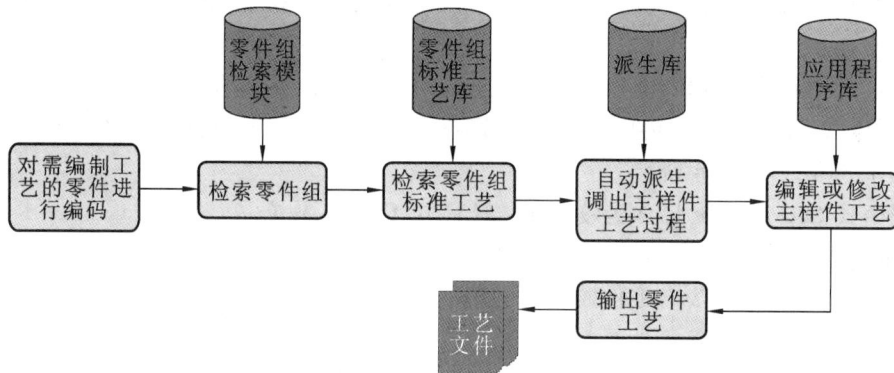

（b）

图 2-15　派生式 CAPP 系统

（a）准备阶段;（b）派生阶段

后,系统自动生成各种工艺规程文件,用户无须修改或稍作修改即可。创成式 CAPP 系统如图 2-16 所示。

与派生式 CAPP 系统不同,创成式 CAPP 系统不需要样板工艺文件,该系统只有决策逻辑和规则,因此系统必须读取零件的全部信息,在此基础上按照程序所规定的逻辑规则自动生成工艺文件。但由于工艺设计的复杂性、智能性和实用性,目前尚难以建成自动化程度很高、功能强大的创成式 CAPP 系统。

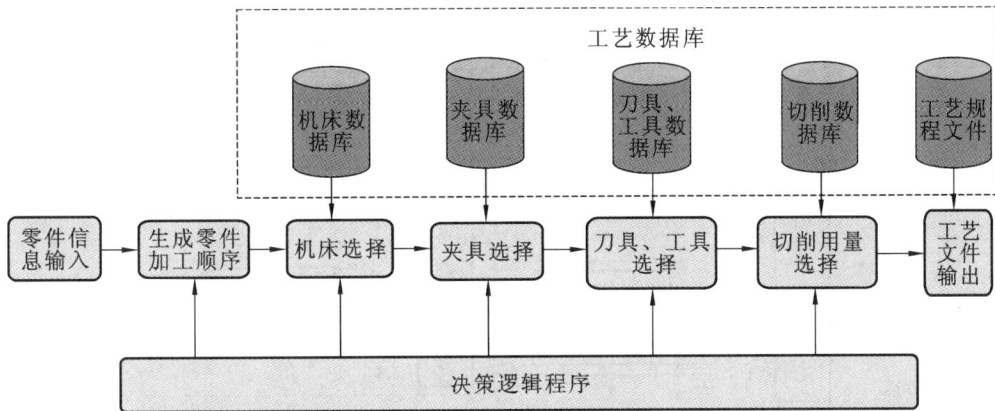

图 2-16　创成式 CAPP 系统

③ 综合式 CAPP 系统。

综合式 CAPP 系统,也称为半创成式 CAPP 系统,是将派生式 CAPP 系统、创成式 CAPP 系统结合而成的。如图 2-17 所示,综合式 CAPP 系统在对零件进行工艺设计时,先通过计算机检索它所属零件库的标准工艺,然后根据零件的具体情况,依据决策逻辑库对标准工艺进行自动修改,工序设计通过自动决策逻辑程序产生。

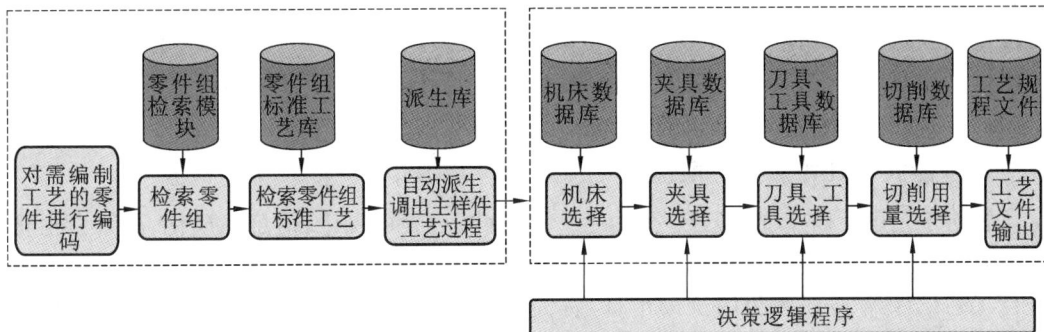

图 2-17　综合式 CAPP 系统

综合式 CAPP 系统兼顾派生式 CAPP 和创成式 CAPP 系统的优点,且克服两者的不足,还具有一定的决策能力。目前国内外大部分的 CAPP 系统均属于综合式 CAPP 系统。

④ 智能式 CAPP 系统。

智能式 CAPP 系统是将人工智能技术应用到 CAPP 系统中,让 CAPP 系统在知识获取、知识推理等方面模拟人的思维模式,使其具有人类"智能"特性。智能式 CAPP 系统能够根据产品图纸和专家知识库进行工艺决策与判断,并选择合适的加工工艺规划。如图 2-18 所示,智能式 CAPP 系统由输入输出接口、知识库、推理机、知识获取四部分组成。

a. 输入输出接口　负责零件信息的输入、零件特征的识别和处理、系统生成加工工艺路线和工序内容等工艺文件的输出。

b. 知识库　包括零件信息库、工艺规则库、资源库、知识管理系统,是智能式 CAPP 系统的基础,对系统的有效性起决定性的作用。

c. 推理机　指各种工艺决策算法,包括工艺路线的生成与优化、机床刀具和工艺装备

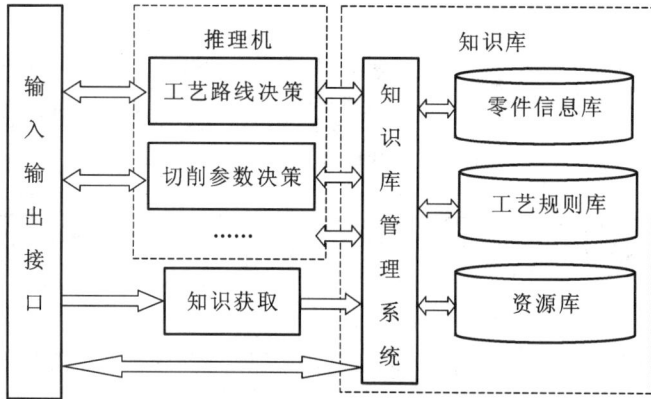

图 2-18　智能式 CAPP 系统

的确定、切削用量选择等。这是智能式 CAPP 系统的关键,决定着系统的智能化水平。

d. 知识获取　指利用机器学习的方法,从工艺工程师的经验和企业的工艺文件中获取工艺知识,并将其转化为计算机能识别的工艺推理规则,不断更新和扩充工艺规则库。

智能式 CAPP 系统与创成式 CAPP 系统虽然都能自动生成工艺文件,但创成式 CAPP 系统以逻辑算法和决策为其特征,而智能式 CAPP 系统则以推理、知识以及自学习能力为其特征。此外,智能式 CAPP 系统还能与 CAD/CAM 集成,即以 CAD 为平台采用特征造型技术,将几何信息和工艺信息汇集到三维零件中,在相对高的层次上集成零件的工艺信息和几何信息,具有更强的直观表达能力,但目前仍处于发展阶段。因此,智能式 CAPP 系统是 CAPP 系统未来的重要发展方向。

2. 智能式 CAPP 系统发展趋势

智能工艺设计以实现工艺数字化、生产柔性化、过程可视化、信息集成化、决策自主化为核心目标,围绕基于物联网的智能化设备、智能化设计、智能化制造与数据集成平台来进行工艺设计,减少了人为因素的干扰,提高了制造加工精度和稳定性。同时,智能加工工艺技术还通过数据采集和分析,实现了生产过程的实时监控和优化调整,最大限度地提高生产效率。其未来主要朝着工具化、集成化、柔性化、知识化和智能化等方向发展。

(1) 工具化。通用性问题是 CAPP 系统面临的最主要难点之一,也是制约其实用化和商品化的一个重要因素。工艺过程设计与企业生产能力、生产对象密切相关,难以开发通用 CAPP 系统。因此,将工艺设计过程分解为多个模块,将一般模块和特殊模块相结合,开发通用化的基本模块和各种工具模块,建立易于扩展的系统结构,成为 CAPP 系统研究与开发的方向之一。

(2) 集成化。集成化是指信息集成。智能化工艺系统实现产品设计、工艺规划和加工过程的全面计算机化和自动化,即实现 CAD、CAPP、CAM 的集成,实现数据信息双向交换与传送。从更高意义上讲,CAPP 系统还实现与 MIS(管理信息系统)、MAS (manufacturing automated system,制造自动化系统)以及 CAQ(computer aided qualification,计算机辅助质量控制)等的集成,实现计算资源、存储资源、数据资源、信息资源、知识资源、专家资源的全面共享。

CAPP 与 CAD、CAM 之间的关系如图 2-19 所示。

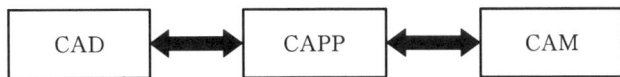

图 2-19　CAD、CAPP、CAM 之间的关系

（3）柔性化。现代智能工艺设计系统以交互式为基础，体现柔性设计；以工艺设计知识库为核心，面向产品实现工艺设计与管理的柔性化。

（4）知识化和智能化。基于智能系统、专家系统、人工神经网络技术和模糊推理技术，智能设计系统可以进行各种层次的自学习和自适应，将工艺设计数据进一步转化为先进制造知识，从而实现工艺设计智能化。

3. 智能加工工艺面临问题

智能加工工艺技术通过数字化的控制和监测手段，不仅可以对生产过程进行全程的监控和记录，以及时发现问题、降低废品率和不良品率，还可以通过数据分析，为生产过程提供优化方案，进一步提高产品的质量和一致性。

然而，智能加工工艺技术在推广应用中还面临一些挑战和问题：

（1）智能加工工艺技术需要企业具备一定的数字化和信息化基础，包括设备的更新和改造、网络的建设等，这需要较大的资金投入；

（2）智能加工工艺技术的推广需要培养一批具备专业知识和技能的人才，这是一个长期的过程；

（3）智能加工工艺技术在信息安全、数据隐私等方面也面临着风险和挑战，需要采取相应的措施来保障信息的安全性。

总体而言，智能加工工艺技术是未来制造业发展的方向，它能显著提高生产效率、生产灵活性和产品质量。智能化手段的引入，可以实现生产线的自主控制和优化，提高企业的竞争力和市场适应能力。然而，智能加工工艺技术的推广应用还需要克服一些困难和挑战，需要政府、企业和社会各界的共同努力，才能实现智能制造的目标，从而迈向制造业的智能化和现代化。

▶▶▶ 2.4　智能装配

装配是产品制造过程的最终环节，也是关键环节，在很大程度上决定了产品的最后质量和使用寿命。产品的技术要求，最终需要通过良好的装配工艺才能达到。装配是复杂制造全生命周期中最重要、耗费精力和时间最多的过程。现代制造业中，装配工作量占整个产品制造工作量的 20％～70％，装配时间占整个制造时间的 40％～60％，产品的装配质量直接影响产品的性能。图2-20 所示为飞机装配工作量在整体制造过程中的占比示意图。

智能装配

随着卫星、火箭、飞机、高端数控机床等产品向复杂化、轻量化、精密化和智能化等方向发展，工作环境越来越恶劣化和极限化，装配精度要求越来越高，装调难度越来越大，产品装配性能也越来越难保障。可提高产品性能的装配方法也越来越受到重视。伴随着制造技术迅猛发展，产品装配正向数字化、智能化迈进。

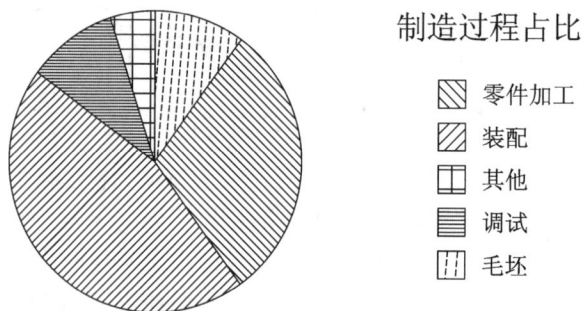

图 2-20 飞机装配工作量在整体制造过程中的占比示意图

2.4.1 概述

1. 装配的概念

任何产品都是由许多零件、组件和部件组成的。按照规定的技术要求,将若干零件结合成组件和部件,并进一步将零件、组件和部件结合成机械产品的过程称为装配。装配包括部件装配和总装配。

装配是整个机械产品制造过程中的最后一个阶段。为了使产品达到规定的技术要求,装配不仅是零件、组件、部件的结合过程,还应包括调整、检验、试验、油漆和包装等工作。装配过程使零件、组件、部件间获得一定的相互位置关系,所以装配过程也是一种工艺过程。装配过程如图 2-21 所示。

对于结构比较复杂的产品,为保证装配工作有效进行,通常根据产品的结构特点,从装配工艺角度,将产品划分为若干个能独立进行装配的装配单元。

(1)零件 组成产品的最基本单元。零件一般装配成合件、组件和部件后再进行总装配。

(2)合件 若干个零件永久连接或连接后再加工便成为一个合件,如镶了衬套的连杆、焊接成的支架等。

(3)组件 若干个零件与合件组合在一起成为一个组件,它没有独立完整的功能,如主轴和装在其上的齿轮、轴套等构成主轴组件。

(4)部件 若干个组件、合件和零件装配在一起,成为一个具有独立、完整功能的装配单元,称为部件,如车床的主轴箱、溜板箱、进给箱等。

2. 装配的发展历史

随着大规模工业化生产的兴起,产品装配技术得到了快速发展。产品装配经历了从手工装配、半自动化装配、自动化装配、数字化装配到智能装配的发展。

(1)手工装配 产品装配过程全部由操作人员手动完成的装配。

产品整个装配过程,包括所有装配操作、物料运送、工位转换均由操作人员手动完成的装配称为手工装配。手工装配借助少量工夹具,如工作台、扳手等,依靠人的经验几乎能实现任何产品的装配。但手工装配主要应用于单件、小批量产品装配,需要装配操作人员具有较高的技能水平。此外,手工装配的随机性大,生产节拍不明显,难以对产品装配

(a)

(b)

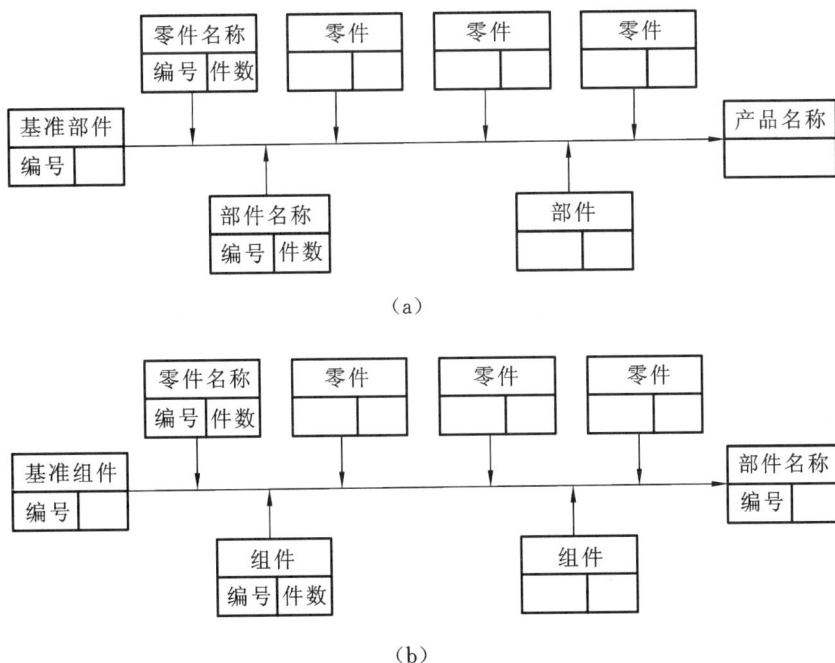

图 2-21　装配过程

(a)产品的装配；(b)部件的装配

进度、装配技术和质量信息进行有效控制,生产率较低,劳动强度较大。

(2)半自动化装配　产品装配过程大部分由自动化设备完成,小部分由人工完成的装配。

产品装配过程中大部分装配操作、工位转换由自动化设备完成,部分上下料和装配工作由人工完成。半自动装配主要应用于成批生产的产品装配,其装配过程一般在流水线上进行,采用专门的设备和工装完成结构产品的装配,生产率高于手工装配,大大减轻特殊条件下手工装配的劳动强度。组织装配作业的任务变成了人与机器之间的合理分配,降低了劳动强度。

(3)自动化装配　产品装配过程都由自动化设备完成的装配。

产品装配过程的物料配送、装配操作、工位转换都是由自动化设备完成的,自动化设备完全代替了操作人员。自动化装配主要应用于大批量生产的产品装配,以提高产品质量和生产率,降低劳动强度。目前,我国汽车、电子等大批量生产的产品,其装配基本是在移动流水线上进行的,只有部分实现了全自动化装配。

(4)数字化装配　数字化技术与传统装配技术相结合的装配。

数字化装配是产品装配技术与计算机技术、网络技术、管理科学的交叉、融合、发展及应用的结果。其主要基于产品数字样机开展产品协调方案设计的可装配性分析,并对产品装配工艺过程的装配顺序、装配路径及装配精度等进行规划、仿真和优化,从而有效提高产品装配质量和效率。

工业机器人技术的应用是数字化装配中的核心重点之一,机器人装配能适应产品型号或结构的变化,可实施较大范围的产品族的装配,兼有柔性强和生产率高的优点。

（5）智能装配　多智能学科和传统装配技术交叉、融合的装配。

智能装配采用工业机器人或相应的设备替代人的重复性操作,利用智能控制、传感器、物联网、自动化、人工智能等先进技术对装配过程进行优化,保证装配过程能顺利完成。智能装配通过逐次构建智能化的装配单元、装配车间,基于信息物理融合系统,实现装配系统的智能感知、实时分析、自主决策和精准执行,完成产品装配过程的智能化。

当前智能制造作为新一轮工业革命的核心技术,正在引发制造业发展理念、制造模式等方面重大而深刻的变革,正在重塑制造业的技术体系。未来,随着人工智能、智能检测等技术的发展,产品装配技术有望实现从手工经验式装配向自动化、智能化装配的转变,并最终实现可控、可测、可视的科学装配。

3. 智能装配的特征

智能装配是智能制造的重要组成部分,是数字化装配向更高阶段发展的必然产物。智能装配基于传感技术、网络技术、自动化技术、人工智能技术等先进技术,通过智能感知、人机交互、自主决策和精准执行,实现产品设计、生产、管理、服务等制造活动的智能化。智能装配主要包含智能感知、实时分析、自主决策、精准执行四大特征。

（1）智能感知　全面感知装配系统的实时运行状态和产品对象的运行情况,实现人与资源的互通互联。

（2）实时分析　基于云计算与大数据技术对所获取的实时运行状态数据进行及时、快速的分析。

（3）自主决策　按照预定的规则及自学习所得知识,根据数据分析结果,自主做出判断和选择。

（4）精准执行　执行决策,对装配系统的运行状况做出精准的响应、调整和处理。

4. 智能装配的关键技术

智能装配系统具有装配单元自动化、装配过程数字化、信息传递网络化、过程控制智能化以及质量监控精确化等特点,实现了产品装配质量的高可靠性和全生命周期的可追溯性。

智能装配的关键技术主要包括以下几方面:

（1）人机结合的虚拟装配仿真技术。

基于信息物理融合系统的模块化产品模型,建立装配过程的工艺模型和生产模型。在虚拟环境中将现实中产品的装配过程展示出来,并在虚拟环境中分析产品的装配流程及其可行性与合理性,进而实现对装配全过程的仿真,保证装配过程顺利实施。

（2）智能化的装备。

对于高精度、结构复杂的产品,装配过程的自动化、智能化必须借助于专用的智能化装备来实现。例如在智能生产线上,工业机器人自动钻铆技术是实现各部件之间配合与连接的重要手段,AGV 和机器人手臂的组合可实现装配精确定位,等等。

（3）装配过程的监测与监控。

建立可覆盖装配全过程的数字工业监控网络,通过传感器、射频识别、物联网、人工智能、云计算、大数据、制造执行系统（MES）等技术实时感知、监控、分析及判别装配状态,实现装配过程的描述、监控、跟踪和反馈。

（4）智能装配的制造执行技术。

智能装配中的制造执行系统（MES）是集智能设计、智能预测、智能调度、智能诊断和智能决策于一体的智能化应用管理系统。因此，需要将 MES 与人工智能技术、管理技术等有机融合，提高制造执行过程的精细化管理水平、精益化执行水平和智能化决策水平，提升企业的整体竞争力。

2.4.2 智能装配生产线

随着我国工业技术的高速发展，传统装配模式由于装配效率低、劳动强度大、作业管理困难，已无法满足现代产品装配周期短、节奏快、精度高的生产作业需求。当今，国内外企业正在探索数字化生产线向智能装配生产线迈进的实现途径。

装配线是指按照制定的工艺流程，应用制定的操作步骤，按照一定的节拍，对各装配目标有序地进行组装的生产过程。装配线是一种广泛应用的人机工程，是一种重要的规模化生产方式。而智能装配生产线是智能制造装备之一，是实现高端制造转型的重要需求。智能装配生产线是融合工业以太网、智能物流、传感器等技术的集成管理控制系统，是高效的具有高水平生产管理系统的新型智能生产线。它可对全线生产计划、产品、材料、质量、设备等信息进行收集和分析，实现实时状态监控、过程指导、材料管理、质量控制、设备和人员管理、生产数据管理等功能。

1. 智能装配生产线布局

智能装配生产线的总体布局主要应从信息化建设和设备、物料的管理与调度两个方面着手。首先，生产线的信息化建设应达到数字化管理的要求，即通过建设 MES（制造执行系统），同时整合已经实施的 ERP（企业资源计划）、设备物联网系统，以及规划的 PDM（产品数据管理）系统、CAPP（计算机辅助工艺规划）系统，彻底打通横向信息集成；然后以 Smart Plant Foundation 为数据连接及管理平台，构建协同设计的构架；再通过信息化整合，完成车间布局改造、设备升级及自动化改造，最终实现智能化生产线的构建。接着，要解决好零部件装配质量控制与检测各个阶段的管理与控制，解决好产品从设计到装配阶段的全过程监控问题，减少从设计到生产制造的不确定因素，使生产过程通过数字化手段得以验证。

利用现代信息技术和网络技术，以"产品加工与装配"为主线，将由计算机、网络、数据库、设备、软件等所组成的系统平台构建成一个高速信息网，实现计划快速下达、作业调度控制、工艺指导、生产统计、设备状态监控、质量全面管控及追溯、生产信息协同（物料协同、准时配送、生产准备协同）等，实现设备的智能化、生产管理的信息化。

2. 智能装配生产线信息化集成

智能化装备单体虽然具备智能特征，但其功能和效率始终无法满足现代制造业规模化发展的需求，因此，需要进一步发展智能化装备，建立起智能装配系统。

底层的多台智能化装备组成数字化装配生产线，实现智能化装备间的连接；多条数字化装配线进一步组成数字化车间，实现数字化生产线的连接；最终，数字化车间组成智能化工厂，实现各数字化车间的连接。顶层的应用层由物联网、云计算、大数据、机器学习、远程运维等使能技术组成，为智能装配系统提供技术支撑与服务。

智能装配生产线的信息化集成过程就是将物理对象（智能化装备、产品）等与信息系统（如 MES 和 ERP）进行集成，通过计算机来控制产品的装配过程。智能人机交互将机器和人的优势充分发挥出来，实现产品装配过程的智能化、高效化。总装智能生产线融合了智能装备、智能配送、物联网、人工智能、数据挖掘、信息系统集成、计算机仿真等先进技术。总装智能生产线由智能总装生产过程建模与仿真优化系统、智能生产管控系统、智能物料配送系统、基于物联网的制造信息智能感知系统和智能制造云服务平台等子系统组成。以飞机产品为例，其脉动式总装智能生产线架构如图 2-22 所示。

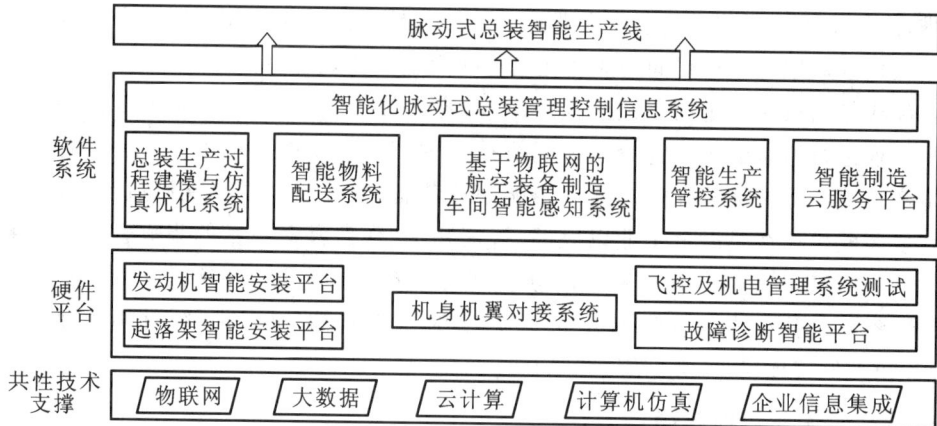

图 2-22　飞机脉动式总装智能生产线架构

采用物联网技术对移动装配生产线现场各项信息数据进行采集、分析、整理，并结合节拍设计与管理、生产计划与执行等信息化管理系统，实现产品装配过程中的监测及控制、生产过程追踪及质量控制、物流配送及装配资源管理，是一种高效的先进管理手段。基于物联网的装配过程管理系统及控制系统硬件部署分别如图 2-23 和图 2-24 所示。

3. 智能装配生产线的硬件设备

智能装配生产线系统的硬件设备是实现智能制造的核心载体。相比于传统的制造装配设备，智能化装备具有自我感知、自适应与优化、自我诊断与维护、自主规划与决策等能力。智能化装备的发展水平是衡量一个国家工业现代化程度的重要标志。智能装配生产线系统的典型硬件设备包括智能机器人、智能传感器、柔性工装、智能装配装备等，如图 2-25 所示。

（1）智能机器人。

智能机器人是集计算机技术、制造技术、自动控制技术、传感技术及人工智能技术于一体的智能制造装备，是能在三维空间完成各种作业的机电一体化设备，特别适用于多品种、变批量的柔性生产。其主体包括机器人本体、控制系统、伺服驱动系统和检测传感装置，具有拟人化、自控制、可重复编程等特点。智能机器人可以利用传感器对环境变化进行感知，基于物联网技术实现机器与人之间的交互，并自主做出判断，给出决策指令，从而在生产过程中减少对人的依赖。随着人工智能技术、多功能传感技术，以及信息收集、传输和分析技术的快速发展，通过配备传感器、机器视觉和智能控制系统，智能机器人正朝

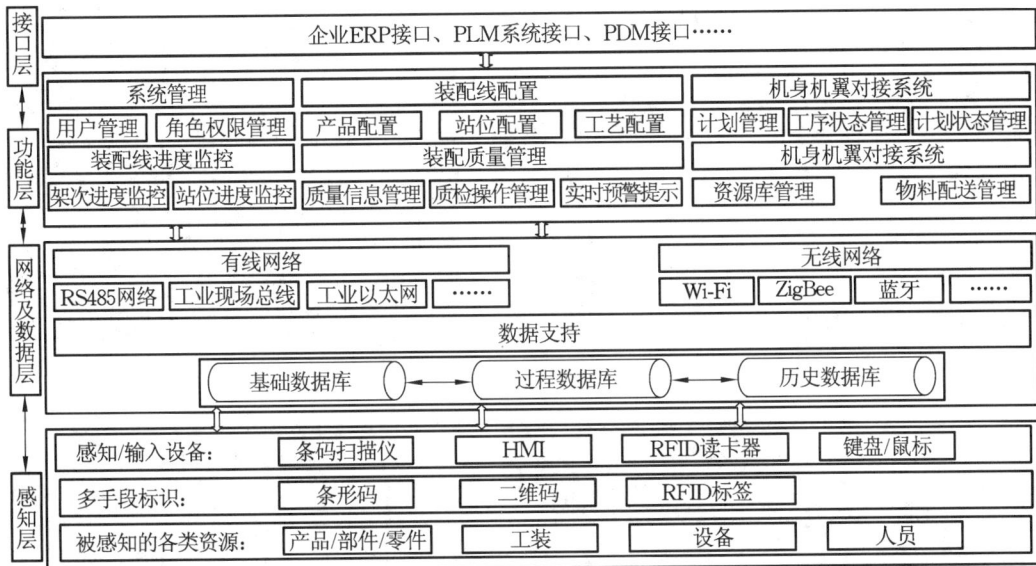

图 2-23 基于物联网的装配过程管理系统框架

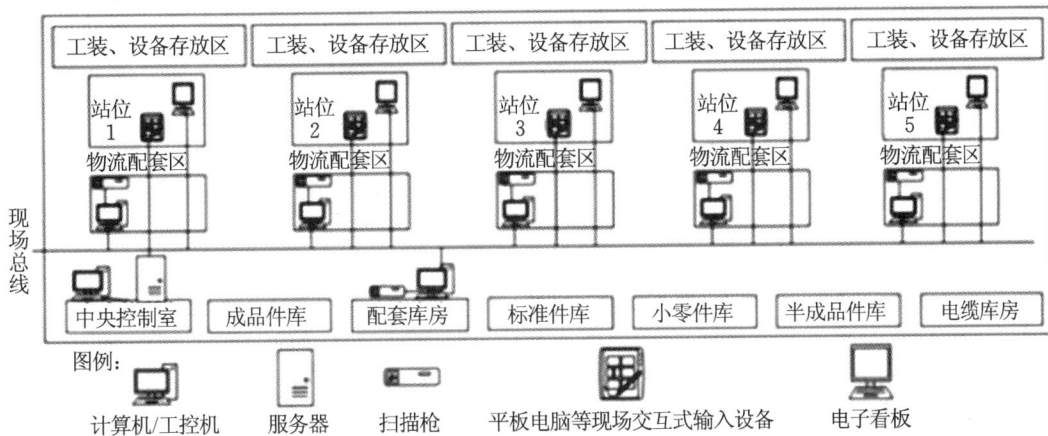

图 2-24 基于物联网的装配过程控制系统硬件部署

着服务化与标准化的方向发展,其中服务化要求未来的智能机器人能充分利用互联网技术,实现在线的主动服务,而标准化是指智能机器人的各种组件和构件实现模块化、通用化,使智能机器人的制造成本降低,制造周期缩短,应用范围得到拓展。

(2)智能传感器。

智能传感器是指将待感知、待控制的参数进行量化并集成应用于工业网络的高性能、高可靠性与高功能性的新型传感器,通常带有微处理系统,具有信息感知、信息诊断、信息交互的能力。智能传感器是集成技术与微处理技术相结合的产物,是一种新型的系统化产品。

目前常见的传感器类型包括视觉传感器、位置传感器、射频识别传感器、音频传感器与力/触觉传感器等。多个智能传感器还可组建成相应的拓扑网络,并且具备从系统到单元的反向分析与自主校准能力。在当前大数据网络化发展的趋势下,智能传感器及其网

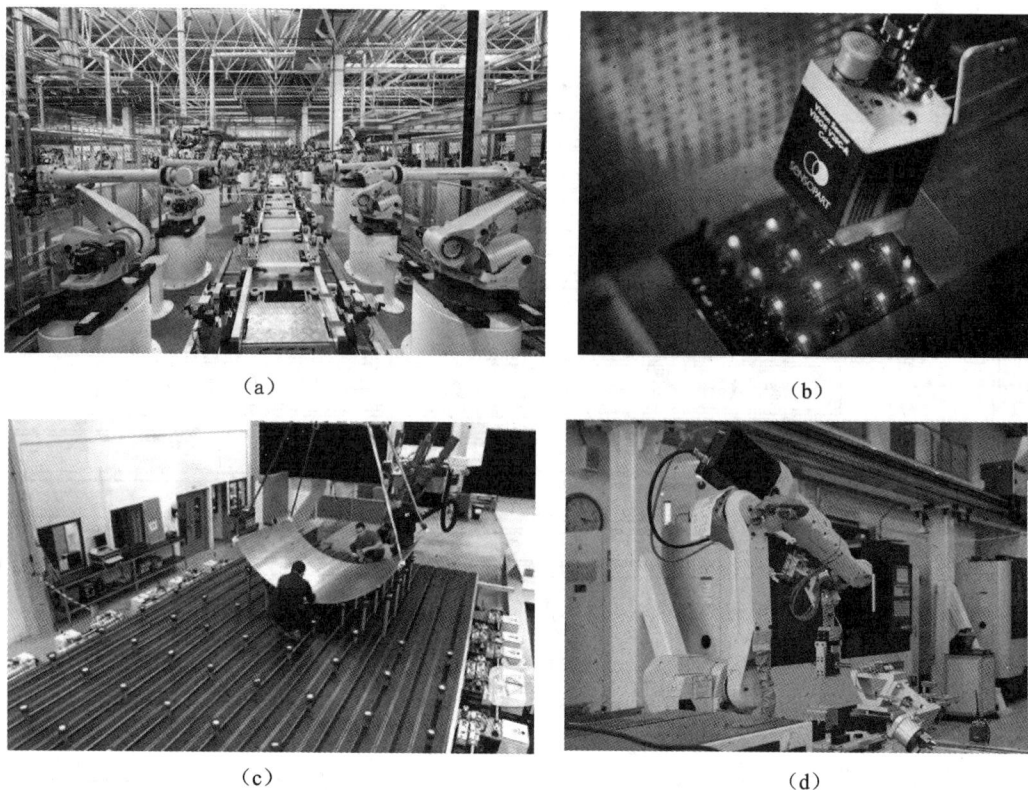

图 2-25　智能装配生产线的硬件设备
(a)智能机器人；(b)智能传感器；(c)柔性工装；(d)智能装配装备

络拓扑将成为推动制造业信息化、网络化发展的重要力量。

（3）柔性工装。

飞机装配过程中的柔性工装设备包括柔性对接平台、柔性制孔设备、AGV 等相关辅助设备，是实现智能装配的硬件基础。柔性定位过程采用弹性体曲面柔性定位技术，通过调整、重组、控制等手段动态生成工装定位模块，通过拼装或调换柔性装配工装局部定位件进行信息重组，完成多型号飞机的装配任务，适用于多机型、多结构的生产模式。包含柔性对接平台、制孔设备及 AGV 等相关辅助设备的柔性工装设备是实现智能装配的硬件基础，是降低装配成本、缩短装配准备周期的重要工具。

柔性工装配合先进的测量检验系统与连接设备是智能装配中最重要的设备基础。

（4）智能装配装备。

随着人工智能技术的不断发展，智能装配技术与装备开始在航空、航天、汽车、家用电器、半导体、医疗等重点领域得到应用。例如，配备机器视觉的多功能、多目标智能装配装备首先可以准确找到目标的各类特征，自动确定目标的外形特征和准确位置，并进一步利用自动执行装置完成装配，实现对产品质量的有效控制，同时增强生产装配过程的柔性、可靠性与稳定性，提高生产制造效率；数字化智能装配系统则可以根据产品的结构特点和加工工艺特点，结合供货周期要求，进行全局装配规划，最大限度提高各装配设备的利用率，尽可能缩短装配时间。

2.4.3 智能装配生产线典型应用案例

（1）汽车装配生产线。

在汽车制造领域，国内各大整车厂及零部件制造厂普遍向智能化生产线转型。长城汽车建设的高端智能化工厂以科技为基础，打造以"智能、智慧"为主的新模式创新工厂；将智能装备与互联网的有机结合，实现了高端智能装备、柔性化工艺、无人化智慧物流管理等核心技术的攻关与突破。该智能化工厂年产能为 25 万辆，占地总面积为 27.15 公顷（$27.15 \times 10^4 \ \mathrm{m}^2$），总建筑面积为 286.316 m^2，项目总投资为 378483.27 万元，达产时年销售收入约为 50 亿元。长城汽车智能化装配生产线见图 2-26。

图 2-26　长城汽车智能化装配生产线

（2）民用电气装配生产线。

在民用电气领域，随着中央空调更新换代速度的加快，空调设备越来越提倡环保、节能、减排，产品越来越复杂，个性化要求越来越高。在个性化定制、柔性化生产更符合当下市场需求的背景下，海尔集团积极创新发展，将新一代信息技术与传统输送线相结合，自主研发了一条模块化、柔性化和智能化的多联机中央空调智能装配线（见图 2-27），满足型号复杂多变的多联机中央空调的个性化装配生产。项目研发历时 2 年，于 2018 年正式投入运行，应用于海尔中央空调智能互联工厂，拥有年产大型水机机组逾万台、空调末端产品超 35 万台的生产能力，总装效率提高了 30%，人工劳动强度降低。此外，海尔中央空调智能互联工厂首创容器智能装配线、智慧能源管理系统，拥有全球最大的智能互联测试台，实现了生产制造的转型升级，以及包括内外互联、信息互联、虚实互联的三大互联。

（3）民用飞机装配生产线。

在民用飞机领域，具有代表性的装配生产线是洛克希德·马丁公司所设计的柔性自动化装配系统（见图 2-28）。该系统在 F-35 的研制和生产过程中，采用柔性装配技术，应用激光定位和电磁驱动等新技术，可一次性完成制孔、锪窝、铆接等多项装配工作，极大提高了工作效率与整机质量。此外，该公司在复杂型面的复合材料零件（如大型油箱、大梁、

图 2-27　海尔多联机中央空调智能装配线

复合材料进气道、机翼蒙皮等)的检测工作中采用先进的激光超声检测技术,自动检测范围近乎 100%。2015 年,空中客车公司采用这种柔性装配技术开发出电磁铆接动力头和行列式高速柱阵柔性装配工装,历史性地实现了每月生产 38 套机翼,尤其在机翼翼盒自动装配过程中,柔性装配技术充分应用于柔性装配单元中,可完成测量、定位、夹紧、送料、机器人钻孔等多种复杂工作。

图 2-28　F-35 脉动生产线

在国内的民机制造领域,以 C919 为代表的飞机部装车间的 4 条生产线(水平尾翼、中央翼、中机身及全机对接生产线)均采用了自动化设备及柔性工装(见图 2-29)。C919 飞机的研制过程中,采用 MBD 技术建立面向三维数字化工艺设计和应用的一体化集成体系。采用分散式柔性装配工装,可稳定支撑各机体零件、组件,实现空间六自由度调整,具有较高的定位精度。此外,装配线的自动钻铆系统按照平尾、中央翼、中机身部件的不同结构特点及装配工艺流程要求,配置不同的钻铆装置。

图 2-29　C919 首架飞机机体对接线

采用激光跟踪仪搭载空间分析仪（SA）测量软件组成数字化测量系统以实现自动测量，将测量数据传递给控制系统，实现测量数据的数模交互；采用 AGV 设备进行物流运输，AGV 具备万向运动功能，运动灵活、精度高，并通过位置传感器自动感应与周围环境物体的距离，计算安全距离进行避障运动或报警。

总装移动生产线包含导引驱动系统、机体承载系统、动力源（气、电、液）的传导部分、装配工作平台、安全监测系统、控制系统软件及与 MES 的集成接口等。整条移动生产线采用导引驱动系统牵引机体承载系统，带动飞机和工装沿预定路线行进并采用地上与地下相结合的方式实现生产线的能源供给，配备生产控制系统及在线安全监控系统，保证生产线稳定可控；能够实现机身内部填充、全机系统件安装、电缆导通/分系统测试、最终功能试验、内饰系统安装、水平测量和客户检查等，满足 100 架/年的产能要求。

通过以上应用案例可以看出，以实现加工生产智能化、检测与控制智能化、决策管理智能化和绿色化为出发点的装配装备、装配生产线是智能制造发展的必然趋势和要求，在提升产能及产品附加值方面都有着十分重要的作用。

⟫⟫⟫　2.5　数字孪生技术

2.5.1　数字孪生的定义与特征

1. 数字孪生的定义

数字孪生（digital twin，DT）是以数字化方式创建物理实体的虚拟实体，借助历史数据模拟物理实体在现实环境中的行为，通过虚实交互反馈、数据融合分析、决策迭代优化等手段，为物理实体扩展新的能力。作为一种充分利用模型、数据、智能并集成多学科知识的技术，数字孪生面向产品全生命周期过程，充当连接物理世界和信息世界的桥梁，提供更实时、高效、智能的服务，有助于提升企业的生产力和产品质量。图 2-30 为数字孪生模型。

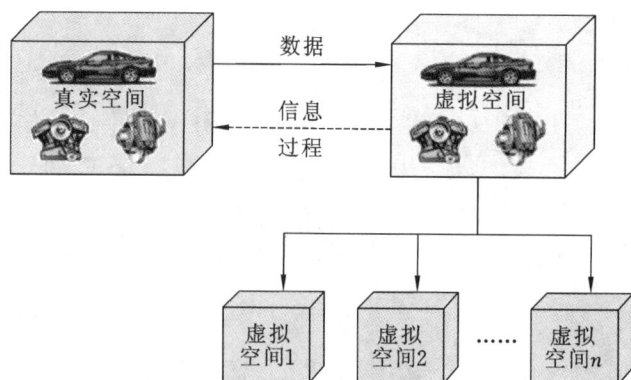

图 2-30　数字孪生模型

2. 数字孪生的典型特征

从数字孪生的定义可以看出,数字孪生具有以下几个典型特征:

(1) 虚实映射　数字孪生技术是在数字空间构建物理对象的数字化表示,即现实世界中的物理对象和数字空间中的孪生体能够实现双向映射、数据连接和协同交互;

(2) 实时同步　基于实时传感的多元数据的获取,数字孪生可全面、精准、动态反映物理对象的实时状态变化,包括性能、外观、位置、异常等;

(3) 共生演进　在理想状态下,数字孪生所实现的映射和状态同步应覆盖孪生对象的全生命周期,即设计、生产、运营直至报废,孪生体应随孪生对象生命周期进程而不断演进更新;

(4) 闭环优化　建立孪生体的最终目的是实现对物理实体的状态数据监视、分析推理、工艺参数和运行参数优化,实现决策功能的闭环,即赋予数字虚体和物理实体一个大脑。

3. 数字孪生的本质

数字孪生的本质是建模和仿真,旨在通过数据采集、建模分析和仿真模拟等技术手段,实现物理实体与虚拟模型之间的实时映射和交互。但数字孪生涉及的建模已不再是基于传统的底层信息传输格式的建模,而是对实体对象外部形态、内部机理和运行关系等方面的整体抽象描述,其难度和应用效果相较于传统建模呈指数级增长,主要表现在数字孪生可以有多个变身,即根据不同用途和场景构建形态各异的数字模型。图 2-31 为数字孪生建模结构。

由图 2-31 可知,一个完整的数字孪生包含四个实体层级:

(1) 数据采集与控制实体　主要涵盖感知、控制、标识等技术,承担数字孪生体与物理空间上行感知数据的采集和下行控制指令的执行。

(2) 核心实体(即数字孪生体)　依托通用支撑技术,实现模型构建与融合、数据集成、仿真分析、系统扩展等功能,是生成数字孪生体并拓展应用的主要载体。

(3) 用户实体　主要以可视化技术和虚拟现实技术为主,承担人机交互的职能。

(4) 跨域功能实体　承担各实体层级之间的数据互通和安全保障职能。

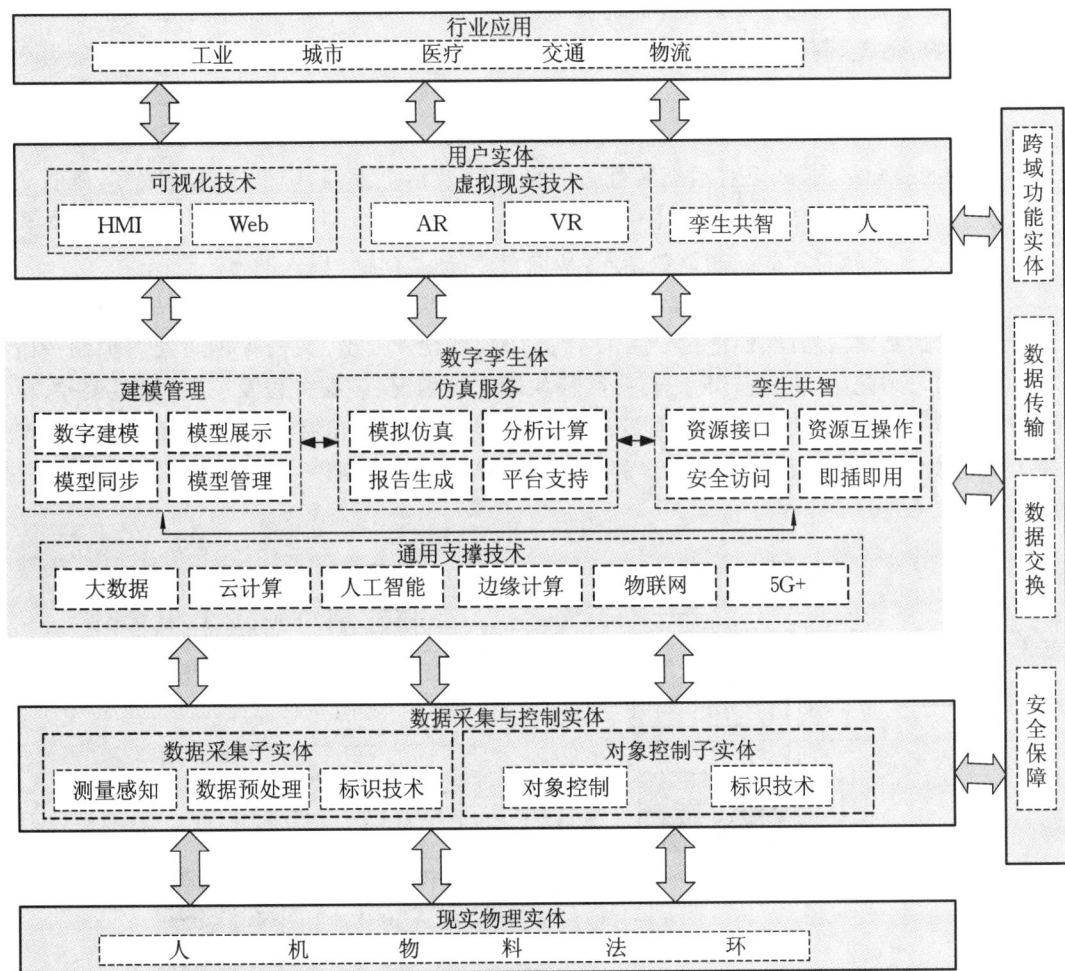

图 2-31　数字孪生建模结构

2.5.2　数字孪生技术应用

数字孪生的应用领域非常广泛,包括工业制造、城市管理、交通物流、医疗健康等领域。在工业制造领域,数字孪生可以帮助企业实现产品设计、生产、维护等全生命周期的数字化管理,提高生产效率和产品质量;在城市管理领域,数字孪生可以用于城市规划、交通管理、环境监测等方面,提升城市管理的智能化水平;在交通物流领域,数字孪生可以用于智能交通系统、物流优化等方面,提高交通物流的效率和安全性;在医疗健康领域,数字孪生可以用于医学成像、疾病模拟、药物研发等方面,推动医疗健康的数字化和精准化。

1. 基于数字孪生的产品设计

产品设计是指根据用户要求,经过研究、分析和设计,提供产品生产所需的解决方案的过程。基于数字孪生的产品设计是利用物理产品与虚拟产品在设计中的协同作用,不断挖掘产生新颖、独特、具有价值的产品概念,并转为详细的产品设计方案,不断降低产品实际与设计期望的不一致性。

设计是智能制造的首要环节,传统制造业中的设计与制造环节往往是独立的。一方面,存在响应时差,制造中出现的工艺变更不能及时反馈至设计人员,制造数据不能有效应用于产品设计的优化,进而导致设计缺陷被延迟发现甚至被忽略,给产品质量及品牌形象带来负面影响;另一方面,传统的设计方案大多局限于产品自上而下的功能分解及由简单到复杂的装配结构,缺乏对动态装配过程的描述及信息反馈,降低了制造效率,延长了产品开发周期。而将数字孪生技术引入产品设计环节,可以利用产品设计模型与实体模型的实时交互来获得产品的制造数据库,从而对产品设计优化提供助力。

图 2-32 是基于数字孪生的复杂产品设计制造一体化开发过程。该过程从分析用户需求出发,以达到面向功能、性能的产品设计;同时,将设计模型、文档等传递到虚拟制造阶段,经过加工装配后,将几何尺寸合理性、模块间干涉情况、装配过程及关系、制造偏差、单件产品实际加工几何数据等反馈回设计阶段。最终,可交付给客户实例产品及唯一的产品设计参数和模型等,形成满足用户需求的大规模个性化定制。

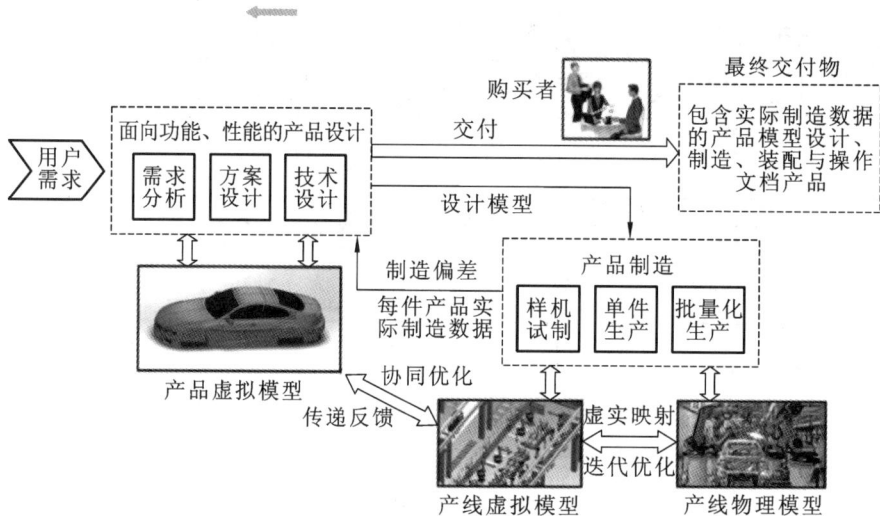

图 2-32　基于数字孪生的复杂产品设计制造一体化开发过程

2. 基于数字孪生的生产车间

数字孪生车间(digital twin workshop,DTW)是在新一代信息技术和制造技术驱动下,基于物理车间与虚拟车间的双向真实映射与实时交互,实现物理车间、虚拟车间、车间服务系统的全要素、全流程、全业务数据的集成和融合。在车间孪生数据的驱动下,实现车间生产要素管理、生产活动计划、生产过程控制等在物理车间、虚拟车间、车间服务系统间的迭代运行,从而在满足特定目标和约束的前提下,达到车间生产和管控最优的一种车间运行新模式。DTW 主要由物理车间(physical workshop)、虚拟车间(cyber workshop)、车间服务系统(workshop service system,WSS)、车间孪生数据(workshop digital twin data)四部分组成,如图 2-33 所示。

物理车间是车间客观存在的物理实体集合,主要负责接收车间服务系统下达的生产任务。

虚拟车间是物理车间的数字镜像模型,主要负责对生产计划/活动进行仿真、评估与

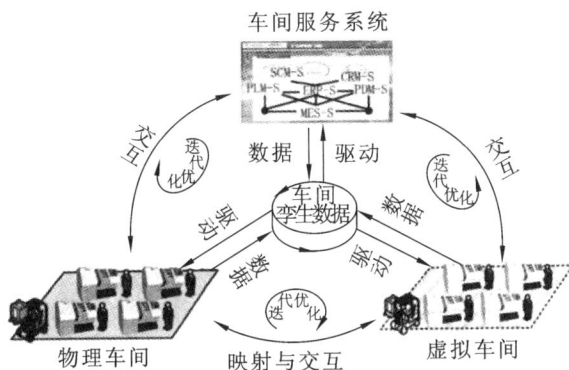

图 2-33　数字孪生车间主要组成

优化,并对生产过程进行实时监测、预测与调控等。例如数控加工过程中,虚拟车间通过对加工状态的监控,分析加工状态是否异常,诊断加工状态异常的原因,预测加工质量的变化趋势,确定需要优化调整的工艺参数并反馈给物理车间,从而形成"监控—分析—调整—优化"的闭环,实现产品运行的持续优化。数字孪生加工如图 2-34 所示。

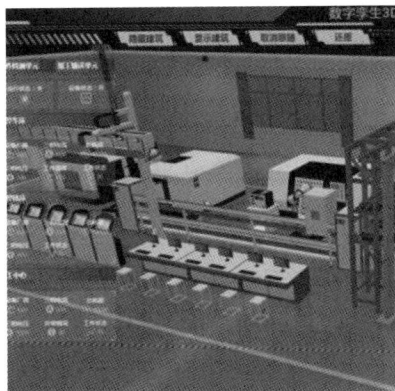

图 2-34　数字孪生加工

车间服务系统是数据驱动的各类服务系统功能的集合,主要负责在车间孪生数据驱动下对车间智能化管控提供系统支持和服务。

车间孪生数据是指与物理车间、虚拟车间和车间服务系统相关的数据。物理车间将实时数据传至虚拟车间,虚拟车间根据物理车间的实时状态对自身状态进行更新,并将物理车间的实际运行数据与预定义的生产计划数据进行对比。若二者数据不一致,则虚拟车间对物理车间的扰动因素进行辨识,并在扰动因素的作用下对生产过程进行仿真。虚拟车间基于实时仿真数据、实时生产数据、历史生产数据等车间孪生数据,从全要素、全流程、全业务的角度对生产过程进行评估、优化及预测等,并以实时调控指令的形式作用于物理车间,实现对生产过程的优化控制。如此反复迭代,直至实现生产过程最优。

3. 基于数字孪生的设备故障检测与健康管理

故障预测与健康管理(prognostics and health management,PHM)利用各种智能传感器和数据处理方法对系统设备进行状态评估、故障预测,将传统事后维修转为事前维修,将故障消灭在萌芽状态。基于数字孪生的 PHM 是在数字孪生的驱动下,基于物理设备与虚拟设备的同步映射与实时交互以及精准的 PHM 服务,形成设备健康管理新模式,实现快速捕捉故障、准确定位故障原因、合理设计并验证维修策略。如图 2-35 所示,在数字孪生驱动下,PHM 对物理设备检测点的各类传感器所采集到的数据进行实时感知并通过嵌入式系统和通信网络输入虚拟模型;虚拟设备与物理设备同时运行,虚拟模型对实时数据和历史数据进行算法分析,评估设备会发生故障的零部件或子系统,并预测其会发生故障的时间;根据评估结果,对物理设备进行预防性维护,保证物理设备的健康运行。

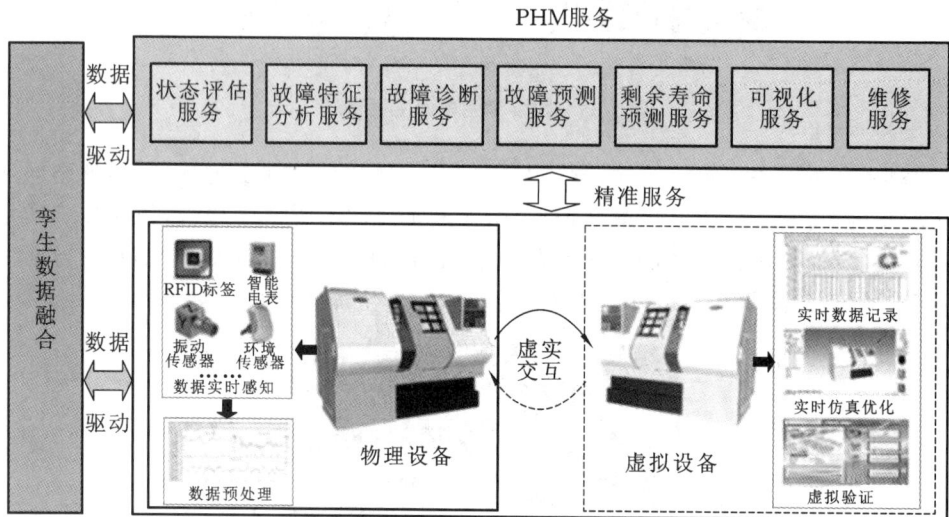

图 2-35　基于数字孪生的 PHM 模式

利用信号处理和数据分析等运算手段,对工业系统中产生的各类数据进行运算,实现对复杂工业系统的健康状态的检测、预测和管理。

4. 智慧城市

2008 年,IBM 提出"智慧地球"概念,引发了建设智慧城市的热潮。2010 年,IBM 正式提出了"智慧城市"愿景。近年来,一些国家开始将数字孪生应用到智慧城市建设中。在城市中广泛部署传感器,感知城市环境、交通、水利等运行状况,并将数据汇聚到智慧城市平台,初步形成数字城市。如雄安新区在全国范围内首次提出建设"数字孪生城市"概念,明确指出要同步规划、建设物理城市和虚拟的数字城市。图 2-36 所示为数字孪生城市模型。

5. 基于数字孪生的智慧医疗

数字孪生技术在医疗健康领域中的应用主要是在医学影像、手术模拟和医疗设备维护等方面。图 2-37 所示为智慧医疗模型。

(1) 医学影像应用　利用数字孪生技术,对患者的身体部位进行三维建模,并模拟病变情况,为医生提供更准确、更全面的诊断信息,从而帮助医生更准确地诊断和治疗疾病。例如,在骨科医疗中,数字孪生技术可以将患者的骨骼影像转化为三维模型,以帮助医生更好地分析骨骼结构,制定更合理的治疗方案。此外,数字孪生技术还可以通过多模态影像数据的融合,为医生提供更全面的病情信息,以提高诊断的准确性。

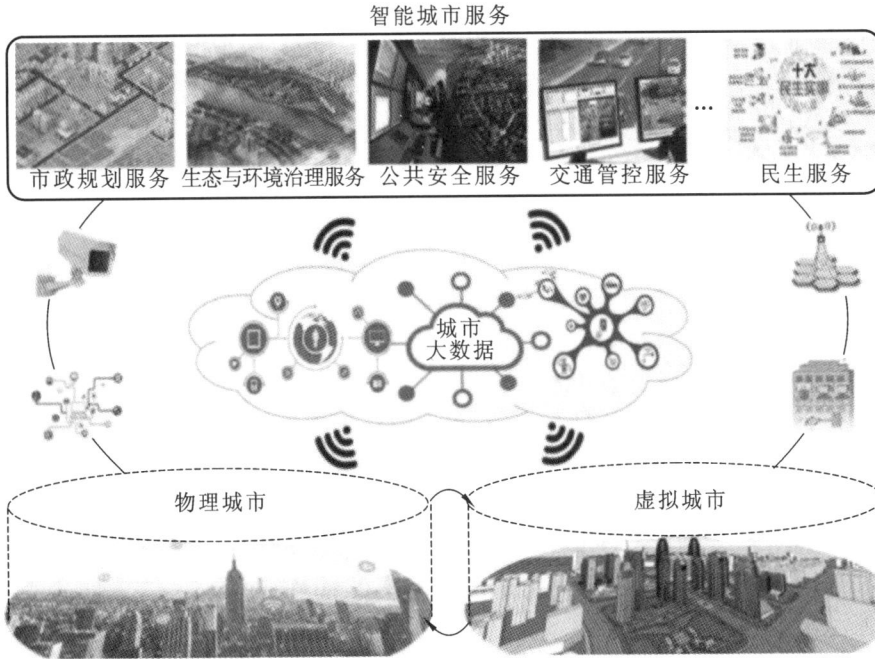

图 2-36　数字孪生城市模型

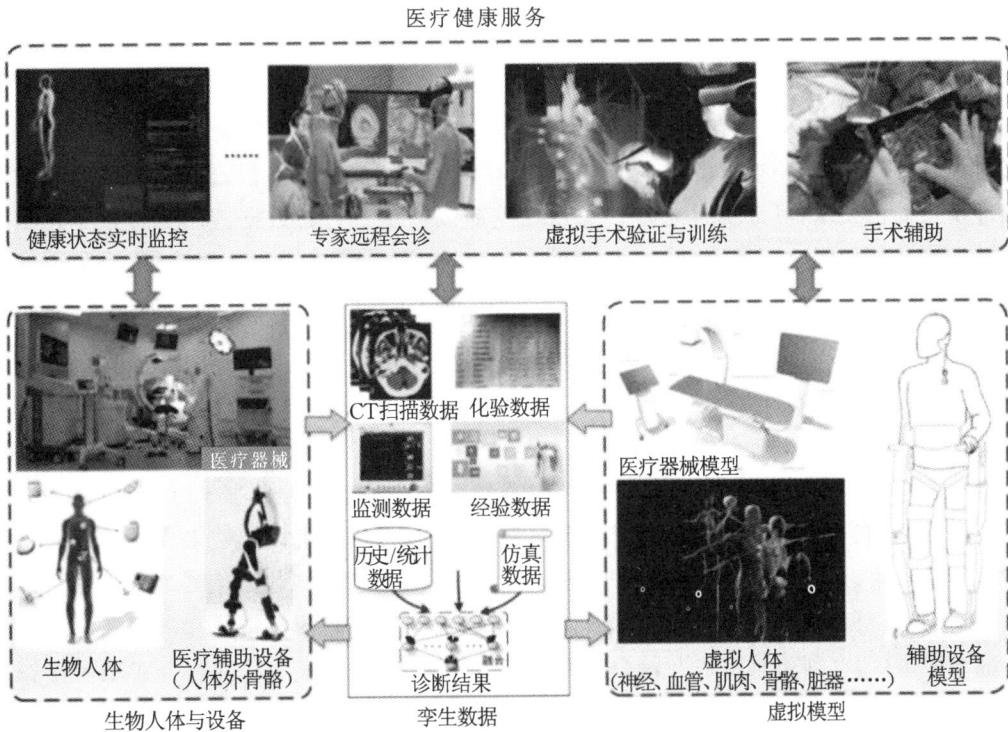

图 2-37　智慧医疗模型

（2）手术模拟应用　传统的手术模拟只能通过医生的想象和经验进行，存在较大的主观性和风险。数字孪生技术可以将患者的影像数据转化为三维模型，再进行虚拟手术操作，以帮助医生更好地了解手术部位的结构和病变情况，制定更合理的手术方案。此外，数字孪生技术还可以用于手术前的培训和演示，为医生提供更全面、更实际的手术模拟环境，提高手术的成功率和安全性。

（3）医疗设备维护　医疗设备的维护和管理对于医疗机构的正常运转至关重要。数字孪生技术可以将医疗设备的物理模型转化为数字模型，通过模拟设备的运行情况，提前发现可能出现的问题，并采取相应的维修措施，从而提高设备的可靠性和运行效率。此外，数字孪生技术还可以通过监控和分析设备，帮助医疗机构制定更合理的维护计划和预防措施，降低设备故障率和维修成本。

随着数字孪生技术的出现，为个体患者提供个体化的诊断和治疗服务将成为可能。数字孪生技术可以对人体健康状态进行实时监测和预测，为医疗保健提供参考依据。基于数字孪生的智慧医疗被认为是未来精准医学的一部分。

2.5.3　工业数字孪生技术在智能制造系统中的应用

数字孪生技术在智能制造领域的应用以智能制造生产线为典型案例，从方案论证、系统设计到实施运维的全生命周期都可以数字孪生系统为开发平台。在方案论证阶段，借助虚拟仿真技术引擎，可以快速搭建和重构完整的硬件解决方案，辅助方案设计人员在有限的空间和硬件资源条件下得到最优的综合解决方案；在系统设计阶段，借助对象建模技术，设计人员可以在仿真软件环境中建立硬件设备的虚拟数字对象，这些对象具有和真实物理设备基本一样的外部接口，对这些虚拟数字对象的复杂交互行为逻辑进行编程与调试，得到可用于真实物理设备的逻辑控制程序；在系统实施运维阶段，借助现场总线、物联网等现代通信技术，可以实时地将真实物理生产线的设备行为数据、状态数据、生产信息等数据信息映射到1∶1建模的虚拟仿真生产线上，实现随时随地远程监控，也可以通过仿真系统给真实物理生产线下发控制指令，远程操控生产线的运行。

1. 本地化运行模式的数字孪生虚拟调试工作站

（1）系统总体组成。

图 2-38 所示为武汉高德信息产业有限公司开发的一套本地化运行模式的数字孪生虚拟调试工作站。在该系统中，硬件设备控制器层面集成了逻辑控制器 PLC 和机器人控制器及示教器，在 PC 上运行的数字孪生虚拟调试软件中，用户可以构建工作站设备本体的仿真模型对象，通过软件提供的对外数据接口，可将仿真设备的数据信号通过电信号 I/O 接口，与 PLC 和机器人 I/O 进行接线；同时，可通过硬件控制器提供的二次开发接口或者标准通信协议，实现仿真软件与硬件控制器的以太网数据通信。二者均可实现硬件控制器对仿真设备的运行控制，同时仿真设备的运行状态数据也可以实时反馈到硬件控制器，实现孪生闭环控制。

（2）装配工艺流程的虚拟调试。

在工作站设计阶段，以工件装配工艺为例，先分析零件装配工艺掌握该工件的装配顺

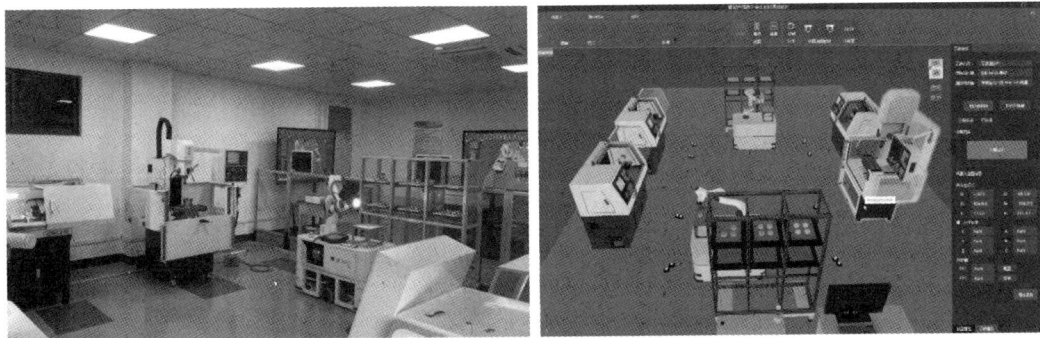

图 2-38　智能制造工作站数字孪生虚拟调试工作站

序,利用数字孪生装配工作站虚拟仿真软件,将存储装配零部件的料仓添加的仿真场景中(例如,底座工件需要放在立体料仓,电机工件需要放在旋转料仓,减速器和法兰盘工件需要放在井式料仓中),再将工业机器人以及固定工件的夹具模块导入虚拟场景,最后根据工业机器人的运行范围进行布局。

在工作站装配工艺调试阶段,先调试供料模块(例如,井式料仓供料的流程是先控制气缸推料,再通过皮带传输物料,到位之后传送带停止),再调试工业机器人,即使用虚拟示教器,控制工业机器人模型运动,并示教工件抓取和装配工件相关点位,再编写运行程序,实现装配工作站中工业机器人、立体料仓、传送带和工装夹具按装配工艺流程自动运行。

在工作站综合运行阶段,利用数字孪生虚拟调试软件中的仿真功能,借助现场总线和各类标准通信协议(如 OPC UA、Modbus TCP 等),与 PLC 进行数据通信,通过软件中的数据映射功能,获取 PLC 控制设备运行的数据并向 PLC 反馈设备运行状态,将这些数据与软件中的设备、装置对象进行绑定,从而实现控制软件中工作站的自动运行。

(3)装配生产的虚实联动与监控。

以装配工艺为例,在数字孪生虚拟调试软件中,添加装配工艺需要的设备模型,再按照实体设备安装布局图将相应模型摆放到相同位置,以到达与实体设备 1:1 布局。

工作站通过 TCP/IP 协议、S7 协议与实体设备进行通信,并实时获取实体设备的数据,通过数据驱动仿真模型运动,同时将模型运动数据发送给实体设备,以实现闭环控制,达到与实体设备的同步运动,并且可以监视实体设备运行过程。

2. 具有远程运维功能的智能制造生产线数字孪生系统

(1)系统总体组成。

图 2-39 所示为武汉高德信息产业有限公司基于自主研发的数字孪生虚拟调试软件和配套的 MES 系统所推出的典型智能制造生产线数字孪生系统架构。

在系统设计阶段,用户需要将基于真实物理产线设备测绘建模的三维模型文件以独立设备或整体产线的形式导入数字孪生虚拟调试软件中,进行设备、装置等对象建模,以还原真实物理设备的动作行为和状态反馈信号。以六关节工业机械臂为例,需要定义机械臂的六个关节轴的位置、运动副属性和限位等,以及机械臂在运行时所要参考的各类坐

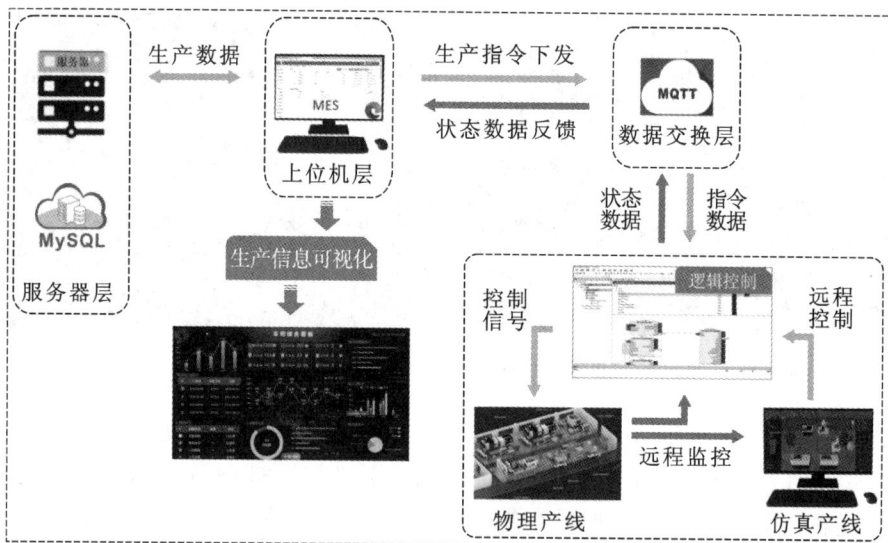

图 2-39 智能制造生产线数字孪生系统架构

标系,再结合机械臂的构型属性,选择或自定义机械臂的运动学算法,从而得到一个完整的机械臂系统,即可在数字孪生虚拟调试软件中进行仿真机械臂的示教操作和轨迹规划与编程。在实施阶段,用户可以直接将上述软件中得到的机械臂程序内容以符合真实物理机械臂要求的格式导出,并导入真实机械臂控制器,少量调试后即可直接使用运行。

在系统实施阶段,由于数字孪生虚拟调试软件中的仿真生产线是完全根据真实物理生产线 1:1 建模和布局的,同时软件中所有的设备和装置对象都具备和真实物理生产线一致的输入输出信号和行为逻辑,因此真实物理生产线的逻辑控制系统编程调试可以直接借助软件进行仿真验证,这样可以在硬件和软件上同时进行控制逻辑编写和调试,既可以大大提高调试效率,也降低了硬件调试的安全风险。

在系统实施完毕后的运维阶段,在真实物理生产线基于现场逻辑控制器信号运行的过程中,数字孪生虚拟调试软件中的仿真生产线借助现场总线和各类标准通信协议,与真实物理生产线进行数据通信,获取真实物理产线的设备行为数据和状态反馈数据,通过软件中的数据映射功能,将这些硬件数据与软件中的设备、装置对象进行绑定,从而实现仿真生产线和真实物理生产线的同步运行,达到监控的目的。同时,软件也可以向现场逻辑控制器发送控制指令,实现对真实物理生产线的远程控制。

(2)智能制造生产线生产过程虚拟调试。

产线设计阶段,以生产刀柄零件为例,通过分析零件加工工艺可知,该零件需要进行车削加工和铣削加工,因此在进行产线布局时,需确保产线里面有数控车床和加工中心这两种设备,还需要有工业机器人进行上下料,最后根据工业机器人的运行范围进行布局。图 2-40 所示为智能制造产线布局图。

产线调试阶段,根据零件图纸进行建模并生成机床加工 G 代码程序,再将 G 代码程序添加到智能制造生产线数字孪生虚拟调试软件的虚拟机床控制器中,并使用虚拟机床控

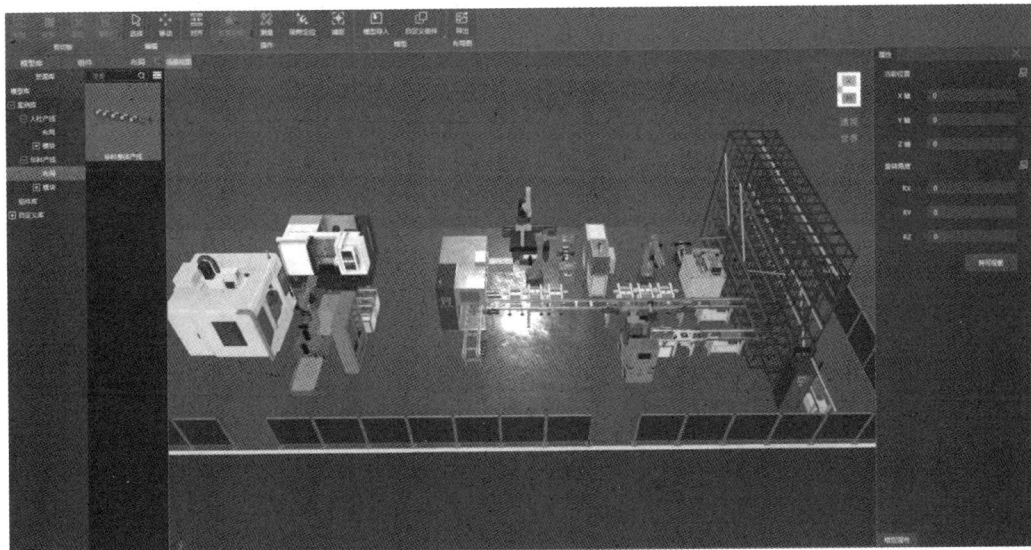

图 2-40　智能制造产线布局图

制器调试数控机床(装刀、对刀、设置刀补等),手动装夹毛坯,调用 G 代码程序进行试切加工,以验证 G 代码程序的准确性。调试工业机器人,使用虚拟示教器,控制工业机器人模型运动,并示教上下料相关点位,编写运行程序,实现工业机器人自动上下料的工艺流程。调试物流单元,使用虚拟 AGV 控制器绘制 AGV 导航地图,配置 AGV 运行方向,再与对接台进行调试,实现将料盘送到加工单元流程。

产线综合运行阶段,数字孪生虚拟调试软件中的仿真生产线借助现场总线和各类标准通信协议与 PLC 进行数据通信,通过软件中的数据映射功能,获取 PLC 控制生产线运行的数据并向 PLC 反馈设备运行状态,将这些数据与软件中的设备、装置对象进行绑定,从而实现仿真生产线的自动运行。

(3) 智能制造生产线运行远程管理与监控。

利用数字孪生虚拟调试软件,按照实体设备安装布局图添加相应的模型并摆放到相同位置,以到达与实体设备 1∶1 布局。

数字孪生虚拟调试软件中的仿真生产线借助现场总线可与实体设备进行数据通信。例如,数字孪生虚拟调试软件与实体数控车床进行通信,可实时读取机床轴数据、刀号、防护门状态、卡盘状态等信息,达到仿真模型和实物设备的同步运动(同步完成零件车削加工),实现装备的远程管理与监控。数字孪生虚拟调试软件与实体工业机器人进行通信,实时读取轴数据、夹具状态等信息,可与实体工业机器人同步进行上下料操作,实现物料管理。

还可将生产线信息写入 PLC 中,通过 PLC 将数据发送给 MES,通过 MES 对生产线中的设备进行监控,以及使用 MES 实现工艺工序制定、生产节拍制定、生产质量检测等生产工艺管理与监控。

图 2-41 所示为智能制造生产线监控画面。

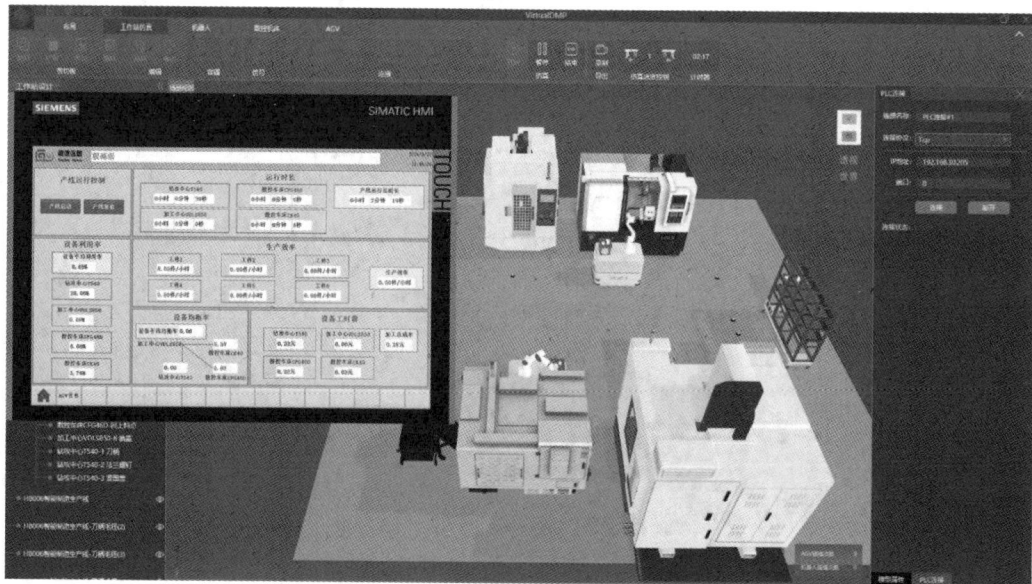

图 2-41　智能制造生产线监控画面

思考题

1. 智能制造涉及全生命周期的哪几大关键环节？
2. 什么是数字制造？数字制造与智能制造有何区别？
3. 什么是协同设计？它主要包含哪几方面内容？
4. 什么是智能设计？智能设计具有什么特点？
5. 何谓数控加工？数控加工具有什么特点？
6. 什么是智能加工？智能加工主要包含哪些内容？
7. 什么是 CAPP？按照其工作原理 CAPP 可分为哪几类？
8. 传统 CAPP 与智能工艺设计有何区别？
9. 什么是装配和智能装配？
10. 简述装配的发展历程。
11. 智能装配具有什么特征？其关键技术是什么？
12. 智能生产线的硬件设备主要包括什么？
13. 简述数字孪生的概念和特征。
14. 简述数字孪生技术的应用。

第 3 章

智能制造关键赋能技术

▶▶▶ 3.1 工业物联网技术

工业物联网技术

3.1.1 物联网的概念

物联网(internet of things,IOT)一词起源于 1999 年,由美国麻省理工学院 Auto-ID 实验室最早明确提出,它认为物联网是将所有物品通过射频识别(radio frequency identification,RFID)等信息传感设备,按照约定的通信协议与互联网连接起来,实现智能化识别和管理的网络。此时,物联网技术仅限于射频识别和互联网。

随着技术和应用的不断发展,国际电信联盟(ITU)、欧洲智能系统集成技术平台(EPoSS)、欧盟物联网研究项目组(CERP-IoT)等机构纷纷给出各自的"物联网"定义,物联网概念由萌芽走向清晰。

顾名思义,物联网就是"物物相连的互联网",如图 3-1 所示,是指通过感知设备,按照约定协议,连接物、人、系统和信息资源,并利用云计算、模糊识别、数据挖掘及语义分析等智能计算技术对物品相关信息进行分析融合处理,实现人与物、物与物信息交互和无缝连接,达到对物理世界实时控制、精确管理和科学决策的目的。

图 3-1 物物相连的网络

具体地说,就是把传感器嵌入和装备到电网、铁路、桥梁、隧道、公路、建筑、供水系统、大坝、油气管道等各种物体中,然后将"物联网"与现有的互联网整合起来,实现人类社会与物埋系统的整合。它是一种"万物沟通"的,具有全面感知、可靠传送、智能处理特征的连接物理世界的网络,可实现任何时间、任何地点及任何物体的连接,使人类可以更加精细和动态的方式管理生产和生活,达到"智慧"状态,提高资源利用率和生产率水平,改善人和自然界的关系,从而提高整个社会的信息化能力。

物联网作为一种"万物互通的互联网",无疑消除了人与物之间的隔阂,使人与物(man to machine)、物与物(machine to machine)、网络与物(network to machine)之间的对话得以实现。整个物联网的概念涵盖了从终端到网络、从数据采集处理到智能控制、从应用到服务、从人到物等方方面面,涉及射频识别(RFID)装置、无线传感器、红外传感器、全球定位系统、互联网与移动网络、网络服务、行业应用软件等众多技术,在这些技术当中,又以底层嵌入式设备芯片开发最为关键,引领整个行业的持续发展。

3.1.2 物联网技术框架

物联网的技术体系框架包括感知层技术、网络层技术、应用层技术和公共技术,如图3-2所示,各层通过相互协作与配合,协同完成真正意义上的"物物相连",并提供泛在化的物联网服务。

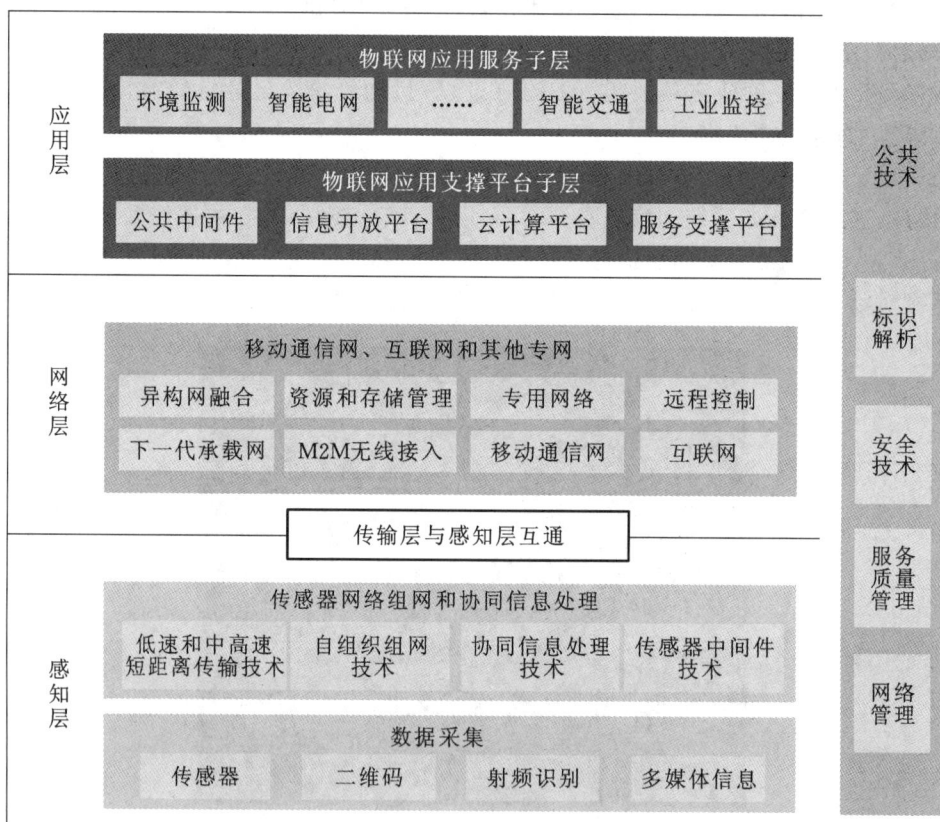

图 3-2 物联网技术框架

(1)感知层 全面感知,主要实现智能感知和交互功能。数据采集和感知技术主要用于采集物理世界中发生的物理事件和数据,包括各类物理量、标识、音频、视频。物联网的数据采集涉及传感器、射频识别、多媒体信息采集、二维码和实时定位等技术,传感器网络组网和协同信息处理技术实现传感器、射频识别等数据采集技术所获取数据的短距离传输、自组织组网以及多个传感器对数据的协同信息处理过程。

感知层的作用相当于人的眼、耳、鼻和皮肤等部分的神经末梢,它是物联网识别物体、采集信息的源头。

（2）网络层 可靠传递,实现更加广泛的互联功能。网络层能够将感知到的信息无障碍、高可靠、高安全地传送,这需要传感器网络与移动通信技术、互联网技术相融合,虽然这些技术已较成熟,基本能满足物联网的数据传输要求,但是,为了支持未来物联网新的业务特征,现在的传感器、电信网、互联网可能需要做一些优化。

网络层的作用相当于人的神经中枢和大脑,负责传递和处理感知层获取的信息。

（3）应用层 智能处理,主要包含应用支撑平台子层和应用服务子层,其中应用支撑平台子层用于支撑跨行业、跨应用、跨系统之间的信息协同、共享、互通等,应用服务子层包括智能交通、智能医疗、智能家居、智能物流、智能电力、环境监测和工业监控等行业应用。

（4）公共技术 公共技术不属于物联网技术的某个特定层面,而是与物联网技术架构的三层都有关系,包括标识解析、安全技术、网络管理和服务质量管理。

3.1.3 物联网关键技术

物联网作为当今信息科学与计算机网络领域的研究热点,其关键技术具有跨学科交叉、多技术融合等特点,每项关键技术都亟待突破。物联网关键技术主要包括射频识别（RFID）技术、传感器网络技术、智能嵌入式（intelligent embedded）技术、云计算与安全技术。

1. 射频识别（RFID）技术

射频识别（RFID）是一种利用射频通信实现的非接触式自动识别技术。RFID 标签具有体积小、容量大、寿命长、可重复使用等特点,可支持快速读写、非可视识别、移动识别、多目标识别、定位及长期跟踪管理。RFID 技术与互联网、通信等技术相结合,可实现全球范围内物品跟踪与信息共享。

RFID 是一种简单的无线系统,由一个询问器（或阅读器）和很多应答器（或标签）组成。标签由耦合元件及芯片组成,每个标签具有唯一的扩展词条的电子编码。

标签附着在物体上以标识目标对象,它通过天线将射频信息传递给阅读器,阅读器就是读取信息的设备。RFID 技术让物品能够"开口说话"。这就赋予了物联网一个特性,即可跟踪性,可以随时掌握物品的准确位置及其周边环境。

2.传感器网络技术

传感器是机器感知物理世界的"感觉器官",可以感知热、力、光、电、声、位移等信号,为网络系统的处理、传输、分析和反馈提供最原始的信息。随着科学技术的不断发展,传统的传感器正逐步实现微型化、智能化、信息化、网络化,经历着一个从传统传感器向智能传感器和嵌入式网络传感器不断进化的发展过程。

无线传感器网络（wireless sensor network,WSN）是集分布式信息采集、信息传输和信息处理技术于一体的网络信息系统,其以低成本、微型化、低功耗、灵活的组网方式和铺设方式及适合移动目标等特点受到广泛重视,是关系国民经济发展和国家安全的重要技术。物联网正是通过遍布在各个角落和物体上的传感器以及由它们所组成的无线传感器网络来感知整个物理世界的。

如图 3-3 所示,传感器网络节点的基本组成单元如下:传感单元(由传感器和模数转换功能模块组成)、处理单元(包括 CPU、存储器、嵌入式操作系统等)、通信单元(由无线通信模块组成)及电源。此外,还可以选择其他功能单元,包括定位系统、移动系统及电源自供电系统等。在传感器网络中,节点可以通过飞机布撒或人工布置等方式,大量部署在被感知对象内部或者附近,这些节点通过自组织方式构成无线网络,以协作的方式实时感知、采集和处理网络覆盖区域中的信息,并通过网络和节点(接收发送器)链路将整个区域内的信息传送到远程控制管理中心,而远程控制管理中心也可以对节点进行实时控制和操纵。

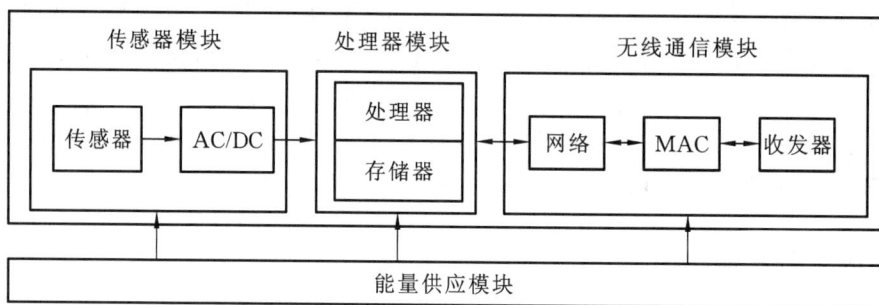

图 3-3　传感器网络节点组成

目前,面向物联网的传感器网络技术研究包括以下几个方面:

(1)研究先进测试技术及网络化测控综合传感器技术、嵌入式计算机技术、分布式信息处理技术等,实现协作、实时地监测、感知和采集各种环境或监测对象的信息,并对其进行处理、传送。研究分布式测量技术与测量算法,应对日益提高的测试和测量需求。

(2)智能化传感器网络节点。传感器网络节点作为一个微型化的嵌入式系统,构成了无线传感器网络的基础层支持平台,在感知物理世界及其变化时,需要检测的对象很多(如温度、压力、湿度、应变等),因此微型化、低功耗对于传感器网络的应用意义重大。研究采用新的制造技术,并结合新材料,设计符合未来要求的微型传感器是一个重要方向;同时需要研究智能传感器网络节点的设计理论,使之可识别和配接多种敏感元件,并适用于主被动各种检测方法。

(3)各节点必须具备足够的抗干扰能力、适应恶劣环境的能力,并能够满足应用场合、空间的要求。

(4)研究利用传感器网络节点的局域信号处理功能,在传感器节点附近局部完成很多信号信息处理工作,将原来由中央处理器实现的串行处理、集中决策的系统,变为一种并行的分布式信息处理系统。

3. 智能嵌入式技术

互联网是物联网的基础,物联网是互联网的延伸。如果说,之前互联网上大量存在的设备主要是以通用计算机(像大型机、小型机、个人电脑等)的形式出现,是传递信息的纽带,那么物联网则让所有的物品都具有计算机的智能(但并不以通用计算机的形式出现),并把这些"聪明"的物品与网络连接在一起,这就需要嵌入式技术的支持,如穿戴设备、环境监控设备、虚拟现实设备等。

4. 云计算

信息采集是物联网的基础。随着物联网在各类公共领域和工业领域的广泛应用,信息量出现爆炸式增长,有大规模、海量的数据需要处理和计算。但物联网终端的计算和存储能力有限,云计算的概念应运而生。

云计算是一个网络应用模式,是以虚拟化技术为基础,以网络为载体,提供基础架构、平台、软件等服务形式,整合大规模可扩展的计算、存储、数据、应用等分布式计算资源,进行系统工作的超级计算模式。

云计算平台可以作为互联网的大脑,实现对海量数据的存储和计算。

5. 安全技术

物联网融合了嵌入式技术、通信技术和云计算技术,成为智能制造、智慧社区、智慧城市等领域的核心技术。物联网技术在给人们提供便利的同时,保证全链路的安全问题也是重中之重。

物联网安全技术主要有设备控制安全、网络安全、数据安全,阻止非授权实体的识别、跟踪和访问,非集中式的认证和信任模型,高效的加密和数据保护,异构设备间的隐私保护技术。

3.1.4　工业物联网

1. 工业物联网的定义

工业物联网(industrial internet of things,IIOT)是工业 4.0 的核心基础,它通过工业资源的网络互联、数据互通和系统互操作,实现制造原料的灵活配置、制造过程的按需执行、制造工艺的合理优化和制造环境的快速适应,达到资源的高效利用,从而构建服务驱动型的新工业体系。

工业物联网是工业领域的物联网技术。它是利用局部网络或互联网等通信技术,把传感器、控制器、机器、人员和物品等通过新的方式连在一起,不断融入工业生产过程各个环节,形成人与物、物与物相连,实现信息化、远程管理控制和智能化的网络,如图 3-4 所示。工业物联网大幅提高制造效率,改善产品质量,降低产品成本和资源消耗,最终将传统工业提升到智能化的新阶段。从应用形式上看,工业物联网的应用具有实时性、自动化、嵌入式(软件)、安全性和信息互通互联等特点。

工业物联网是全球工业系统与高级计算技术、传感技术以及互联网的高度融合。

2. 工业物联网的特征

(1)智能感知。

智能感知是工业物联网的关键。它是利用传感器、射频识别等感知手段获取工业全生命周期内不同维度的信息数据,包括人、机器、生产工艺流程和环境等工业资源状态信息。

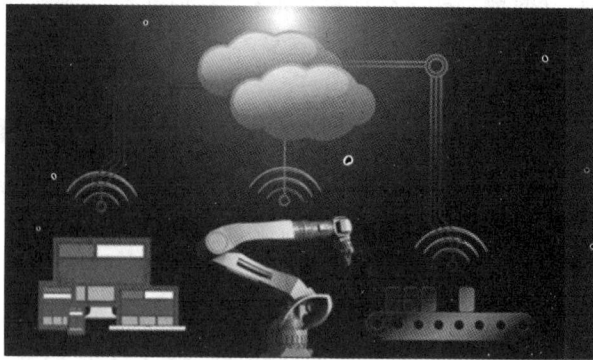

图 3-4 工业物联网

（2）泛在联通。

泛在联通是工业物联网的前提。工业资源通过有限或无限的方式彼此连接或与互联网相连，实现工业资源数据互联互通，拓展了机器与机器、人与机器、机器与环境之间连接的广度和深度。

（3）数字建模。

数字建模是工业物联网的方法。数字建模将工业资源映射到数字空间中，在虚拟世界里模拟工业生产流程，实现对工业生产全过程要素的抽象建模。例如，在数控机床等设备的运行过程中，可以通过数字孪生实现对加工状态的监控，分析加工状态是否异常，诊断加工状态异常的原因，预测加工质量的变化趋势，确定要优化调整的工艺参数并反馈给真实世界，从而形成"监控—分析—调整—优化"的闭环，实现产品运行的持续优化。

（4）实时分析。

实时分析是工业物联网的手段。针对所感知的工业资源数据，利用技术分析手段，在数字空间中进行实时处理，获取工业资源状态在虚拟空间和现实空间的内在联系，将抽象的数据进一步直观化和可视化，完成对外部物理实体的实时响应。

（5）精准控制。

精准控制是工业物联网的目的。通过工业资源的状态感知、信息互联、数字建模和实时分析等过程，将虚拟空间中形成的决策，转换成工业资源实体可以理解的控制命令，进行实际操作，实现工业资源精准的信息交互和无间隙协作。

（6）迭代优化。

迭代优化是工业物联网的效果。工业物联网体系能够不断地自我学习与提升，通过对工业资源数据进行处理、分析和存储，形成有效的、可继承的知识库、模型库和资源库，面向工业资源制造原料、制造过程、制造工艺和制造环境，进行不断迭代优化，达到最优目标。

3. 工业物联网的应用

工业物联网的应用改变了传统自动化技术中被动的信息收集方式，实现了自动、准确、及时地收集生产过程的生产参数。传统的工业生产采用 M2M（machine to machine）的通信模式，实现了机器与机器间的通信。而工业物联网采用 T2T（thing to thing）通信模式，实现了人、机器和系统三者之间的智能化、交互式无缝连接，使企业与客户、市场的联系更为紧密,企业可及时感知市场的瞬息万变。

（1）制造业供应链管理。

企业利用物联网技术,能及时掌握原材料采购、库存、销售等信息,通过大数据分析,还能预测原材料的价格趋向、供求关系等,有助于完善和优化供应链管理体系,提高供应链效率,降低成本。如空中客车公司通过在供应链体系中应用传感器网络技术,构建了全球制造业中规模最大、效率最高的供应链体系。

（2）生产过程工艺优化。

工业物联网的智能感知特性提高了生产线过程检测、实时参数采集、材料消耗监测的能力和水平,通过对数据的分析处理可以实现智能监控、智能诊断、智能决策、智能维护,提高生产力,降低能源消耗。钢铁企业应用各种传感器和通信网络,在生产过程中实现了对加工产品的宽度、厚度、温度的实时监控,提高了产品质量,优化了生产流程。

（3）生产设备监控管理。

利用传感器对生产设备进行健康监控,可以及时跟踪生产过程中各个工业机器设备的使用情况,通过网络把数据汇聚到设备生产商的数据分析中心进行处理,能有效地进行机器故障诊断、预测,快速、精确地定位故障原因,提高设备维护效率,降低维护成本。

（4）环保监测及能源管理。

工业物联网与环保设备的融合可以实现对工业生产过程中产生的各种污染源及污染治理环节关键指标的实时监控。在化工、轻工、火电厂等企业部署传感器网络,不仅可以实时监测企业排污数据,还可以通过智能化的数据报警及时发现排污异常情况并停止相应的生产过程,防止突发性环境污染事故发生。电信运营商已开始推广基于物联网的污染治理实时监测解决方案。

（5）工业安全生产管理。

“安全生产”是现代化工业中的重中之重。通过把传感器安装到矿山设备、油气管道、矿工设备等危险作业环境中,工业物联网技术可以实时监测作业人员、设备机器以及周边环境等方面的安全状态信息,全方位获取生产环境中的安全要素,将现有的网络监管平台提升为系统、开放、多元的综合网络监管平台,有效保障了工业生产安全。

>>> 3.2　云计算和大数据应用技术

3.2.1　云计算

1. 云计算的概念

“云”实质上就是一个网络。狭义上讲,云计算就是一种提供资源的网络,使用者可以随时获取“云”上的资源,按需求量使用,按使用量付费。“云”就像自来水厂一样,我们可以随时接水,并且不限量,按照自己家的用水量,付费给自来水厂就可以。

云计算与大数据应用技术

从广义上说,云计算是与信息技术、软件技术、互联网相关的一种服务。这种计算资源共享池叫作“云”,云计算把许多计算资源集合起来,通过软件实现自动化管

理,只需要很少的人参与,就能让资源快速被提供。也就是说,计算能力作为一种商品,可以在互联网上流通,就像水、电、煤气一样,可以方便地取用,且价格较为低廉。

总之,云计算不是一种全新的网络技术,而是一种全新的网络应用概念。云计算的核心概念就是以互联网为中心,在网站上提供快速且安全的数据计算与存储服务,让每一个使用互联网的人都可以使用网络上的庞大计算资源。

云计算是继互联网、计算机后在信息时代里又一次新的革新,云计算是信息时代的一个大飞跃,未来的时代可能是云计算的时代。虽然目前有关云计算的定义有很多,但概括来说,云计算的基本含义是一致的,即云计算具有很强的扩展性和需要性,可以为用户提供一种全新的体验,云计算的核心是可以将很多的计算机资源协调在一起。因此,用户通过"云"就可以获取到无限的资源,同时获取的资源不受时间和空间的限制。

云计算是指通过计算机网络(多指因特网)形成的计算能力极强的系统,可存储、集合相关资源并可按需配置,向用户提供个性化服务。

2. 云计算的分类

2006 年 8 月,谷歌首席执行官埃里克·施密特在搜索引擎大会上首次提出"云计算"概念。2009 年,美国国家标准与技术研究院(NIST)进一步丰富和完善了云计算的定义和内涵。NIST 认为,云计算是一种基于互联网的,只需最少管理工作和与服务提供商的交互,就能够便捷、按需地访问共享资源(包括网络、服务器、存储、应用和服务等)的计算模式。根据 NIST 的定义,云计算具有按需自助服务、广泛网络接入、计算资源集中、快速动态配置、按使用量计费等主要特点。

按照 NIST 的定义,云计算可以分为:①基础设施即服务(infrastructure as a service,IaaS),为用户提供虚拟机或者其他存储资源等基础设施服务;②平台即服务(platform as a service,PaaS),为用户提供包括软件开发工具包(SDK)、文档和测试环境等在内的开发平台,用户无须管理和控制相应的网络、存储等基础设施资源;③软件即服务(software as a service,SaaS),为用户提供基于云基础设施的应用软件,用户通过浏览器等就能直接使用在云端上运行的应用。

按照运营模式的不同,云计算可以分为公有云、私有云和混合云。

① 公有云,通常指第三方提供商为用户提供的通过 Internet 访问使用的云,公有云的核心属性是共享资源服务,用户可以使用相应的云服务,但不拥有云计算资源;

② 私有云,是企业自行搭建的云计算基础设施,可以为企业自身和客户提供独享的云计算服务,基础设施搭建方拥有云计算资源的自主权;

③ 混合云,融合了公有云和私有云,是近年来云计算的主要模式和发展方向。

3. 云计算特点

云计算的本质是计算、存储、服务器、应用软件等 IT 软硬件资源的虚拟化,可贵之处在于具有高灵活性、可扩展性和高性比等。与传统的网络应用模式相比,其具有如下特点:

(1)超大规模。

"云"具有相当大的规模。Google 云计算已经拥有 100 多万台服务器,Amazon、IBM、微软、Yahoo 等的"云"均拥有几十万台服务器。企业私有云一般拥有数百上千台服务器。

"云"能赋予用户前所未有的计算能力。

（2）虚拟化。

虚拟化突破了时间、空间的界限，是云计算最为显著的特点。云计算支持用户在任意位置使用各种终端获取应用服务。所请求的资源来自"云"，而不是固定的有形的实体。应用在"云"中某处运行，但实际上用户无须了解、也不用担心应用运行的具体位置。只需要一台笔记本或者一个手机，就可以通过网络服务来实现我们需要的一切，甚至包括超级计算这样的任务。

（3）动态可扩展。

云计算具有高效的运算能力，在原有服务器基础上增加云计算功能，能够使计算速度迅速提高，最终实现动态扩展虚拟化层次，达到对应用进行扩展的目的。

（4）按需服务。

"云"是一个庞大的资源池，可按需购买服务；云服务可以像自来水、电、煤气那样计费。

（5）灵活性高。

目前市场上大多数 IT 资源、软硬件都支持虚拟化，比如存储网络、操作系统和软硬件的开发等。虚拟化要素都统一放在云系统资源虚拟池当中进行管理，可见云计算的兼容性非常强，不仅可以兼容低配置机器、不同厂商的硬件产品，还能够添加外设获得更高性能和计算能力。

（6）可靠性高。

云计算中若有服务器故障也不影响计算与应用的正常运行。因为单点服务器出现故障后，可以通过虚拟化技术将分布在不同物理服务器上面的应用进行恢复或利用动态扩展功能部署新的服务器进行计算。

（7）性价比高。

将资源放在虚拟资源池中统一管理在一定程度上优化了物理资源。用户不再需要昂贵、存储空间大的主机，可以选择相对廉价的 PC 组成云，一方面减少费用，另一方面计算性能不逊于大型主机。

（8）可扩展性。

用户可以利用应用软件的快速部署特点，更为简单、快捷地将自身所需的已有业务以及新业务进行扩展。例如，计算机云计算系统中设备出现故障，对于用户来说，无论是在计算机层面上或是在具体运用上均不会受到阻碍，可以利用计算机云计算的动态扩展功能来对其他服务器开展有效扩展。这样一来就能够确保任务得以有序完成。在对虚拟化资源进行动态扩展的情况下，云计算系统能够同时高效扩展应用，提高计算机云计算的操作水平。

4. 工业云计算的应用

工业云是面向制造业数字化、网络化、智能化需求，利用云计算、物联网、大数据等新一代信息技术，结合资源和企业能力，构建基于海量数据采集、汇聚、分析的服务体系，支撑制造资源泛在连接、弹性供给、高效配置的载体，最终实现资源共享。

工业云有望成为我国中小型工业企业进行信息化建设的一个理想选择，因为工业云的出现将大大降低我国制造业信息建设的门槛。工业云将软件和信息资源存储在"云端",使用者通过"云端"分享"他人"案例、标准、经验等,还可将自己的成果上传至"云端",实现信息共享。工业云属于行业云下的一个范畴。行业云通常包括金融云、政府云、教育云、电信云、医疗云、云制造和工业云。

工业云平台主要包括边缘层、平台层、应用层三大核心层级,如图 3-5 所示。

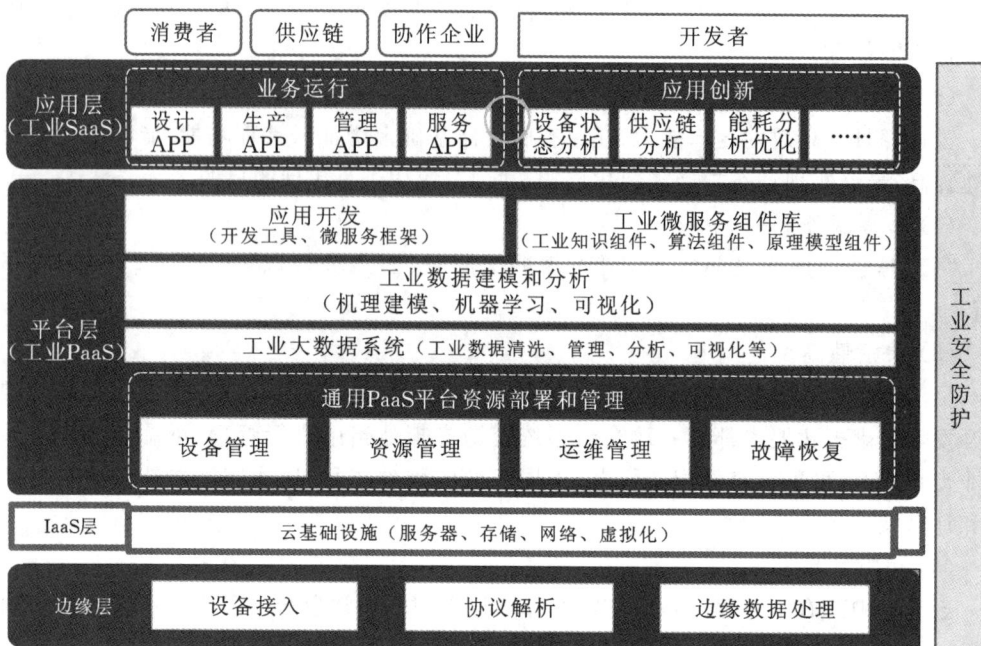

图 3-5　工业云平台功能架构图

第一层是边缘层,通过大范围、深层次的数据采集,以及异构数据的协议转换与边缘处理,构建工业云平台的数据基础。一是通过各类通信手段接入不同设备、系统和产品,采集海量数据;二是依托协议转换技术实现多源异构数据的归一化和边缘集成;三是利用边缘计算设备实现底层数据的汇聚处理,并实现数据向云端平台的集成。

第二层是平台层,基于通用 PaaS,叠加大数据处理、工业数据分析、工业微服务等创新功能,构建可扩展的开放式云操作系统。一是提供工业数据管理能力,将数据科学与工业机理结合,帮助制造企业构建工业数据分析能力,实现数据价值挖掘;二是把技术、知识、经验等资源固化为可移植、可复用的工业微服务组件库,供开发者调用;三是构建应用开发环境,借助微服务组件和工业应用开发工具,帮助用户快速构建定制化的工业 APP。

第三层是应用层,形成满足不同行业、不同场景的工业 SaaS 和工业 APP,体现工业互联网平台的最终价值。一是提供设计、生产、管理、服务等一系列创新性业务应用;二是构建良好的工业 APP 创新环境,使开发者能基于平台数据及微服务功能实现应用创新。

工业云面向产品研发、设计、生产、销售等全生命周期,整合制造过程所需的资源,方便、快捷地为工业企业提供各种制造服务,以实现全社会制造资源的共享与制造能力的协同。

5. 工业云的需求与发展

企业的发展要靠技术创新,特别是数字化制造技术的发展,对传统企业的生产方式造成了巨大的冲击。我国中小企业在数字化制造技术的应用上仍存在壁垒:主流的工业软件 90% 以上依靠引进,且价格昂贵,工业软件的运行也需要部署大量高性能计算设备;另外,企业搭建标准系统环境,需要配备专业技术人员,运维成本高。数字化制造技术只在大型或超大型企业获得应用,我国 90% 以上的广大中小型企业则与其"无缘"。

工业云服务平台可帮助中小企业解决上述问题,利用云计算技术,为中小企业提供高端工业软件。企业按照实际资源使用量付费,极大地降低了技术创新的成本,加快了产品上市时间,提高了生产效率。

制造业服务化就是制造企业为了取得竞争优势,将价值链由以制造为中心向以服务为中心转变。工业云制造服务化是在工业云需求的发展下提出的,它以控制服务为中心。

(1) 服务化转型的提出。

以经济合作与发展组织(OECD)中 9 个国家的投入产出为样本数据,通过计算依赖度来考察制造业服务投入的变化规律。研究结果表明,自 20 世纪 70 年代以来,9 个 OECD 成员国制造业对服务业的依赖度基本上呈上升倾向。

制造业中间投入出现服务化趋势,并且这种趋势很大程度上是由于制造业对生产服务业依赖度的大幅上升所致。制造业的投入服务化趋势是经济社会发展的必然结果。在人类生产发展的低级阶段,制造业生产活动主要依靠能源、原材料等生产要素的投入。随着社会的发展及科技的进步,服务要素在生产中的地位越来越重要,生产中所需的服务资源有逐步增长的趋势。例如,第二次世界大战后,各国日益重视科技的作用,而科技的运用大多是通过研发设计、管理咨询等生产服务实现的。随着可持续发展理念的出现,各国逐渐意识到传统的以牺牲环境为代价、大量消耗自然资源的做法不可取,因而日益注重生产服务的投入。

当今世界,生产的信息化、社会化、专业化的趋势不断增强。生产向信息化发展将使与信息的产生、传递和处理有关的服务型生产资料的需求的增长速度有可能超过实物生产资料。而生产的社会化、专业化分工和协作,必然使企业内外经济联系大大加强,从原料、能源、半成品到成品,从研究开发、生产进度协调、产品销售到售后服务、信息反馈,越来越多的企业在生产上存在着纵向和横向联系,其相互依赖程度日益加深。这就会导致制造业企业对商业、金融、银行、保险、海运、空运、陆运,以及广告、咨询、情报、检验、设备租赁维修等服务型生产资料的需求迅速上升。这意味着,服务要素成为制造业企业越来越重要的生产要素。

(2) 从制造到服务的转型。

随着信息技术的发展和企业对"顾客满意"重要性认识的加深,世界上越来越多的制造业企业不再只关注实物产品的生产,而是涉及实物产品的整个生命周期,包括市场调查、实物产品开发或改进、生产制造、销售、售后服务、实物产品的报废和解体或回收。服务环节在制造业价值链中的作用越来越大,许多传统的制造业企业甚至专注于战略管理、研究开发、市场营销等活动,放弃或者外包制造活动。制造业企业正在转变为某种意义上的服务型企业,产出服务化成为当今世界制造业的发展趋势之一。

（3）我国对制造能力的需求。

中国制造开始于 20 世纪 80 年代初，通过融入以西方为中心的经济全球化分工体系，并凭借东南沿海的区域优势，加之政府的大力推动，迅速抓住世界特别是东亚产业转移的机会。2010 年左右，中国制造达到了一个新高度，在纺织、小家电、机电制品等各个品类全面爆发，也因此诞生了如富士康等一批制造业大型企业。

可以想象的是，未来几年将是我国自有品牌井喷的时期。这是未来我国经济体中最重要的一部分商业力量，其充分利用和挖掘了中国的制造能力，并且具备最前沿的世界知识，时刻有裂变和爆发的可能，最终成为世界级公司。服务化制造将成为新的大趋势，其不同于传统制造业，需要对不同服务业进行整合，制定出服务化制造转型的战略。

3.2.2　大数据

1. 大数据的概念

大数据（big data）是以容量大、类型多、实时性强、价值密度低、真实性为主要特征的数据集合。对数据量巨大、来源分散、格式多样的数据进行采集、存储和关联分析，实现从数据到信息、从信息到知识、从知识到决策的转化，从而显著提高企业管理层的决策能力、洞察能力和流程优化能力。

2. 大数据的特征

关于大数据，目前学界和业界提出了"5V"特征，即大容量（volume）、多样性（variety）、快速变化（velocity）、低价值密度（value）、真实性（veracity）。

（1）大容量（volume）　指的是巨大的数据量以及规模的完整性。数据的存储从 TB 级扩大到 PB 级乃至 ZB 级。

（2）多样性（variety）　指数据的格式种类的多样化，除了传统的结构化数据以外，还有大量的非结构化数据，如文本、表格、图像、视频等数据。

（3）快速变化（velocity）　它有两层含义：一是数据的产生更加动态化，持续有大量的实时、高频的数据产生出来，对数据的读写和存储提出了高要求和挑战；二是对数据处理的实时性和快速响应能力的要求，各种决策和处理需要在瞬间做出，这需要流处理等技术的支持。

（4）低价值密度（value）　大数据的价值具有稀缺性、不确定性和多样性的特点，其价值隐藏在海量数据之中，往往价值密度很低，需要经过大量的分析处理才能挖掘出大数据的高价值，从而体现大数据运用的真实意义。

（5）真实性（veracity）　真实性是一切数据价值的基础。数据的真实性直接影响数据的质量，可从三个方面来确保大数据的真实性：一是要确保数据出处、来源的可靠性；二是在数据的采集、存储和处理过程中，要尽可能降低数据传递过程中的误差和失真；三是数据分析者要以求真务实的态度，并准确掌握和运用正确的数据分析技术、方法和手段，以确保数据分析结果的可信度。

3. 大数据平台的架构及特点

大数据平台是智能产线进行智能决策的基础平台之一，它由数据源、数据整合、数据建模、流计算、大数据应用五个部分组成,如图 3-6 所示。大数据平台的架构须具备实时的数据和事件捕获、流数据处理、分析和优化、预测性分析四个方面的特点。

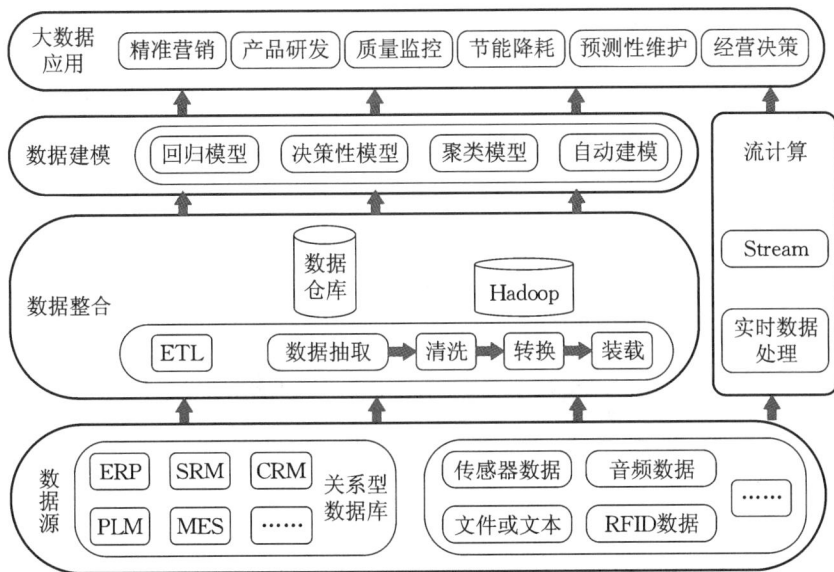

图 3-6　大数据平台的架构

(1) 数据源:使用 RFID(视频识别)技术、传感技术、嵌入式技术、总线通信技术等,将多种感知技术手段采集的、分散的产品设计、生产、供应链信息等数据,以及汇聚的 PLM、ERP、MES 等系统的数据,通过可靠的信息传输设备,传输到大数据中心。

(2) 数据整合:大数据平台管理的数据量极大,种类繁多,需要对这些数据进行整合。数据整合包括数据抽取、清洗、转换、装载等过程,同时提供数据质量的管理、调度与监控功能。数据整合是构建数据中心的关键环节,按照统一的规则集成并提高数据的价值,负责完成数据从数据源到目标数据中心转化的过程。

(3) 数据建模:大数据平台需要提供多种数据挖掘算法(包括分类、关联、细分等类型),并提供自动建模技术。在自动建模过程中,需要尝试多种方法,测算、比较和评估多个不同的建模方法,以获得最优解。基于建模方法、算法模型设计,在智能制造的多个领域对大数据的价值进行挖掘。常用的算法模型包括聚类模型、决策树、回归模型、关联模型、线性规划、时间序列模型等。

(4) 流计算:智能制造生产过程会产出大量的实时数据,例如生产线的工艺过程数据、设备状态数据、传感数据等。这样的应用场景下,需要可伸缩的计算平台和并行架构来处理生成的海量数据流。如果采用传统的数据处理方式,即经过数据采集、整合、存储、建模、挖掘和分析等一系列复杂的过程,往往时效性不能满足分析和决策的实时性要求。利用实时性强的流计算分析方式,可以有效地解决这样的问题。大数据平台采用数据流计算技术,从一分钟到数小时的窗口的移动信息(数据流)中,发掘出有价值的新信息。

(5) 大数据应用:包括精准营销、产品研发、质量监控、节能降耗、预测性维护等各种应用场景,大数据的应用正加速渗透到工业生产和日常生活的各个方面。

4. 工业大数据典型应用

大数据的应用可以说是无处不在。工业大数据是在工业领域中,围绕典型智能制造模式,从用户需求到计划、研发、设计、工艺、制造、采购、供应、库存、销售、订单、发货和交付、售后服务、回收再制造等产品全生命周期管理各个环节产生的各类数据及相关技术和应用的总称。智能制造业大数据如图 3-7 所示。其主要应用场景包括协助产品研发、过程质量控制、设备预测性维护、生产过程能耗优化等。

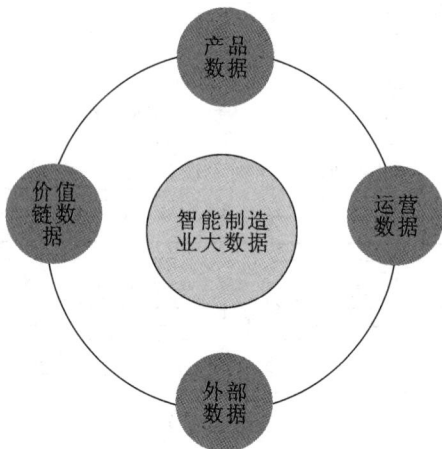

图 3-7　智能制造业大数据

(1) 大数据助力产品研发。

对于制造业企业来说,绝大多数的产品要通过销售渠道来销售,制造业企业难以获得产品的关键信息(例如,产品在何时、何处、被何人、以何种方式使用等)。互联网和物联网带给制造业企业最大的便利之一,就是企业获得了低成本的与服务消费者/用户甚至是产品直接互动的机会,获得了大量的关于产品(如运行状态、故障等)与消费者/用户(使用偏好、评价、反馈等)的数据,为产品的研发和改进奠定了数据基础。

(2) 大数据驱动的制造过程质量控制。

产品质量是产品及企业在市场中的核心竞争力,而产品质量很大程度上取决于产品的制造过程。著名学者 Montgomery 给出了质量的现代定义,即质量与波动性成反比,强调了低质量的根源在于高波动性。波动原因来自多个方面,与操作人员、生产设备、生产原料、生产过程、生产环境、测量方法等都有密切的关系,如果能有效控制这些影响质量的因素,就能有效降低波动,从而提升质量。

制造过程越来越复杂,衡量产品质量的维度和影响产品质量的因素早已从以前的一两个上升到几十个,乃至上百个,这给质量控制带来了巨大的挑战。大数据驱动的制造过程质量控制实现诸多创新,主要包括以下内容:

① 收集与分析全量数据,显著提升质量控制的精准度。采用大数据分析技术,可以分析和评估每一个因素对质量的影响,从而能够更加精准地对质量进行控制。

② 引入大数据的相关性分析,突破传统质量数据处理方式。大数据分析更多地关注相关性,能分析多种不同因素对质量的交互影响,从而更准确地识别影响质量的关键因素。

③ 建立产品质量与生产过程的实时关联,不断优化制造过程。采用大数据分析技术,实时监控、同步分析产品质量及其相应的环境、设备和工艺参数,建立质量指标、参数配置与实时生产的强关联性,实现生产过程中的最优参数配置,进一步提升产品质量。

④ 实现制造过程实时监控,预防产品质量问题的产生。基于大数据驱动的质量控制,不仅对产品质量本身进行实时监控,同时还对整个生产过程进行监控,包括人员、设备和工序等。基于大数据驱动的质量控制,能够针对异常情况实现实时、准确的诊断,快速完成异常情况处理,减少质量问题的产生。

（3）生产设备的预测性维护。

"凡事预则立,不预则废",对于制造业企业的命脉——生产设备来说尤其如此。基于设备大数据的分析和数据挖掘,维护人员和管理人员能够提前预测设备故障,做到防患于未然,提前发现设备潜在的运行风险,并进一步优化设备的运维计划和提高设备的运行效率,从而有效延长设备使用寿命。图 3-8 总结了被动式维护、规划式维护和预测式维护三种不同模式的特点。

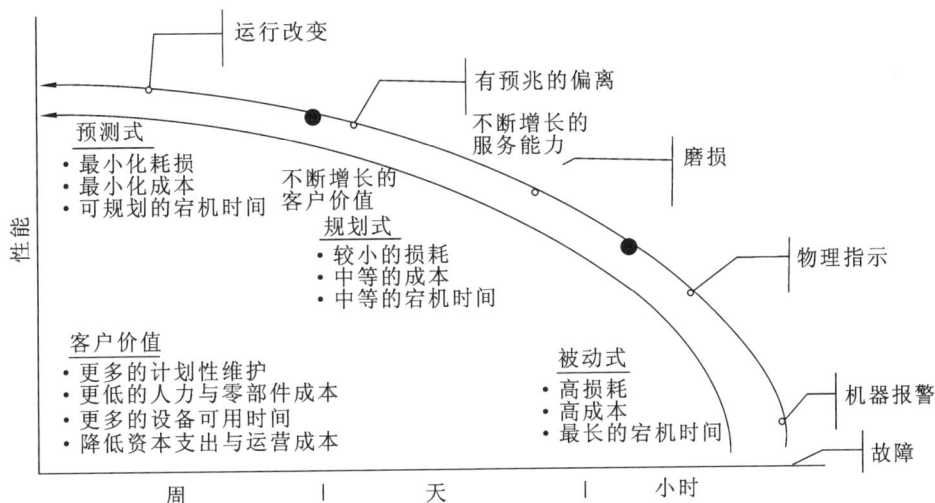

图 3-8　被动式、规划式和预测式维护模式的不同特点

基于大数据的设备故障预测需要用到多种统计分析、数据挖掘及机器学习技术,并从多维度进行分析。表 3-1 列举了常用的设备故障预测技术。

将设备预测性维护的思路应用到产品,可以实现预测性的售后服务,这将创新甚至颠覆整个售后服务体系,制定个性化的保修策略,也为开展设备租赁服务、零宕机(或极低宕机率)服务等新型业务带来新机遇。

表 3-1　常用的设备故障预测技术

模型描述	价值	分析模型	数据源	解决的业务问题
主要部件故障预测	通过设备健康指数,预测可能发生的故障	分类模型	维修历史、流体分析、重要信息管理系统、事件日志等	是否有迹象显示主要部件在近期将发生故障?

续表

模型描述	价值	分析模型	数据源	解决的业务问题
通过特定设备历史数据,预测部件生命周期	了解每个小故障可能带来的影响,同时估计部件的生命周期	回归模型	维修历史、时间日志等	小故障如何影响部件的生命周期长度?其中,设备运行环境的影响占多大比重?
识别并发故障	根据历史数据,识别高概率的设备并发故障	关联性模型	保修数据、维修历史	哪些故障容易并发?
识别设备集群中的异常	识别异常运作的设备群	聚类模型	内容管理系统数据(趋势、流体分析、时间日志)和其他电子数据	在某现场或某设备集群中,哪些设备的行为异于其他设备?
统计过程控制	识别统计意义上的罕见状态,以对该状态进行进一步检查	运行控制图、范围控制图	内容管理系统数据(趋势、流体分析、时间日志)和其他电子数据	当监测到电子数据变化时,系统根据何种规则触发警报?
综合预测部件生命周期	延长部件寿命	威布尔分析	产品生命周期管理系统、维修历史、时间日志等	部件生命周期数据如何用于产品设计、反应时间决策等?

（4）基于大数据的工业节能。

企业不但需要考虑更多的社会责任,也面临日益严苛的环保法规约束。实现工厂能源优化的基础是能源消耗的可视化,物联网和信息系统使得工厂能源信息的采集和管理系统逐渐建立起来。各种传感器的加装以及能源管理系统(energy management system, EMS)的建立提供了能源消耗、能源供应、生产状态、设备与环境参数的统一视图,加上制造执行系统(MES)提供的生产数据,能够为工厂实现设备粒度级别的能耗监控及状态监控,并为可实时调整、控制的能源优化奠定了基础。

在实现能源消耗可视化的基础上,借助大数据的分析和优化技术,可以从以下四个方面有效地节省能耗:

① 优化排产。精准地预测需求、优化生产计划,可以有效地缩短不必要的生产设备开机运行时间,从而减少能源浪费。

② 优化设备使用。在优化排产的基础上,结合生产和设备的特点,合理调度设备的使用,适时关停设备或将设备置于待机或节能状态,从而减少不必要的能源消耗。

③ 平衡能源供需。基于对能源供应以及需求的精确预测,合理调度生产活动,有效避免供过于求时的能源浪费或供不应求时对生产进度的影响。

④ 合理利用次生能源。对于钢铁、石化等流程行业来说,生产过程中除了消耗大量的一次能源(如煤、电等)外,也产生大量的次生能源,如高压蒸汽、可燃气体等。由于这些能源的存储难度极大,如果不能及时有效利用,必将造成大量的能源浪费。对能源产生及消耗进行精确监控与预测,并进一步优化排产及工艺,可以有效地避免次生能源的浪费。

3.3　新一代人工智能技术

人工智能(artificial intelligence,AI)是研究、开发用于模拟、延伸和扩展人的智能的理论、方法、技术及应用系统的一门新的学科。

人工智能是计算机科学的一个分支,它企图了解智能的实质,并生产出一种新的能与人类智能相似的方式做出反应的智能机器,该领域的研究包括机器人、语言识别、图像识别、自然语言处理和专家系统等。人工智能从诞生以来,理论和技术日益成熟,应用领域也不断扩大,可以设想,未来人工智能带来的科技产品,将会是人类智慧的"容器"。人工智能可以对人的思维过程进行模拟。人工智能不是人的智能,但能像人那样思考,也可能超过人的智能。

人工智能是一个极富挑战性的研究方向,从事这项工作的人必须懂得计算机、心理学和哲学知识。人工智能包括十分广泛的学科,由不同的领域组成,如机器学习、计算机视觉、模式识别等。总体说来,人工智能研究的一个主要目标是使机器能够胜任一些通常需要人类智能才能完成的复杂工作。

3.3.1　机器学习

机器学习(machine learning,ML)是一门多领域交叉学科,涉及概率论、统计学、逼近论、凸分析、算法复杂度理论等多门学科。它专门研究计算机怎样模拟或实现人类的学习行为,以获取新的知识或技能,重新组织已有的知识使之不断改善自身的性能。

机器学习是人工智能的核心,是使计算机具有人类智能的根本途径,其应用遍及人工智能的各个领域,它主要使用归纳、综合策略而不是演绎。

1. 机器学习的定义

学习是人类具有的一种重要智能行为,但究竟什么是学习,长期以来却众说纷纭。社会学家、逻辑学家和心理学家都各有不同的看法。

例如,Langley(1996)定义"机器学习是人工智能领域的学科,该领域的主要研究对象是人工智能,特别是如何在经验学习中改善具体算法的性能"。

Tom Mitchell(1997)定义的机器学习对信息论中的一些概念有详细的解释,其中提到"机器学习是对能通过经验自动改进的计算机算法的研究"。

Ethem Alpaydin(2004)提出"机器学习利用数据或以往的经验来优化计算机程序的性能。"

2. 机器学习进入新阶段的重要表现

(1) 机器学习已成为新的热门学科并在高校形成一门课程。它综合应用心理学、生物学、神经生理学以及数学、自动化、计算机科学,形成机器学习理论基础。

(2) 结合各种学习方法,多种形式的集成学习系统研究正在兴起。特别是各种方法的耦合可以更好地解决连续性信号处理中知识与技能的获取与求精问题,故而受到重视。

(3) 机器学习与人工智能各种基础问题的统一性观点正在形成。例如,学习与问题求解结合进行,知识表达便于学习的观点催生了通用智能系统 SOAR 的组块学习机制。类比学习与问题求解相结合的基于案例方法已成为经验学习的重要方向。

（4）各种学习方法的应用范围不断扩大，一部分已形成产品。归纳学习的知识获取工具已在诊断分类型专家系统中广泛使用。连接学习在声图文识别的应用中占优势。分析学习已用于设计综合型专家系统。遗传算法与强化学习在工程控制中有较好的应用前景。与符号系统耦合的神经网络连接学习将在企业的智能管理与智能机器人运动规划中发挥作用。

（5）与机器学习有关的学术活动空前活跃。国际上除每年一次的机器学习研讨会外，还有计算机学习理论会议及遗传算法会议。

3. 机器学习综合分类

综合考虑各种学习方法出现的历史渊源、知识表示、推理策略、结果评估的相似性、研究人员交流的相对集中性及应用领域等因素，机器学习方法可分为以下六类。

（1）经验性归纳学习。经验性归纳学习采用一些数据密集的经验方法（如版本空间法、ID3法、定律发现方法）对例子进行归纳学习。其例子和学习结果一般都采用属性、谓词、关系等符号表示。它相当于学习策略分类中的归纳学习，但去除连接学习、遗传算法、加强学习的部分。

（2）分析学习。分析学习方法是从一个或少数几个实例出发，运用领域知识进行分析学习。其主要特征如下：

① 推理策略主要是演绎，而非归纳。

② 使用过去的问题求解经验（实例）指导新的问题求解，或产生能更有效地运用领域知识的搜索控制规则。

③ 分析学习的目标是改善系统的性能，而不是新的概念描述。

分析学习包括应用解释学习、演绎学习、多级结构组块及宏操作学习等技术。

（3）类比学习。它相当于学习策略分类中的类比学习，在这一类型的学习中，比较引人注目的研究是通过与过去经历的具体事例作类比来学习，称为基于范例的学习，简称范例学习。

（4）遗传算法。遗传算法模拟生物繁殖的突变、交换和达尔文的自然选择过程（在每一生态环境中适者生存）。它把问题可能的解编码为一个向量，称为个体，向量的每一个元素称为基因，并利用目标函数（相应于自然选择标准）对群体（个体的集合）中的每一个个体进行评价，根据评价值（适应度）对个体进行选择、交换、变异等遗传操作，从而得到新的群体。遗传算法适用于非常复杂和困难的环境，如带有大量噪声和无关数据、事物不断更新、问题目标不能明显和精确地定义，以及通过很长的执行过程才能确定当前行为的价值等环境。同神经网络一样，遗传算法的研究已经发展为人工智能的一个独立分支，其代表人物为 J.H.Holland。

（5）连接学习。典型的连接模型实际为人工神经网络，其由称为神经元的一些简单计算单元以及单元间的加权连接组成。

（6）增强学习。增强学习的特点是通过与环境的试探性交互来确定和优化动作的选择，以实现所谓的序列决策任务。在这种任务中，学习机制通过选择并执行动作，使系统状态变化，并有可能得到某种强化信号（立即回报），从而实现与环境的交互。强化信号就是对系统行为的一种标量化的奖惩。系统学习的目标是寻找一个合适的动作选择策略，即在任一给定的状态下选择哪种动作的方法,使产生的动作序列可获得某种最优的结果(如累计立即回报最大)。

4. 机器学习领域研究

机器学习领域的研究工作主要围绕以下三个方面进行:

(1)面向任务的研究　研究和分析改进一组预定任务的执行性能的学习系统。

(2)认知模型　研究人类学习过程并进行计算机模拟。

(3)理论分析　从理论上探索各种可能的学习方法和独立于应用领域的算法。

机器学习是继专家系统之后人工智能应用的又一重要研究领域,也是人工智能和神经计算的核心研究课题之一。现有的计算机系统和人工智能系统只有非常有限的学习能力,因而不能满足科技和生产提出的新要求。机器学习领域的研究进展,必将促使人工智能和整个科学技术的进一步发展。

3.3.2　计算机视觉

计算机视觉是一门用计算机实现或模拟人类视觉功能的新兴学科,即用摄影机和电脑代替人眼对目标进行识别、跟踪和测量等,并进一步完成图形处理,将电脑处理成为更适合观察目标或传送图像的载体。

虚拟现实、增强现实、机器视觉等都属于计算机视觉的一部分。

1. 虚拟现实的定义及应用

虚拟现实技术(VR)是一种可以创建和体验虚拟世界的计算机仿真系统,它利用计算机生成一种模拟环境,使用户沉浸到该环境中。

虚拟现实技术可创建一个高度现实化的虚幻环境,它通过计算机技术、图像模式识别、计算机视觉、语音处理、感知科学、传感器、人工智能等多种技术,利用现实生活中的数据营造出一个虚拟环境,通过实时的、立体的三维图形、声音模拟以及人机交互界面模仿真实世界的事件,使用户产生身临其境的真实感觉。

(1)虚拟现实的特征。

① 沉浸性,是虚拟现实技术最主要的特征,即让用户成为并感受到自己是计算机系统所创造环境中的一部分。虚拟现实技术的沉浸性取决于用户的感知系统,当使用者感知到虚拟世界的刺激时,包括触觉、味觉、嗅觉、运动感知等,便会产生思维共鸣,造成心理沉浸感觉,感觉如同进入真实世界。

② 交互性,指用户对虚拟环境内物体的可操作程度和从环境得到反馈的自然程度。使用者进入虚拟空间,相应的技术让使用者跟环境产生相互作用,当使用者进行某种操作时,周围的环境也会做出某种反应。如使用者接触到虚拟空间中的物体,那么使用者手上应该能够感受到,若使用者对物体有所动作,物体的位置和状态也应改变。

③ 多感知性,指计算机视觉拥有很多感知方式,比如听觉、触觉、嗅觉等。理想的虚拟现实技术应该具有一切人所具有的感知功能。

④ 自主性,指虚拟环境中物体依据物理定律动作的程度。如当受到力的推动时,物体会向力的方向移动、翻倒或从桌面落到地面等。

（2）虚拟现实的应用。

① 娱乐。丰富的感知能力与 5D 现实环境使 VR 成为理想的游戏工具，如图 3-9 所示。

② 教育。虚拟现实技术已经成为促进教育发展的一种新型教育手段。传统的教育只是一味地给学生灌输知识，而虚拟现实技术可以为学生打造生动、逼真的学习环境，使学生通过真实感受来增强记忆，改变传统的"一教促学"的学习方式，如图 3-10 所示。

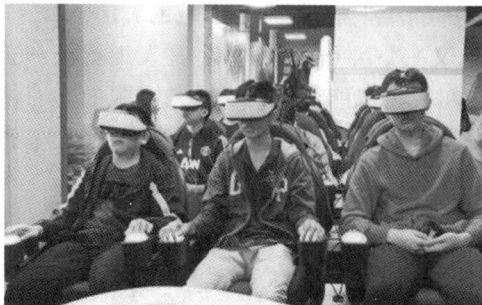

图 3-9　主题乐园 VR 虚拟游戏

图 3-10　虚拟仿真实验室

③ 医学。虚拟现实技术在医疗领域有很多实际应用，目前较为广泛的使用主要有外科虚拟手术仿真训练、虚拟内科诊断、中医推拿按摩、运动理疗与恢复、数字医院医学仿真与教学等，如图 3-11 所示。

虚拟现实技术可以进行个性化医学诊断、治疗，逼真预测不同的治疗方案在人体上的不同反应。与传统的主观判断相比，在虚拟人体上进行各种诊疗试验，可以根据获得的治疗数据和人体反应进行科学分析和判断，做出更加理性和真实可行的诊断和治疗方案，减少手术给患者带来的各种损伤和伤害，提高准确判断病灶位置的准确度，对各种复杂的内科、外科手术都有很好的辅助判断效果。

④ 航天。航空航天是一项耗资巨大、非常烦琐的工程。利用虚拟现实技术和计算机的统计模拟，在虚拟空间中重现现实中的航天飞机与飞行环境，使飞行员在虚拟空间中进行飞行训练和实验操作，极大地降低了实验经费和实验的危险系数，如图 3-12 所示。

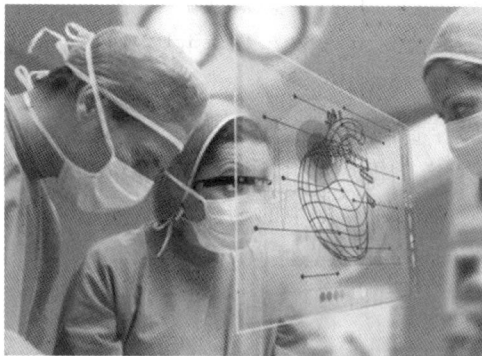

图 3-11　虚拟现实技术用于医学

图 3-12　虚拟现实技术用于航天

2. 增强现实的定义及应用

增强现实（augmented reality，AR）技术是一种将虚拟信息与真实世界巧妙融合的技术，广泛运用了多媒体、三维建模、实时跟踪及注册、智能交互、传感等多种技术手段，将计算机生成的文字、图像、三维模型、音乐、视频等虚拟信息应用到真实世界中，两种信息互为补充，从而实现对真实世界的"增强"。AR 呈现的场景有真有假，更强调虚拟信息与现实环境的"无缝"结合。

增强现实是近年来国外众多知名大学和研究机构的研究热点之一。AR 技术与 VR 技术应用领域相似，在诸如尖端武器、飞行器的研制与开发、数据模型的可视化、虚拟训练、娱乐与艺术等领域具有广泛的应用。

3. 机器视觉的定义与应用

（1）定义。

机器视觉（machine vision，MV）是用计算机或图像处理器以及相关设备来模拟人的视觉行为，得到人的视觉系统所得到的信息。简单说来，机器视觉就是用机器代替人眼来完成测量和判断。机器视觉被称为自动化的"眼睛"，具有不可比拟的优越性，在国民经济、科学研究及国防建设等领域都有着广泛的应用。

① 安全可靠。

机器视觉的最大优点是与被观测的对象无接触，因此对观测与被观测者都不产生任何损伤，十分安全可靠，这是其他感知方式无法比拟的。此外，人无法长时间地观察对象，而机器视觉则不知疲劳，始终如一地观测，所以机器视觉可以广泛地用于恶劣工作环境的长期观测。

② 视觉范围广。

机器视觉可以观察到人眼无法触及的范围，如红外线、微波、超声波等，人类就无法观察，而机器视觉则可以利用敏感器件形成红外线、微波、超声波等图像。因此，可以说机器视觉扩展了人类的视觉范围。

③ 对象选择范围广。

机器视觉技术所能检测的对象十分广泛。在危险工作环境或人类视觉难以满足要求的场合，常用机器视觉来替代人工作。

④ 生产效率高。

机器视觉系统不仅可快速获取大量信息，易于自动处理，还易同设计、加工控制信息集成。尤其在大批量工业生产过程中，用人类视觉检查产品质量效率低、精度不高，采用机器视觉检测方法可大大提高生产效率和生产的自动化程度，实现信息集成。

（2）应用。

① 在工业检测中的应用。

工业检测是指在工业生产中运用一定的测试技术和手段对生产环境、工况、产品等进行测试和检验。随着现代工业的发展和进步，特别是在一些高精度加工产业，传统的检测手段已不能满足生产的需要。机器视觉技术在微尺寸、大尺寸、复杂结构尺寸和异型曲面尺寸检测中具有突出的优势和特点，可应用于印刷电路板检查、钢板表面自动探伤、大型工件平行度和垂直度测量、容器容积或杂质检测、机器零件的自动识别和分类等。机器视觉检测与测量如图 3-13 所示。

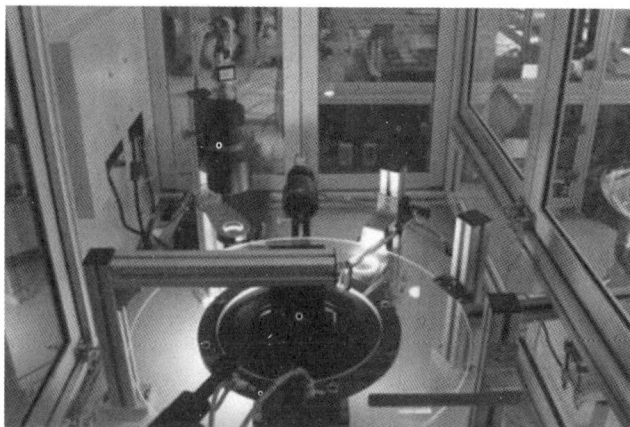

图 3-13 机器视觉检测与测量

② 在医学诊断中的应用。

一是对图像进行增强、标记等,帮助医生诊断疾病,协助医生对感兴趣的区域进行测量和比较;二是利用专家知识系统对图像进行分析和解释,给出建议诊断结果。机器视觉在医学的应用如图 3-14 所示。

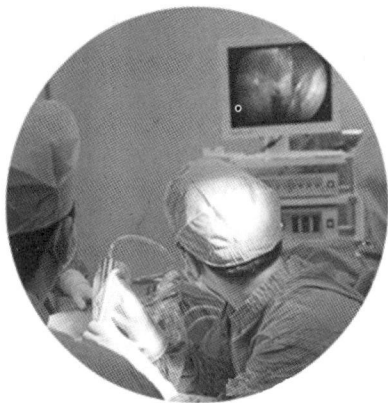

(a)

(b)

图 3-14 机器视觉用于医学

③ 在智能交通中的应用。

机器视觉技术在智能交通中可以完成自动导航、车牌识别、目标车辆跟踪等任务,如图 3-15 所示。

计算机视觉的应用范围非常广泛,它在提高生产效率、保障产品质量、增强系统智能性等方面发挥了重要作用。随着技术的不断进步,我们可以预见计算机视觉在未来将有更广泛的应用。

图 3-15　机器视觉应用于智能交通

3.3.3　模式识别

1. 定义

模式识别是指利用计算机和数学统计方法，自动地识别、分类和提取数据中特定规律或模式的一种技术。随着计算机技术的发展，人类有可能研究复杂的信息处理过程。利用计算机实现文字、声音、人、物体等的自动识别，是开发智能机器的一个关键环节，也为人类认识自身智能提供了途径。

信息处理过程的一个重要形式是生命体对环境及客体的识别。对人类来说，特别重要的是对光学信息（通过视觉器官来获得）和声学信息（通过听觉器官来获得）的识别。这是模式识别的两个重要方面。市场上可见的代表性产品有光学字符识别系统、语音识别系统。

计算机识别的显著特点是速度快、准确性高、效率高，在将来完全可以取代人工录入。其识别过程与人类的学习过程相似。以光学识别"中华文化"为例，计算机识别过程如下：① 对汉字图像进行处理；② 抽取主要表达特征并将特征与汉字的代码存在计算机中；③ 将输入的汉字图像经处理后与计算机中的所有字进行比较，找出最相近的字，即找出识别结果；④ 输出识别结果。

2. 应用

随着科技的发展，模式识别广泛应用于各个领域，如表 3-2 所示。

表 3-2　模式识别应用领域

应用领域	应用场合
医学	在癌细胞检测、X 射线照片分析、血液化验、染色体分析、心电图诊断和脑电图诊断等方面，模式识别已取得了成效
经济	利用模式识别技术从海量、复杂的数据中挖掘出有价值的信息，支持商业分析、决策等应用，如股票交易预测、客户分析等
军事	军事侦察、航空摄像分析、雷达和声呐信号检测与分类、自动目标识别等

续表

应用领域	应用场合
工业	产品缺陷检测、生产过程状态监测、特征识别、语音识别、自动导航系统、污染分析等
农业	主要用于农作物估产、农产品形状与缺陷监测和分级、农作物质量监测与分析、植物生长状态监测、杂草病虫害防治等
文字分类	将文本信息转化为计算机可处理的数据格式，进而实现自动化处理和识别。这项技术在文档数字化、文档识别、表格识别等方面有着广泛的应用
安全	指纹识别、人脸识别、图像识别、监视和报警系统

3.3.4 人机交互与 HCPS

2017 年 12 月 7 日，在南京举办的世界智能制造大会上，中国工程院院长周济发表了题为"关于中国智能制造发展战略的思考"的报告，系统阐述了对我国智能制造发展的看法。报告中周济院士提到了一个观点，即新一代智能制造技术——人-信息-物理系统（HCPS），随着智能制造战略的持续推进，传统制造过程中的人与物理系统之间的关系正在由"人-物理"系统（HPS）二元体系向"人-信息-物理"系统（HCPS）三元体系转变。

与传统制造系统相比，智能制造系统发生的最本质的变化是，在人和物理系统之间增加了信息系统（cyber system），如图 3-16 所示

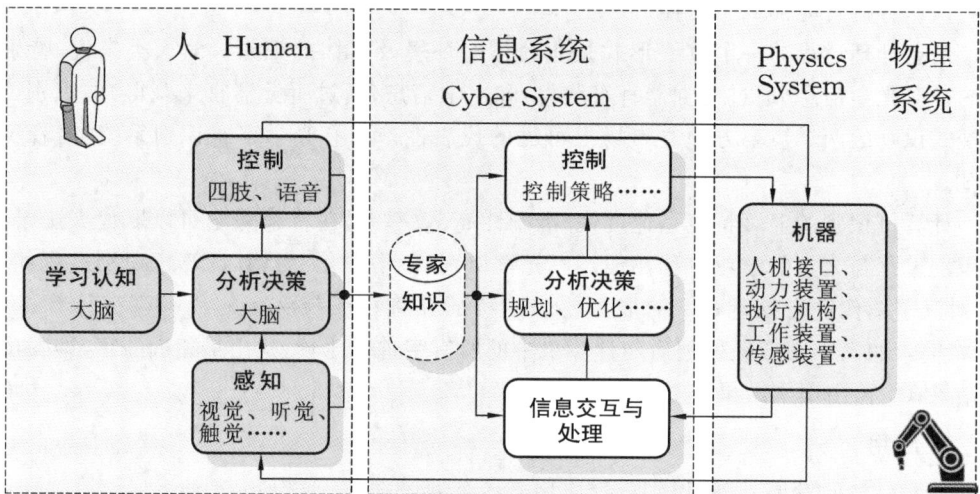

图 3-16　人-信息-物理系统（HCPS）

当前，随着智能制造战略的持续深化，周济院士将新一代智能制造系统在第一代和第二代智能制造体系的基础上作了进一步的深化，最本质的特征就是它的信息系统发生了重大变化，增加了认知和学习的功能。上一代的信息系统主要有感知、分析和决策及控制功能，现在增加了一个新的功能，就是认知和学习功能。这个功能赋予信息系统自主学习能力，让信息系统不仅具有强大的感知、计算、分析和控制能力，更加具备了学习提升和产生知识的能力。

传统制造中"人-物理系统"体系与第一代和第二代智能制造体系的区别如图 3-17 所

示,可直观地看出,智能制造是在人与机器之间架设了一座由信息系统构建的自动化、信息化桥梁。

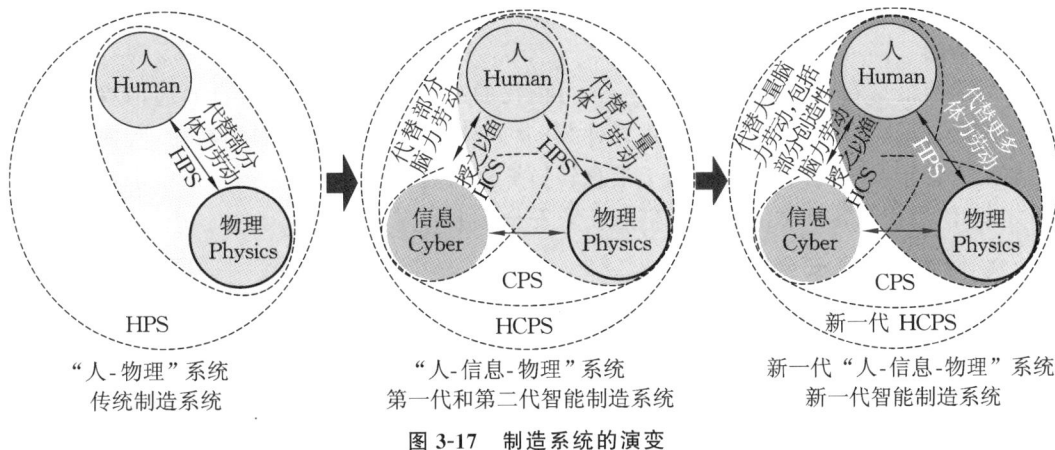

图 3-17 制造系统的演变

智能制造中人工智能的意义在于:一方面将制造业的质量和效率跃升到新的水平,为人们的美好生活奠定更好的物质基础;另一方面,将人类从更多体力劳动和大量脑力劳动中解放出来,使得人类可以从事更有意义的创造性工作。

总之,制造业从传统制造向新一代智能制造发展的过程是原来的"人-物理"二元系统向新一代"人-信息-物理"三元系统进化的过程。新一代"人-信息-物理"系统揭示了智能制造发展的基本原理,能够有效指导新一代智能制造的理论研究和工程实践。

业界专家普遍认为,在新一代智能制造系统中,信息系统具有"认知能力",人将部分学习型的脑力劳动交给信息系统,人和信息系统的关系发生了根本性的变化。在第一代和第二代智能制造体系中,人和信息系统的关系是"授之以鱼",而在新一代智能制造系统当中,人和信息系统的关系变成了"授之以渔"。

⟫⟫⟫ 3.4 网络与信息安全技术

网络信息安全是一门涉及计算机科学、网络技术、通信技术、密码技术、信息安全技术、应用数学等多种学科的综合性学科。它主要是指网络系统的软硬件及其系统中的数据受到保护,不受偶然的或者恶意的原因而遭到破坏、更改、泄露,系统能连续、可靠、正常地运行,网络服务不被中断。

网络与信息
安全技术

3.4.1 网络信息安全模型框架

1. 网络信息安全的模型

通信双方在网络上传输信息,需要先在发收双方之间建立一条逻辑通道。这就要先确定从发送端到接收端的路由,再选择该路由上使用的通信协议,如 TCP/IP。

为了在开放式的网络环境中安全地传输信息,需要为信息提供安全机制和安全服务。信息的安全传输包括两个基本部分:

　　一是对发送的信息进行安全转换,如信息加密以便达到信息的保密性,附加一些特征码以便进行发送者身份验证等;

　　二是发送双方共享的某些秘密信息,如加密密钥,除了可信任的第三方外,对其他用户是保密的。

　　为了使信息安全传输,通常需要一个可信任的第三方,其作用是负责向通信双方分发秘密信息,以及在双方发生争议时进行仲裁。一个安全的网络通信必须考虑:实现与安全相关的信息转换的规则或算法;用于信息转换算法的秘密信息(如密钥);秘密信息的分发和共享;使用信息转换算法和秘密信息获取安全服务所需的协议。

2. 网络与信息安全框架

　　网络信息安全可看成多个安全单元的集合。其中,每个单元都是一个整体,包含了多个特性。一般人们从三个主要方面——安全特性、系统单元和安全拓展去理解网络信息安全。

　　(1) 安全特性。

　　安全特性指的是该安全单元可解决什么安全威胁。信息安全特性包括保密性、完整性、可用性和认证安全性。

　　保密性安全主要是指保护信息在存储和传输过程中不被未授权的实体识别。比如,网上传输的信用卡账号和密码不被识破。

　　完整性安全是指信息在存储和传输过程中不被未授权的实体进行插入、删除、篡改和重发等,信息的内容不被改变。比如,用户发给别人的电子邮件,保证传到接收端时内容没有改变。

　　可用性安全是指不能由于系统受到攻击而使用户无法正常访问其本来有权正常访问的资源。比如,保护邮件服务器不因其遭到 DDoS 攻击而无法正常工作,使用户能正常收发电子邮件。

　　认证安全性就是通过某些验证措施和技术,防止无权访问某些资源的实体通过某种特殊手段进入网络而进行访问。

　　(2) 系统单元。

　　系统单元指的是该安全单元解决哪些系统环境的安全问题。对于现代网络,系统单元涉及五个分单元。

　　① 物理单元。物理单元是指硬件设备、网络设备等,包含该特性的安全单元解决物理环境安全问题。

　　② 网络单元。网络单元是指网络传输,包含该特性的安全单元解决网络协议造成的网络传输安全问题。

　　③ 系统单元。系统单元是指操作系统,包含该特性的安全单元解决端系统或中间系统的操作系统所涉及的安全问题,一般是指数据和资源在存储时的安全问题。

　　④ 应用单元。应用单元是指应用程序,包含该特性的安全单元解决应用程序所涉及的安全问题。

　　⑤ 管理单元。管理单元是指网络安全管理环境,网络管理系统对网络资源进行安全管理。

（3）安全拓展。

网络信息安全往往是在系统及计算机方面进行安全部署，很容易遗忘人才是网络信息安全中的脆弱点，而社会工程攻击则是这种脆弱点的击破方法。社会工程攻击是一种利用人性脆弱点（如贪婪等）的心理表现进行的攻击，是防不胜防的。国内外都有对此种攻击进行探讨。

3.4.2 网络与信息安全的特征

网络与信息安全最终目的是保证信息安全，即保证信息安全的基本特征发挥作用。其主要特征如下。

1. 完整性

完整性是指信息在传输、交换、存储和处理过程中保持非修改、非破坏和非丢失的特性，即保持信息原样性，使信息能正确生成、存储、传输，这是最基本的安全特征。

2. 保密性

保密性是指信息按给定要求不泄露给非授权的个人、实体或过程，或提供其可利用的特性，即杜绝有用信息泄露给非授权个人或实体，强调有用信息只被授权对象使用的特征。

3. 可用性

可用性是指网络信息可被授权实体正确访问，并能按要求正常使用或在非正常情况下恢复使用的特征，即在系统运行时能正确存取所需信息，当系统遭受攻击或破坏时，能迅速恢复并投入使用。可用性是衡量网络信息系统面向用户的一种安全性能。

4. 不可否认性

不可否认性是指通信双方在信息交互过程中，确信参与者本身以及参与者所提供的信息的真实同一性，即所有参与者都不可能否认或抵赖本人的真实身份，以及提供信息的原样性和完成的操作与承诺。

5. 可控性

可控性是指对流通在网络系统中的信息及具体内容能够实现有效控制的特性，即网络系统中的任何信息要在一定传输范围和存放空间内可控。除了采用常规的传播站点和传播内容监控这种形式外，最典型的控制手段如密码的托管政策，当加密算法交由第三方管理时，必须严格按规定可控执行。

3.4.3 智能制造中的网络与信息安全

1. 智能制造所面临的网络信息安全风险

（1）产生网络信息安全风险的原因。

传统的工业网络如图 3-18 所示。因传统生产模式无须连接互联网，以往的工业网络与互联网是物理隔离，入侵者要破坏工控网，只有通过 U 盘、光盘等设备摆渡病毒程序到工控网中，或者采取社会工程的手段发动 APT 攻击。

智能制造融合了大数据技术、云计算技术、人工智能技术和物联网技术，将原本封闭

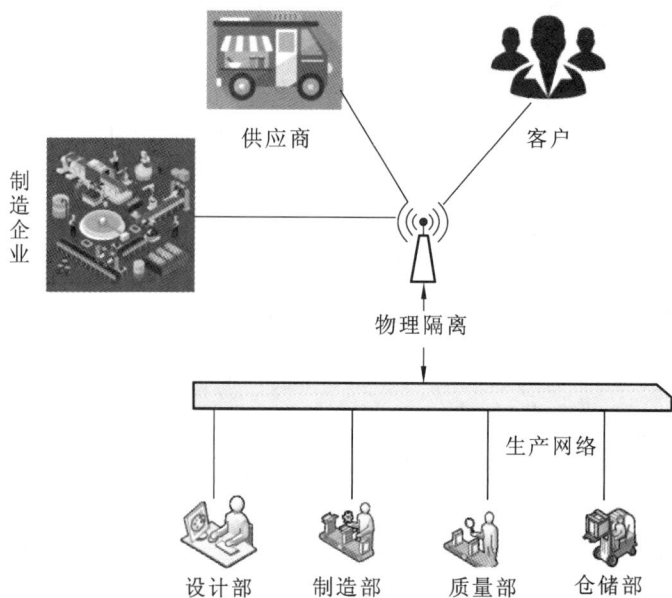

图 3-18　传统的工业网络

的工业网络与互联网互联,如图 3-19 所示。这一变革虽然实现了生产制造的网络化、智能化和降本增效,但同时也将互联网环境中的网络威胁问题带入工业控制系统中。智能制造的风险主要是自身的系统脆弱性和外部高威胁性,这是造成工业网络安全风险的两个根本原因。

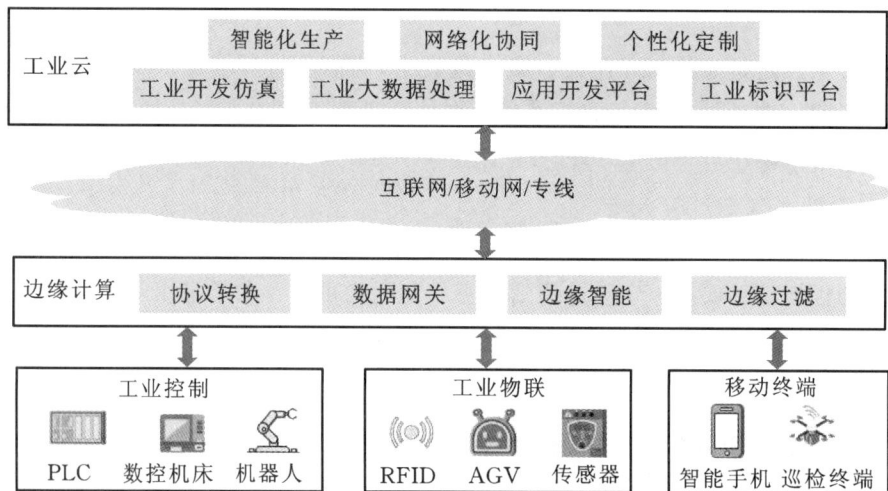

图 3-19　智能制造网络示意图

（2）网络信息安全风险的来源。

智能制造网络的开放特性改变了传统工业网络基于物理隔离、实体边界的安全隔离方式,传统制造业相对封闭的网络环境不再可信,造成了网络入侵点增多、被攻击面扩大的问题。从智能制造的系统架构来分析,其设备控制、平台隔离、网络特性、标示解析系统和数据保护等层面都存在安全风险。

① 设备与网络变革带来的系统脆弱性风险。

在设备层面，智能制造生产系统集成了大量的智能传感器、PLC、物联设备、移动终端等工业设备，并通过边缘计算单元进行海量数据传输，通信协议的机密性、完整性和真实性无法得到保障，相关安全措施部署强度不够。

在网络层面，智能制造的网络特性正向 IP 化、结构扁平化发展，让消费互联网领域的网络风险渗入工业互联网，模糊泛化了智能制造工业网络的安全边界，使得工业控制系统各网络间的安全隔离问题突出，网络边界防护安全建设面临更大挑战。

② 工业互联网标示解析系统的潜在风险。标示解析系统是工业互联网的关键基础网络设施，它赋予生产系统中的人员、设备、物料等要素唯一身份识别码，是生产端与互联网端通信的神经中枢。

一是标示解析系统为树状分层结构，包含国家顶级节点和现场终端多级设施，与互联网呈开放式连接，各节点容易遭受 DDoS 等僵尸网络攻击，导致节点不可用并对相关节点产生联动影响，甚至使标示解析系统瘫痪；

二是工业互联网中人员、设备、服务器等需要通过标示解析系统的身份认证后才能入网，在验证标示源的真实性、不同层次节点的互信度、终端机与解析节点通信可靠性的过程中存在被入侵的可能性，标示解析系统面临复杂的身份管理风险；

三是标示解析系统的运营风险，物理环境、岗位管理、角色区分、操作控制、访问授权等流程管理的安全措施缺乏，会对智能制造网络安全产生负面影响。

③ 工业数据的量级与价值暴增带来的安全风险。智能制造是基于数据流创造价值流的生产模式，海量的工业数据蕴藏着巨大的价值，工业大数据已经成为制造企业的关键生产要素和核心竞争力。从数据的全生命周期来看，智能制造网络存在的数据安全问题如下。

一是在数据采集阶段，由于通信协议和标准的不统一，难以对不同工业设备、终端和系统进行统一的全面防护，来自该数据源的数据质量无法得到保障；

二是智能制造网络中的工业数据要求低延迟性，在数据传输过程中不能使用传统高强度、低实时性的加密验证算法，此外工业数据跨部门、跨系统传输，路径复杂，数据被污染和窃取后难以追踪溯源；

三是当前大多数制造企业对工业数据的存储、使用和销毁的管理模式依然较为落后，未建立完善的数据分类分级管理制度，未落实授权访问机制和防篡改、防窃取、防误删等技术手段，没有完备的数据使用管理和销毁机制。

④ 外部攻击风险。

互联网技术逐渐被应用到智能制造生产领域，它将人、数据、机器连接起来，对现场设备进行管理和控制，为实现制造智能化打下了坚实的基础。与此同时，互联网技术这把双刃剑也为工业生产带来许多潜在的威胁。工业领域采用了如以太网等的通用信息技术，一旦遭受针对工业控制器的黑客攻击，病毒将借助便利的通信网络迅速扩散，为生产带来巨大损失。

（3）智能制造安全风险实例。

近几年我国制造走向"智造"的步伐加快，智能制造发展迅速。与传统信息系统不同，智能制造系统的高度集成、信息融合、异构网络互联互通等特性为系统安全带来了巨大的挑战。近年来,智能制造安全事故时有发生。

① 智能设备安全事故。2015 年 6 月 29 日,德国一名 22 岁的技术工人在大众汽车包纳塔尔工厂中被一台机器人意外伤害致死。

② 网络信息安全事件。2016 年三一重工近千台工程机械设备遭非法解锁破坏,波及多个省份,直接经济损失达 3000 余万元,间接损失近 10 亿元。2018 年,WannaCry 的变种侵入了全球最大的代工芯片制造商台湾集成电路制造股份有限公司,导致其停产三天,预计经济损失高达 17.4 亿元人民币。2019 年,委内瑞拉电网遭到攻击,造成电网瘫痪,引起公众对政府的不满,进而引发针对马杜罗政府的大规模游行示威活动。

③ 人工智能安全事故。2017 年,汇丰银行的人工智能声纹识别 ID 出现漏洞,BBC 一名记者的双胞胎兄弟通过模仿声音访问对方的账户,实验尝试成功。2018 年 3 月,优步(Uber)的自动驾驶汽车在美国亚利桑那州坦佩市撞死一名在人行道外过马路的妇女。2020 年 6 月中国台北仙桃,特斯拉汽车的自动驾驶系统没有识别出白色翻倒的卡车,误认为没有障碍物,导致车辆在自动驾驶的状态下毫无减速地撞上卡车。

2. 智能制造环境中的网络信息安全防护

智能制造工业控制系统的网络信息安全防护的关键在于通过打造满足工业需求的安全技术体系和相应的管理机制,识别和抵御来自外部的安全风险,化解各种内部安全风险,实现网络安全和物理安全的真正融合。

(1)智能设备自身风险管控。

加强智能设备设计、开发中的安全考虑,将安全因素放在重要地位,投入必要资源,可以有效克服产品弱点,提升整体安全性。

(2)设备关联风险管控。

增强智能制造系统的鲁棒性与健壮性,增强其容错能力。各系统不再只是被动的触发,而是具备基于信息互联的分析预判的主动防御能力,其可靠工作能保持风险在合理可接受的水平。

(3)信息安全管控。

部署安全路由、工业防火墙,对入侵行为进行检查,同时可对设备层节点进行信誉评价并进行设备注册。在设备层实施认证与保密相关措施,保证信息的安全性。实施多种数据库安全服务措施、用户隐私保护机制以及用户行为防抵赖的取证机制,严防工业信息的泄露。

(4)网络层安全防护。

针对端到端通信间的安全风险,可以实施抗分布式拒绝服务攻击的网络协议与端到端加密技术。针对网络节点的安全风险,可以实施节点认证、跨网认证以及逐跳加密技术。为提高信息传输整体的保密性,可以实施单播、组播以及广播的加密与相关安全技术。

(5)数据安全防护。

建立数据全生命周期安全管理制度,针对不同级别数据,制定数据收集、存储、使用、加工、传输、提供、公开等环节的具体分级防护要求和操作规程,做好数据分类分级管理,开展数据安全风险监测,提升对工业互联网风险的实时监测、告警、处置能力。同时,追踪工业数据安全技术发展趋势,深入研究轻量级、密文操作、透明加密等工业互联网数据加密技术,保障数据安全高效流转。

思考题

1. 什么是物联网?物联网网络架构由哪几部分组成?

2. 物联网的关键技术有哪些?

3. 什么是工业物联网?工业物联网有哪些特征?

4. 简述工业物联网的应用。

5. 什么是云计算?云计算如何分类?

6. 什么是工业云?简述云计算在工业中的应用。

7. 什么是大数据?大数据具有哪些特征?

8. 大数据平台由哪几部分组成?简述各个部分的特点。

9. 什么是人工智能?人工智能可应用在哪些领域?

10. 什么是虚拟现实技术?

11. 虚拟现实技术具有哪些特征?

12. 什么是增强现实技术?

13. 什么是模式识别?

14. 简述模式识别的应用。

15. 智能制造系统与传统制造系统最本质的变化是什么?

16. 智能制造中网络与信息安全的威胁有哪些?

17. 简述智能制造环境中网络与信息安全防护举措。

第4章

智能制造装备技术

》》》 4.1 工业机器人技术

工业机器人
技术

1920年捷克斯洛伐克作家卡雷尔·卡佩克发表科幻剧本《罗萨姆的万能机器人》，卡佩克把捷克语"robota"写成了"robot"（机器人），该词一直沿用至今。

机器人技术集中了机械工程、电子技术、计算机技术、自动控制理论及人工智能等多学科的最新研究成果，代表了机电一体化的最高成就，是当代科学技术发展最活跃的领域之一。自20世纪60年代初机器人问世以来，机器人技术已取得了实质性的进步和成果。

在工业发达国家，工业机器人经历近半个世纪的迅速发展，其技术日趋成熟，在汽车行业、机械加工行业、电子电气行业、橡胶及塑料行业、食品行业、物流业、制造业等工业领域得到广泛的应用。工业机器人作为先进制造业中不可替代的重要装备和手段，已成为衡量一个国家制造业水平和科技水平的重要标志。

4.1.1 机器人的定义

虽然机器人问世已有几十年，但目前关于机器人仍然没有一个统一、严格、准确的定义，世界各国对机器人的定义也不尽相同。

美国机器人工业协会（RIA）给出的定义：机器人是一种用于搬运各种材料、零件、工具或专用装置，通过可编程序动作来执行各种任务并具有编程能力的多功能机械手。

日本工业机器人协会（JIRA）给出的定义：一种带有存储器件和末端操作器的通用机械，它能够通过自动化的动作替代人类劳动。

我国科学家对机器人的定义：机器人是一种自动化的机器，所不同的是这种机器具有一些与人或生物相似的智能能力，如感知能力、规划能力、动作能力和协同能力，是一种具有高度灵活性的自动化机器。

综上所述，工业机器人是自动执行工作的机器装置，是靠自身动力和控制能力来实现各种功能的一种机器。它可以接受人类指挥，也可以按照预先编排的程序运行。现代的工业机器人还可以根据人工智能技术制定的原则纲领行动。

4.1.2 工业机器人的分类

关于机器人的分类，国际上没有指定统一的标准。从不同的角度，机器人有不同的分类方法。

1. 按应用领域分类

按应用领域不同,机器人可分为 3 类:产业机器人、极限作业机器人和服务型机器人。

(1)产业机器人 按照服务产业种类的不同,产业机器人又可分为工业机器人、农业机器人、林业机器人和医疗机器人等。

(2)极限作业机器人 极限作业机器人是指应用于人们难以进入的极限环境,如核电站、宇宙空间、海底等,在这些特殊环境完成作业任务的机器人。

(3)服务型机器人 服务型机器人是指用于非制造业并服务于人类的各种先进机器人,包括娱乐机器人、福利机器人、保安机器人等。

2. 按发展程度分类(这里主要针对工业机器人)

按从低级到高级的发展程度,工业机器人经历了四代的发展演进。

(1)第一代机器人是指只能以示教-再现方式工作的工业机器人。

(2)第二代机器人带有一些可感知环境的装置,可通过反馈控制在一定程度上适应环境的变化。

(3)第三代机器人是智能机器人,它具有多种感知功能,可进行复杂的逻辑推理、判断及决策,可在作业环境中独立行动,具有发现问题并自主地解决问题的能力,这类机器人具有高度的适应性和自治能力。

(4)第四代机器人为情感型机器人,它具有人类式的情感。具有情感是机器人发展的最高层次,也是机器人科学家的梦想。

3. 按照作业用途分类

依据具体的作业用途,工业机器人可分为点焊机器人、搬运机器人、移动机器人、加工机器人、喷涂机器人、涂胶机器人、装配机器人等。

(1)点焊机器人。

点焊机器人具有性能稳定、工作空间大、运动速度快、负荷能力强等特点,焊接质量明显优于人工焊接,大大提高了点焊作业的生产率。点焊机器人主要用于汽车整车的焊接工作。点焊机器人如图 4-1 所示。

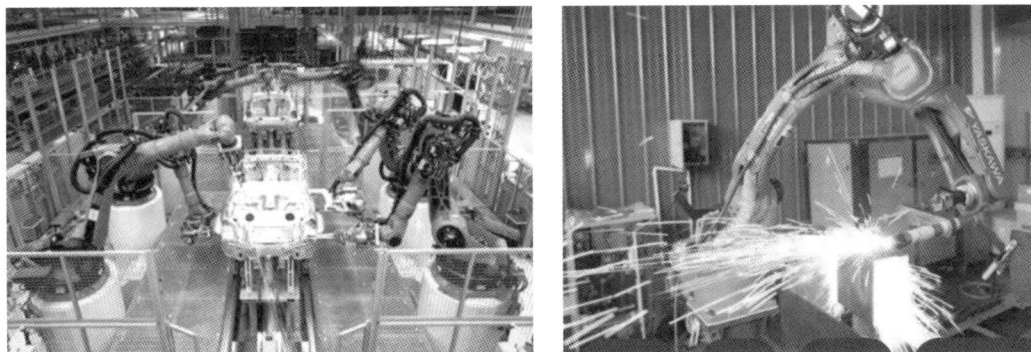

图 4-1 点焊机器人

随着汽车工业的发展,焊接生产线要求焊钳一体化,质量越来越大。

2008年9月由哈尔滨工业大学和奇瑞汽车联合开发的国内首台自主研制的165 kg级点焊机器人,成功应用于奇瑞汽车焊接车间。2009年9月,经过优化和性能提升的第二台机器人完成并顺利通过验收,该机器人整体技术指标已经达到国外同类机器人水平。

(2)搬运机器人。

搬运机器人是指将工件从一个加工位置移动到另一个加工位置的机器人。它通过安装不同的末端执行器(如机械夹持器、真空吸盘等)来完成不同形状和状态的工件运输,大大减轻了人类繁重的体力劳动;通过对各工艺不同设备的编程和控制,实现不同用途的搬运。搬运机器人广泛用于机床装卸、自动装配线、码垛搬运、集装箱搬运等自动化操作,如图4-2所示。

(3)移动机器人。

移动机器人(AGV)是工业机器人的一种类型,它由计算机控制,具有移动、自动导航、多传感器控制、网络交互等功能,它广泛应用于机械、电子、纺织、卷烟、医疗、食品、造纸等行业的柔性搬运、传输等场景,也应用于自动化立体仓库、柔性加工系统、柔性装配系统(以AGV作为活动装配平台);同时可在车站、机场、邮局的物品分拣中作为运输工具。

移动机器人是物流技术的核心设备,它与现代物流技术配合,支撑、改造、提升传统生产线,实现点对点自动存取的高架箱储、作业和搬运的结合,实现精细化、柔性化、信息化,缩短物流流程,降低物料损耗,减小占地面积,降低建设投资,如图4-3所示。

图4-2　搬运机器人

图4-3　移动机器人

(4)加工机器人。

随着生产制造向着智能化和信息化发展,机器人技术越来越多地应用到制造加工的打磨、抛光、钻削、铣削、钻孔等工序当中。与进行加工作业的工人相比,加工机器人对工作环境的要求相对较低,具备持续加工的能力,同时加工产品质量稳定、生产效率高,能够加工多种材料类型的工件,如铝、不锈钢、铜、复合材料、树脂、木材和玻璃等,有能力完成各类高精度、大批量、高难度的复杂加工任务。加工机器人如图 4-4 所示。

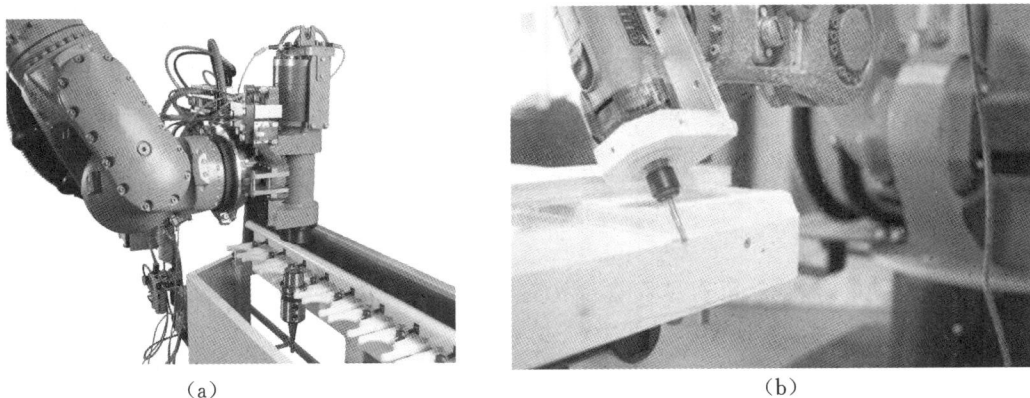

<table>
<tr><td>(a)</td><td>(b)</td></tr>
</table>

图 4-4　加工机器人
(a)磨削机器人;(b)铣削机器人

　　激光加工机器人是将机器人技术应用于激光加工中,实现更加柔性的激光加工作业的加工机器人。激光加工机器人通过示教盒进行在线操作,也可通过离线方式进行编程;通过对加工工件的自动检测,生成加工件的模型,继而生成加工曲线,也可以利用 CAD 数据直接加工。激光加工机器人可用于工件的激光表面处理、打孔、焊接和模具修复等,如图 4-5 所示。

图 4-5　激光加工机器人

　　(5) 喷涂机器人。

　　喷涂机器人又叫喷漆机器人(spray painting robot),是可进行自动喷漆或喷涂其他涂料的工业机器人,如图 4-6 所示。它多采用 5 或 6 个自由度关节式结构,手臂有较大的运动空间,并可做复杂的轨迹运动,其腕部一般有 2～3 个自由度,可灵活运动。较先进的喷涂机器人采用柔性手腕,既可向各个方向弯曲,又可转动,其动作类似人的手腕,能方便地通过较小的孔伸入工件内部,喷涂其内表面。喷涂机器人一般采用液压驱动,具有动作速

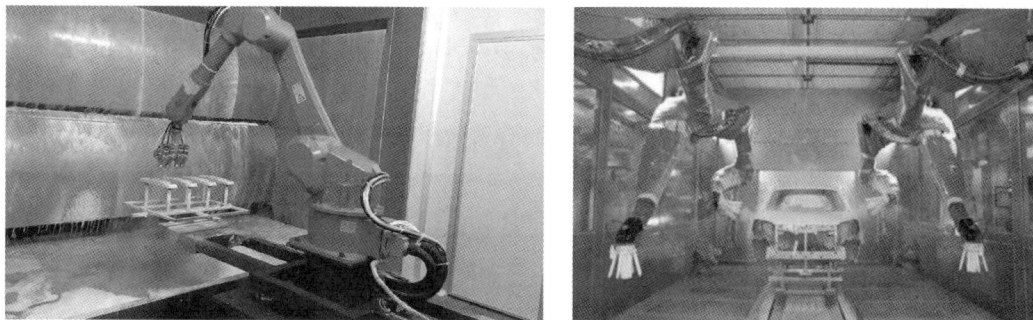

图 4-6　喷涂机器人

度快、防爆性能好等特点,可通过手把手示教或点位示教来实现示教编程。喷涂机器人广泛用于汽车、仪表、电器、搪瓷等工艺生产部门。

　　喷涂机器人的主要优点:可长期处于这种恶劣环境中;柔性高,工作范围大;提高喷涂质量和材料使用率;易于操作和维护,可离线编程,大大缩短现场调试时间;设备利用率高,喷涂机器人的利用率可达 90%～95%。

　　(6) 装配机器人。

　　装配是一个复杂的操作过程。在装配过程中,不仅要检测出错误,还要设法纠正错误。装配机器人是柔性自动化装配系统的核心设备,由机器人操作机、控制器、末端执行器和传感系统组成。末端执行器的种类很多,以适应不同的装配对象;利用传感系统获取装配机器人、环境和装配对象之间的交互信息。装配机器人主要用于各种电器和流水线产品的制造,具有效率高、精度高、工作持续的特点,如图 4-7 所示。

图 4-7　装配机器人

　　除此之外,工业机器人按控制方式可分为操作机器人、程序机器人、示教-再现机器人、数控机器人和智能机器人等;按臂部的运动形式可分为直角坐标机器人、圆柱坐标机器人、球坐标机器人和关节机器人。直角坐标机器人的臂部可沿 3 个直角坐标移动;圆柱坐标机器人的臂部可做升降、回转和伸缩运动;球坐标机器人的臂部能进行回转、俯仰和伸缩动作;关节机器人的臂部有多个转动关节。

4.1.3 工业机器人系统的组成

工业机器人是面向工业领域的多关节机械手或多自由度的机器人,是一类能根据存储装置中预先编制好的程序,依靠自身动力实现各种功能的自动化机器。图 4-8 所示为工业机器人系统的基本组成。

由图 4-8 可知,工业机器人系统是一个闭环系统,通过运动控制器、伺服驱动器、机械本体、传感器等部件完成人们需要的功能。机械本体即机座和执行机构,包括臂部、腕部和手部,有的机器人还有行走机构。大多数工业机器人有 3～6 个自由度,其中腕部通常有 1～3 个自由度。伺服驱动器包括动力装置和传动机构,能使执行机构产生相应的动作。运动控制器按照输入的程序对驱动系统和执行机构发出指令信号,并进行控制。

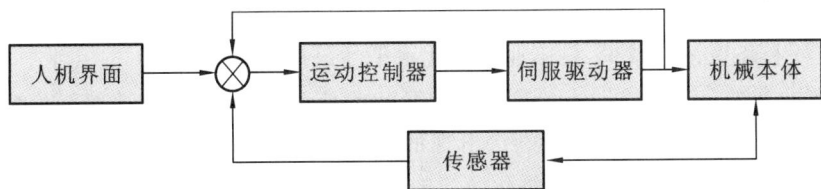

图 4-8 工业机器人系统组成

工业机器人一般采用关节型机械结构,每个关节由独立的驱动电动机控制,通过计算机对驱动单元的功率放大电路进行控制,实现机器人的运动控制操作。关节机器人控制系统原理流程图如图 4-9 所示。

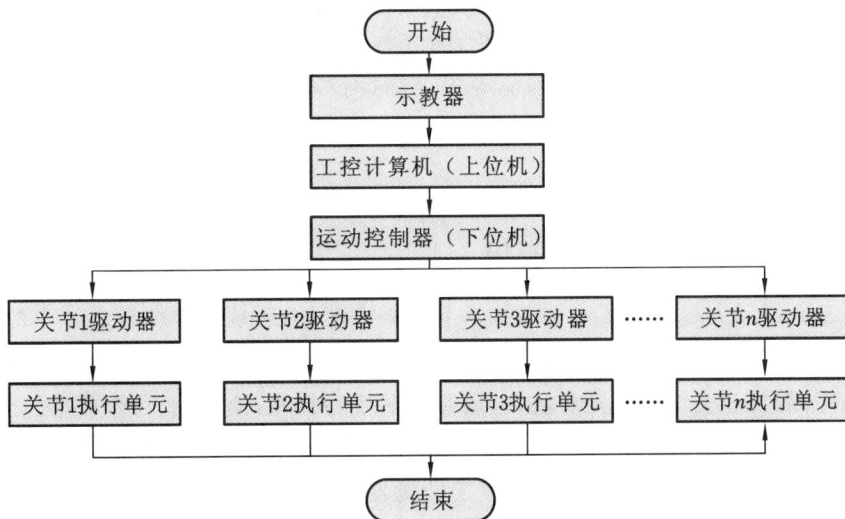

图 4-9 关节机器人控制系统原理流程图

4.1.4 工业机器人的特点

工业机器人有以下显著特点:

(1) 可重复编程 生产自动化的进一步发展是柔性自动化,工业机器人可随工作环境变化的需要而重复编程,因此它在小批量、多品种、具有均衡高效率的柔性制造过程中能发挥很好的功用,是柔性制造系统中的一个重要组成部分。

(2)拟人化　工业机器人在机械结构上有类似人的足、腰、大臂、小臂、手腕、手爪等部件,在控制上有计算机。此外,智能化工业机器人还有许多类似人类的生物传感器,如皮肤型接触传感器、力传感器、负载传感器、视觉传感器、声觉传感器、语言功能等,它们提高了工业机器人对周围环境的自适应能力。

(3)通用性　除了专门设计的专用工业机器人外,一般工业机器人在执行不同的作业任务时具有较好的通用性,例如更换工业机器人手部末端执行器(手爪、工具等)便可执行不同的作业任务。

(4)技术先进　工业机器人集精密化、柔性化、智能化、网络化等先进制造技术于一体,通过对过程实施检测、控制、优化、调度、管理和决策,使得产量增加、质量提高、成本降低、资源消耗和环境污染减少,是工业自动化水平的最高体现。

(5)技术升级　工业机器人与自动化成套装备具有精细制造、精细加工及柔性生产等技术特点,是继动力机械、计算机之后,出现的全面延伸人的体力和智力的新一代生产工具,是实现生产数字化、自动化、网络化及智能化的重要手段。

(6)应用领域广泛　工业机器人与自动化成套装备是生产过程的关键设备,可用于制造、安装、检测、物流等生产环节,并广泛应用于汽车整车及汽车零部件、工程机械、轨道交通、低压电器、电力、IC装备、军工、烟草、冶金等行业,应用领域非常广泛。

(7)技术综合性强　工业机器人与自动化成套技术,集中并融合了众多学科,涉及多项技术领域,包括微电子技术、计算机技术、机电一体化技术、工业机器人控制技术、机器人动力学及仿真、机器人构件有限元分析、激光加工技术、模块化程序设计、智能测量、建模加工一体化、工厂自动化及精细物流等先进制造技术。第三代智能机器人不仅具有获取外部环境信息的各种传感器,还具有记忆能力、语言理解能力、图像识别能力、推理判断能力等人工智能,其技术综合性强。

4.1.5　工业机器人的关键核心技术

我国工业机器人尽管在某些关键技术上有所突破,但还缺乏整体核心技术的突破,特别是在制造工艺与整套装备方面,缺乏高精密、高速与高效的减速机、伺服电动机、控制器等关键部件,需要对关键技术开展攻关,掌握以下核心技术:模块化、可重构的工业机器人新型机构设计,基于实时系统和高速通信总线的高性能开放式控制系统,在高速、重载工作环境下的工业机器人优化设计,高精度工业机器人的运动规划和伺服控制,基于三维虚拟仿真和工业机器人的生产线集成技术,复杂环境下机器人动力学控制,工业机器人故障远程诊断与修复技术,等等。

1. 工业机器人产业链及核心零部件

工业机器人核心零部件包括高精度减速机、伺服电动机、驱动器及控制器,它们对工业机器人的性能指标起着关键作用,由通用性和模块化的单元构成。

我国工业机器人的关键部件,尤其在高精密减速机方面,与技术发达国家的差距尤为突出,制约了我国国产工业机器人产业的发展和国际竞争力的形成;工业机器人的诸多技术仍停留在仿制层面,创新能力不足,阻碍了我国工业机器人市场的快速发展;重视工业机器人的系统研发,而忽视关键技术突破,使得工业机器人的某些核心技术处于试验阶段,制约了我国工业机器人产业化进程,致使我国工业机器人的关键部件主要依赖进口。工业机器人产业链分布如下。

(1) 上游零部件:① 减速器,市场集中度极高,高端市场由国外品牌绝对垄断,故厂商议价能力强,占机器人成本的 25%~30%,整体供货周期长,国内一般为 4~6 个月。② 伺服电动机,高端市场在国外,中低端市场可自主覆盖。国内厂商中,伺服电动机成本占机器人成本的 25%~30%。③ 控制器:本体厂商纷纷自主研发,但大部分还是需要购买第三方产品。控制器成本占机器人成本的 20%~25%。

(2) 中游本体:① 保有量,2022 年中国工业机器人保有量为 135.7 万台,主要为多关节机器人和 SCARA 机器人,其占比分别为 60% 和 40% 左右。② 竞争格局,市场格局较为集中,整体国外品牌占比高,约七成。③ 国内厂商主要通过零部件自研来控制成本结构,发展协作机器人来增加产品应用场景,拓展家具等新行业,积极布局海外市场。

(3) 下游系统集成商:① 市场格局较为分散(企业数量多、规模小),其中国内系统集成商占比 90% 以上。② 机器视觉、3D 相机等新兴的集成生态伙伴助力工业机器人"眼/脑"发展,解锁更多、更精应用场景。③ 传统系统集成商向综合解决方案厂商迈进,即向上拓展本体能力,向下拓展机器视觉、柔性夹爪等周边技术。

图 4-10 所示为机器人产业链的分布。

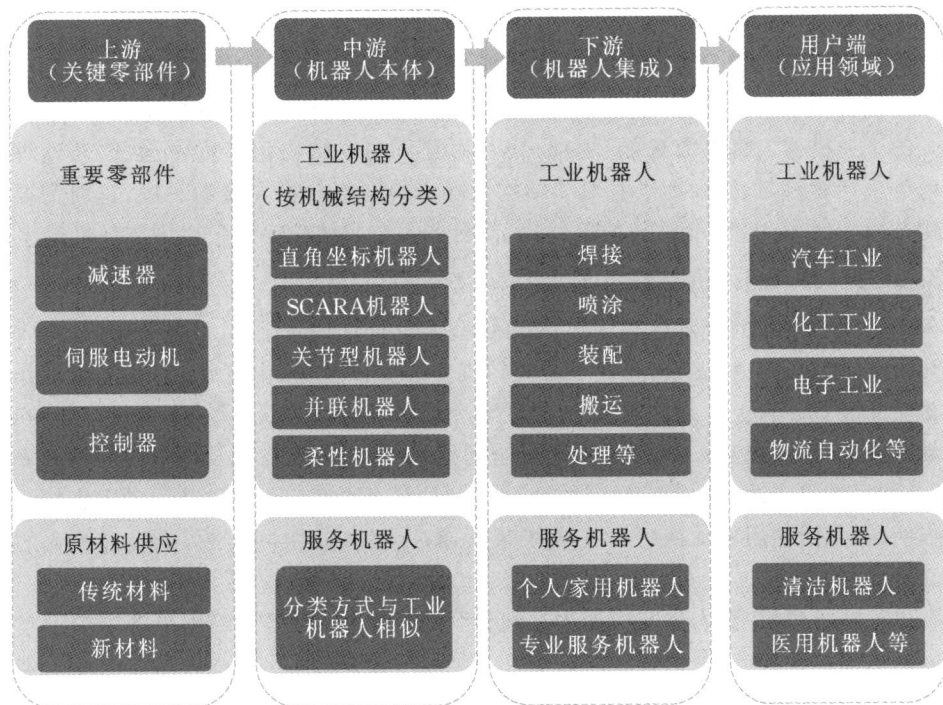

图 4-10 机器人产业链分布

2. 工业机器人灵巧操作技术

工业机器人机械臂和机械手在制造业应用中有时需要模仿人手的灵巧操作,这要在高精度、高可靠性感知、规划和控制性方面开展关键技术研发,使机械手达到人手级别的触觉感知阵列,且动力学性能超过人手,能够进行整只手的握取,并能像加工厂工人一样在加工制造过程中实现灵活操作;在工业机器人的创新机构和高效率驱动器方面,改进机械结构和执行机构可以提高工业机器人的精度、可重复性、分辨率等各项性能,工业机器人驱动器和执行机构的设计、材料的选择,需要考虑工业机器人的驱动安全性,创新机构集中体现在提高机器人的自重/负载比、降低排放、合理化人与机械之间的交互机构等。

3. 工业机器人自主导航技术

在由静态障碍物、车辆、行人和动物组成的非结构化环境中实现安全的自主导航,对于装配生产线上装卸原材料的搬运机器人、从原材料到成品的高效运输的 AGV 工业机器人以及采矿和建筑装备的工业机器人而言均为关键技术,需要进一步进行深入研发和技术攻关。一个典型的应用为无人驾驶汽车的自主导航,可实现汽车在有清晰照明和路标的任意现代化城镇中行驶,并使其在安全性方面可以与有人驾驶车辆相提并论。自动驾驶车辆在一些场景甚至能比人类驾驶做得还好,如自主导航通过矿区或者建筑区、倒车入库、并排停车以及紧急情况下的减速和停车等。

4. 工业机器人环境感知与传感技术

未来的工业机器人将大大提高自身的感知能力,以检测机器人及周围设备的任务进展情况,并能够及时检测部件和产品组件的生产情况,推测生产人员的情绪和身体状态,这需要攻克高精度的触觉、力觉传感器和图像解析算法,涉及的重大技术挑战包括非侵入式的生物传感器及表达人类行为和情绪的模型,基于高精度传感器构建用于装配任务和跟踪任务进度的物理模型,降低自动化生产环节中的不确定性。这时,多品种、小批量生产线上的工业机器人将更加智能、更加灵活,而且可在非结构化环境中运行,若这种环境中有人类生产者参与,则增加了其对非结构化环境感知与自主导航的难度,这时需要攻克的关键技术主要为 3D 环境感知的自动化,使机器人在非结构环境中也可实现批量生产。

5. 工业机器人的人机交互技术

未来工业机器人的研发将越来越强调新型人机合作的重要性,需要研究全侵入式图形化环境,三维全息环境建模,真实三维虚拟现实装置以及力、温度、振动等多物理作用效应人机交互装置。为了达到机器人与人类生活行为环境以及人类自身和谐共处的目标,需要解决的关键问题包括:机器人本质安全问题,保障机器人与人及环境间的绝对安全共处;任务环境的自主适应问题,自主适应个体差异、任务及生产环境差异;多样化作业工具的操作问题,灵活使用各种执行器完成复杂操作;人机高效协同问题,准确理解人的需求并主动协助。

在生产环境中,注重人类与机器人之间交互的安全性,根据终端用户的需求设计工业机器人系统以及相关产品,保证人机的交互不但是安全的,而且效益更高。人和机器人的交互操作设计包括自然语言、手势、视觉和触觉技术等,也是未来机器人发展需要考虑的问题。工业机器人必须容易示教,而且易于人类学习如何操作。机器人系统应设立学习辅助功能,以实现机器人的使用、维护、学习和错误诊断/故障恢复等。

6. 基于实时操作系统和高速通信总线的工业机器人开放式控制系统

基于实时操作系统和高速通信总线的工业机器人开放式控制系统,采用基于模块化结构的机器人的分布式软件结构设计,实现机器人系统不同功能之间的无缝连接,通过合理划分机器人模块,降低机器人系统集成难度,提高机器人控制系统软件体系实时性,攻克现有机器人开源软件与机器人操作系统兼容性、工业机器人模块化软硬件设计与接口规范及集成平台的软件评估与测试方法、工业机器人控制系统硬件和软件开放性等关键技术。综合考虑总线实时性要求,攻克工业机器人伺服通信总线;针对不同应用和不同性能的工业机器人对总线的要求,攻克总线通信协议,支持总线通信的分布式控制系统体系结构,支持典型多轴工业机器人控制系统及与工厂自动化设备的快速集成。

4.1.6 工业机器人技术发展趋势

工业机器人作为一种能够自动执行各种工业任务的装备,广泛应用于汽车、电子、机械、医疗、食品等多个领域。随着人工智能技术的不断发展和成熟,工业机器人的应用将会越来越广泛。未来工业机器人将朝着智能化、柔性化、协作化、网络化、个性化等方向发展,为工业生产和社会发展带来更多的机遇和挑战。

（1）智能化:随着人工智能技术的发展,工业机器人将越来越智能,能够自主学习、自主决策和自主执行任务。

（2）柔性化:工业机器人将具有柔性化特点,能够适应不同的生产环境和生产任务,实现快速转换和灵活生产。

（3）协作化:工业机器人将具有协作化特点,能够与人类在同一生产线上工作,实现人机协作,提高生产效率和质量。

（4）网络化:工业机器人将具有网络化特点,能够实现远程监控和远程维护,提高生产效率和降低维护成本。

（5）个性化:工业机器人将具有个性化特点,能够根据不同的生产需求和用户需求,进行定制化生产和服务,提高用户满意度和市场竞争力。

▶▶▶ 4.2 高档数控机床技术

机床作为当前机械加工产业的主要设备,其技术水平已经成为国内机械加工产业的发展标志。数控机床和基础制造装备是装备制造业的工作母机,体现着一个国家的机床行业技术水平和产品质量,是衡量国家装备制造业发展水平的重要标志。

高档数控机床技术

高档数控机床是指具有高速、精密、智能、复合、多轴联动、网络通信等功能的智能化数控机床系统。国际上甚至把五轴联动数控机床等高档机床技术作为一个国家工业化的重要标志。

高档数控机床是科技快速发展的产物,而对于国家来讲,这是机床制造行业本质上的一种进步。高档数控机床集多种高端技术于一体,用于复杂曲面加工和自动化加工,在航空航天、船舶、机械制造、高精密仪器、军工、医疗器械产业等领域有着非常重要的核心作用。

《中国制造 2025》将数控机床和基础制造装备列为"加快突破的战略必争领域",提出要加强前瞻部署和关键技术突破,积极谋划抢占未来科技和产业竞争制高点,提高国际分工层次和话语权。

4.2.1　数控技术国内外现状

随着计算机技术的高速发展,传统的制造业发生了根本性变革,各工业发达国家投入巨资,对现代制造技术进行研究开发,提出了全新的制造模式。在现代制造系统中,数控技术是关键技术,它集微电子、计算机、信息处理、自动检测、自动控制等高新技术于一体,具有高精度、高效率、柔性自动化等特点,对制造业实现柔性、自动化、集成化、智能化起着举足轻重的作用。

目前,数控技术正在发生根本性变革,由专用型封闭式开环控制模式向通用型开放式实时动态全闭环控制模式发展。在集成化基础上,数控系统实现了超薄型、超小型化;在智能化基础上,数控系统综合了计算机、多媒体、模糊控制、神经网络等多学科技术,实现了高速、高精、高效控制,在加工过程中可以自动修正、调节与补偿各项参数,具备在线诊断和智能化故障处理等功能;在网络化基础上,CAD/CAM 与数控系统集成为一体,机床联网,实现了中央集中控制的群控加工;智能传感、物联网、云计算、大数据、数字孪生、信息物理系统(CPS)、人工智能等新技术与数控技术深度融合,数控技术正向新一代智能数控迈进。图 4-11 所示为数控机床发展历程。

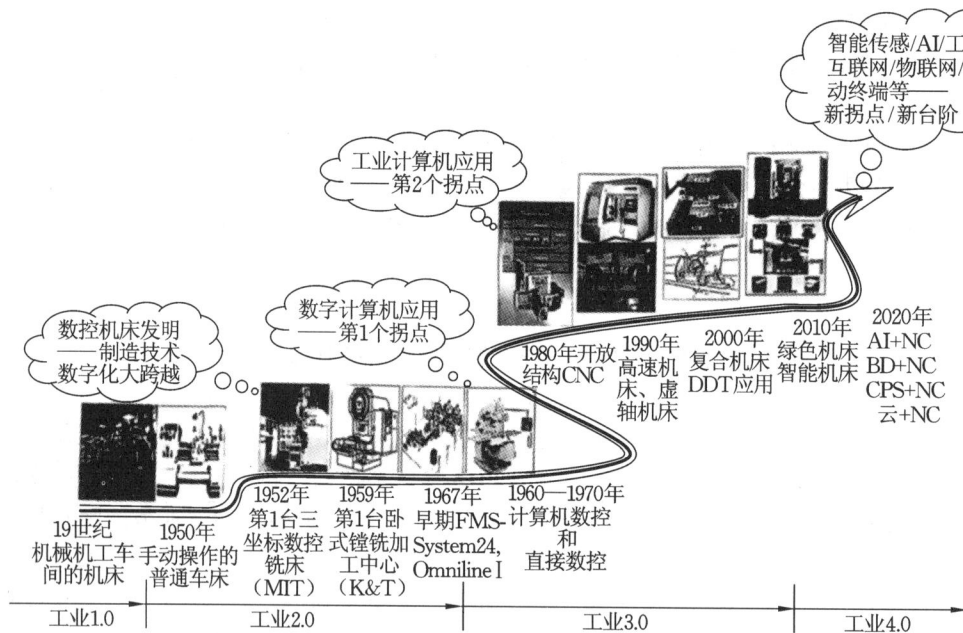

图 4-11　数控机床发展历程

4.2.2　高档数控机床的发展趋势

数控机床及系统的发展日新月异,作为智能制造领域的重要装备,实现智能化、柔性化、高速化、高精度、复合化、低碳绿色化已成为高档数控机床未来重点发展的技术方向。

（1）高速高精高效化。速度、精度和效率是机械制造技术的关键性能指标，由于采用了高速 CPU 芯片、RISC 芯片、多 CPU 控制系统以及带有高分辨率绝对式检测元件的交流数字伺服系统，同时采取了改善机床动态、静态特性等有效措施，数控机床的高速高精高效化水平已大大提高。

（2）柔性化。数控系统具有适应不同品种、不同批量产品生产的能力，包含两方面的柔性：自身柔性和系统柔性。

自身柔性方面，数控系统采用模块化技术，组合性强，可以快速更换所需要的模块，从而实现快速切换机床，在短时间内快速配置生产，达到生产数量和品质之间的平衡，满足不同用户的需求。数控机床采用了灵活的机床设计和技术，有较高的可调性和可变性，可以满足多品种、小批量的生产要求。

系统柔性方面，柔性化体现在多款机床的配置上，即群控系统，根据不同的生产要求和市场需求，群控系统可以配置不同的机床，自动调控物料和信息等内容，实现生产制造的灵活性和多样性。

（3）工艺复合化和多轴化。以减少工序、缩短辅助时间为主要目的的复合加工，正朝着多轴、多系列控制功能方向发展。数控机床的工艺复合化是指工件在一台机床上一次装夹后，通过自动换刀、旋转主轴头或转台等各种手段，完成多工序、多表面的复合加工（车、铣、镗、钻、铰）。

现代先进数控系统往往采用多轴加工，最具代表性的是五轴联动数控加工系统，在一次装夹完成后，可以对工件各待加工区域进行铣、镗、钻等多工序加工，避免了多次安装带来的定位误差，节省了辅助时间。现代数控机床控制轴为 3～15 轴，同时联动的轴已达 6 轴。数控系统（NC）利用多个 CPU 结构与分级中断控制，可以实现"前台加工，后台编辑"，即零件的加工和程序的编制可在一台机床上同时进行。

（4）智能化。数控技术智能化，指的是借助进化计算、模糊系统及神经网络等人工智能控制技术，全面监控加工制造过程并自主决策，以实现智能编程、智能调整优化及智能故障诊断预测等功能。其主要表现如下：

① 运用自适应控制（adaptive control）技术，根据切削条件的变化，自动测量并调整主轴转矩、切削温度、切削力等多种参数，保证机床始终处于最优加工状态，从而获得较高的工件加工精度，同时使得加工成本降低，设备生产效率得以提高；

② 刀具寿命自动检测与自动换刀功能；

③ 自动编程、人机对话功能；

④ 故障自诊断与自修复功能，可以实现出现故障及时停机，通过自诊断判别故障部位和原因，利用冗余技术自动切断故障模块，同时将备用模块接通；

⑤ 基于图形识别、声控技术等模式识别技术，数控机床能够自动识别图样并自动进行加工；

⑥ 智能化交流伺服驱动；

⑦ 专家系统技术，将专家经验与切削加工规律存储在计算机中，建立以加工工艺参数数据库为基础的智能化专家系统，提供优化后的切削参数，提高编程效率。

（5）绿色化。高投入、高消耗、高排放的生产方式，造成环境污染和资源浪费，发展的瓶颈日益突出,绿色制造尤其是再制造的重要性也越发凸显。近年来,不用或少用切削液与实现干切削、半干切削节能环保的机床不断涌现,并在不断发展中。目前在齿轮加工中,高速干式切削和低温冷风切削机床得到了成功的应用。

4.2.3 智能机床

20世纪90年代,"智能机床"概念被提出。智能机床的功能目标多种多样,具体实现技术方案则千变万化,但其基本上都是通过人工智能、工业物联网、大数据、数字孪生等技术来提升机床的感知、学习认知、分析决策与控制执行能力,以实现机床自主感知、自主学习认知、自主优化决策、自主控制执行。智能机床控制如图4-12所示。

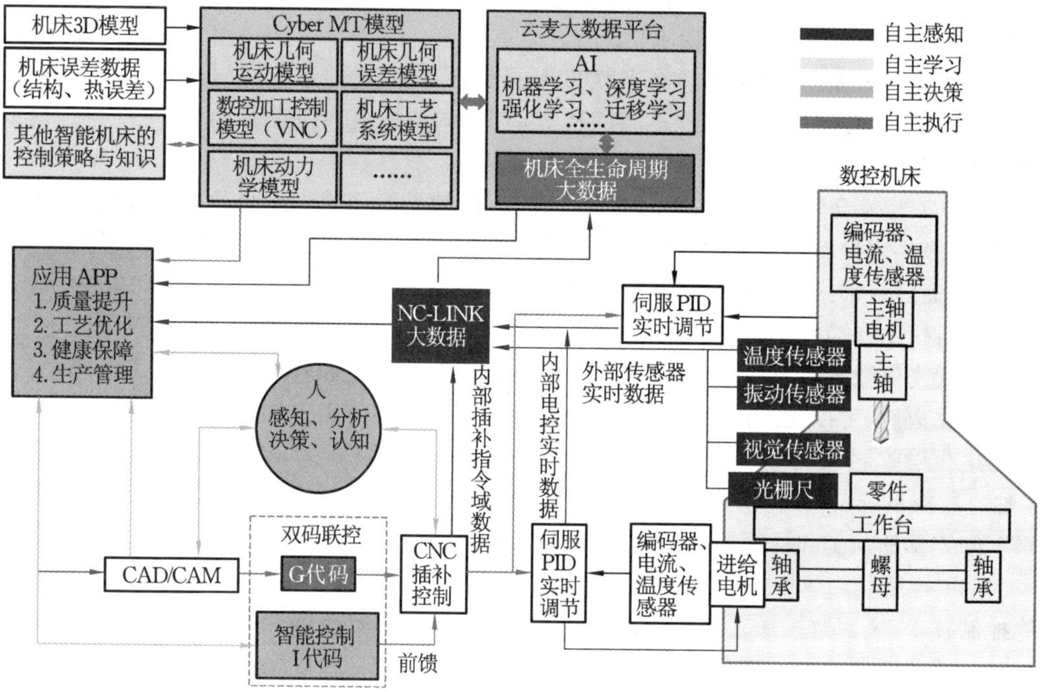

图 4-12　智能机床控制

(1)自主感知。

感知是实现机床智能化的基础,智能机床能够感知其自身和加工的状态并能够进行自我标定。这些信息将以标准协议的形式存储在不同的数据库中,以便机床内部的信息流动、更新和查询。这主要用于预测机床在不同的状态下所能达到的加工精度。

(2)自主优化决策。

优化决策是实现机床智能化的核心。它能够发现误差并补偿误差(自校准、自诊断、自修复和自调整),使机床在最佳加工状态下完成加工。更进一步地,它所具有的智能组件能够预测出即将出现的故障,以提示机床需要维护和进行远程诊断。

(3)自主学习认知。

认知是实现机床智能化的关键,它能够根据加工中和加工后获得的数据(如从测量机上获得的数据)更新机床的应用模型。

（4）自主控制执行。利用双码联控技术，同步执行传统数控加工集合轨迹控制的"G代码"（第一代码）和包含多目标加工优化决策信息的智能控制"I 代码"（第二代码），使智能机床实现优质、高效、可靠、安全和低耗的数控加工。

2003 年在米兰举办的欧洲机床展览会上，瑞士米克朗公司首次推出"智能机床"。智能机床是通过各种功能模块（软件和硬件）来实现的。

首先，必须通过这些模块建立人与机床互动的通信系统，将大量的加工相关信息提供给操作人员；

其次，必须向操作人员提供多种工具，使其能优化加工过程，显著改善加工效能；

最后，必须能检查机床状态并能独立地优化加工工艺，提高工艺可靠性和工件加工质量。

智能机床各功能模块如下。

（1）高级工艺系统（advanced process system，APS）模块。APS 通过在铣削中对主轴振动的监测实现对工艺的优化。高速加工中的核心部件电主轴起着至关重要的作用，其制造精度和加工性能直接影响零件的加工质量，在电主轴中增加振动监测模块，实时地记录每一个程序语句在加工时主轴的振动量，并将数据传输给数控系统，工艺人员可通过数控系统显示的实时振动变化了解每个程序段中所给出的切削用量的合理性，从而可以有针对性地优化加工程序。APS 模块的优点是：① 改进了工件的加工质量；② 延长刀具寿命；③ 检测刀柄的平衡程度；④ 识别危险的加工方法；⑤ 延长主轴的使用寿命；⑥ 改善加工工艺的可靠性。

（2）操作者辅助系统（operator support system，OSS）模块。OSS 模块就像集成在数控系统中的专家系统一样，这套专家系统对于初学者具有极大的帮助作用。在进行一项加工任务之前，操作者可以根据加工任务的具体要求，在数控系统的操作界面中选择速度优先、表面粗糙度优先、加工精度优先或折中目标，机床根据这些指令调整相关的参数，优化加工程序，从而达到更理想的加工结果。

（3）主轴保护系统（spindle protection system，SPS）模块。传统的故障检修工作都是在发生损坏后才进行的，这导致机床意外减产和维护成本居高不下。预防性维护的前提是能很好地掌握机床和机床零部件状况，而 SPS 支持实时检测主轴，因此它使机床可以得到有效保养和故障检修。SPS 模块的优点是：① 自动监测主轴状况；② 能尽早发现主轴故障；③ 最佳地计划故障检修时间，可避免主轴失效后的长时间停机。

（4）智能热控制（intelligent thermal control，ITC）模块。高速加工中热量的产生是不可避免的，优质的高速机床会在机械结构和冷却方式上作相关的处理，但不可能百分之百地解决热量问题，所以，在高度精确的切削加工中，机床通常需要在开机后空载运转一段时间，待机床达到热稳定状态后再开始加工，或者在加工过程中人为地输入补偿值来调整热漂移。内置了相关经验值的 ITC 模块能自动处理温度变化造成的误差，从而不需要过长的预热时间，也不需要操作人员的手工补偿。

（5）无线通知系统（remote notification system，RNS）模块。为了更好地保障无人化自动加工的安全可靠性，将移动通信技术运用到机床上，只要给机床配置 SIM 卡，便可以按照设定的程序，实时地将机床的运行状态（如加工完毕或出现故障等）发送到相关人员的手机上。

（6）工艺链管理系统（cell and workshop management system, CWMS）模块。CWMS用于生成和管理订单、图样及零件数据，集中管理铣削和电火花加工信息，制定产品所涉及的技术规格信息，此外还能收集和管理工件及预定位置处的信息，如加工过程的 NC 程序和工件补偿信息，可将这些信息通过网络提供给其他系统。

CWMS 模块的功能将根据需要不断扩展，目前主要作为车间单元管理模块用于铣削单元的管理，可根据需要增加一个或多个测量设备或所需数量的加工中心，最终整个工艺链全部通过多机管理系统控制。

通常，CWMS 模块安装在数控系统上或测量设备计算机上，若测量设备负荷较重或机床与测量设备间距离较大，则建议增加一个终端。

智能机床各功能模块可用于所有已运行海德汉数控系统的米克朗机床上，有些模块已经成为机床的标准配置，有些模块还属于可选配置，用户可以选择最能提高其铣削工艺的模块。

日本马扎克公司以"智能机床"（intelligent machine, IM）命名的数控机床具有以下四大智能：

（1）主动振动控制（active vibration control, AVC）——将振动减至最小。切削加工时，各坐标轴运动的加速度产生的振动影响加工精度、表面粗糙度、刀具磨损和加工效率，具有此项智能的机床可使振动减至最小。例如，在进给量为 3000 mm/min，加速度为 0.43g 时，最大振幅由 4 μm 减至 1 μm。

（2）智能热屏障（intelligent thermal shield, ITS）——热位移控制。由于机床部件的运动或动作产生的热量及室内温度的变化会产生定位误差，此项智能可对这些误差进行自动补偿，使其值最小。

（3）智能安全屏障（intelligent safety shield, ISS）——防止部件碰撞。当操作工人为了调整、测量、更换刀具而手动操作机床时，一旦将发生碰撞（即在发生碰撞前的一瞬间），机床立即停机。

（4）马扎克语音提示（Mazak voice adviser, MVA）——语音信息系统。当操作工人手动操作和调整时，用语音进行提示，以减少由于人为失误而造成的问题。

4.2.4　华中 9 型智能数控系统案例

智能数控系统作为智能机床的核心技术，在工业物联网、云计算、大数据、数字孪生、人工智能等新兴先进技术的赋能下，具有自感知、自适应、自诊断、自决策、自执行、自学习等能力，实现了加工质量提升、工艺参数优化、设备健康管理和生产智能管理。

智能化是数控系统发展的必然趋势，数控系统智能化水平是实现智能制造装备、柔性制造单元、智能生产线、智能车间、智能工厂的基础支撑和保障。

2021 年 4 月，第十七届中国国际机床展览会在北京举行，会上武汉华中数控股份有限公司的"华中 9 型智能数控系统"产品正式发布。宝鸡机床集团有限公司、陕西秦川格兰德机床有限公司、山东蒂德精密机床有限公司等多家机床企业展出了搭载华中 9 型新一代人工智能数控系统的智能机床，如智能精密加工中心、智能五轴加工中心、智能高速轮毂加工中心、智能车削中心、智能凸轮轴磨床、智能螺杆磨床、智能滚齿机等多种类型智能机床，推动机床智能化转型升级。

华中 9 型智能数控(intelligent numerical controller,INC)系统,是在华中 8 型高档数控系统上,将先进制造技术与新一代信息技术深度融合的智能产品。其具备自主学习、自主优化补偿等功能,是真正智能的数控系统;具备热误差补偿、工艺优化、双码联控、远程运维等多项原创性的智能化单元技术;是世界上首个集成 AI 芯片、融合 AI 算法、汇聚大数据、融合大模型、集成强算力、形成真正智能化的数控系统平台;为构建智能化生态提供技术支撑,为打造智能机床共创、共享、共用的研发模式和商业模式的生态圈提供开放式的技术平台,为机床厂家、行业用户及科研机构创新研制智能机床产品和开展智能化技术研究提供技术支撑。

它以"智能＋"为机床赋能的创新理念,构筑人(H)-机(P)-信息(C)融合的数字孪生系统(S),即 HCPS。该系统深度融合大数据与人工智能技术,打造了"端-边-云"的智能体系架构,形成了三个平台——集成 AI 芯片的智能硬件平台、支持 AI 算法的智能软件平台、构建智能 APP 生态的开放平台,如图 4-13 所示。华中 9 型智能数控系统具体技术特点和关键技术突破如下。

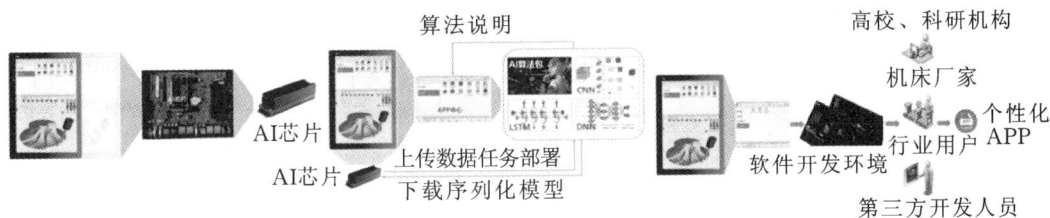

图 4-13　华中 9 型智能数控系统

1. AI 赋能

(1) 基于大模型的数控系统 AI 会诊。

基于大模型技术的故障诊断功能,能准确理解用户对问题的语音或文字描述,利用知识库的查询功能和强大的思考功能,交互提供可能的故障原因及解决方案,让设备运行更加高效,如图 4-14 所示。

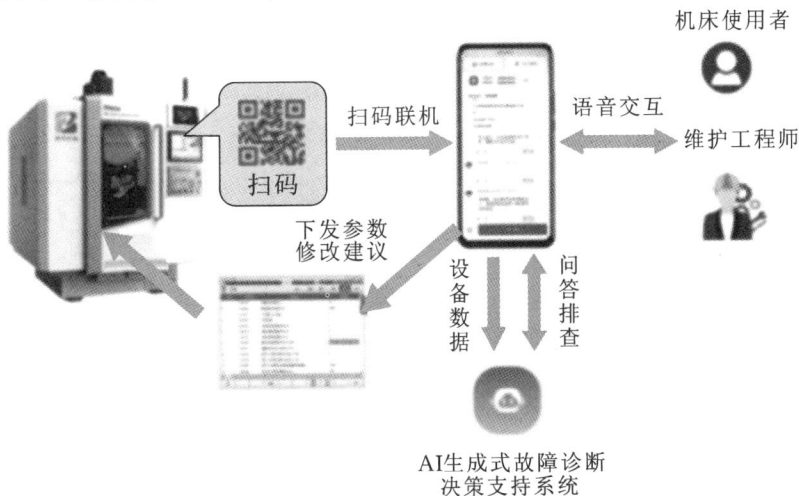

图 4-14　基于大模型的数控系统 AI 会诊

（2）基于大模型的加工代码生成。

利用大模型技术开发的辅助数控代码生成功能，用户通过手机语音或文字描述加工要求，系统就能快速生成数控加工代码，并可一键传送到数控编辑画面，极大地提高了编程、调试的效率，如图 4-15 所示。

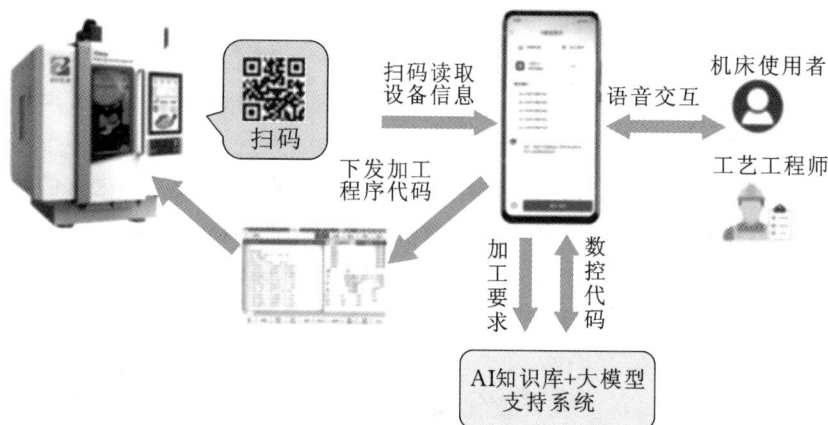

图 4-15　基于大模型的加工代码生成

（3）基于 AI 芯片的智能工艺优化。

加工工艺参数与数控机床实际加工能力匹配，实现加工效率的最大化，是数控机床加工永恒的目标，也是智能化在数控机床上发挥作用的重要场景。

华中 9 型智能数控系统通过建立机床的运动学模型、切削仿真模型和物理仿真模型，构建机床几何像、参数像和模型像的工艺系统数字孪生体，在实际加工前即可对机床的运动学特性和切削物理响应特性进行精确的预测，并在此基础上对加工工艺参数进行优化，缩短加工准备时间，有效提高实际加工效率，图 4-16 所示。

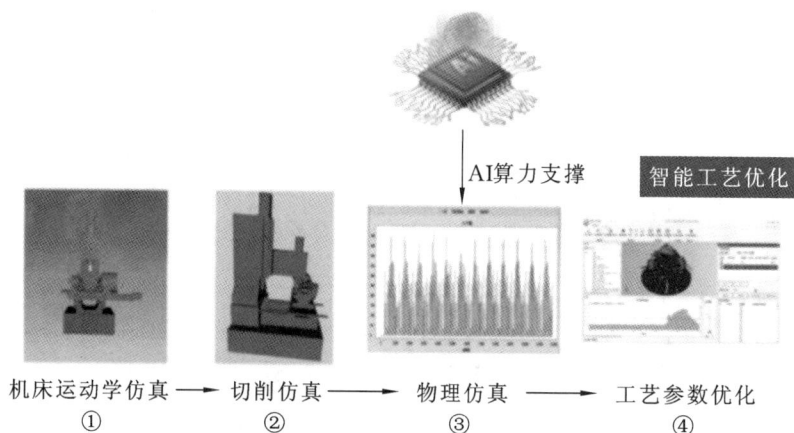

图 4-16　基于 AI 芯片的智能工艺优化

2. 智能应用

（1）基于模型的智能轮廓误差补偿。

基于进给系统微米级高精度融合模型，智能预测各轴补偿值并生成包含补偿信息的 I

代码。在加工过程中,利用 G 代码-I 代码双码联控实现对轮廓误差的在线补偿,使轮廓加工精度得以提升,如图 4-17 所示。

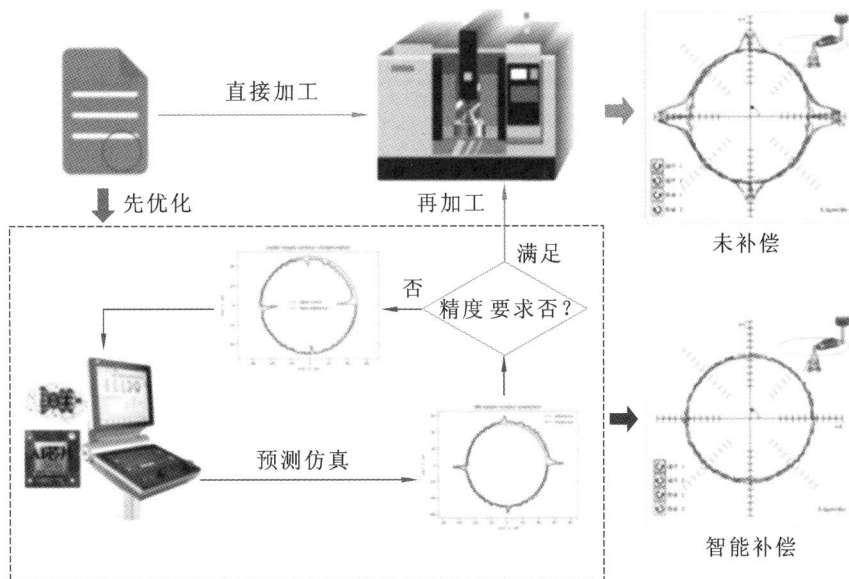

图 4-17　基于模型的智能轮廓误差补偿

（2）自动化、智能化机床热误差测量-分析-补偿解决方案。

面向机床制造企业,提供由测试规范、补偿功能、自动化热特性测试方案、热特性数据库、加工工况最优补偿参数拟合软件构成的,面向机型的车/铣主轴热误差自动化、智能化测试-分析-补偿全套解决方案,缩短加工热机时间,提升批量加工精度稳定性,如图 4-18所示。

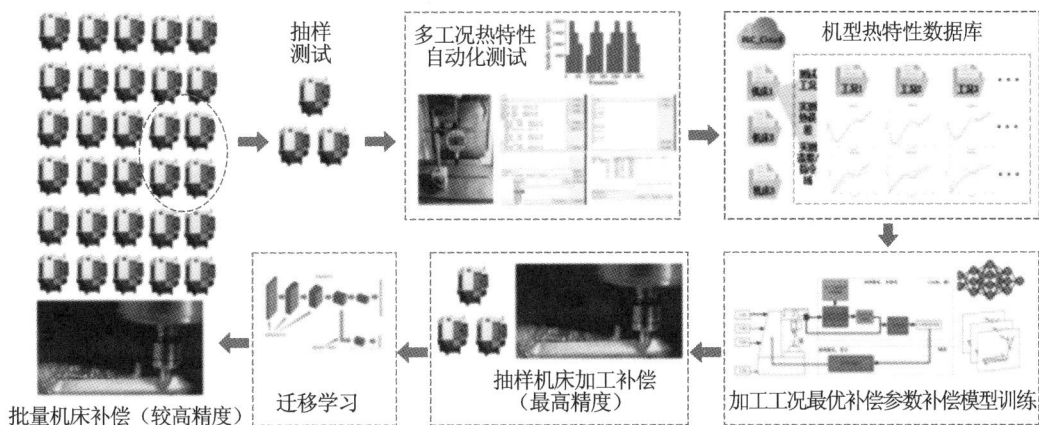

图 4-18　热补偿解决方案

3. 远程运维

以"机床大数据"为核心,建立机床全生命周期健康保障体系,提供机床故障处理、常规保养、健康保障、预测性维护等功能,实现机床智能化运维管理,如图 4-19 所示。

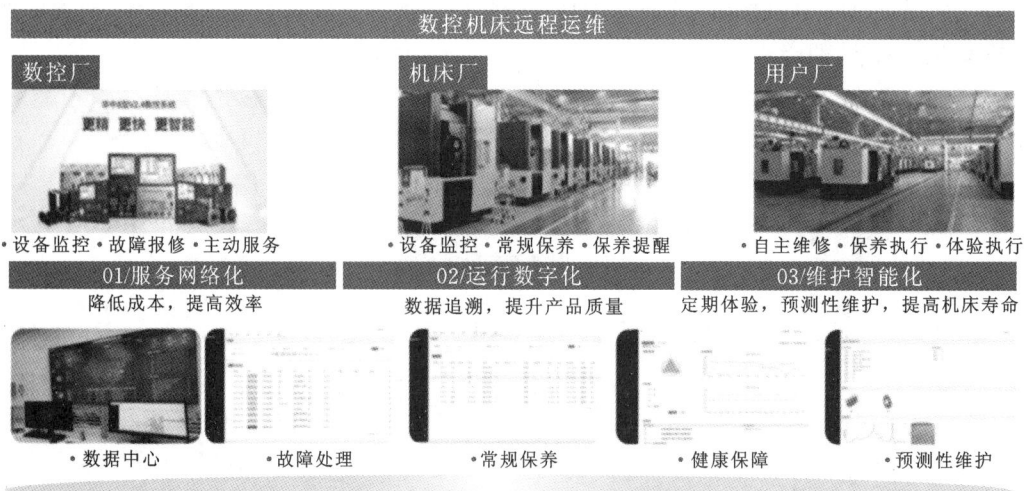

图 4-19   远程运维系统

4. 二次开发功能

华中 9 型智能数控系统作为深度开放平台,为机床厂家、行业用户及科研机构进行智能化研究和应用提供了集成开发平台。在统一的 APP 开发环境中,分类自主集成 APP,形成一系列自主开发的 APP,成就专精机床,如图 4-20 所示。

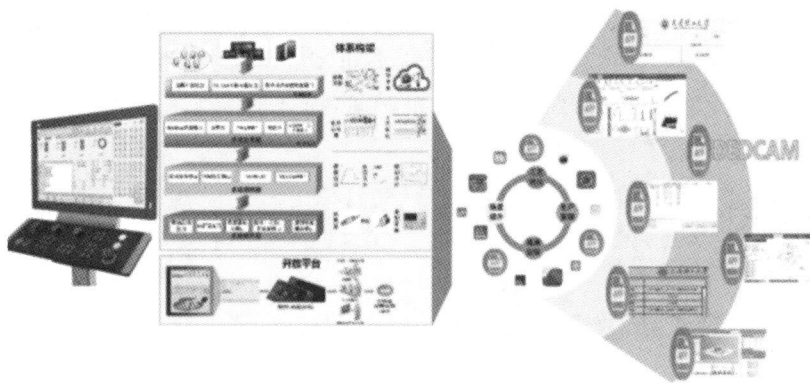

图 4-20   数控系统二次开发

►►► 4.3   增材制造技术

增材制造(additive manufacturing,AM)技术是以计算机三维数字模型为基础,通过软件分层离散和数控成形系统,用激光、电子束、热熔喷嘴等将粉末、树脂、热塑等材料在二维平面上进行逐层堆积黏结,从而快速制造出与数模设计一致的实物产品,也称作"3D 打印""直接数字化制造""快速原型"等,是 20 世纪 90 年代初期涌现的一项新兴制造技术。增材制造是目前国内外研

增材制造
技术

究的热点,很多科研院所都在进行相关研究工作。

与传统以车、铣、刨、磨为代表的减材加工,以铸、锻、焊为代表的等材制造技术不同,增材制造是一种"自下而上"的制造方法,具有不可比拟的优势。

(1)增材制造技术不需要传统的刀具、夹具、模具及多道加工工序,在一台设备上可快速而精密地制造出任意复杂形状的零件,实现"自由制造",满足单件、小批量的个性化需求。

(2)提高材料利用率,增材制造大幅节约了原材料在去除、切削、再加工过程中的消耗。例如,航空航天等大型结构件,采用传统切削加工,95%~97%的昂贵材料被切除。

(3)不受传统加工工艺的限制,可以在产品设计环节进行优化或自由重塑,极大降低和减少了后续工艺流程的工作难度和时间损耗。

(4)性能优良,基于增材制造快速凝固的特点,成型后的物件内部晶粒均匀,无缩孔、疏松等缺陷。打印出来的零件强度、韧性远高于铸件,有些性能甚至领先于锻件。

4.3.1 增材制造工艺及分类

1. 增材制造过程

增材制造的具体过程:对具有 CAD 构造的产品的三维模型进行分层切片,得到各层界面的轮廓,按照这些轮廓,用激光束等能源束选择性地切割一层层的纸(或树脂固化、粉末烧结等),形成各界面并逐步叠加成三维产品。增材制造技术由于把复杂的三维制造转化为一系列二维制造的叠加,因而可以在没有模具和工具的条件下生成任意复杂形状的零部件,极大地提高了生产效率和制造柔性。

增材制造技术体系可分解为几个彼此联系的基本环节:构造三维模型、模型近似处理、切片处理、后处理等。增材制造过程如图 4-21 所示。

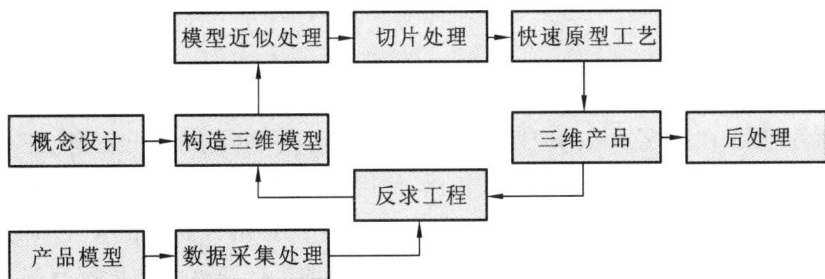

图 4-21 增材制造过程

2. 增材制造的分类

关桥院士提出了"广义"和"狭义"增材制造概念:"狭义"的增材制造是指将不同的能量源与 CAD/CAM 技术结合,分层累加材料的技术体系;而"广义"的增材制造则是以材料累加为基本特征,以直接制造零件为目标的大范畴技术群。如果按照加工材料的类型和方式分类,增材制造可以分为金属成型、非金属成型、生物材料成型等,如图 4-22 所示。

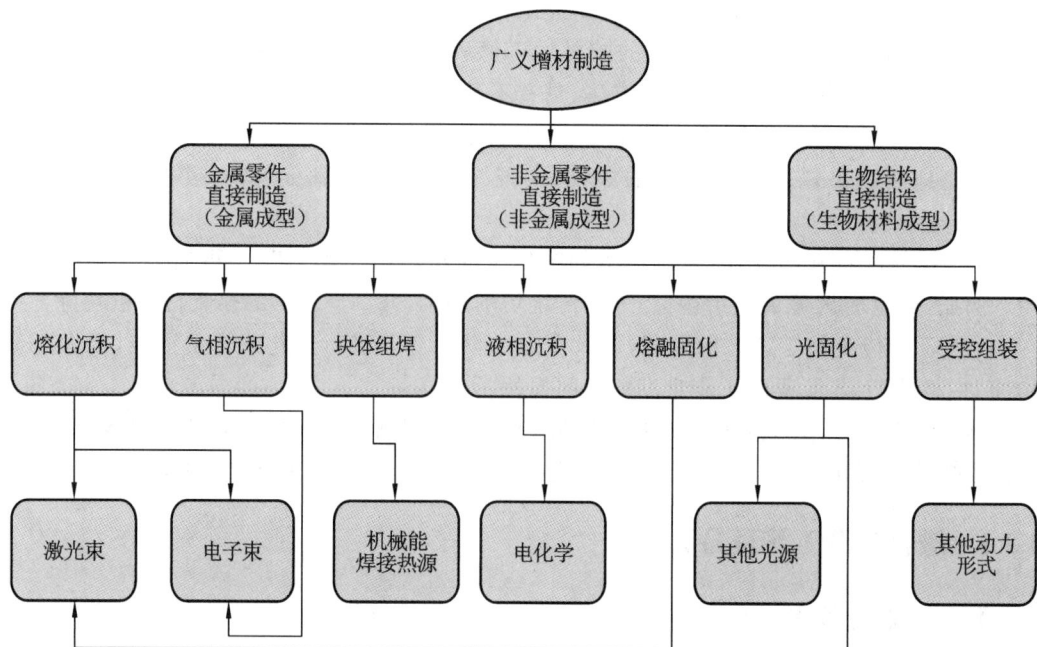

图 4-22 广义增材制造分类

4.3.2 增材制造技术的应用

随着科技的不断发展,各类新技术开始应用于不同的领域。其中,增材制造技术是近年来受到广泛关注的一种技术,它通过连续添加材料的方式制造物品。这种技术的应用范围极为广泛,涵盖医疗、航空航天、汽车、建筑等多个领域。下面将重点讨论其应用与发展。

1. 医疗领域

增材制造技术在医疗领域的应用十分广泛。它可以用于生产人工肢体、正畸器、矫形器等医疗器械。与传统方法制造的器械相比,使用增材制造技术制造的器械更加轻便、质量更好、功能更强。此外,增材制造技术已经被用于生产移植骨骼和植入人体的人工关节等医疗产品。与传统方法生产的产品相比,这些产品的生产速度和精度都有很大提高,从而为患者提供更好的救治服务。图 4-23 所示为 3D 打印的人体骨骼。

2. 航空航天领域

增材制造技术在航空航天领域的应用也十分广泛。当今的飞机部件中,有许多都是采用增材制造技术生产的。这些部件一般都具有极高的强度和耐腐蚀性能,而且生产速度也大大加快。此外,增材制造技术在这个领域的最大优势是可以减少因制造零件而产生的废弃物,极大地降低了生产成本。图 4-24 所示为 3D 打印制造的航空航天零部件。

3. 汽车制造领域

在汽车制造领域,增材制造技术的应用也十分广泛。现在的汽车零部件中,有很多都

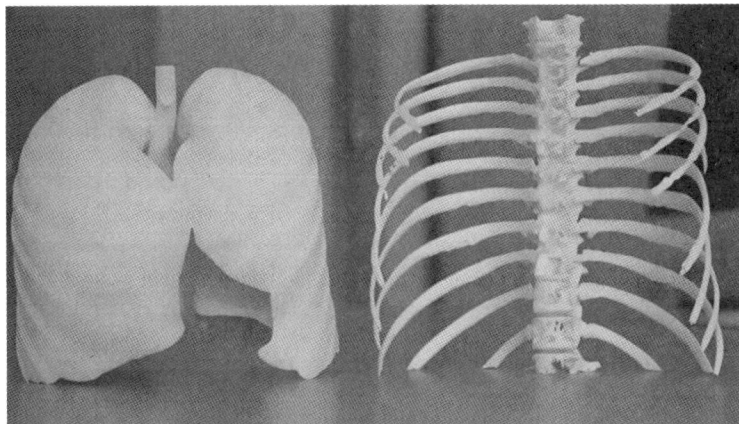

图 4-23　增材制造技术在生物医疗领域的应用

图 4-24　3D 打印制造的航空航天零部件

是采用这种技术生产的。这些零部件不仅质量更好,而且在生产速度和成本方面也有很大改进。此外,增材制造技术还可以打印特殊形状的零件,从而为汽车设计师们提供了创意的空间。图 4-25 所示为增材制造技术在汽车领域的应用。

4. 建筑领域

近年来,人们开始探索将增材制造技术应用到建筑领域。该技术可以打印出建筑材料,用于建筑的外观和结构设计。使用这种技术可以大大加快建筑速度和精度,还可以降低对劳动力和资源的需求。此外,由于增材制造技术可以制造出各种细节和形状,因此建筑师可以在设计过程中有更大的自由发挥空间。图 4-26 所示为增材制造技术在建筑领域的应用。

图 4-25　增材制造技术在汽车领域的应用

图 4-26　增材制造技术在建筑领域的应用

4.3.3　增材制造的关键技术

1. 软件技术

软件是增材制造技术发展的基础,主要包括三维建模软件、数据处理软件及控制软件等,三维建模软件主要完成产品的数字化设计和仿真,并输出 STL 文件;数据处理软件负责 STL 文件的接口输入、可视化、编辑、诊断检验及修复、插补、分层切片,完成轮廓数据和填充线的优化,生成扫描路径、支撑及加工参数等;控制软件将数控信息输出到步进电动机,控制喷射频率、扫描速度等参数,从而实现产品的快速制造。

2. 新材料技术

成型材料是增材制造技术发展的核心之一,它实现了产品"点、线、面、体"的快速制作,目前常使用的材料有金属粉末、光敏树脂、热塑性塑料、高分子聚合物、石膏、纸、生物活性高分子材料等,并实现了工程应用,如 2013 年 7 月,NASA 选用镍铬合金粉末制造了火箭发动机的喷嘴,并顺利通过点火试验;2015 年 7 月,北京大学人民医院郭卫教授团队完成骶骨肿瘤切除手术后,在患者骨缺损部位安放了由增材制造技术生产的金属骶骨,使患者躯干与骨盆重获联系。然而,我国基础性研究(材料的物理、化学及力学性能等研究)不足,缺乏材料特性数据库,高端成型材料(高性能光敏树脂、金属合金、喷墨黏结剂等)大多依赖进口,缺少规模化材料研发公司且没有相应的标准规范,致使现阶段制造的零件主要用于概念设计、实验测试与模具制造,只有少数功能件实现了产业化。

3. 再制造技术

再制造技术赋予了废旧产品新生命,延长了产品服役时间,实现可持续发展,是增材制造技术的发展方向,它以损伤零件为基础,对其失效的部分进行处理,以恢复其整体结构和使用功能,并根据需要进行性能提升。与一般制造相比,再制造需要清洗缺损零件,给出详细的修复方案,再通过逆向工程构建缺损零件的标准三维模型,最后按规划的路径完成修复,其成型过程要求更加精确、可控。

航空发动机工作的苛刻环境决定了其对零件制造的要求极高,很长一段时间里,金属直接增材制造重点还围绕着航空发动机零部件的修复。致力于使 LSF(激光立体成形)技术商用化的美国 Optomec Design 公司,已将 LSF 技术应用于美国海军飞机发动机 T700 零件的磨损修复,如图 4-27 所示,实现了已失效零件的快速、低成本再制造。

图 4-27　Optomec Design 公司采用 LSF 技术修复的航空发动机零件

德国 Fraunhofer 协会则重点研究了 LSF 技术在钛合金和高温合金航空发动机损伤构件修复再制造方面的应用。英国 Rolls-Royce 航空发动机公司将 LSF 技术应用于涡轮发动机构件的修复。我国西北工业大学基于 LSF 技术开展了系统的激光成型修复的研究与应用工作,已经针对发动机部件的激光成型修复工艺及组织性能控制一体化技术进行了较为系统的研究,并在小、中、大型航空发动机机匣、叶片、叶盘、油管等关键零件的修复中获得广泛应用,如图 4-28 所示。

4. 增材制造装备

增材制造装备是增材制造的关键所在,基于增材制造对工业发展的推动作用,需要将

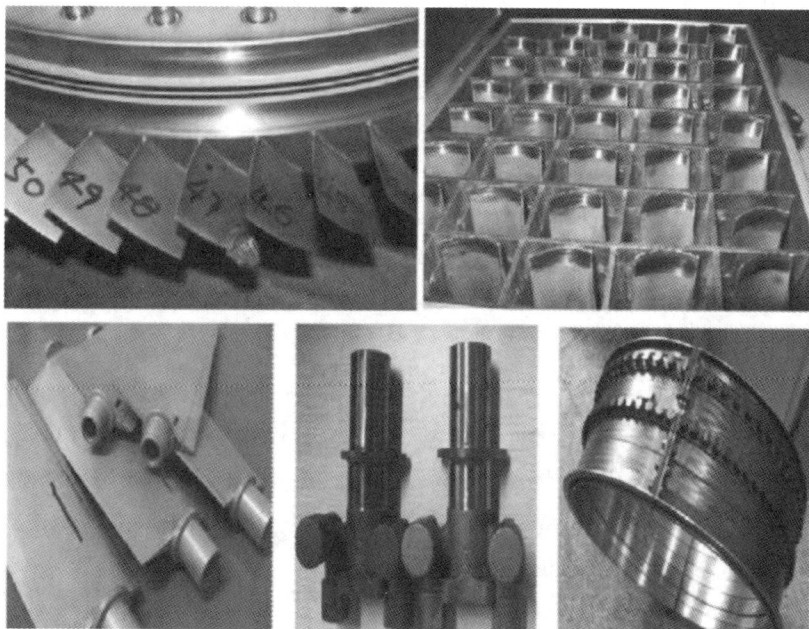

图 4-28　西北工业大学采用 LSF 技术修复的航空发动机零件

增材制造装备的设计研发和生产提到重要的地位。2014 年度"高档数控机床与基础制造装备"科技重大专项也将增材制造列为重点研究领域,针对航天型号复杂、精密关键金属构件高精度、高质量、一致性、高效率、高柔性化制造的需求,推进对航天难加工材料复杂零部件激光增材制造技术与装备的研制,今后应该注重从以下方面针对增材制造装备的研制开展工作:

① 专门化、便携式制造装备的研制,增材制造装备的小型化、专业化。

② 复杂结构件模型的数字化处理、填充路径规划及成型过程模拟技术研究;构建基于智能的工艺知识库;进行加工工艺的改进、完善,开展尺寸精度调控规律研究。

③ 研究激光增材制造装备自适应精确运动机构控制技术,探索获得高精度的途径和方法。

④ 研究激光立体成型的高精度同步铺粉及成型系统。

⑤ 研究制造过程质量一致性控制及其对构件尺寸精度的影响规律研究等。

这些方面的成果和突破,将使我国的增材制造装备快速国产化并对国民经济发展起到重要的推进作用。

4.3.4　增材制造技术的发展趋势

1. 多材料工艺的发展

未来增材制造技术将更多地关注多材料工艺的发展。随着对材料性能要求的不断提高,如何实现多种材料的精准打印、分层叠加成为当前的研究热点。多材料工艺的发展将进一步提高增材制造产品的材料多样性和功能性,为更多领域的应用提供可能。

2. 智能化制造的推动

随着人工智能、大数据、云计算等技术的不断发展,未来的增材制造将更加智能化。运用智能化制造技术,可以实现对制造过程的实时监控、数据分析和自动化调整,提高生产效率和产品质量。智能化制造还将为增材制造带来更多的创新可能,推动技术向更加智能化、人性化的方向发展。

3. 环保可持续发展

未来十年,增材制造技术将更加关注环保和可持续发展。通过材料的再利用、能源的节约和生产过程的环保性改进,增材制造可实现更加环保的生产方式。增材制造技术也将更加注重材料的可持续性和环境友好性,推动增材制造产业向更加可持续、更加环保的方向发展。

4.4 射频识别技术

随着高科技的蓬勃发展,智能化管理已经走进了人们的生活。门禁卡、第二代身份证、公交卡、超市的物品标签等这些卡片正在改变人们的生活方式。这些卡片都使用了射频识别技术,可以说射频识别已成为人们日常生活中最简单的身份识别系统。

射频识别技术

4.4.1 射频识别技术概述

1. 射频识别技术的概念

射频识别(radio frequency identification,RFID),又称无线射频识别,是一种通信技术,俗称电子标签。它可通过无线电信号识别特定目标并读写相关数据,而无须在识别系统与特定目标之间建立机械或光学接触。

从概念上来讲,RFID 类似于条码扫描,条码技术是将已编码的条形码附着于目标物并使用专用的扫描读写器和光信号将信息由条形码传送到扫描读写器;而 RFID 则使用专用的 RFID 阅读器及专门的可附着于目标物的 RFID 标签,利用频率信号将信息由 RFID 标签传送至 RFID 阅读器。

2. 射频识别技术的组成

RFID 系统因应用不同而组成也会不同,但基本都是由标签、阅读器、天线、应用软件四部分组成。

(1)标签(tag) 由耦合元件及芯片组成,标签含有内置天线,用于和射频天线进行通信。每个标签具有唯一的电子编码,附着在物体上,标识目标对象,如图 4-29 与图 4-30 所示。

(2)阅读器(reader) 用于读取(有时还可以写入)标签信息的设备,可设计为手持式或固定式,如图 4-31(a)与(b)所示。

(3)天线(antenna) 标签和阅读器之间的传递射频信号的介质。在 RFID 系统中,天线分为电子标签天线和读写器天线两大类,分别承担接收能量和发射能量的作用,如图 4-32 所示。

图 4-29　电子标签

图 4-30　RFID 高频电子标签

（a）

（b）

图 4-31　阅读器

（a）RFID 读写头；（b）RFID 手持机

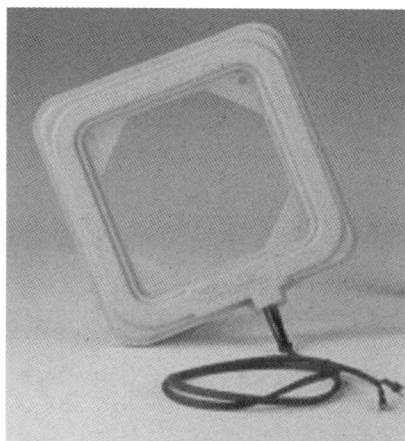

图 4-32　天线

RFID 系统至少应包含一根天线，以发射和接收射频信号。有的 RFID 系统由一根天线同时完成发射和接收信号任务；有的则是由一根天线来完成发射信号任务而另一根天线来承担接收信号任务。

（4）应用软件　最简单的 RFID 系统只有一个阅读器，它一次只对一个电子标签进行处理，如公交车票务系统。复杂的 RFID 系统会有多个阅读器，每个阅读器要同时对多个电子标签进行操作,并要实时处理数据信息,这时就需要后台应用软件系统。后台应用软件系统是计算机网络系统,数据交换与管理由计算机网络完成,阅读器可以通过标准接口与计算机网络连接,完成数据处理、传输和通信功能。

3. 射频识别技术工作原理

如图 4-33 所示,RFID 系统的工作原理具体如下:

(1) 电子标签附着在待识别物体的表面,电子标签中保存有约定格式的电子数据。阅读器通过发射天线发送一定频率的射频信号,当电子标签进入发射天线的工作区域时产生感应电流,电子标签获得能量被激活。

(2) 电子标签将自身唯一识别码等信息通过卡内置发送天线发送出去,阅读器可无接触地读取并识别电子标签中所保存的电子数据。

(3) 阅读器接收并读取解码信息后送至中央信息系统进行数据处理,从而达到自动识别物体的目的。

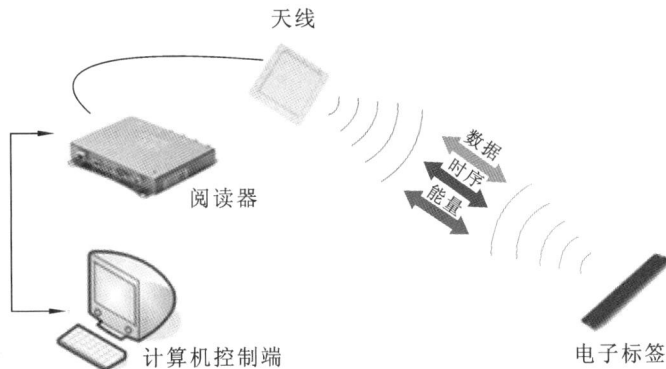

图 4-33 射频识别(RFID)系统工作原理

4. 射频识别技术的特点

射频识别系统最重要的优点是非接触识别,它能穿透雪、雾、冰、涂料、尘垢和条形码无法使用的恶劣环境阅读电子标签,并且阅读速度极快,大多数情况下不到 100 ms。有源式射频识别系统的速写能力也是重要的优点,可用于流程跟踪和维修跟踪等交互式业务。

(1) 快速扫描。

条形码一次只能有一个被扫描;RFID 阅读器可同时辨别读取多个 RFID 标签。

(2) 体积小型化、形状多样化。

RFID 技术在读取上并不受尺寸大小与形状限制,无须为了读取精确度而配合纸张的固定尺寸和印刷品质。此外,RFID 标签可向小型化与多样形态发展,以应用于不同产品。

(3) 抗污染能力和耐久性。

传统条形码的载体是纸张,因此容易受到污染,但 RFID 标签对水、油和化学品等物质具有很强的抵抗性。此外,条形码是附着在塑料袋或包装纸箱上的,所以特别容易受到折损;RFID 标签内储存的数据,可方便更新。

(4) 可重复性。

现有的条码技术,印刷后无法更改。而 RFID 标签则可以重复地新增、修改、删除

RFID 标签内储存的数据,方便信息的更新。

（5）穿透性和无屏障阅读。

在被覆盖的情况下,RFID 技术能穿透纸张、木材和塑料等非金属或非透明的材质,并能进行穿透性通信。而条形码扫描机必须在近距离而且没有物体阻挡的情况下才可辨别读取条形码。

（6）数据的记忆容量大。

数据容量会随着记忆规格的发展而扩大,未来物品所需携带的数据量会愈来愈大,对标签容量的需求也会增加,RFID 技术不会受到这类限制。

（7）安全性。

RFID 标签承载的是电子式信息,其数据内容由密码保护,使其不易被伪造及更改。

近年来,RFID 技术因其所具备的远距离读取、高储存量等特性而备受瞩目。它不仅可以帮助企业大幅提高货物、信息管理的效率,还可以使销售企业和制造企业信息互联,从而更加准确地接收反馈信息,控制需求信息,优化整个供应链。在统一的标准平台上,RFID 标签在整条供应链内任何时候都可提供产品的流向信息,让每个产品有了共同的沟通语言,同时通过互联网能实现物品的自动识别和信息交换与共享,进而实现对物品的透明化管理,实现真正意义上的"物联网"。

4.4.2 射频识别技术的分类

1. 按应用频率分类

RFID 按应用频率的不同分为低频（LF）、高频（HF）、超高频（UHF）、微波（MW）RFID,详见表 4-1。

表 4-1 RFID 按应用频率的分类及应用场合

按应用频率分类	低频 RFID	高频 RFID	超高频 RFID	微波 RFID
工作频率	125～134 kHz	13.56 MHz	860～960 MHz	2.4 GHz、5.8 GHz
读取距离	<60 cm	0～60 cm	1～100 m	1～100 m
读取速度	慢	快	快	很快
方向性	无	无	部分有	有
主要应用场合	主要应用于短距离、低成本场景,如门禁控制、校园卡、动物监管、货物跟踪、设备管理等	主要应用于图书馆、产品跟踪、公交卡等	主要应用于较长的读写距离和快的读写速度的场合,如制造业、物流跟踪、收费站、健康管理等	主要应用于收费站、集装箱等

2. 按照能源的供给方式分类

RFID 按照能源的供给方式分为无源 RFID、有源 RFID、半有源 RFID。

（1）无源 RFID:读写距离近,价格低。

无源 RFID 产品发展最早,也是发展最成熟、市场应用最广的产品。比如,公交卡、食堂餐卡、银行卡、宾馆门禁卡、二代身份证等,这个在我们的日常生活中随处可见,属于近距离接触式识别类。其产品的主要工作频率有低频 125 kHz、高频 13.56 MHz、超高频 433 MHz、超高频 915 MHz。

(2)有源 RFID:可以支持更远的读写距离,但是需要电池供电,成本要更高一些,适用于远距离读写的应用场合。

有源 RFID 产品是最近几年慢慢发展起来的,其远距离自动识别的特性,决定了其巨大的应用空间和市场潜质。在远距离自动识别领域,如智能监狱、智能医院、智能停车场、智能交通、智慧城市、智慧地球及物联网等有源 RFID 有重大应用,它在这些领域异军突起,属于远距离自动识别类。其产品主要工作频率有超高频 433 MHz、微波 2.45 GHz 和 5.8 GHz。

有源 RFID 产品和无源 RFID 产品的不同特性,决定其不同的应用领域和不同的应用模式,但都有各自的优势。

(3)半有源 RFID:结合有源 RFID 及无源 RFID 的优势,在低频 125 kHz 频率的触发下,让微波 2.45 GHz 发挥优势。半有源 RFID 技术,也可以叫作低频激活触发技术,利用低频近距离精确定位和微波远距离识别与上传数据,来解决单纯的有源 RFID 和无源 RFID 没有办法实现的功能。简单地说,半无源 RFID 技术就是近距离激活定位和远距离识别及上传数据,在门禁进出管理、人员精确定位、区域定位管理、周界管理、电子围栏及安防报警等领域有着很大的优势。

4.4.3   射频识别技术在制造业的应用

射频识别技术是工业制造领域实现智能化识别和管理的基础,从原材料的探勘、采购、生产、物流,到入库、销售等整个过程,都可通过完善优化的供应链管理体系来提高效率、降低成本。RFID 物联网系统如图 4-34 所示。

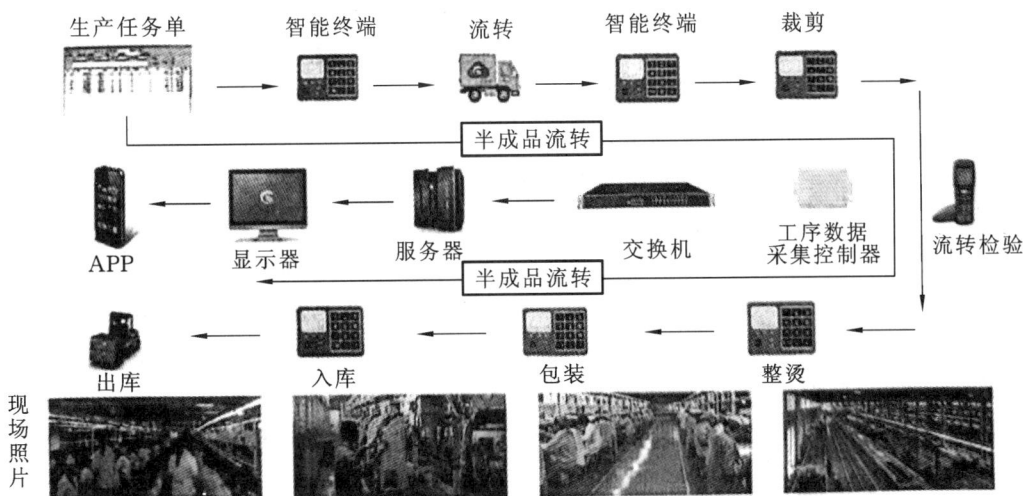

图 4-34   RFID 物联网系统

目前,射频识别技术在制造业的应用主要集中在以下三方面。

1. 产线混流制造

随着用户个性化需求的增长,制造企业的选配和定制生产已经逐渐成为趋势,混流制造的混合流水线生产模式能很好地满足个性化的定制选配需求。在复杂零件和托盘上安装 RFID 标签,在加工设备和生产线上安装工业阅读器,实现产品和设备的智能通信,有效地避免因数据采集不及时而导致工序管理混乱等诸多问题。实时采集产品状态、生产工序状态为 MES 提供数据支撑,保证 MES 及时调度每个工作站,使每个工作站都处于繁忙状态,缩短闲置时间,提高生产效率。

2. 产品全生命周期管理

产品管控的目的是实现产品全生命周期管理。将 RFID 技术与物联网技术相结合,能实时、高效地获取产品在设计、生产、销售、巡检、诊断维修、信息统计、报废全生命周期的管理、运行、记录反馈、诊断与分析等各个阶段的信息,实现产品溯源。在产品的调度和使用过程中,通过及时采集产品信息和及时跟踪产品位置状态、使用状态,企业能及时了解产品情况并进行更换,保证产品的使用安全,对提升产品智能化形象、实现产品全生命周期智能化有重要价值。

3. 物料管理

将 RFID 系统与产品自动出入库系统集成,实现数字化仓储管理(仓储货位、快速实时盘点等),使管理更加科学、及时、有效,确保供应链的高质量数据交流。同时,将物料管理系统与 MES(制造执行系统)无缝对接,实现订单快速响应并降低库存,提高企业物流管理的智能化。

RFID 技术广泛应用在制造生产线上,满足柔性化生产需求,使生产实现自动控制,极大地提高了生产的快捷性、准确性和效率,改进生产方式。

▶▶▶ 4.5 智能检测技术

传统的工程测试技术是利用传感器将被测量转换为易于观测的信息(通常为电信号),通过显示装置显示待测量的量化信息,其特点是被测量与测试系统的输出有确定的函数关系,一般为单值对应关系,信息的转换和处理多采用硬件完成。传感器对由环境变化引起的参量变化适应性不强,多参量多维等新型测量要求不易满足。

智能检测包含测量、检验、信息处理、判断决策和故障诊断等多方面内容,是检测设备模仿人类智能,将计算机技术、信息技术和人工智能等相结合而发展的检测技术,具有测量过程软件化、测量速度快、精度高、灵活性高、智能化、功能强等特点,含智能反馈和控制子系统,能实现多参数检测和数据融合。

4.5.1 传感器技术

传感器是自动检测技术和智能控制系统的重要部件,位于被测对象之中,在检测设备或者控制系统的前端,为系统提供准确可靠的信息。

1. 传感器的定义

传感器是一种检测装置,能感受到被测量的信息,并能将感受到的信息按一定规律转换为电信号或其他所需形式的信息输出,以满足信息的传输、处理、存储、显示、记录和控制等要求。它是实现自动检测和自动控制的首要环节。

传感器一般由敏感元件、转换元件、转换电路三部分组成,如图 4-35 所示。

(1)敏感元件   直接感受被测量,并输出与被测量呈确定关系的某一物理量的元件。

(2)转换元件   以敏感元件的输出为输入,把输入转换成电路参数。

(3)转换电路   将上述电路参数接入转换电路,便可转换成电量输出。

被测量 → 敏感元件 →（非电量）转换元件 →（非电量）转换电路 →（电量）

图 4-35   传感器组成

2. 传感器的分类

传感器种类繁多,按照不同的划分标准,具有不同的分类方式,常见传感器分类如表 4-2 所示。

表 4-2   传感器分类

分类方式	形式	实例
按工作原理	物理、化学、生物等传感器(以转换中的物理效应、化学效应命名)	光电传感器(如红外线传感器)、气体传感器、湿度传感器、微生物传感器等
按被测量	位移、速度、加速度、力、时间、温度、位置等(以被测量命名)	温度传感器、压力传感器、速度传感器、流量传感器、位移传感器、位置传感器等
按转换原理	电阻式、电容式、电感式(以传感器对信号的转换原理命名)	电阻式传感器、电容式传感器、电感式传感器等

3. 传感器技术发展历程

传感器的发展大致可分为三代。

(1)第一代结构型传感器   利用结构参量变化来感受和转变信号,如电阻、电容、电感等电参量。

(2)第二代固体传感器   由半导体、电介质、磁性材料等固体元件构成,是利用材料本身的物理特性制成的,如利用热电效应、霍尔效应、光敏效应分别制成热电偶传感器、霍尔传感器、光敏传感器等。

(3)第三代智能传感器   其对外界信息具有一定检测、自诊断、数据处理以及自适应能力,是微型计算机技术与检测技术相结合的产物。

4. 智能传感器

(1)概念。

智能传感器是具有信息处理功能的传感器。智能传感器带有微处理机,具有采集、处理、交换信息的能力,是传感器与微处理机相结合的产物。与一般传感器相比,智能传感器具有以下三个优点：

① 通过软件技术可实现高精度的信息采集，而且成本低；

② 具有一定的自动化编程能力；

③ 功能多样化。

（2）智能传感器功能。

① 自补偿功能：通过软件对传感器的非线性、温度漂移、时间漂移、响应时间等进行自动补偿。

② 自校准功能：操作者输入零值或某一标准量值后，自校准软件可以自动地对传感器进行在线校准。

③ 自诊断功能：接通电源后，可对传感器进行自检，检查传感器各部分是否正常，并诊断发生故障的部件。

④ 数值处理功能：根据内部的程序自动处理数据。

⑤ 双向通信功能：微处理机与传感器之间构成闭环，微处理机不但接收、处理传感器的数据，还将信息反馈至传感器，对测量过程进行调节和控制。

⑥ 自学习：利用微处理机中的编程算法，实现自学习功能。

4.5.2 智能检测系统的工作原理和结构

1. 智能检测系统工作原理

智能检测系统有两个信息流：一个是被测信息流，一个是内部控制信息流。智能检测系统工作原理如图 4-36 所示。

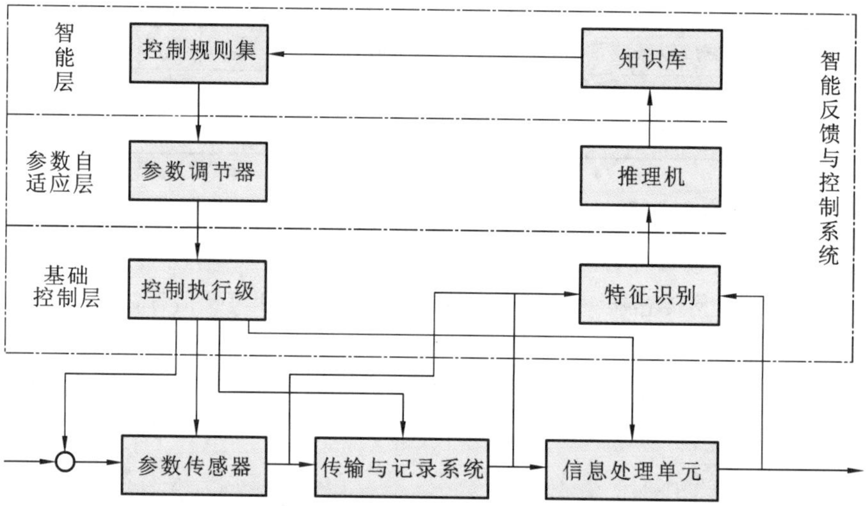

图 4-36 智能检测系统工作原理

2. 智能检测系统结构

智能检测系统由硬件和软件两大部分组成，如图 4-37 所示。

智能检测系统的硬件基本结构如图 4-38 所示，图中不同种类的被测信号由各种传感器转换成相应的电信号，这是任何检测系统都必不可少的环节。传感器输出的电信号经

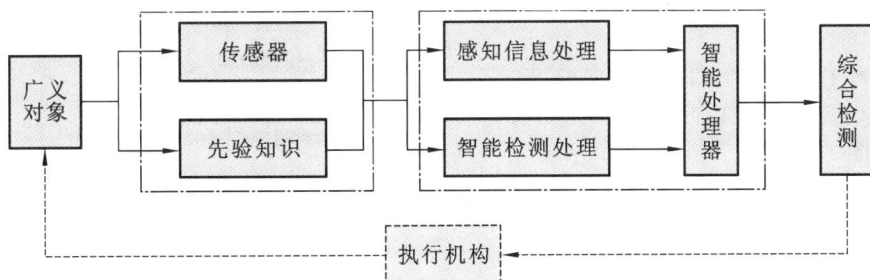

图 4-37　智能检测系统结构

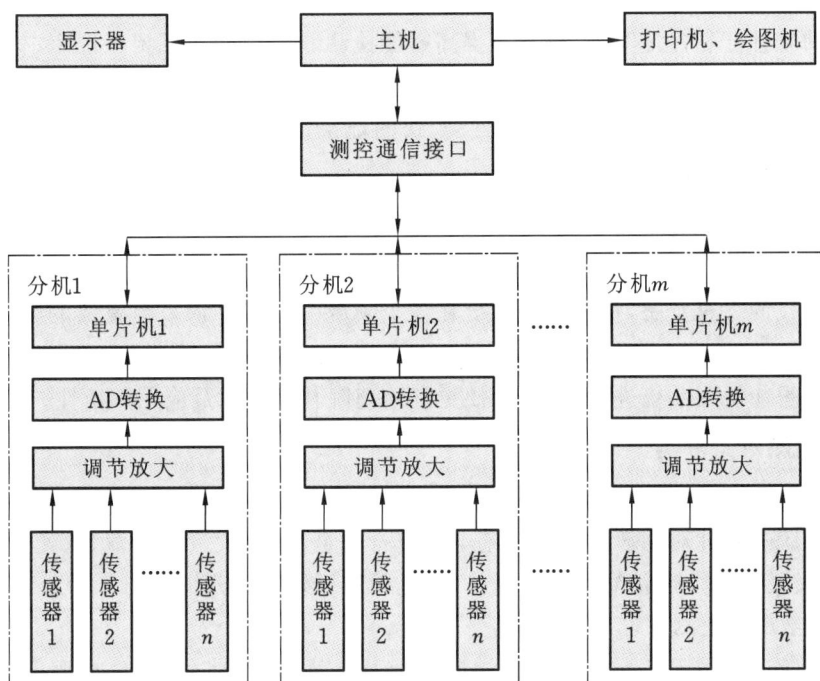

图 4-38　智能检测系统硬件组成

调节放大(包括交直流放大、整流滤波和线性化处理)后,变成 DC 0～DC 5 V 电压信号,经 AD 转换后送至单片机进行初步数据处理;单片机通过通信电路将数据传输到主机,实现检测系统的数据分析和测量结果的存储、显示、打印、绘图,以及与其他计算机系统的联网通信,对于直流输出的传感器信号,则不需要交流放大和整流滤波等环节。

典型的智能检测系统由主机(包括计算机、工控机)、分机(以单片机为核心、带有标准接口的仪器)和相应的软件组成,分机根据主机命令,实现传感器测量采样、初级数据处理以及数据传送,主机负责系统的工作协调,向分机输出命令指令,对分机传送的测量数据进行分析处理,输出智能检测系统的测量、控制和故障检测结果,以供显示、打印、绘图和通信。

智能检测系统的软件包括应用软件和系统软件,如图 4-39 所示。应用软件与被测对象直接有关,贯穿整个检测过程,由智能检测系统研究人员根据系统的功能和技术要求编写,它包括测试程序、控制程序、数据处理程序、系统界面生成程序等。系统软件是计算机

```
                                    ┌─ 监控程序
                                    ├─ 汇编程序
              ┌─ 系统软件、操作系统 ──┤
              │                      ├─ 解释程序
              │                      └─ 编译程序
              │                      ┌─ 机器语言
  软件 ───────┼─ 程序设计语言 ───────┤─ 汇编语言
              │                      └─ 高级语言
              │
              └─ 应用软件、软件包、数据库
```

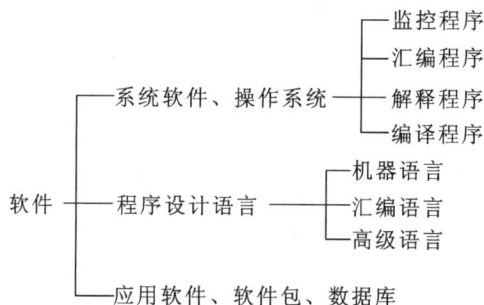

图 4-39　智能检测系统软件组成

实现运行的软件。软件是实现、完善和提高智能检测系统功能的重要手段,软件设计人员应充分考虑应用软件在编制、修改、调试、运行和升级方面的方便性,为智能检测系统的后续升级、换代设计做好准备。近年来发展较快的虚拟仪器技术为智能检测系统的软件化设计提供了诸多方便。

4.5.3　智能检测系统的分类

随着科技的飞速发展,智能检测系统在各个领域中发挥着越来越重要的作用,它们通过高度集成化的硬件与先进的算法,实现对各类参数的精准、快速测量与分析。下面将从不同维度对智能检测系统进行分类,以便更好地理解其多样性及应用广泛性。

1. 按被测对象分类

(1) 物理量检测系统。

这类系统主要针对物理世界中的基本量进行测量,如温度、压力、流量、速度、位移、振动等,通过传感器将非电信号转换为电信号,进而进行处理与分析。

(2) 化学成分检测系统。

这类系统主要用于检测物质的化学成分及其含量,如气体分析仪、光谱仪等,广泛应用于化工、环保、食品安全等领域。

(3) 生物参数检测系统。

这类系统专注于生物体参数的测量,如心率、血压、血糖、血氧饱和度等,广泛应用于医疗健康、体育训练及生命科学研究中。

2. 按技术架构分类

(1) 集中式检测系统。

所有数据集中在一台或少数几台中央处理单元进行处理,适用于小型或对数据实时性要求不高的场景。

(2) 分布式检测系统。

将检测任务分配到多个检测节点,每个节点独立完成部分检测任务,并通过网络实现数据共享与协同处理,提高系统的可扩展性和灵活性。

(3) 嵌入式检测系统。

将检测功能与数据处理能力集成于单个嵌入式设备中,实现即插即用、小巧便携,特别适用于工业现场、智能家居等场景。

3. 按接口总线分类

（1）RS-232/RS-485。

传统的串行通信标准，广泛应用于工业控制与数据采集系统中，适合中短距离、低速率的数据传输。

（2）USB。

通用串行总线，以高速率、热插拔等特点在个人电脑及便携式设备中广泛使用，也逐渐扩展到工业检测领域。

（3）以太网/Wi-Fi。

通过网络实现数据传输，支持长距离、高速率的远程检测与控制，是物联网、智能制造等的重要技术基础。

（4）CAN 总线。

控制器局域网（controller area network，CAN）总线，专为汽车和工业环境设计，具有高可靠性、高实时性和高抗电磁干扰能力的特点，广泛应用于工业自动化控制中。

4. 按应用领域分类

（1）工业自动化。

包括生产线上的质量检测、过程控制、设备监控等，确保生产过程的稳定性和产品质量。

（2）医疗健康。

涉及患者监测、远程医疗、手术辅助等方面，为医疗服务提供精确的数据支持。

（3）环境保护。

监测水质、空气质量、噪声污染等，为环保部门提供科学依据，助力可持续发展。

（4）交通运输。

涉及车辆安全检测、交通流量监控、自动驾驶技术等，提升交通运输的安全性和效率。

5. 按功能特点分类

（1）实时性检测系统。

这类系统要求能够快速响应被测对象的变化，实时提供检测结果，常用于过程控制、紧急事件预警等场景。

（2）高精度检测系统。

这类系统追求极高的测量精度，如计量仪器、高精度机械加工等领域，确保结果的准确性。

（3）智能分析与预警系统。

这类系统在检测基础上，通过数据分析与挖掘，实现异常检测、故障预警等智能功能，提高系统的自主决策能力。

（4）多功能集成系统。

这类系统集成了多种检测功能，满足不同应用场景下的多样化需求，如便携式多功能检测仪、综合检测平台等。

综上所述，智能检测系统的分类涵盖了被测对象、技术架构、接口总线、应用领域及功能特点等多个方面,展现了其多样性和广泛的应用潜力。随着技术的不断进步,智能检测系统将向更智能、更高效、更广泛的方向发展。

4.5.4 现代智能检测技术及应用

1. 智能视频监控技术

智能视频监控(intelligent video surveillance,IVS)技术基于计算机视觉技术对监控场景的视频图像内容进行分析,提取场景中的关键信息,产生高层的语义理解,并形成相应警告的监控方式。如果把摄像机当作人的眼睛,那么智能视频分析可以理解为人的大脑。智能视频监控技术往往借助处理器芯片的强大计算功能,对视频画面中的海量数据进行高速分析,过滤用户不关心的信息,仅为监控者提供有用的关键信息。该技术融合了图像处理、模式识别、人工智能、自动控制及计算机科学等学科领域的技术。与传统的视频监控系统相比,智能视频监控系统能从原始视频中分析挖掘有价值的信息,变人工伺服为主动识别,变事后取证为事中分析,并进行报警。

2. 光电检测技术及应用

光电信息技术是将光学技术、电子技术、计算机技术及材料技术相结合而形成的。光电检测技术是光电信息技术中最主要、最核心的部分,具有测量精度高、速度快、非接触、频宽与信息容量极大、信息效率极高及自动化程度高等突出的特点,已成为现代检测技术中最重要的手段和方法之一,推动着信息科学技术的发展,在工业、农业、军事、航空航天及日常生活中皆有着非常广泛的应用,主要包括光电变换技术、光信息获取与光信息测量技术、测量信息的光电处理技术、图像检测技术、光学扫描检测技术、光纤传感检测技术及系统等。

光电检测有多种形式,按媒介物质可分为激光、白光、蓝光等几类,而检测方法既有利用便携式仪器进行的手动测量,又有设置在生产线中(旁)的拱门(固定)式和机器人的通用式自动化测量等几种。虽然国内光学测量设备,特别是激光传感器已在车身、冲压件检测中有所应用,但由于其优越性尚未真正显露,故而应用范围相当有限。

现今,像知名的海克斯康公司生产的各类以光学测量为基础的检测设备已被广泛地配置在国内众多企业的生产线上,尤其需指出的一点是,海克斯康公司往往还会根据不同用户的具体情况和需求,帮助制定检测规划乃至测量方案,使该企业所购置的设备在产品质量监控中能最大限度地发挥出积极的作用。图 4-40 所示为两台带有白光测量头的机器人用于车身生产线在线检测实况,图 4-41 所示为其测量报告,据此,系统不仅可对生产过程进行有效监控,而且在快速生成测量报告的同时,还能对一段时间以来众多工件的测量结果进行统计分析,及时提供标准差、极差和平均值等直接反映加工质量的数据,一旦发现偏差异常,马上通知车间或工艺部门进行相应的调整。

而以白光测量结果为依据,海克斯康公司还推出了功能更强的"点云分析",通过"表面色差分析＋边界线＋2D 截面线",就能获得更多的有用信息,这对于以后通过数据分析,查找制造过程中的误差源是有积极意义的。白光测量在汽车厂被用于很多不同的场合,除了工件外,还可用来检测或验证工位器具,如夹具、检具、测量支架和模具等。

图 4-40 带有白光测量头的机器人用于
车身生产线的在线检测

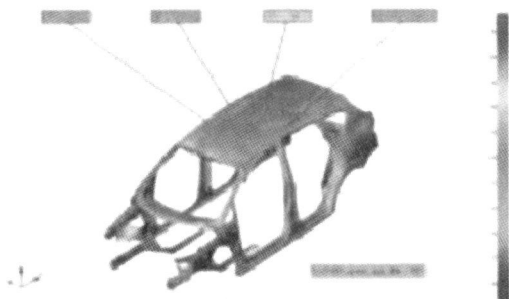

图 4-41 带有白光测量头的机器人用于车身
生产线的在线检测的测量报告

图 4-42 所示为采取手持方式检测夹具。

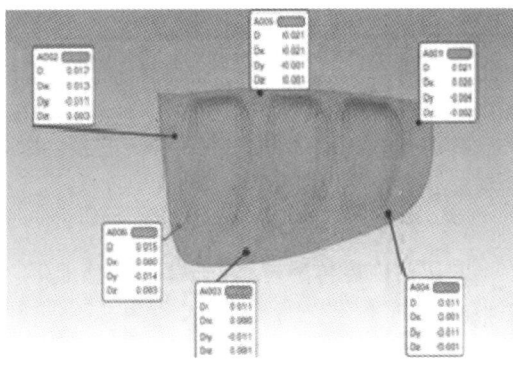

如果采用可变焦激光测头,再借助关节臂测量机的便携性,可以实现在现场对各种覆盖件的快速测量,如图 4-43 所示。

图 4-42 采取手持方式检测夹具

图 4-43 对覆盖件进行快速测量

可变焦激光测头采用了最新的变焦技术,其测量范围、焦距均可以在检测过程中根据零件表面的曲率变化而调节,在曲率变化比较大的位置会自动增加采点的密度,而在曲率变化比较平缓的位置则会降低采点的密度。这样既保证测量精度又提高效率,同时减少了点云数据,提高了计算机的使用效率。

这种激光检测技术同样可以用于桥式测量机和悬臂式测量机,图 4-44 所示为在桥式测量机上快速测量一个焊件的曲面,包括其边界等各种特征。

3. 智能超声检测技术

超声检测主要采用脉冲反射超声波探伤仪,对被检测机械内部的缺陷进行探伤。在检测时,超声波遇到不同的介质会产生反射现象,从而检测到损伤的位置和范围。探伤仪工作时,检测头须与待检设备紧密接触,由于探头可接收损伤处反射的超声波,故可将超声波信号转变为电信号进行处理。

常用的超声检测方法除常规超声检测外,还有超声导波和超声相控阵检测技术等,非

图 4-44　焊件的快速检测

接触式超声检测新技术有电磁超声检测、激光超声检测、空气耦合和静电耦合超声检测等。

4. 智能家居领域应用

（1）智能照明。

利用光线传感器和人体红外传感器，实现室内光线的自动调节和人来灯亮、人走灯灭的智能化控制。

（2）智能安防。

利用门窗磁传感器、红外幕帘传感器等，实时监测家庭安全状况，并通过手机 APP 远程报警。

（3）智能家电。

结合温度传感器、湿度传感器等，实现家电设备的自动调节和远程控制，提高家居舒适度和节能效果。

5. 医疗健康领域应用

（1）可穿戴设备。

集成多种生理参数传感器，如心率传感器、血压传感器等，实时监测人体健康状况，为疾病预防和健康管理提供依据。

（2）远程医疗。

利用智能传感器采集患者的生理数据，并通过网络传输给医生进行远程诊断和治疗。

（3）医疗机器人。

结合多种传感器技术，实现机器人的精准操作和自主导航，为手术、康复等医疗过程提供有力支持。

6. 环境保护领域应用

（1）空气质量监测。

利用颗粒物传感器、气体传感器等，实时监测空气中的污染物含量，为环境保护和治理提供依据。

（2）水质监测。

利用 pH 值传感器、浊度传感器等，对水体的酸碱度、浊度等参数进行实时监测，保障水资源安全。

（3）自然灾害预警。

借助地震传感器、气象传感器等，实时监测自然灾害的发生和发展趋势，为灾害预警和应急救援提供支持。

思考题

1. 什么是工业机器人？
2. 简述工业机器人的组成和特点。
3. 简述工业机器人的常用种类。
4. 与传统机床相比，智能机床具有哪些特征？
5. 什么是增材制造技术？
6. 与传统制造技术相比，增材制造技术的优势是什么？
7. 什么是射频识别技术？
8. 射频识别技术有哪些特点？
9. 简述射频识别技术的分类和应用。
10. 简述智能检测与传统检测的区别。
11. 什么是传感器？
12. 传感器由哪几部分组成？各组成部分作用是什么？
13. 简述传感器的分类。
14. 什么是智能传感器？智能传感器有什么特征？
15. 智能检测的工作原理是什么？
16. 简述智能检测的应用。

第 5 章

智能产品与智能服务

智能制造是一个集成大系统。智能制造系统主要由智能产品、智能生产及智能服务三大功能系统以及智能制造云平台和工业互联网两大支撑系统集合而成,如图 5-1 所示。其中,智能产品是智能制造的主体和价值创造的核心;智能生产是制造产品的物化活动,亦即狭义的智能制造;以智能服务为核心的产业模式和业态变革是智能制造的主题;智能制造云和工业互联网是智能制造的支撑和基础。

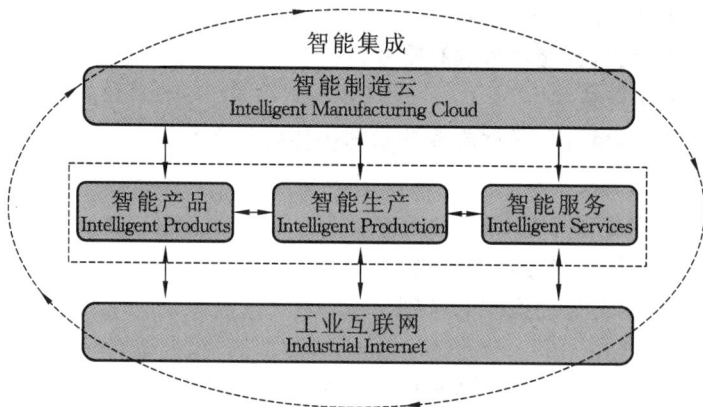

图 5-1　智能集成制造系统

>>> 5.1 智能产品

智能产品

产品(主要指装备类产品)是制造的主要载体和价值创造的核心。数字化网络化智能化技术的广泛应用将给产品带来无限的创新空间,使产品产生革命性变化,制造产品将会呈现出更全面的数字化、网络化和智能化。尤其是装备产品的智能化,将会给人类生活提供强大的价值支持和物质保障。

从 3D 打印设备到智能汽车,各种智能产品在最近几年纷纷出现。目前市场上的智能产品主要有智能工业产品、智能交通产品、智能医疗产品、智能终端产品、智能家居产品、智能物流/金融产品、智能电网、其他智能产品等。无论多炫酷的科技,最终都要服务于人类,融入日常生活。因此,真正实用的功能和更低的使用门槛才是智能产品的发展方向。

5.1.1 智能产品发展脉络

智能产品是深度融合数字化、网络化、智能化等先进信息技术对传统产品进行创新升级的结果,是伴随着信息技术的发展而不断进化的。当今,信息技术发展经历了数字化、网络化阶段,正朝智能化方向发展。与之相应,智能产品的发展过程大致分为以下三个阶段。

第一阶段数字化产品,具有简单的信息感知、交互、传输和分析处理能力,如数控铣床,用数字信息控制机床自动加工外形复杂的零件。

第二阶段网络化产品,如智能电视、智能手机、共享单车、智能插座等,它们只具备联网功能,能实现简单的远程操控功能,产品偏向于概念操作。

第三阶段智能产品,在数字化网络化产品基础上进一步融合人工智能技术,具有人机交互、自主优化等功能的产品,如智能语音灯、手势及语音控制的智能音响等智能家居设备,用语音和手势控制智能产品,使用户体验进一步优化。

5.1.2　智能产品应用

智能产品通常由物理系统和信息系统两大部分组成,其中物理系统主要包括工作装置、动力装置、执行装置,信息系统主要包括控制装置、智能传感装置、通信装置以及人机交互装置。智能产品具有记忆、感知、计算和传输功能。典型的智能产品包括智能仪器仪表、智能可穿戴设备、智能汽车、无人机、智能家电、智能售货机等。

1. 智能仪器仪表

传感器及智能化仪器仪表产业是国民经济的基础性、战略性产业,是信息化和工业化深度融合的源头,对促进工业转型升级、发展战略性新兴产业、推动现代国防建设、保障和提高人民生活水平发挥着重要作用。智能仪器仪表可以自动测量、指示、记录、调节和控制物理、化学和生物等过程中的各种参数。仪器仪表是认识世界的工具、改造世界的基础,是工业生产的"倍增器"、科学研究的"先行官",它服务于设计、生产、制造、研究、销售等众多行业。在国防设施、重大工程和重要工业装备中,传感器、智能化仪器仪表及其所构成的测控系统是必不可少的基础技术和装备核心,直接影响国防安全、经济安全和社会安全。

经过几十年的发展,我国仪器仪表产业取得了长足的进步,成为常用仪器仪表的生产大国,市场销售额屡创新高,研发和生产体系也日益健全。当前我国在测温仪表、就地压力仪表、显示仪表、传统流量仪表、就地液位仪表、控制阀阀体及执行机构、DCS 等一些常用仪表方面已掌握核心技术,可以自行提高和开发新产品,某些产品的基本性能和水平与国外产品接近,市场占有率不断上升。但相关核心技术和关键零部件始终鲜有突破,成为我国仪器仪表产业进一步发展的瓶颈。

当今,许多国家都把传感器及智能化仪器仪表技术列为国家发展战略。目前,该产业发展呈现出两大趋势:

一是创新驱动发展。随着传感技术、数字技术、互联网技术和现场总线技术的快速发展,采用新材料、新机理、新技术的传感器与仪器仪表实现了高灵敏度、高适应性、高可靠性,并向嵌入式、微型化、模块化、智能化、集成化、网络化方向发展。

二是企业形态呈集团化垄断和精细化分工的有机结合。一方面大公司通过兼并重组,逐步形成垄断地位,既占据高端市场又加速向中低端市场扩张,掌握技术标准和专利,引领产业发展方向;另一方面小企业则向"小(中)而精、精而专、专而强"方向发展,技术和产品专一,独占细分市场,面向世界提供服务。

2. 智能可穿戴设备

智能可穿戴设备是融合传感器、显示器、无线通信等功能模块,应用穿戴式技术进行智能化、集成化、便携化设计研发而成的可穿戴式电子设备的总称,可直接穿在身上,或是整合到用户的衣服或配件上。

智能可穿戴设备的基本工作原理是利用传感器、射频识别、导航定位等信息模块,按约定的协议接入移动互联网,实现人与物在任何时间、任何地点的连接与信息交互。智能可穿戴设备将会对我们的生活带来很大的转变。常见的智能可穿戴设备有智能手环、智能头箍、智能眼镜、智能服装、智能书包、智能拐杖、智能配饰等,如图 5-2 所示。

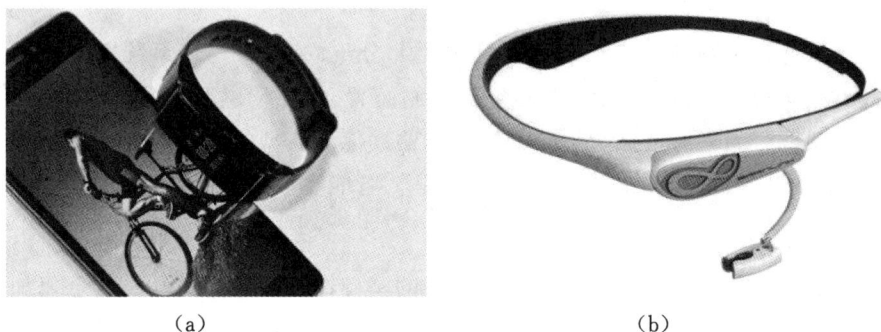

(a)　　　　　　　　　　　　(b)

图 5-2　智能可穿戴设备
(a)智能手环;(b)智能头箍

智能可穿戴设备通过数据可视化技术,将数据以二维或三维的形式直观地呈现出来,更容易被人理解;同时借助数据挖掘技术,可以从这些数据当中挖掘出真正有价值的信息,并将这些信息提供给相关决策人员,进而使这些数据被充分地利用起来。这个过程涉及可穿戴设备数据的采集、预处理、数据挖掘及可视化。例如,如何根据已有的数据去预测疾病的发展趋势,可能需要使用时间序列分析技术进行分析;如何根据用户的生活信息去判断某些疾病的产生原因或诱发因素,可能需要我们使用关联规则进行分析。

3. 智能汽车

智能汽车是指搭载了先进的传感系统、控制系统、决策系统,可连接车联网平台,通过通信网络技术实现车与车、车与网络中心、车与智能交通系统等服务中心的连接,甚至是车与住宅、办公室以及一些公共基础设施(如餐饮、酒店、加油站、景点)的连接,具备信息共享、环境感知、智能决策、自主控制功能,可实现安全、舒适、节能、高效行驶,并最终可替代人来操作的新一代汽车。正如工业和信息化部原部长苗圩所说,"从全球汽车产业发展来看,目前已进入智能网联汽车实用化的竞争发展阶段"。

汽车正在经历燃油汽车→电动汽车(数字化)→网联汽车(网络化)的发展历程,朝着无人驾驶汽车(智能化)的方向极速前进,如图 5-3 所示。随着新一代人工智能技术的深入应用,未来汽车将会进入无人驾驶时代,成为一个智能移动终端,成为人们工作和生活的更加美好的移动空间。

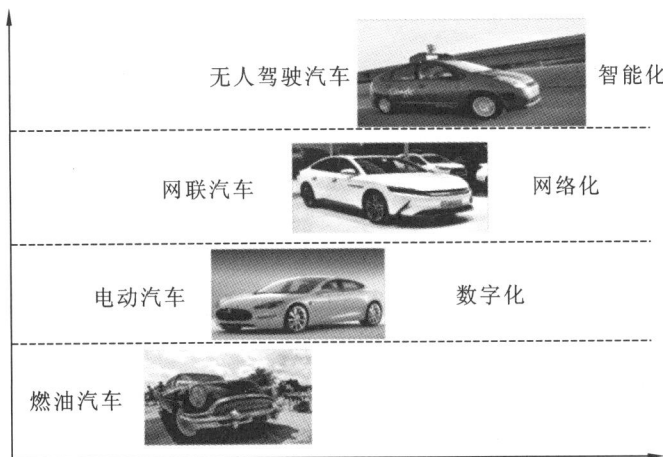

图 5-3 汽车进化图

当前,大量互联网科技企业进入智能汽车行业,如华为、百度、谷歌、苹果等。精于将人工智能与深度学习结合的科技公司,尤其擅长无人驾驶的软件算法、系统 UI、传感器及雷达的应用。图 5-4 所示为智能汽车。

图 5-4 智能汽车

4. 无人机

无人驾驶飞机简称"无人机",是利用无线电遥控设备和自备的程序控制装置操纵的不载人飞机。无人机上无驾驶舱,但安装有自动驾驶仪、程序控制装置等设备。地面、舰艇上或母机遥控站人员通过雷达等设备,对其进行跟踪、定位、遥控、遥测和数字传输。无人机可在无线电遥控下像普通飞机一样起飞或用助推火箭发射升空,也可由母机带到空中投放飞行;回收时,可采用与普通飞机着陆过程一样的方式自动着陆,也可通过遥控用降落伞或拦网回收。按不同使用领域,无人机可分为民用无人机、军用无人机。

(1)民用无人机。

我国民用无人机产业发展迅猛,在个人消费娱乐、农林植保、环境监测、抢险救灾、航拍测绘、物流运输等诸多领域得到了广泛应用,特别是个人消费类无人机,已经在全球市场具有领先优势,成为"中国制造"一张靓丽的新名片。民用无人机是一种典型的数字化网络化智能化产品,未来,新一代人工智能将推动我国无人机产业的快速发展,如图5-5所示。

图 5-5 民用无人机

（2）军用无人机。

与载人飞机相比,它具有体积小、造价低、使用方便、对作战环境要求低、战场生存能力较强等优点,备受世界各国军队的青睐。在几场局部战争中,无人驾驶飞机以其准确、高效和灵便的侦察、干扰、欺骗、搜索、校射及在非正规条件下作战等多种能力,发挥着显著的作用,并引发了层出不穷的军事学术、装备技术等相关问题的研究。未来,它将与武库舰、无人驾驶坦克、机器人士兵、计算机病毒武器、天基武器、激光武器等一道,成为21世纪陆战、海战、空战、天战舞台上的重要角色,对未来的军事战争造成较为深远的影响,如图5-6所示。

图 5-6 军用无人机

5.1.3 智能化赋能各种产品升级换代

国家信息化专家咨询委员会常务副主任周宏仁曾说:"智能制造的目标不是把企业搞得很漂亮,产品才是企业面向社会的表现,产品的智能化是企业必须考虑的首要问题之一,智能制造如果不能生产出智能的产品,智能制造就失去了时代的意义。关于装备,一定要智能化,才能够有可能生产出你真正想要生产的东西出来。关于过程,只有实现全过程的智能化,才能实现系统全局的智能化,才能把智能化的效益最大化。"

可以预见,新一代智能制造技术将为产品和装备的创新插上腾飞的翅膀,开辟更为广阔的天地。到 2035 年,我国各种产品和装备都将从"数字一代"发展成"智能一代",升级为智能产品和装备。

一方面,要涌现出一大批先进的智能生活产品,如智能移动终端、智能家电、智能服务机器人、智能玩具等,为人民更美好的生活服务,如图 5-7 所示。

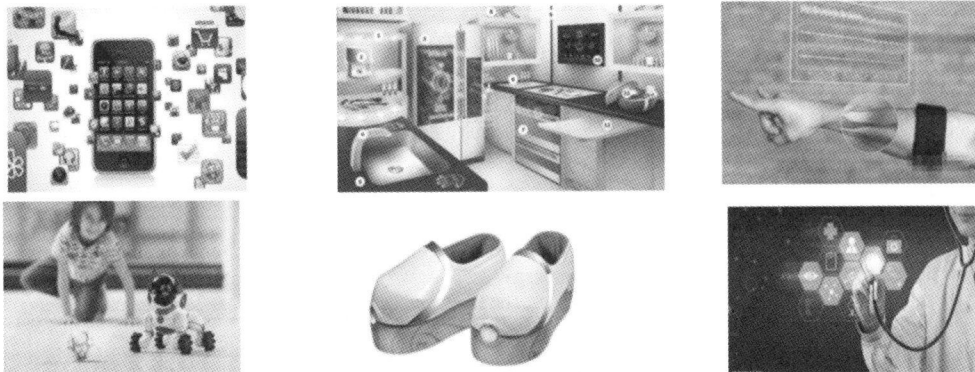

图 5-7 智能生活产品

另一方面,制造、运载、电子、服务装备必将完成全面智能升级,如信息制造装备、航天航空装备、船舶和海洋装备、汽车、火车、能源装备、农业装备、医疗装备等,特别是智能制造装备,如智能机床、智能机器人等,我们的"大国重器"将装备"工业大脑",变得更加先进、更加强大。智能装备产品如图 5-8 所示。

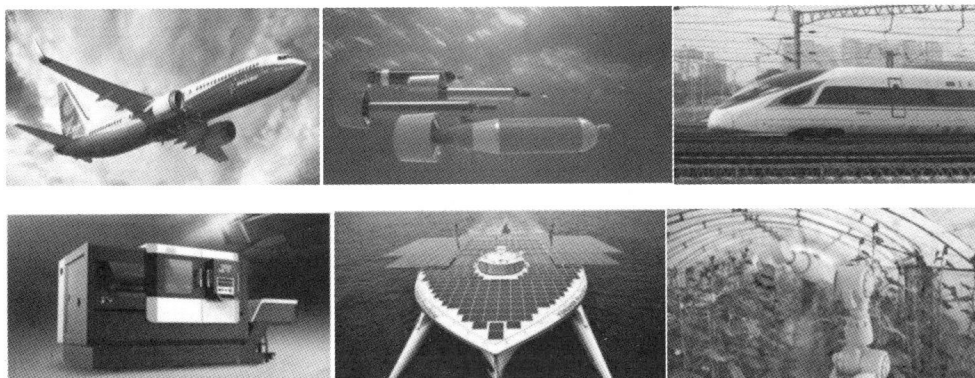

图 5-8 智能装备产品

>>> 5.2 智 能 生 产

5.2.1 智能工厂

1. 概述

智能生产是制造智能产品的物化过程,即狭义的智能制造。

　　智能工厂是智能生产的主要载体。它将智能设备与信息技术在工厂级进行深度融合,涵盖企业产品设计、生产、物流、销售服务等各方面,实现对生产过程的深度感知、智慧决策、精准控制等,达到对制造过程的高效、高质量管控,是智能制造的典型代表。

　　一般而言,智能工厂包含四个层级——智能装备、智能产线、智能车间和智能工厂。每个层级都是一个 CPS,由物理系统和信息系统两个方面组成,如图 5-9 所示。各个层级的物理系统由运输系统连接起来,组成智能工厂的物理系统;各个层级的信息系统由网络系统连接起来,组成智能工厂的信息系统。智能工厂层级的物理系统和信息系统集成融合,并且与其运作者和控制者——人集成融合,形成智能工厂的人-信息-物理系统——HCPS。

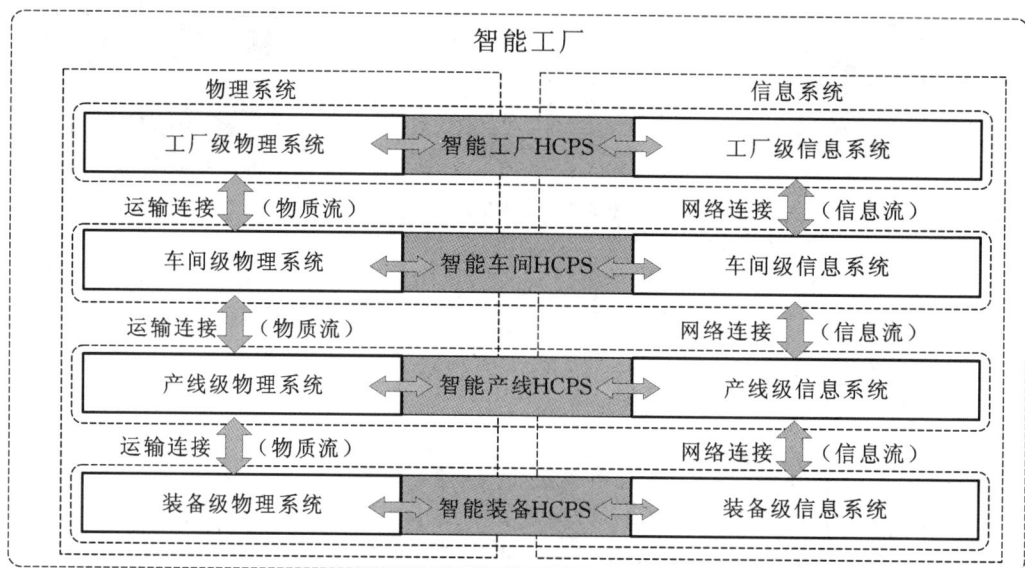

图 5-9　智能工厂四个层级的信息-物理系统

　　(1) 工厂级　属于管理层,有 ERP 系统,在企业层面针对质量管理、生产绩效、经营目标等制订生产计划。

　　(2) 车间级　以制造执行系统(MES)为主,实现对各个加工产线生产状态的实时监控,快速处理制造过程中物料短缺、设备故障、设备空闲状况等各种情况,并将收集的信息上传,以优化加工过程与生产计划。

　　(3) 产线级　主要由零件加工装备和运输装备组成,完成零件加工,实时采集装备加工参数、工件加工时间、已生产量、库存量等数据,并将相关数据发送给 MES 进行分析处理,为生产任务优化和调度提供数据支持。

　　(4) 装备级　主要由加工装备、工业机器人和其他智能制造装备系统完成自动化生产流程。

2. 智能工厂的主要特征

　　与传统的数字化工厂、自动化工厂相比,智能工厂具备以下几个突出特征:

　　(1)生产现场无人化　工业机器人、机器手臂、智能机床、智能检测装置等智能设备的广泛应用,使工厂无人化成为可能。

(2)生产设备互联　将物联网与设备控制系统、外接传感器等集成,可实现设备与设备互联。利用数据采集与监视控制系统实时采集设备的状态、生产进度信息、质量信息,并利用 RFID、条码(一维和二维)等技术,实现生产过程的可追溯。

(3)生产过程透明化　MES 在实现生产过程的智能化方面发挥着巨大作用。①MES 借助信息传递对从订单下达到产品完成的整个生产过程进行优化管理,有效地指导工厂生产运作过程,提高企业及时交货能力。②MES 在企业和供应链间以双向交互的方式提供生产信息,使计划、生产、资源三者密切配合,确保决策者、各级管理者能在最短的时间内掌握生产现场的变化,做出准确的判断并制定快速的应对措施,保证生产计划得到合理而快速的修正,生产流程畅通,资源得到充分有效的利用,进而最大限度地提高生产效率。

(4)生产数据可视化　智能车间与产线,可采集实时数据,利用这些数据可实现设备开机率、主轴运转率、主轴负载率、运行率、故障率、生产率、设备综合利用率、零部件合格率等的实时分析。利用这些大数据,可分析整个生产流程,了解每个环节的执行情况。一旦出现偏差,立即发出报警信号,以便更快速地发现错误或者问题所在。

多年来,在推进制造强国战略的过程中,涌现出一大批数字化网络化工厂建设的“示范工厂”“标杆工厂”“灯塔工厂”,这些企业都已经成为本行业世界级先进制造企业,同时,在数字化网络化转型升级方面,也成为中国制造业的榜样。

5.2.2　智能工厂典型应用案例

1. 信息装备领域数字化网络化制造示范工厂——浪潮集团

浪潮集团是世界领先的计算机服务器制造企业。浪潮集团把智能制造作为创新发展的主要方向,建设了具有国际先进水平的服务器生产工厂(见图 5-10)。浪潮集团集数字化、网络化、智能化、模块化、精益柔性制造于一体,将产品研发与生产制造紧密结合,构建敏捷的业务链,为用户提供系统、部件和全新产品三个层面的定制服务,实现个性化、定制化、精细化的生产和服务。如图 5-10 所示,工厂广泛采用云计算、大数据、物联网、自动控制技术,集成 ERP、MES、WMS 等 6 大核心信息系统,以信息化驱动全自动化,全面实现设备与设备互联、设备与物料互联、设备与人互联,实现“智能排产、智能仓储、智能运输和产品的智能追踪”,对生产全流程实施自动化、智能化控制。该工厂推进智能制造成效显著,整个机柜云服务质量大大提高,整体交付周期从 15 天压缩至 3~7 天,生产效率提高30%,产能提升 4 倍,企业创新能力和制造能力在国际计算机服务行业名列前茅。

2. 家电领域数字化网络化制造示范工厂——格力集团

格力集团是世界先进的家电制造企业。格力始终把智能制造作为企业转型升级的主要抓手,建设了具有国际先进水平的数字化网络化制造示范工厂(见图 5-11)。格力集团实现了装备、产线、车间、工厂、公司各个层面的数字化网络化转型升级,一方面全面实现生产过程自动化,另一方面全面实现生产管理信息化;物流作业全部由 AGV 完成;实现了工厂可视化呈现、整个企业一体化运营。格力智能制造推动格力集团在空调生产的质量、效率、柔性和效益等方面走在世界的前列,成为全球最具有竞争力的家电制造企业之一。

图 5-10   浪潮集团智能工厂

图 5-11   格力集团智能工厂

3. 汽车领域数字化网络化制造示范工厂——吉利汽车余姚工厂

吉利汽车余姚工厂是具有国际先进水平的轿车生产工厂,是数字化网络化制造的标杆工厂,是吉利生产制造体系"智能化"迭代与升级的最新成果,正在向着智能化工厂的方向前进。吉利在装备、产线、车间、工厂四个层级全面实现了数字化网络化,以及信息系统和物理系统的深度融合,实现高精度工艺应用,使吉利在轿车生产质量、效率、柔性和效益等各方面都具备了国际竞争力。图 5-12 为吉利汽车工厂汽车喷涂生产线。

但是,我们必须保持清醒的认识,以上这些都还只是数字化网络化阶段的智能工厂,也就是第二代智能制造的智能工厂,更先进的技术升级还未完成。

新一代智能工厂将应用新一代人工智能技术,实现加工质量的升级、加工工艺的优化、加工装备的健康保障、生产的智能调度和管理。

企业生产能力的技术改造、智能升级,不仅能解决一线劳动力短缺和人力成本高的问题,更能从根本上提高制造业的质量、效率和企业竞争力。在今后相当长一段时间内,智能生产——企业生产能力的数字化转型、智能化升级是推进智能制造的主战场。

图 5-12　汽车喷涂生产线

智能服务

>>> **5.3　智能服务**

数字化网络化智能化技术引发了产品和生产的翻天覆地的变化,同样,数字化网络化智能化技术也引起了制造服务的翻天覆地的变化。数字化网络化智能化技术正在深刻地改变着产品服务的方方面面。

新一代人工智能技术的应用,将推进先进制造业与现代服务业深度融合,从根本上推进第四次工业革命,推动制造业产业模式和业态实现从以产品为中心向以用户为中心的根本性转变,完成深刻的供给侧结构性改革。

5.3.1　协同规划

1. 协同规划概念

智能制造多维度的技术集合、市场需求、协作需求是智能制造体系的牵引动力。协同规划既要完成企业内部的制造系统一体化,更要考虑不同企业间数据与资源交换机制、交换的安全认证与授权、资源共享与发现、制造智慧的迭代更新、资源的选择与排产。

协同规划是在整个互联网智能制造中,智能制造企业间或者智能制造企业与消费者之间发生的一种联合机制。该机制实现基于点对点、自组织的智能制造资源目录分享、同步,微制造服务单元发布、搜索、调用,基于智能制造资源和微制造服务单元建立的智能制造应用种群智慧进化,基于智能制造资源和微制造服务单元的全网动态配置的虚拟生产线的建模和驱动。

2. 智能制造协同规划体系结构

智能制造协同规划有别于传统的云制造,总体来说具有以下特征:

(1) 单个智能制造企业内的系统具有自治性,其内部制造服务可以独立运行。

(2) 每个智能制造企业都有智能制造资源分享到网络中,也可以发现其他智能制造企业分享的智能制造资源。

（3）当智能制造企业接收到其他智能制造资源的服务需求时，通过安全授权可决定是否允许访问。

（4）智能制造企业间的协作是去中心化的，不需要仲裁机构的决策。

（5）智能制造企业之间持续协作化，将在智能制造企业之间构成协同智慧并使得智能制造企业群整体进化。

智能制造协同规划体系结构如图 5-13 所示。

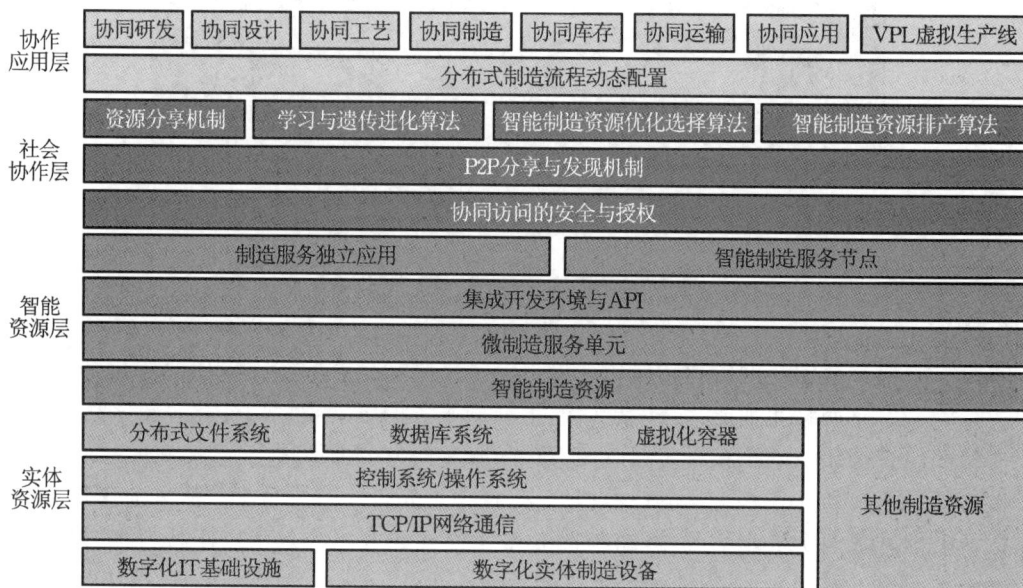

图 5-13　智能制造协同规划体系结构

在图 5-13 所示的智能制造协同规划体系结构中，实体资源层包括数字化的 IT 基础设施和数字化的实体制造设备，以及其他传统制造资源，如材料、物资、能源、人力、工时、文档等。数字化实体制造设备包括工业机器人、AGV、柔性控制单元、数控机床等。实体资源层对于上层均属于透明状态，也完全与相关技术保持紧密关系。采取开放的行业标准建立的实体资源层可以保证智能制造企业采用最前沿的技术成果。

智能资源层定义了智能制造资源、微制造服务单元、集成开发环境与 API、制造服务独立应用、智能制造服务节点。在智能资源层中，制造服务节点作为一个代理既可独立运行，也可在制造服务独立应用内并行运行。其目的是接收上层社会协作层的调用请求。智能制造企业既可以将智能资源层的独立应用、制造服务节点、微制造服务单元、智能制造资源部署在企业内部私有云的传统机架式服务器、虚拟化服务器上，又可以租用互联网中心的虚拟服务器和云存储。

社会协作层提供智能制造企业在互联网上发布、搜索智能制造资源等能力。当获得所需要的智能制造资源时，利用智能制造优化选择算法进行筛选，智能制造资源排产算法分配任务。此外，遗传进化算法提供自学习的功能。认证与授权确保社会协作层提供给协作应用层的资源是可用的。

3. 案例：某集团智能制造协同规划系统

系统整体拓扑结构如图 5-14 所示，基于 IP 建立了私有云网络，各企业子系统通过传统的信息安全机制实现身份安全识别和数据防护，信息安全体系采用集中与分布式相结合的方法实现中央策略与本地策略的区别管理，中央策略用于管理各企业间互访，本地策略用于管理来自企业外的对本企业内服务资源的访问请求；建立了企业制造资源标准集合（包含材料、设备、工具、生产单元等），以此标准为基础封装成微制造单元，实现企业数据总线和企业内应用系统间数据总线的信息交换，微制造单元思路细化了项目开发中的网络服务颗粒度，为后期多系统的集成和系统内部业务的调整带来了方便，也提高了代码的重用性。集团成员的制造资源标准涵盖了船舶信息、分段信息、区域信息、作业类型、作业阶段、工作包、派工单、托盘编码、图号编码、物资编码等，统一编码及数据接口标准保存在数据中心服务器上。最终，系统建设了五大子系统平台：知识服务系统、云设计系统、设计管理系统、生产管理系统、车间管理系统。

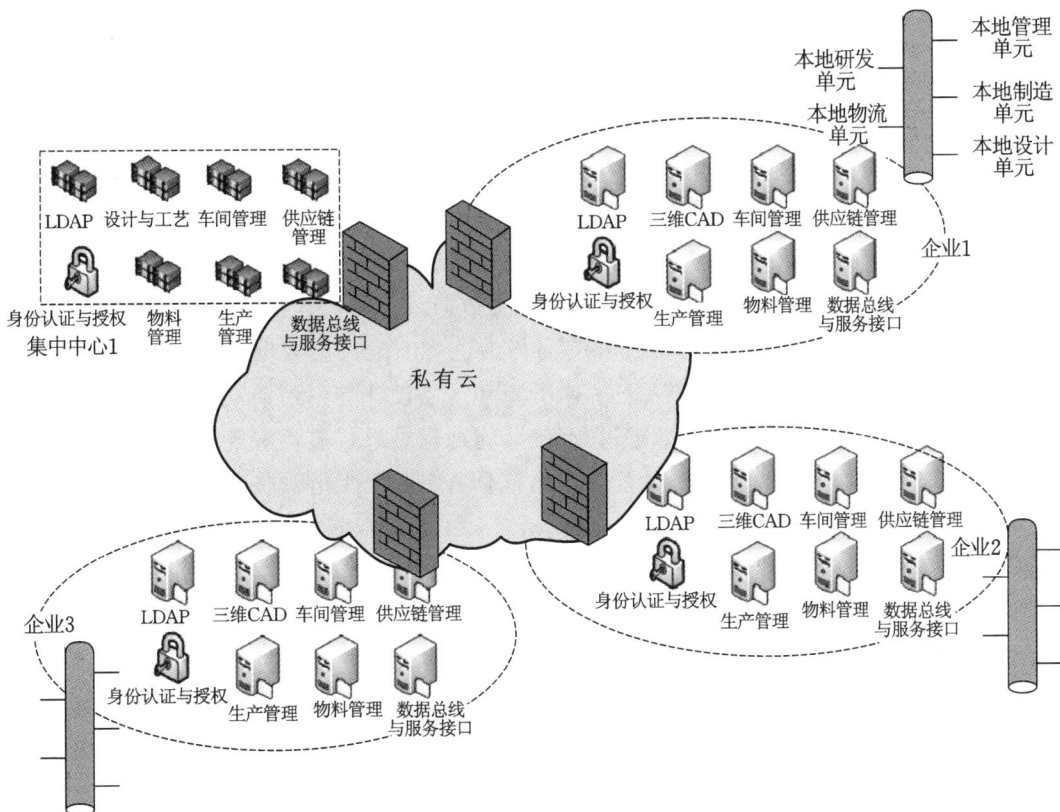

图 5-14　智能制造协同规划系统

5.3.2　智能定制

在工业发展早期，生产主要采用简单的机械系统，这是制造端的生产力需求。随着"工业 4.0"的出现及互联网等科技新生态的迅速普及，消费者对产品创新、质量、品种以及交付速度的需求发生了质的变化,这一变化导致市场个性化需求的激增。无论是工业互联网,还是"工业4.0"理念,其核心技术之一是信息物理系统(CPS)。

智能工业的发展要从生产端前移到消费端,同时从上游往下游突破。企业需要从用户的最终价值出发,实现产业链各个环节的融合与协同优化,从而实现工业产品和服务的个性化。随着制造技术的进步和现代化管理理念的普及,制造业企业的运营越来越依赖信息技术。制造业整个价值链、制造业产品的整个生命周期,都涉及非常多的数据,如产品数据、运营数据、价值链数据、外部数据等。

在制造业大规模定制中,定制数据达到一定的数量级,就可以通过挖掘大数据的价值,实现流行预测、精准匹配、时尚管理、社交应用、营销推送等更多的应用。同时,制造业企业通过大数据分析提升营销的针对性,降低物流和库存的成本,减小生产资源投入的风险。利用这些大数据进行分析,将大幅提升仓储、配送、销售效率和降低成本,并将极大地减少库存,优化供应链。同时,利用销售数据、产品的传感器数据和供应商数据库的数据等大数据,制造业企业可以准确地预测全球不同市场区域的商品需求。由于可以跟踪库存和销售价格,因此制造业企业便可节约大量的成本。

智能制造的本质是基于信息物理系统实现智能工厂,使智能设备根据处理后的信息,进行判断、分析、自我调整、自驱动生产加工,直至最后的产品完成。可以说,智能工厂已经为最终制造业大规模定制生产做好了准备。满足消费者个性化需求,一方面需要制造业企业能够生产或提供符合消费者个性偏好的产品或服务,另一方面需要互联网采集消费者的个性化定制需求。而消费者人数众多,每个人需求又不同,导致需求的具体信息也不同,加上需求不断变化,就构成了产品需求的大数据。

消费者与制造业企业之间的交互和交易行为也将产生大量数据,挖掘和分析这些动态数据,能够帮助消费者参与到产品的需求分析和产品设计等创新活动中,为产品创新做出贡献。制造业企业只有对这些数据进行处理,将处理结果传递给智能设备,进行数据挖掘、设备调整、原材料准备等步骤,才能生产出符合消费者个性化需求的定制产品。

下面介绍海尔COSMOPlat工业互联网平台——人工智能与制造业融合创新。

在"中国制造2025"战略指引下,海尔自主创新,打造了具有自主知识产权的工业互联网平台——COSMOPlat,如图5-15所示。海尔COSMOPlat平台是物联网模式下以用户为中心的共创共赢的多边平台,可以为离散型制造企业提供智能制造和资产管理解决方案;通过物联网技术,实现人、机、物的互联协作,包括设备、人员、流程、工厂数据的接入和监测分析,满足不同企业信息化部署、改造、智能升级需求,实现高精度与高效率的大规模定制。海尔COSMOPlat平台实时采集设备资产数据,对资产进行实时在线监测和管理,并根据资产模型和大数据技术,优化资产效率,例如可采集设备实时数据,结合设备机理分析和建模,实现预测性维护,提升效率,降低成本。

海尔COSMOPlat平台旨在推动企业智能化转型升级和人工智能与制造业融合创新,构建新型企业组织结构和运营方式,形成制造与服务智能化融合的业态新模式,实现大规模定制。在COSMOPlat平台下,产品生产率和产品不入库率得到了提升和改善。同时,COSMOPlat是"企业和智能制造资源最专业的连接者",在服务内部互联工厂的同时,也

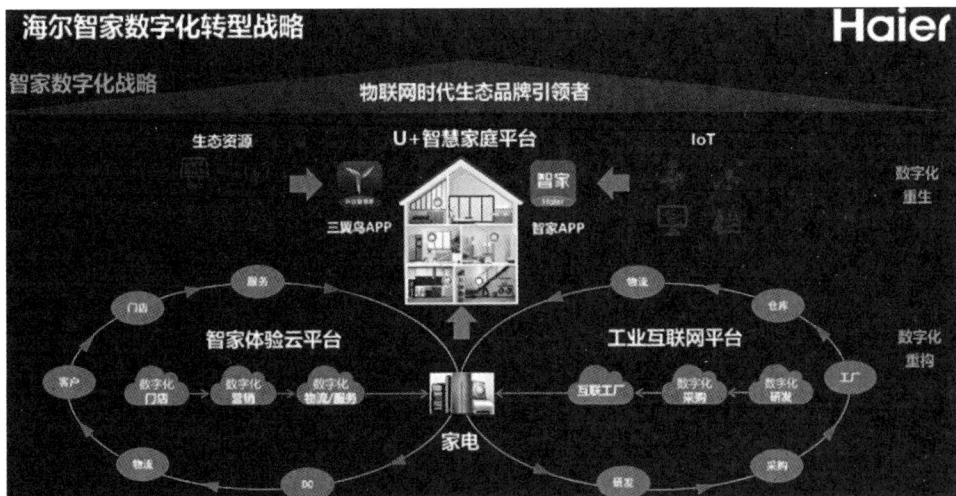

图 5-15　海尔 COSMOPlat 工业互联网平台

为制造业企业转型升级提供解决方案和增值服务,让企业自身具备持续提升的大规模定制能力,满足用户的体验要求。

5.3.3　智能健康管理

　　装备智能制造向全球化、服务化方向发展,开展以设备故障诊断和维护为核心的售后服务是实现制造智能服务的重要途径。装备制造业是国家国民经济的支柱产业,复杂装备是高端制造的重要载体。经济全球化、信息技术革命与现代管理思想的发展,已经使装备制造业向智能化、全球化、服务化方向发展。经济全球化背景下,设备用户分布在全球各个角落,给设备的运行维护带来极大的困难与挑战。复杂装备系统结构复杂,故障诊断和设备维护困难,目前多数故障诊断领域的研究工作主要集中在服役系统的状态评价方面,关注的是系统当前的运行状态。传统"事后维修"是在系统出现故障后进行维修,可能造成难以估计的财产损失与人员伤亡,"计划维修"经常造成"不足维修"与"过剩维修"。随着制造智能化、全球化、服务化,智能健康管理越来越受到人们的广泛关注。

1. 智能健康管理概念

　　智能健康管理技术的运用主要集中在武器装备、航空航天等军工领域及复杂重要工矿设备的保障领域。随着"中国制造 2025"战略的推进,智能健康管理将逐步在民用装备领域推广。智能健康管理技术建立在已有成熟技术上,融合了早期诸如在线测试、部件健康监控、集成状态评估、诊断与预计等工具或者平台的理念和技术,具备故障诊断、隔离、故障预测、寿命追踪等能力。

　　智能健康管理是利用尽可能少的传感器采集系统的各类数据信息,借助各种推理算法和智能模型(如物理模型、神经网络、数据融合、模糊逻辑、专家系统等)来监控、预测和管理系统的状态,估计系统自身的健康状况,在系统发生故障前尽早监测且能有效预测,并结合各种信息资源提供一系列的维修保障措施,实现系统的视情维修。

因此,该技术不仅能消除故障,还能了解和预测故障何时可能发生,从而制订合理的保障计划,既降低故障风险,又降低保障成本。这意味着维护方式上的转变,即从传统的基于运行数据监控的诊断转向基于智能系统的预判诊断,从出现故障才开始着手维护转向对风险故障的预分析处理的维护。

2. 智能健康管理架构

基于云计算、物联网、云制造等新兴技术与理念,构建面向智能服务的智能健康管理系统,企业可以实现设备诊断维护资源的集中管控与共享,提升企业的核心竞争力。企业亦可通过第三方服务平台进行设备维护,按需从平台获取相关的服务资源,平台的软硬件资源由第三方进行维护与更新,节省企业设备维护的成本。基于云服务的智能健康管理系统架构如图 5-16 所示。

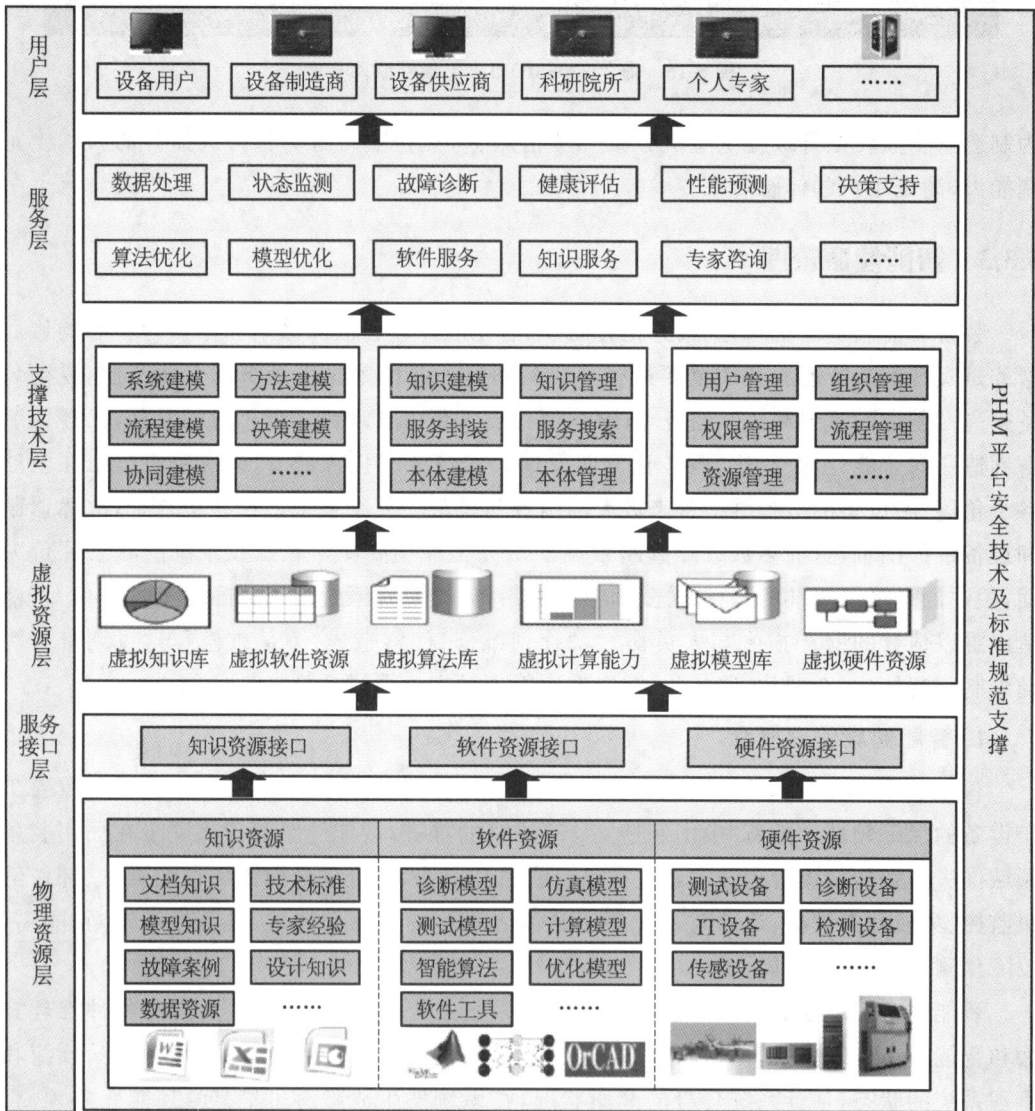

图 5-16   基于云服务的智能健康管理系统架构

3. 案例:华中数控系统云服务平台

根据用户需求建立华中数控系统云服务平台(见图 5-17 和图 5-18),基于数控系统云服务平台,可实现机床状态概览可视化、机床运行状态显示、机床效率统计及机床健康保障功能。该平台建立了数控加工大数据中心,实现了云管家、云维护、云智能。

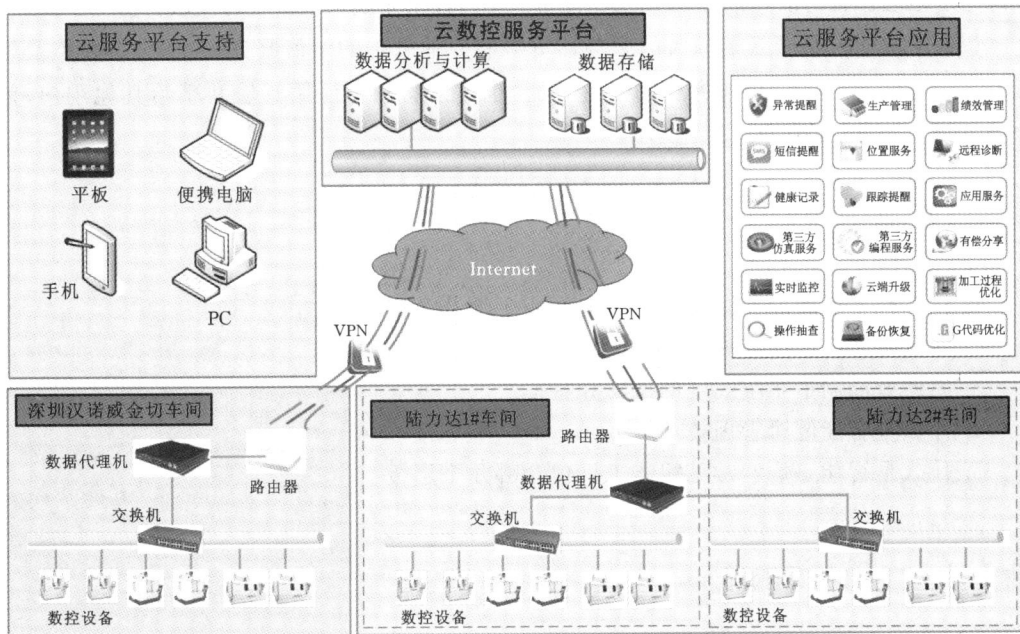

图 5-17 华中数控系统云服务平台

图 5-18 云服务平台应用

（1）云管家。基于云系统的信息平台提供贴身的管家式服务，无论何时何地，不需冗长的报告，只需要点击云平台终端，所有生产管理、机床状态监控等数控加工车间信息尽在掌握中。

（2）云维护。基于云系统的维护平台提供远程故障诊断服务，自动发送故障提醒短信，支持基于地理位置的故障报修，专家远程在线检测，轻松完成系统诊断、升级、备份与恢复。

（3）云智能。基于云端强大的服务器资源和专业软件的增值服务，分享华中数控及第三方公司在编程、工艺、优化方面的专有功能，也可以将特色应用有偿共享给其他用户，使数控系统更智能、更专业。

思考题

1. 什么是智能产品？智能产品发展经历了哪几个阶段？
2. 常见的智能产品有哪些？
3. 简述智能制造系统规划的概念和特征。
4. 什么是智能健康管理技术？
5. 什么是智能工厂？常见智能工厂包含哪几个层级？

第6章

智能制造系统

智能制造是面向产品全生命周期,实现泛在状态感知基础上的数字化、网络化、智能化制造。随着 5G＋、工业互联网、人工智能等技术的快速发展,制造信息呈爆炸式增长,处理信息的工作量猛增,要求制造系统具有更强的智能。

智能制造系统(intelligent manufacturing system,IMS)在制造过程中,利用物联网技术、新一代信息技术、自动控制技术、云计算及大数据等先进技术,通过互联网感知与传感技术、实时分析与处理技术、人机交互技术、拟人化决策与执行技术,实现计划排产、生产过程协同、设备互联互通、生产资源管控、质量过程控制与决策支持等六个维度的典型智能,是新一代信息技术、拟人化智能技术与装备制造技术的集成与深度融合。

智能制造
系统概述

▶▶▶ 6.1 智能制造系统架构

根据《国家智能制造标准体系建设指南》,通过信息化建设,将人、机、料、法、环、测等重要环节有机地结合起来,实现底层数据的互联互通,充分发挥设备的生产能力,提高生产效率,确保企业业务的高效运转。智能制造系统架构自上而下可划分为 5 个层次,分别是企业层(含企业资源计划 ERP、产品生命周期管理 PLM)、车间层(也称为执行层,主要包含制造执行系统 MES)、采集层、控制层、设备层,如图 6-1 所示。

(1) 企业层　指车间外部实现企业业务经营管理的物理系统,通常包含产品生命周期管理(PLM)、企业资源计划(ERP)系统、供应链管理(SCM)系统、客户关系管理(CRM)系统等。

(2) 车间层(执行层)　指车间内实现生产设备和生产过程的管理,并与企业相关业务系统进行信息交互的物理系统,其中最主要的是制造执行系统(MES)。MES 主要负责制造执行管理,是具体制造职能部门最核心的应用,也是连接企业管理层与生产现场的"数据交换机"。

(3) 采集层　通过组态将基本控制层的数据可视化。人机界面(HMI)是监控系统的操作窗口。它以模拟图的形式向操作人员展示工厂信息(模拟图是控制工厂的示意图),还包括报警和时间记录界面。HMI 连接到监视控制与数据采集(SCADA)系统的监控计算机上,提供实时数据以供模拟图、警报和趋势图之用。

(4) 控制层　主要指车间基础控制系统,包括可编程逻辑控制器(programmable logic controller,PLC)、分布式控制系统(distributed control system,DCS)和分布式数控(distributed numerical control,DNC)系统等。利用基础控制系统,可以将现场设备层的

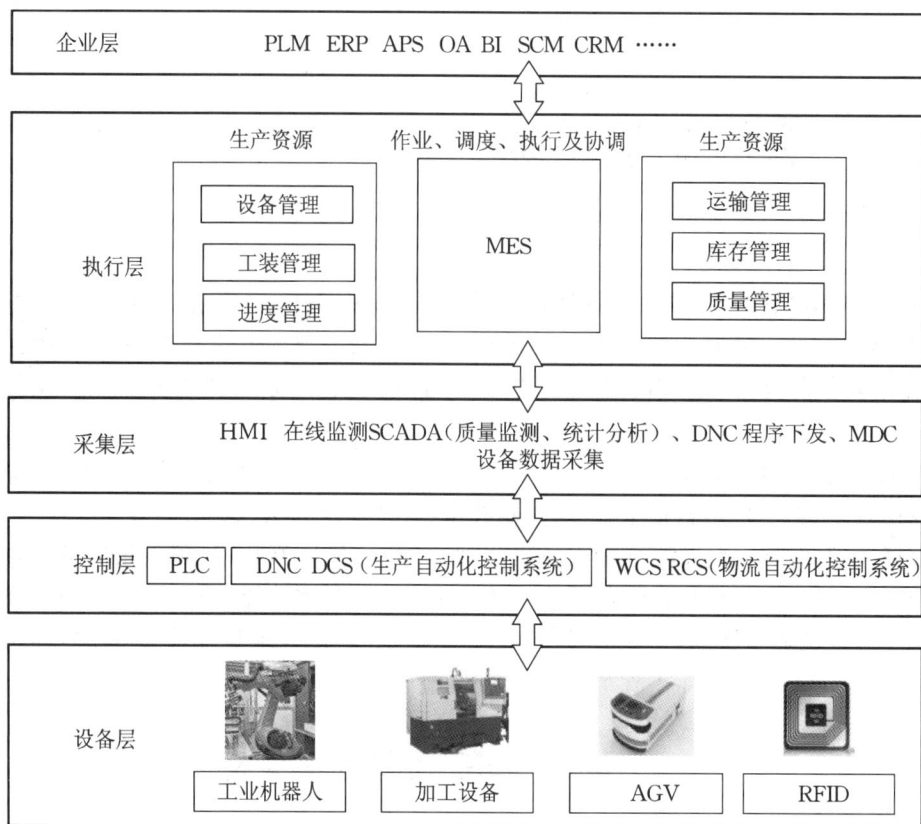

图 6-1　智能制造系统架构

各种设备组成数据网络,实现数据的采集。

(5) 设备层　指车间内的感知设备、执行机构、仪器仪表检测装置、仓储设备、物流设备等物理设备或系统所属的层级,构成车间实体物理系统本体并提供满足物理系统感知和控制要求的功能。

其中,产品生命周期管理(PLM)系统、企业资源计划(ERP)系统和制造执行系统(MES)是智能制造信息化建设的核心,覆盖了制造业企业内部核心价值链的各关键环节,使得整个企业的生产经营过程严格按照计划有序执行,从而有效控制产品成本和交货周期,提升企业运营水平。ERP系统主要负责企业资源计划管理,是企业管理的核心应用,主要包括供应链管理、销售与市场、分销、客户服务、财务管理、制造管理、库存管理、人力资源、报表、金融投资、质量管理、法规与标准等功能。

PLM系统是一种产品全生命周期管理的系统,从产品设计、开发到制造、销售、服务等,涵盖了产品的各个阶段,是产品工程的核心应用。在产品生命周期管理中,很重要的一项技术就是数字孪生技术,即通过构建与产品相关的原材料、设计、工艺、生产计划、制造执行、生产线规划、测试和维护等数字孪生模型,实现全流程数字化、可视化、闭环管理,不断发现、规避、解决问题,优化整个产品系统。

MES是一个实时的信息管理系统,主要面向车间的生产过程,它上承企业管理层,下接车间设备层,实现生产数据的互联互通,是企业向智能化发展的基础。

6.2 制造执行系统（MES）

6.2.1 MES 定义

传统企业生产过程中，企业上层管理系统与底层控制系统的信息处于分离状态。当车间生产出现异常时，上层管理系统不能有效地掌握车间生产资源的实时状态，造成生产作业计划不可执行；上层的管理人员和底层的操作人员不能实时地确定产品的信息，对产品的库存情况不了解；用户更无法知道订单的执行状态。

1990 年 11 月美国咨询调查公司 AMR（Advanced Manufacturing Research）提出制造执行系统（manufacturing execution system，MES）的概念，旨在通过制造执行系统将车间作业现场控制与事务管理联系起来。国际联合会 MESA 对 MES 的描述："MES 能通过信息传递对从订单下达到产品完成的整个生产过程进行优化管理。当车间发生实时事件时，MES 能及时做出反应、报告，并用当前的准确数据对它们进行指导处理。这种对状态变化的迅速响应使 MES 能够减少企业内部没有附加值的活动，有效地指导车间的生产运作过程，从而既能够提高车间及时交货能力，改善物料的流通性能，又能提高生产回报率。MES 还通过双向的直接通信在企业内部和整个产品供应链中提供有关产品行为的关键任务信息"。

6.2.2 MES 发展历程

MES 的研究和应用发展大致经历了四个阶段，如图 6-2 所示。

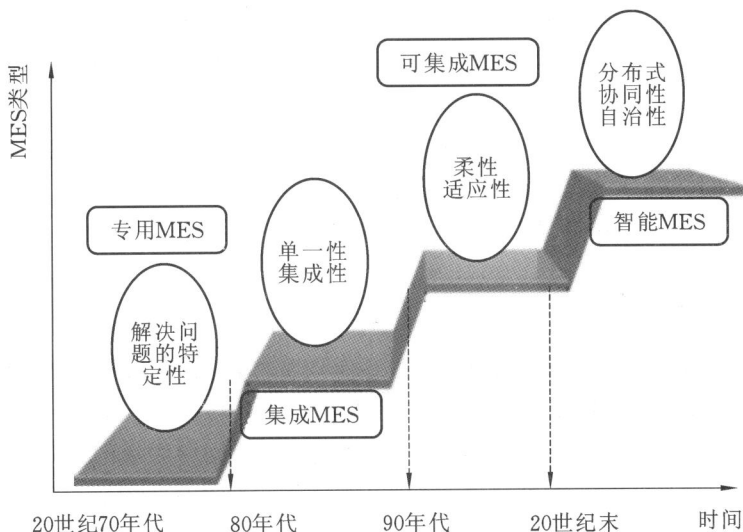

图 6-2 MES 的发展历程

1. 专用 MES（point MES）

专用 MES 系统是在 20 世纪 70 年代发展起来的，它是为了解决某个特定领域的问题,如设备状态监控、品质管理、生产进度跟踪和生产统计等而开发的单独应用系统。其优点是能够为某一特定环境提供较好的功能,实施的周期短、资金投入少,但其集成能力很差,不同功能的 MES 间的集成很困难。

2. 集成 MES(integrated MES)

集成 MES 是把单一的 MES 有机集成在一起的功能更强大的 MES 系统。集成 MES 始于 20 世纪 80 年代,主要集成生产现场信息系统和 MRPⅡ,例如生产进度跟踪信息系统、品质信息系统、绩效信息和设备信息系统等。集成 MES 能够使上层事务处理和下层实时控制系统集成在一起,但难以与其他应用系统集成。20 世纪 90 年代以来,国内外很多学者对集成 MES 进行了研究。例如,Choi 研究了 MES 系统,专门用于冲压模具的制造;Scott 总结了集成 MES 的框架;等等。集成 MES 具有很多优点,如单一的逻辑数据库、统一的数据模型和系统内部集成性等,但它需要特定的车间环境,具有柔性差、通用性差等缺点。

3. 可集成 MES

20 世纪 90 年代中期,美国 AMRC 通过分析信息技术的发展和 MES 的应用前景提出了可集成 MES,它将专用 MES 和集成 MES 融合在一起,采用可重用、可重构组件及模块化技术来开发具有柔性和适应性的 MES 系统。可集成 MES 可将部分功能作为可重用组件单独销售,起到专用 MES 作用;又能实现上、下两层的集成,起到集成 MES 的作用。

4. 智能 MES

智能 MES 是指利用人工智能(AI)和分布式人工智能(distributed artificial intelligence,DAI)构造的具有分布式、协同性和自治性的智能制造执行系统。人工智能中的遗传算法、神经网络算法和专家系统等先进技术已经在智能制造系统中获得了不少应用。1985 年 Fox 使用约束推理的方法研究了针对车间管理和调度的专家系统。1997 年国际联合会 MESA 在白皮书中公布了 NIIIP 提出的基于 Agent 的分布式对象和信息交换模型,为智能制造执行系统的发展指明了方向。

随着自动化技术和计算机技术的发展,智能化第二代 MES 解决方案的概念被相关学者提出,其主要目标是通过更加合理、更加精确和更加完整的加工过程状态跟踪和数据记录,保证车间管理的高效进行,它通过分布在资源设备中的传感器来确保车间的自动化。

6.2.3　MES 发展趋势

MES 在生产管理中发挥着重要的作用,是实现智能制造的基础。伴随着人工智能技术的不断发展,MES 也正朝着下一代 MES 的方向发展。

(1)实时性。理论上说,MES 必须能够及时地处理车间中大量的实时数据,能够控制复杂生产过程。它不仅需要获取这些数据,更要能分析这些数据。当车间发生异常事件时,MES 要在短时间内做出回应。新一代 MES 应有更精确的过程状态跟踪能力,可实时获取更多的数据,能更准确、更及时、更方便地进行生产过程控制,并具有多源信息融合及复杂信息处理与快速决策能力。

(2)智能性。现有的 MES 大多只提供一个替代管理方式的系统平台,通过大量的人工干预来控制生产过程。但 MES 中所涉及的信息以及决策过程非常复杂,以现有的方式难以保证生产过程的高效和优化。随着人工智能技术的发展,MES 将具有人工智能决策功能,能够根据实时数据进行及时的智能辅助决策。

(3) 集成性。新型 MES 的集成范围更大,覆盖整个企业业务流程。建立物流、品质、设备状态的统一工厂数据模型,真正实现 MES 软件的开放性、可配置性、易维护性。

(4) MES 与新兴科学联系。目前,MES 在理论研究和具体实施方面取得不少成果。但是近些年来,伴随着云制造、物联制造和制造业服务化、网络化、智能化的应用,MES 已经不是以往在单一车间中的执行系统。在各种新兴概念环境下,MES 研究的深度和广度将得到更大的发展。

6.2.4 MES 功能模型

1. MES 模型

ARM 公司提出了企业信息化的三层架构模型,包括管理层、执行层和控制层,如图 6-3 所示。其中,管理层按照客户订单、库存和市场预测的情况,安排生产和组织物料;执行层按照管理层下达的生产计划、物料安排以及控制层设备的情况,制订车间作业计划,安排控制层的加工任务,当生产计划变更、机器发生故障、出现产品加工质量不合格等问题时,执行层对作业计划进行调整,以保证生产过程正常进行;控制层按生产计划完成加工任务。

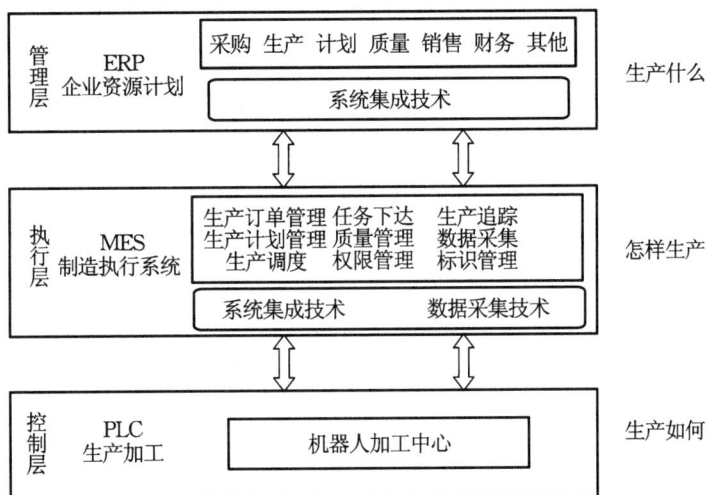

图 6-3 三层架构模型

MES 位于管理层和控制层之间,是企业经营战略到具体实施的桥梁,起承上启下的作用,实现管理层决策、计划信息管理与设备控制层生产状态、进度信息的集成,上传下达,弥补管理层和控制层之间的空隙,保证信息流在企业中的连续性。

2. MES 的主要功能

在现代制造业中,制造执行系统(MES)作为关键的生产管理工具,扮演着至关重要的角色。它集成了系统管理软硬件的智能系统,涉及原材料、产品、生产过程数据、监控、物料、仓库、设备等工厂资源,通常具有以下功能:

（1）生产计划管理。

根据订单和生产计划，利用 MES 制订详细的调度和车间生产作业计划，并根据生产能力、生产设备、物料状况、生产需求，动态地调整排程，实现自动排程，协调不同生产单元之间的合作，实现生产流程的优化。

（2）生产过程监控。

MES 可以实时监控生产过程中的各项指标，如设备状态、生产进度和质量数据等。通过与设备的连接和数据采集，系统能够及时发现生产异常和故障，并提供预警和报警功能。这样不仅可以减少人工操作，提高效率，还可以避免交货期延误等问题。另外，MES 还能自动生成生产报表和图表，便于管理层进行决策分析。

（3）质量管理。

MES 通过质量跟踪、异常处理等功能，实现对产品质量的全面管控，保证生产的产品符合质量标准。

（4）产品信息追溯。

MES 具备强大的数据追溯查询功能，可方便地查询生产过程中的各种数据，如生产记录、设备状态、质量数据等。当产品出现问题时，通过识别产品上编码，掌握产品生产的全部信息数据，快速找出问题所在。这将有助于企业及时发现和解决问题，提高生产效率和产品质量。

（5）设备管理。

MES 可以自动根据设备标准，在生产前对设备进行检查；通过建立设备运行分析机制，实现对生产过程中生产设备运行状态的监控跟踪；建立差异化设备保养模式和规范化的设备定期检修、维修体系；实施分区域的质量指标统计分析。

（6）文档管理。

基于 MES，与生产相关的文件资料得以集中管理，可以直接导入文档数据，摆脱传统的纸质形式，使数据信息记录和保存更加方便、快捷，包括工程图纸、标准工艺规程等。

（7）数据采集。

实时采集和分析生产过程中的数据，并整合分析，帮助企业及时做出决策，提升生产质量和效率。

6.2.5　MES 集成

MES 作为连接生产现场和企业管理层的桥梁，在实现生产过程的可视化、协调和优化方面发挥着关键作用。但 MES 并非孤立存在，它需要与 ERP、PLM 系统密切配合，共同构建一个高效智能的生产运营体系。MES 与 ERP、PLM 系统集成如图 6-4 所示。

1. ERP 与 MES 集成

MES 和企业资源计划（ERP）系统是两大核心系统，MES 负责监控和协调生产过程，属于生产部门，而 ERP 则负责企业的全局规划和资源管理，属于管理部门，即只能生成主生产计划，无法根据主生产计划生成详细的生产作业计划。二者是相辅相成的，它们有效集成后可以实现企业的管理一体化。MES 与 ERP 集成主要有以下优点：

（1）实时数据同步。MES 和 ERP 系统的集成可以实现实时数据同步，确保 ERP 系

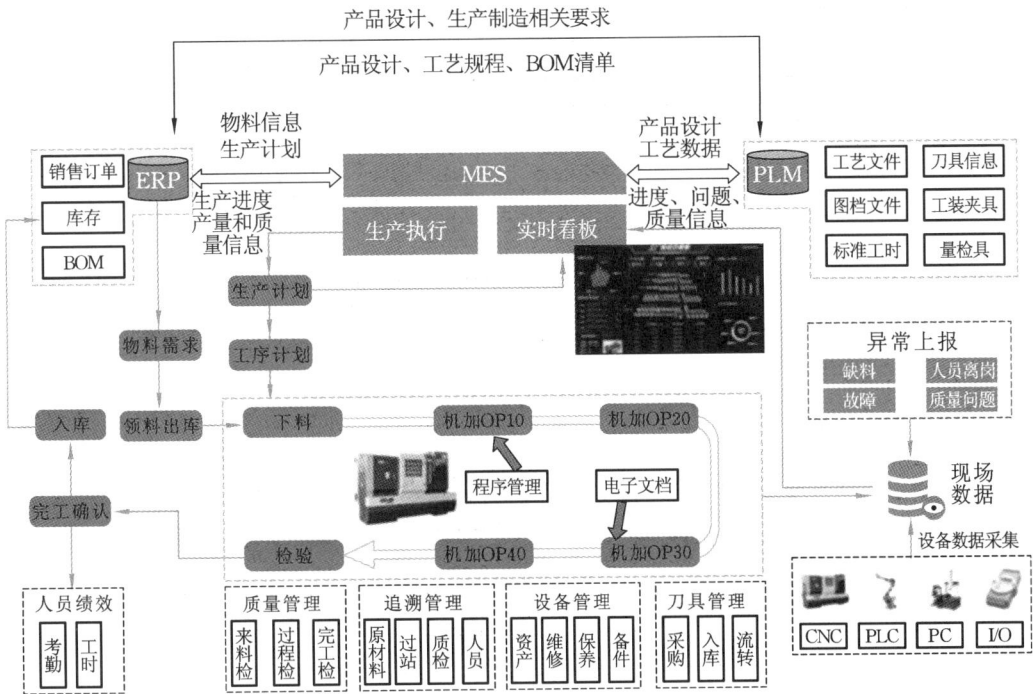

图 6-4　MES 与 ERP、PLM 系统集成

统中的数据和 MES 中的数据保持一致。

（2）优化生产计划。将 MES 中的生产计划和工单数据与 ERP 系统中的销售订单和库存数据进行集成，可以更好地优化生产计划，提高生产效率和资源利用率。

（3）自动化数据传输。通过集成，MES 可以自动将生产数据传输到 ERP 系统中，减少手动输入的错误。

（4）更好的质量控制。将 MES 中的质量检查数据与 ERP 系统中的质量管理模块进行集成，可以更好地控制产品质量，提高客户满意度。

（5）优化供应链管理。将 MES 中的供应链数据与 ERP 系统中的采购、库存和销售数据进行集成，可以更好地管理供应链。

ERP 与 MES 集成，不仅能充分发挥 MES 和 ERP 各自的优势，还可使 MES 的生产计划更合理，使 ERP 系统数据更及时有效，工作效率更高。

2. MES 与 PLM 集成

由图 6-5 可知，PLM 主要包括四部分，即 CAD/CAE/CAPP/CAM 系统，PDM 系统，车间层 MES，以及与之密切协作的仓储物流、人力资源、财务与成本、供应链、计划与营销、能效及知识库等相关管理系统。其中 CAD/CAE/CAPP/CAM 系统须包括产品创新设计、制造、仿真、优化、测试等工具类软件；PDM 系统不仅能针对产品研发设计及生产制造过程中的数据进行管理，也须对产品在营销、采购、售后服务及装备维修等相关过程的数据进行管理；MES 是用于管理和监控制造过程的系统，它负责在实际生产中执行计划、控制设备、监测生产数据等，并提供实时的生产状态信息和性能指标，以支持制造决策和生产效率优化。

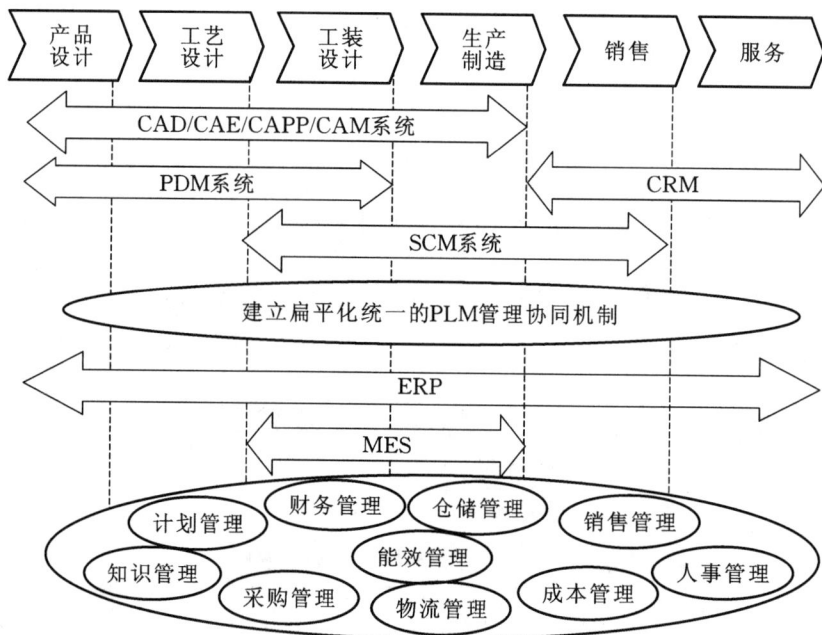

图 6-5 MES 和 PLM 平行协同运作模型

将 MES 与 PLM 系统集成,可实现从产品设计到生产制造的无缝连接,确保产品设计意图能够准确地转化为生产实践,最大限度地提高产品质量和生产效率。MES 与 PLM 系统集成主要有以下优点:

(1) 实时数据共享。通过 PLM 与 MES 的集成,产品设计和制造数据可以实时共享,确保制造过程中数据的准确性和一致性,减少数据传递和转换的错误。

(2) 过程可视化与优化。PLM 和 MES 的集成可以提供全面的生产过程可视化,使管理人员能够实时监控生产状态、识别瓶颈和优化生产计划,从而提高生产效率。

(3) 跨部门协同。PLM 和 MES 的集成可促进不同部门之间的协同工作,如设计团队与生产团队可以实时交流产品设计和制造方面的信息,减少沟通障碍和避免误解。

(4) 质量管理与追溯。PLM 与 MES 的集成,可以实现产品质量数据的实时监测和追溯,提高产品质量管理的效率和精度。

此外,为实现产品全生命周期管理,PLM 还必须与 SCM 系统、CRM 系统及 ERP 系统进行集成与融合,SCM 系统、CRM 系统及 ERP 系统在统一的 PLM 管理平台下协同/协作运作,从而实现产品设计、生产、物流、销售、服务与管理过程的动态智能集成与优化,打造制造业价值链。

思考题

1. 何谓智能制造系统?

2. 智能制造系统架构由哪几部分组成? 各组成部分作用是什么?

3. MES 是什么? 它具有哪些功能?

参 考 文 献

[1] 周济,李培根.智能制造导论[M].北京:高等教育出版社,2021.

[2] 中国机械工程学会.中国机械工程技术路线图(2021版)[M].北京:机械工业出版社,2021.

[3] 李培根,高亮.智能制造概论[M].北京:清华大学出版社,2021.

[4] 葛英飞.智能制造技术基础[M].北京:机械工业出版社,2019.

[5] 李晓雪.智能制造导论[M].北京:机械工业出版社,2019.

[6] 刘怀兰,孙海亮.智能制造生产线运营与维护[M].北京:机械工业出版社,2020.

[7] 任长春,舒平生.智能制造导论[M].北京:机械工业出版社,2021.

[8] 邓朝晖,万林林,邓辉,等.智能制造技术基础[M].2版.武汉:华中科技大学出版社,2021.

[9] 王芳,赵中宁.智能制造基础与应用[M].2版.北京:机械工业出版社,2022.

[10] 陈明,张光新,向宏.智能制造导论[M].北京:机械工业出版社,2021.

[11] 罗学科,王莉,刘瑛.智能制造装备基础[M].北京:化学工业出版社,2023.

[12] 张园,于宝明.物联网技术及应用基础[M].2版.北京:电子工业出版社,2020.

[13] 张明建.智能制造系统框架运作模型研究[J].宁德师范学院学报:自然科学版,2018,30(2):127-131.

[14] 杜军钊.智能制造新技术应用的安全风险分析与建议[J].中国信息安全,2021(1):39-41.

[15] 张开富,程晖,骆彬.智能装配工艺与装备[M].北京:清华大学出版社,2023.

[16] 陶飞,戚庆林,张萌,等.数字孪生及车间实践[M].北京:清华大学出版社,2021.

[17] 李浩,陶飞,王昊琪,等.基于数字孪生的复杂产品设计制造一体化开发框架与关键技术[J].计算机集成制造系统,2019,25(6):1320-1336.

[18] 王晋.制造执行系统的研究现状和发展趋势[J].兵器装备工程学报,2016,37(2):92-96.

[19] 岳玮,裴宏杰,王贵成.智能加工技术研究进展与关键技术[J].工具技术,2015,49(11):3-6.

[20] 王志红.面向CAPP的智能工艺决策方法研究[D].成都:电子科技大学,2005.

[21] 申学军,祖佳跃,张航.智能制造背景下我国工业网络安全的新挑战[J].自动化博览,2023,40(1):42-45.

[22] 袁峰,李清蕾,邱爱莲.基于产品数字孪生体的智能制造价值链协同研发框架构建[J].科学管理研究,2024(2):98-105.

[23] 中国移动通信有限公司研究院,等.数字孪生技术应用白皮书(2021)[EB/OL].https://13115299.s21i.faiusr.com/61/1/ABUIABA9GAAg3qCjjQYogKP2_wU.pdf.

智能制造技术基础综合实践手册

班级 _____

学号 _____

姓名 _____

华中科技大学出版社

中国·武汉

目　　录

项目一 切削加工智能制造单元认知

【项目描述】

切削加工智能制造单元是智能制造生产线的主要组成部分,它包含加工设备、测量设备、搬运设备、仓储设备、MES 等硬件设备与软件系统。通过本项目的学习,学生应了解切削加工智能制造单元的基本组成及各组成部分的功能和作用。

任务一 切削加工智能制造单元组成认知

【学习目标】

知识目标
◆ 了解典型智能制造单元的组成与生产运行流程;
◆ 掌握典型智能制造单元各装备的功能与作用。

能力目标
◆ 能准确指出智能制造单元各组成部分的功能和作用。

【任务描述】

本任务主要学习智能制造生产线的组成及特点,如数控车床、数控铣床、工业机器人等,希望学生通过学习能够根据零件结构特点正确选择加工机床、加工夹具及机器人夹具。

【任务分析】

1. 典型切削加工智能制造单元的组成与生产运行流程

典型切削加工智能制造单元的基本组成包括数控车床、加工中心(三轴)、在线测量装置、工业机器人及夹具、快换夹具工作台、工业机器人导轨、立体料仓、中央电气控制系统、MES、可视化系统及显示终端等。其布局图如图 1-1-1 所示。

2. 加工工件介绍

(1) 工件类型。设计产品共 4 种,分别为上板、下板、连接轴、中间轴。

(2) 所有加工的成品件,均为材料底色(材料为铝合金,颜色为银白色)。

(3) 零件工艺说明见表 1-1-1。

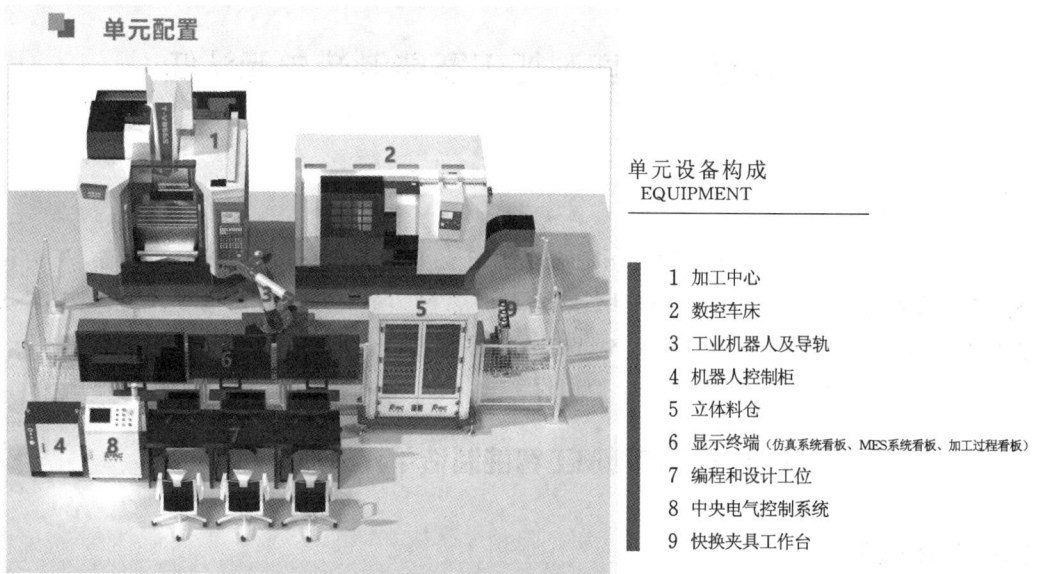

单元配置

单元设备构成
EQUIPMENT

1 加工中心
2 数控车床
3 工业机器人及导轨
4 机器人控制柜
5 立体料仓
6 显示终端（仿真系统看板、MES系统看板、加工过程看板）
7 编程和设计工位
8 中央电气控制系统
9 快换夹具工作台

图 1-1-1 典型切削加工智能制造单元组成与布局图

表 1-1-1 零件工艺说明

加工工件	上板	下板	连接轴	中间轴
参考图片（示意）				
数控车床加工			√	√
三轴加工中心加工	√	√		√
工件毛坯及尺寸	方料 80 mm×80 mm×15 mm	方料 80 mm×80 mm×25 mm	圆料 ϕ35 mm×35 mm	圆料 ϕ68 mm×25 mm
夹具	定制夹具抓取	定制夹具抓取	定制夹具抓取	定制夹具抓取
治具	零点快换	零点快换	液压卡盘	液压卡盘、气动平口钳
加工工艺	铣外形轮廓	铣外形轮廓	车外圆、车螺纹	车外圆、车螺纹

3. 生产流程

该智能制造单元可实现多种类零件的自动上下料、加工以及成型后零件的自动入库。

毛坯入库流程：由人工取毛坯放入单元立体仓库中，机器人携带 RFID 读写器对料仓进行盘点及初始化。

工件生产流程：由总控系统下发订单，机器人用夹具夹取毛坯，送到各加工设备，加工完成后由机器人放回立体料仓；立体料仓针对每个工件的状态显示不同颜色的灯光。

4. 设备功能介绍

1）加工中心（三轴）

本系统采用数控加工中心一台，整机功能齐全，配备华中 8 型数控系统，加工效率高、稳定性好、强度高，各项精度稳定可靠。

加工中心安全门由手动门改装为自动门，由数控系统控制安全门的自动开关。机床内部配置自动吹扫管，在一个工件加工完成后可以对加工的工件、机床治具进行吹扫，避免加工中产生的金属屑黏附在工件、机床治具上，影响装夹精度。加工中心如图 1-1-2 所示。

图 1-1-2　加工中心

（1）数控系统配置。

① 数控系统：HNC-818 系列，支持 NCUC-Bus 总线协议；

② 伺服电机及驱动系统：支持 NCUC-Bus 总线协议；

③ 主轴伺服电机及驱动：支持 NCUC-Bus 总线协议。

（2）加工中心其他要求。

① 加工中心有以太网接口；

② 提供自动化接口，能实现加工中心的远程启动，程序可上传到机床内存，能获取机床的状态信息、机床的模式信息、主轴的位置信息；

③ 加工中心机床治具和自动门的控制与反馈信号可以直接接入机床自身的 I/O 模块，并且由加工中心自身控制，其状态可以通过网络反馈给智能生产线总控系统；

④ 加工中心自动化夹具和自动门的控制与反馈信号可以直接接入机床自身的 I/O 模块，并且由加工中心自身控制，其状态可以通过网络反馈给工控机；

⑤ 加工中心能够停在原点位置并将原点状态通过网络传输给工控机；

⑥ 加工中心内置摄像头，镜头前装有气动清洁喷嘴。

（3）加工中心主要参数。

加工中心主要参数见表 1-1-2。

表 1-1-2　加工中心主要参数

项目		单位	参数
加工范围	工作台行程（X 轴）	mm	800
	滑鞍行程（Y 轴）	mm	550
	主轴箱行程（Z 轴）	mm	600
	主轴端面到工作台面距离范围	mm	125～725
工作台	工作台尺寸	mm×mm	1000×500
	工作台承重	kg	450
	T 形槽尺寸（槽数-槽宽×间距）	mm	5-18×100
主轴	主轴电机功率（额定/短时）	kW	7.5/11
	转速范围	r/min	12000（直联）
	主轴直径	mm	ϕ150
	刀柄规格		BT40
	拉钉规格		P40T-I（MAS403）
导轨	X 轴		2-35 滚珠
	Y 轴		2-45 滚珠
	Z 轴		2-45 滚珠
驱动	丝杠 X/Y/Z	mm	4016/4016/4016
	电机功率 X/Y/Z	kW	2.0/2.0/3.0
速度	切削进给速度范围	mm/min	1～10000
	X/Y/Z 轴快移速度	m/min	48/48/48
机床精度	定位精度（X/Y/Z）	mm	0.008/0.008/0.008
	重复定位精度（X/Y/Z）	mm	0.005/0.005/0.005
刀库	刀库容量	把	24
	刀具质量	kg	7
	刀具长度	mm	250
	最大直径（满刀/邻空刀）	mm	ϕ75/ϕ150
其他	气源 流量	L/min	280（ANR）
	气源 气压	MPa	0.5～0.8
	机床电气总容量	kW	25
	冷却箱容积	L	400
	机床外观尺寸（长×宽×高）	mm×mm×mm	2240×3100×2900
	主机质量	kg	5200

2）数控车床

本系统采用数控车床一台，整机功能齐全，配备华中 8 型数控系统，加工效率高、稳定性好、强度高，各项精度稳定可靠。

数控车床安全门由手动门改装为自动门，由数控系统控制安全门的自动开关。车床内部配置自动吹扫管，在一个工件加工完成后可以对加工的工件、卡盘进行吹扫，避免加工中产生的金属屑黏附在工件、卡盘上，影响装夹精度。数控车床如图 1-1-3 所示。

图 1-1-3　数控车床

（1）数控系统配置。

①数控系统：HNC-808 系列，支持 NCUC-Bus 总线协议；

②伺服电机及驱动系统：支持 NCUC-Bus 总线协议；

③主轴伺服电机及驱动：支持 NCUC-Bus 总线协议。

数控车床配华中 HNC-808 数控系统，主轴、进给轴均由交流伺服电机驱动。

（2）数控车床其他要求。

① 数控车床有以太网接口；

② 提供自动化接口，能实现数控车床的远程启动，程序可上传到车床内存，能获取车床的状态信息、车床的模式信息、主轴的位置信息；

③ 数控车床液压卡盘和自动门的控制与反馈信号可以直接接入车床自身的 I/O 模块，并且由车床自身控制，其状态可以通过网络反馈给智能生产线总控系统；

④ 数控车床自动化夹具和自动门的控制与反馈信号可以直接接入车床自身的 I/O 模块，并且由车床自身控制，其状态可以通过网络反馈给工控机；

⑤ 数控车床能够停在原点位置并把原点状态通过网络传输给工控机；

⑥ 车床内置摄像头，镜头前装有气动清洁喷嘴。

（3）数控车床主要参数。

数控车床主要参数见表 1-1-3。

表 1-1-3　数控车床主要参数

	项目	单位	参数
加工范围	床身上最大回转直径	mm	$\phi400$
	床鞍上最大回转直径	mm	$\phi260$
	推荐车削直径/长度	mm	$\phi165/400$
	最大车削直径	mm	$\phi285$
	最大棒料直径	mm	$\phi42$
主轴	液压卡盘直径	mm	$\phi165$
	主轴头形式		A2-5（GB/T5900.1）
	主轴锥孔规格		MT No.6
	主轴通孔直径	mm	$\phi57$
	主轴轴承直径（前/后）	mm	$\phi90/\phi80$
	主轴转速范围	r/min	70～3000（工作转速不得超过卡盘及工装允许的最高转速）
	主电机功率（连续/30 min）	kW	7.5/11
尾座	套筒直径/行程	mm	$\phi70/80$
	标准结构顶尖锥度（莫氏锥度）		4
床鞍	倾斜角度		45°
	移动距离（X/Z）	mm	165/410
	快速移动速度（X/Z）	m/min	12/16
	滚珠丝杠直径（X/Z）	mm	$\phi28/\phi40$
刀架	刀位数		8
	刀具尺寸（车削/镗孔）	mm×mm 或 mm	20×20/$\phi32$
其他	电源	kV·A	25
	体积（长×宽×高）不含排屑器	mm×mm×mm	2370×1670×1970
	总质量	kg	3000
	最大工件质量（两端装卡）	kg	360（6″卡盘）

3）在线检测装置

在线检测装置安装在加工中心上，用于测量加工中心加工完成后工件的尺寸，如图 1-1-4 所示。其基本技术参数如下。

（1）测针触发方向：$\pm X$，$\pm Y$，$+Z$；

（2）测针各向触发保护行程：XY 平面 $\pm15°$，Z 向 6.2 mm；

（3）测针各向触发力：XY 平面 1 N，Z 向 6 N；

（4）测针任意单向触发重复（2σ）精度：≤1 μm；

（5）信号传输范围：≤5 m；

（6）新电池（单班 5% 使用率）的工作天数：200 d；

（7）防护等级：IP68。

4）气液增压平口钳

气液增压平口钳安装于加工中心工作台，用于放置工件，如图 1-1-5 所示。

其基本技术参数如下。

（1）规格：台湾鹰牌 VMC-5P。

（2）工作原理：气液增压。

（3）气源压力：0.5～0.7 MPa。

（4）最大夹紧力：5000 kgf（可调，1 kgf≈9.8 N）。

（5）兼容 ϕ35 mm 和 ϕ68 mm 两款产品。

（6）钳口形式：V 形，夹持直径范围根据工件定制。

图 1-1-4　在线检测装置

图 1-1-5　气液增压平口钳

5）零点卡盘

零点卡盘夹具安装于加工中心工作台，用于放置工件，如图 1-1-6 所示。

图 1-1-6　零点卡盘

其基本技术参数如下。

（1）规格：东莞华瑞 3H-661.2。

（2）工作原理：压缩空气。

（3）使用压力：0.5～0.7 MPa。

（4）锁紧力：6000 N。

（5）主体调质：真空热处理加深冷。

（6）主体材料：日本优质铬钢 57～60 HRC。

6）工业机器人及导轨

为了能适应狭小、多点位、高灵活性的工作要求，需要配置高性能六关节机器人，以适应不同场合的复杂工况要求。本任务根据工件加工流程、加工机床及设备功能和布局选择负载 25 kg 的六关节双旋机器人，工作范围为 1849.5 mm。导轨采用焊接结构，一体加工，表面喷漆，驼灰色；导轨本体设有调整地脚，配合膨胀螺栓固定，底部配滑动脚轮。工业机器人及导轨如图 1-1-7 所示。

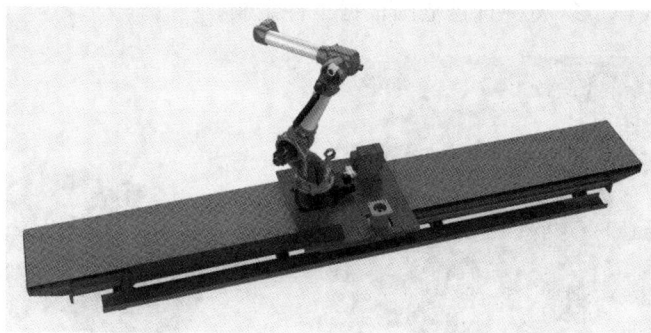

图 1-1-7　工业机器人及导轨

导轨技术参数见表 1-1-4。

表 1-1-4　导轨技术参数

序号	项目	参数	备注
1	导轨宽度	955 mm	包含坦克链
2	机器人安装板	850 mm×705 mm×325 mm	配套 HSR-BR625 机器人
3	工作面高度	390 mm	
4	整体长度	5 m	
5	有效行程	3.8 m	
6	最快行走速度	0.7 m/s	
7	驱动方式	伺服电机＋减速机	
8	控制方式	机器人示教器控制	
9	润滑方式	电动润滑	
10	负载	大于 500 kg	
11	重复定位精度	±0.1 mm	
12	安装后导轨平面度	±0.3 mm	

7）机器人夹具及夹具快换台

机器人夹具是机器人的末端执行器，用以执行特定夹持、搬运等工作。当生产线更换加工工件时，机器人可通过快换机构直接更换相应夹具，而不需要人工更换。

（1）夹具采用快换夹持系统，由 1 套机器人侧快换和 3 套夹具侧快换组成，实现三种机器人手爪的快速更换。

（2）机器人侧快换装置具备握紧、松开、有无料检测功能，并具备良好的气密性。

（3）手爪安装扩散反射型光电开关，可检测机器人手爪抓取工件的状态（有工件/无工件）。

（4）手爪上安装 RFID 一体式读写器，可读写加工信息和加工状态。

图 1-1-8 所示为机器人夹具及快换。

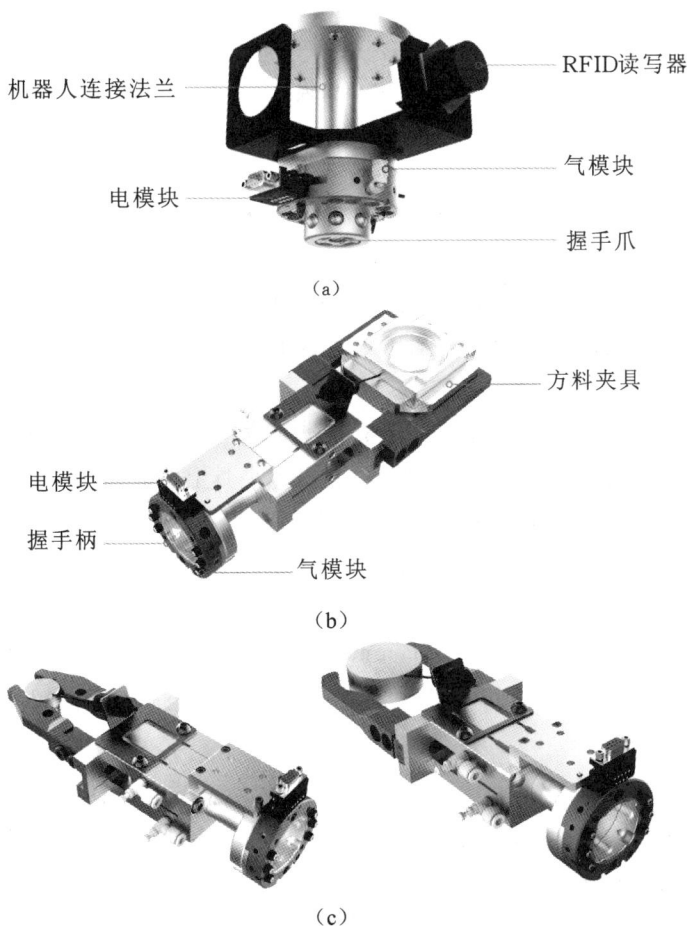

（a）

（b）

（c）

图 1-1-8 机器人夹具及快换

（a）机器人侧快换示意图；（b）夹具侧快换示意图（方料夹具）；（c）夹具侧快换示意图（圆料夹具）

（5）夹具快换台用于放置机器人夹具，并对夹具进行有效定位，保证定位精度，方便机器人夹具的每次更换；夹具快换台至少满足 2 款手爪的放置功能，每个位置配置手爪放置到位检测传感器。夹具快换台如图 1-1-9 所示。

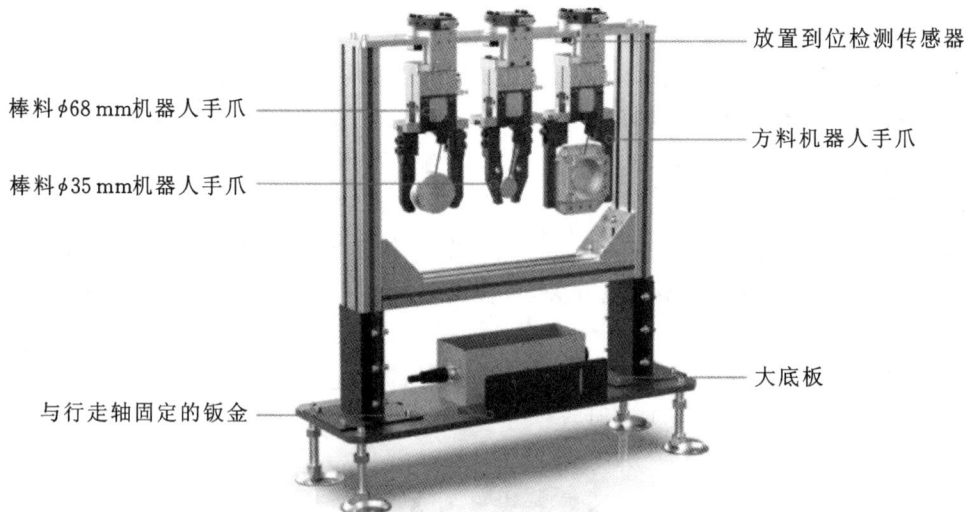

图 1-1-9　夹具快换台示意图

8）立体料仓

立体料仓负责在单元加工时进行物料的存储，可根据需求定制，一般带有安全防护外罩及安全门，如图 1-1-10 所示。其基本技术参数如下：

（1）带有安全防护外罩及安全门，安全门设置工业标准的安全电磁锁。

（2）立体料仓的操作面板配备急停开关、解锁许可灯（绿色灯）、门锁解除按钮（绿色按钮）、运行灯（绿色灯）。

（3）立体料仓设置有 30 个工位，每层 6 个仓位，共 5 层，每个仓位或标准托盘均配置了 RFID 芯片，其中 RFID 读写器安装在工业机器人夹具上。

（4）立体料仓的每个仓位需要设置传感器和状态指示灯，传感器用于检测该位置是否有工件，状态指示灯用不同的颜色指示毛坯、车床加工完成、加工中心加工完成、合格、不合格五种状态，同时能与主控通信。

（5）立体料仓长×宽×高约为 1510 mm×500 mm×1920 mm（含配重板尺寸）。

（6）料仓底层放置方料，中间两层放置 ϕ68 mm 圆料，上面两层放置 ϕ35 mm 圆料。

9）PLC 总控电气柜

智能生产线单元 PLC 总控电气柜包含 PLC 电气控制及 I/O 通信系统，主要负责周边设备及机器人控制，实现智能制造单元的加工流程和逻辑总控，如图 1-1-11 所示。

其基本技术参数如下：

（1）主控 PLC 采用西门子 S7-1215，支持 Modbus TCP/IP 通信协议，并配置 16 路输入和 16 路输出模块；

（2）配有 16 口工业交换机；

（3）外部配线接口采用航空插头，方便设备拆装移动；

（4）人机界面采用西门子人机交互面板；

（5）PLC 总控电气柜外形尺寸为 650 mm×420 mm×980 mm。

图 1-1-10 立体料仓示意图

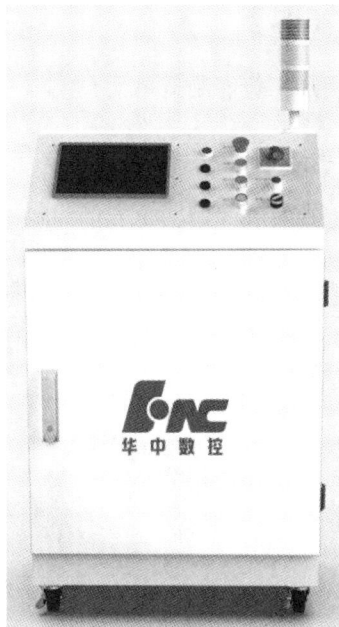

图 1-1-11 PLC 总控电气柜

10）安全防护系统

本系统设置安全围栏及带工业标准安全插销的安全门,以防止出现工业机器人在自动运动过程中由于人员意外闯入而造成的安全事故。自动生产线外围防护设计出入的安全门,配备安全开关,安全门打开时,除 CNC 外所有设备处于暂停状态。安全围栏高1.2 m,门扇、立柱为黄色,其他网扇为黑色,如图 1-1-12 所示。

图 1-1-12 安全围栏

【任务准备】

切削加工智能制造单元。

【任务实施】

根据现有智能制造单元的布局及功能,完成表 1-1-5 中内容。

表 1-1-5　智能制造单元

序号	名称	数量	功能作用
1	立体料仓 		
2	工业机器人及导轨 		
3	工业机器人夹具 		
4	加工中心 		

续表

序号	名称	数量	功能作用
5	PLC 总控电气柜		
6	数控车床		
7	在线检测装置		
8	气液增压平口钳		
9	零点卡盘		

【任务评价】

评价内容	评分标准	分值	得分
目标认知程度	工作目标明确,能快速准确收集相关资料,能合理列写自评表	10	
情感态度	工作态度端正,注意力集中,工作积极、主动	10	
团队协作	具有一定的组织、协调能力,积极与他人合作,顾全大局,共同完成工作任务	5	
知识运用能力	知识准备充分,运用熟练正确	10	
任务实施情况	正确描述智能制造单元各设备的功能	40	
	执行安全操作规范	5	
	在规定时间内完成	5	
成果展示情况	作品完善、操作方便、功能多样、符合预期要求	5	
	积极、主动、大方地展示	5	
	展示过程语言流畅、逻辑性强、表达准确到位	5	
总分		100	

项目二 智能制造单元部件功能调试与参数设置

【项目描述】

智能制造单元硬件由多个设备组成,各设备之间以通信的方式进行相互控制。本项目根据智能制造单元生产运行的要求,对不同的部件设备进行功能调试与对应参数的设置,以满足智能制造单元的功能要求,包括数控机床自动门开关控制功能设计与调试、数控机床联机控制、数控机床摄像头吹气清扫控制、加工中心参数设置四个任务。

任务一 数控机床自动门开关控制功能设计与调试

【学习目标】

知识目标
◆ 掌握华中 8 型数控系统 PLC 程序的编写方法;
◆ 理解华中 8 型数控系统 M 代码对应 PLC 功能模块的含义;
◆ 理解华中 8 型数控系统定时器的功用;
◆ 能够自己独立完成数控机床气动门 PLC 程序的设计和编写。

能力目标
◆ 能根据电气原理图完成数控机床气动门 PLC 程序的设计和编写;
◆ 能根据 PLC 的在线诊断功能进行信号的测试。

【任务描述】

利用所提供的数控机床及相关 PLC 地址分配,在华中 8 型数控系统上完成数控机床气动门的 PLC 程序的设计与编写,要求既能手动操作面板实现气动门的正常关闭与开启,也能通过 M 代码实现气动门的正常关闭与开启。

【任务分析】

1. PLC 编程模块功能分析

(1) M 代码的获取与应答(MGET/MACK)。

数控机床在自动加工过程中,许多功能的开启或完成是通过 M 指令完成的,例如冷却液的开启与关闭、气动门的开启与关闭、主轴定向等。华中 8 型数控系统实现这些 M 指令功能是通过 PLC 的 M 代码的获取及应答(MGET/MACK)来完成的,格式如图 2-1-1、图 2-1-2 所示。注意:MGET 与 MACK 必须成对存在,否则对应的 M 指令无法完成。

图 2-1-1　M 指令获取

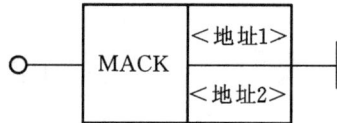

图 2-1-2　M 指令应答

MGET 和 MACK 模块说明见表 2-1-1。

表 2-1-1　MGET 和 MACK 模块说明

模块	MGET	MACK
地址说明	地址 1:通道号;地址 2:M 代码号	地址 1:通道号;地址 2:M 代码号
功能说明	基于选择的通道号和需要判断的 M 代码序号,当该通道获取到了该 M 代码,则输出"1",否则输出"0"	当该通道有 M 代码执行完毕时,需要对该 M 代码进行应答,应答完成则表示该 M 指令可以继续下面的指令
示例	 描述:当 0 通道执行 M3 时,将 R4.0 置位	 描述:当 X3.6 有效时,对 0 通道的 M3 做出应答

（2）延时导通定时器（TMRB）。

华中 8 型数控系统 PLC 延时导通定时器如图 2-1-3 所示。TMRB 模块说明见表 2-1-2。

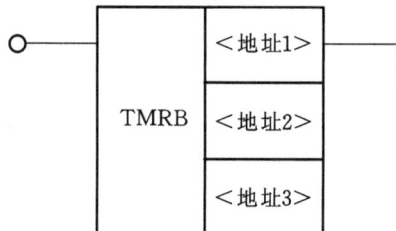

图 2-1-3　延时导通定时器

表 2-1-2　TMRB 模块说明

模块	TMRB
地址说明	地址 1:定时器号(不可重复) 地址 2:时间单位(0:毫秒;1:秒;2:分钟;3:小时) 地址 3:定时长度
功能说明	延时一定时间之后再输出

续表

示例	梯形图	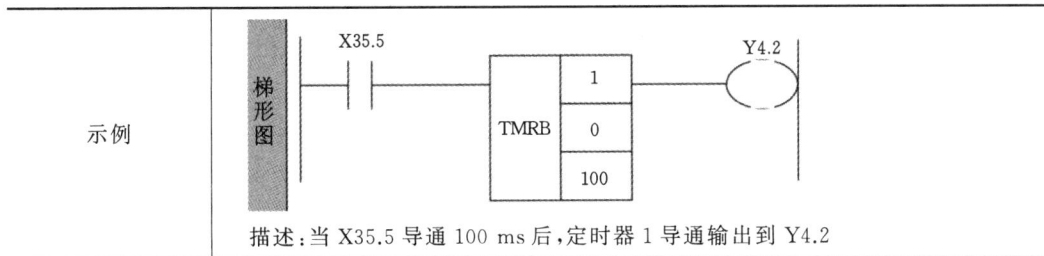
	描述：当 X35.5 导通 100 ms 后，定时器 1 导通输出到 Y4.2	

2. PLC 编程地址分配

PLC 编程地址分配见表 2-1-3。

表 2-1-3　PLC 编程地址分配

输入地址	地址定义	输出地址	地址定义
X2.2	门开到位信号	Y2.0	自动门关输出信号
X2.3	门关到位信号	Y2.1	自动门开输出信号
X8.4（总控给机床）	总控控制机床门信号	Y5.0（机床给总控）	机床给总控的门状态信号

【任务准备】

配有华中 8 型系统的数控机床、华中 8 型 PLC 编程说明书、气动门电气原理图、实训指导书等。

【任务实施】

气动门 PLC 程序编写：要求新建一个子程序，把气动门的 PLC 程序都写在子程序内，子程序调用前串联一个"自动门功能开启"信号。

新建子程序 S150，K12.1 作为自动门功能开启信号，门开到位信号为 X2.2，门关到位信号为 X2.3，自动门开输出信号为 Y2.1，自动门关输出信号为 Y2.0。编写的 PLC 程序如图 2-1-4 所示。

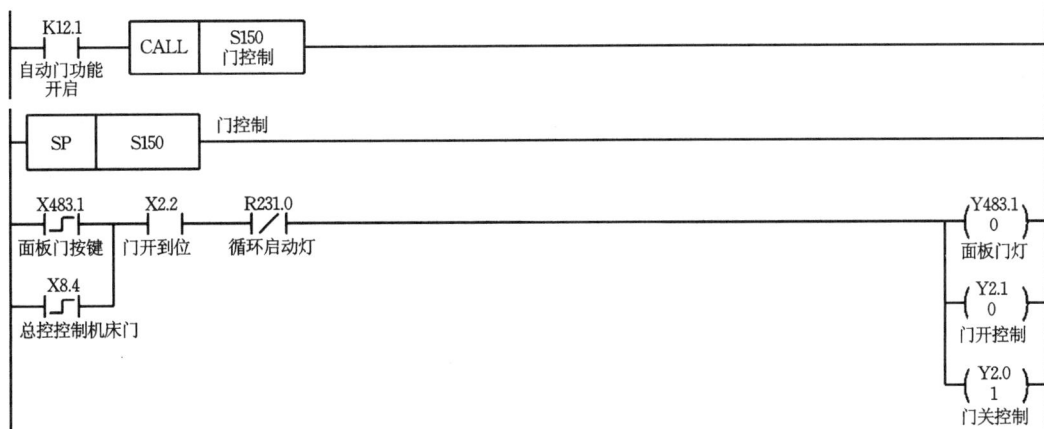

图 2-1-4　气动门 PLC 程序

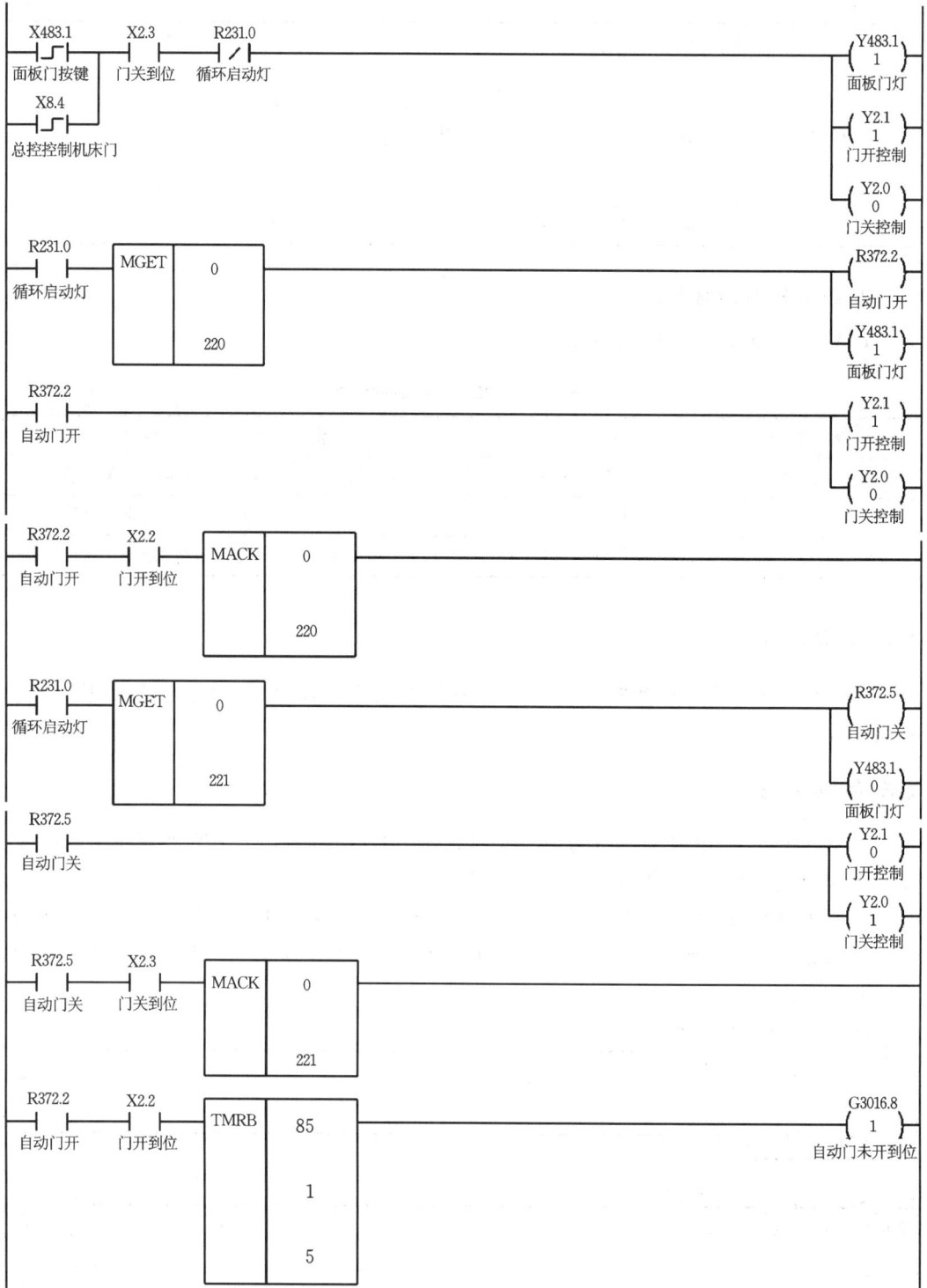

X483.1	X2.3	R231.0		Y483.1
面板门按键	门关到位	循环启动灯		1 面板门灯

X8.4
总控制机床门

Y2.1
1
门开控制

Y2.0
0
门关控制

R231.0	MGET	0		R372.2
循环启动灯		220		自动门开

Y483.1
1
面板门灯

R372.2
自动门开

Y2.1
1
门开控制

Y2.0
0
门关控制

R372.2	X2.2	MACK	0
自动门开	门开到位		220

R231.0	MGET	0		R372.5
循环启动灯		221		自动门关

Y483.1
0
面板门灯

R372.5
自动门关

Y2.1
0
门开控制

Y2.0
1
门关控制

R372.5	X2.3	MACK	0
自动门关	门关到位		221

R372.2	X2.2	TMRB	85		G3016.8
自动门开	门开到位		1		1 自动门未开到位
			5		

续图 2-1-4

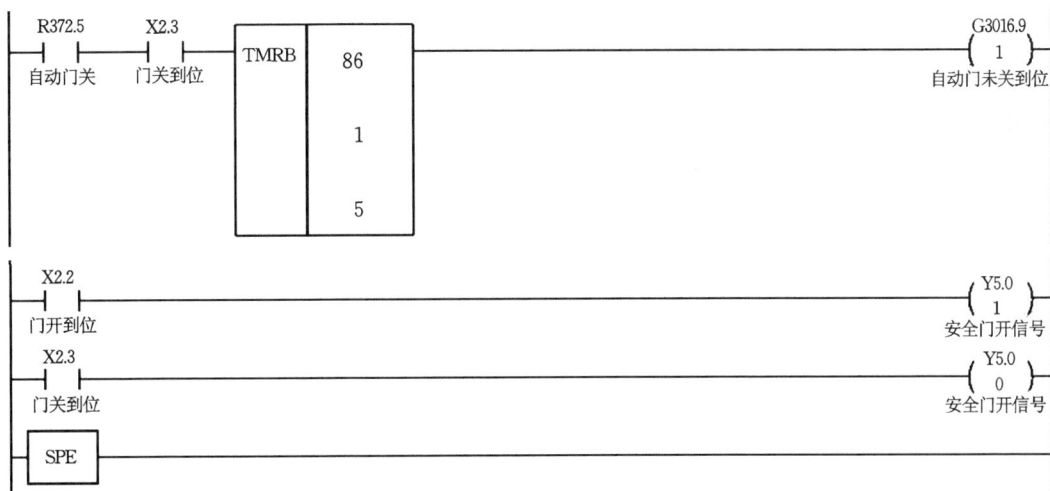

续图 2-1-4

【任务评价】

评价内容	评分标准	分值	得分
目标认知程度	工作目标明确,能快速准确收集相关资料,能合理列写自评表	10	
情感态度	工作态度端正,注意力集中,工作积极、主动	10	
团队协作	具有一定的组织、协调能力,积极与他人合作,顾全大局,共同完成工作任务	5	
知识运用能力	知识准备充分,运用熟练正确	10	
任务实施情况	按要求正确编写数控机床气动门的控制程序	40	
任务实施情况	执行安全操作规范	5	
任务实施情况	在规定时间内完成	5	
成果展示情况	作品完善、操作方便、功能多样、符合预期要求	5	
成果展示情况	积极、主动、大方地展示	5	
成果展示情况	展示过程语言流畅、逻辑性强、表达准确到位	5	
总分		100	

任务二 数控机床联机控制

【学习目标】

知识目标

◆ 掌握数控机床与总控的交互关系；

◆ 掌握数控机床联机 PLC 调试方法；

◆ 根据条件，独立编写联机 PLC 程序。

能力目标

◆ 能根据电气原理图完成数控机床联机程序的设计和编写；

◆ 能根据 PLC 的在线诊断功能进行信号的测试。

【任务描述】

了解华中 8 型数控系统、数控机床的工作原理，根据机床装备自动运行的需求，完成数控机床联机控制 PLC 功能性调试。

【任务分析】

PLC 编程地址分配见表 2-2-1。

表 2-2-1 PLC 编程地址分配

输入地址	地址定义	输出地址	地址定义
X8.0（总控给机床）	铣床请求联机	Y4.0（机床给总控）	铣床已联机
X8.2（总控给机床）	铣床反馈信号	Y4.3（机床给总控）	铣床加工中
		Y4.4（机床给总控）	铣床加工完成

【任务准备】

配置华中 8 型数控系统的加工中心。

【任务实施】

完成数控机床联机操作。

（1）数控机床与总控需进行信息交互，总控输出信号到数控系统，要求联机，编写的 PLC 程序如图 2-2-1 所示。

（2）数控系统收到联机请求后，进入自动状态，受总控控制，相应 PLC 程序如图 2-2-2 所示。

（3）数控系统在联机后需反馈总控，已达到联机状态，如图 2-2-3 所示。

（4）数控系统联机后，加工动作均受总控控制，使用 M 代码进行信号判断，相应 PLC 程序如图 2-2-4 所示。使用 M128 检测机床运行状态，给总控输入 Y4.3 信号。

（5）使用 M100 检测机床加工完成状态，给总控输入 Y4.4 信号，如图 2-2-5 所示。

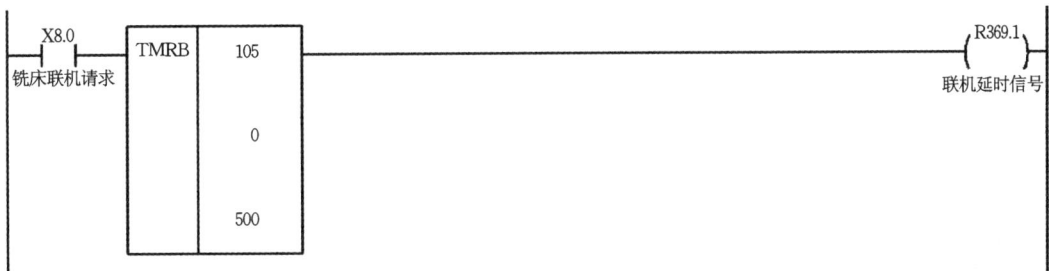

图 2-2-1　铣床联机请求 PLC 程序

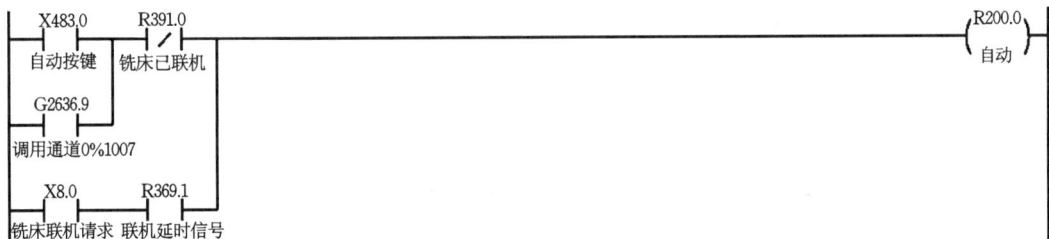

图 2-2-2　数控系统进入自动状态 PLC 程序

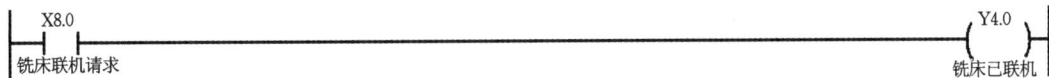

图 2-2-3　铣床已联机反馈 PLC 程序

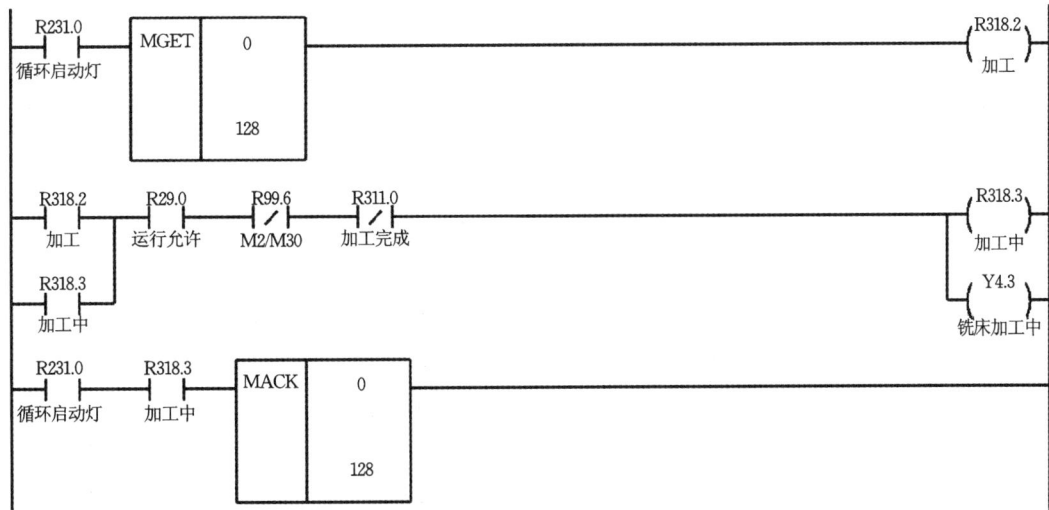

图 2-2-4　联机加工 PLC 程序

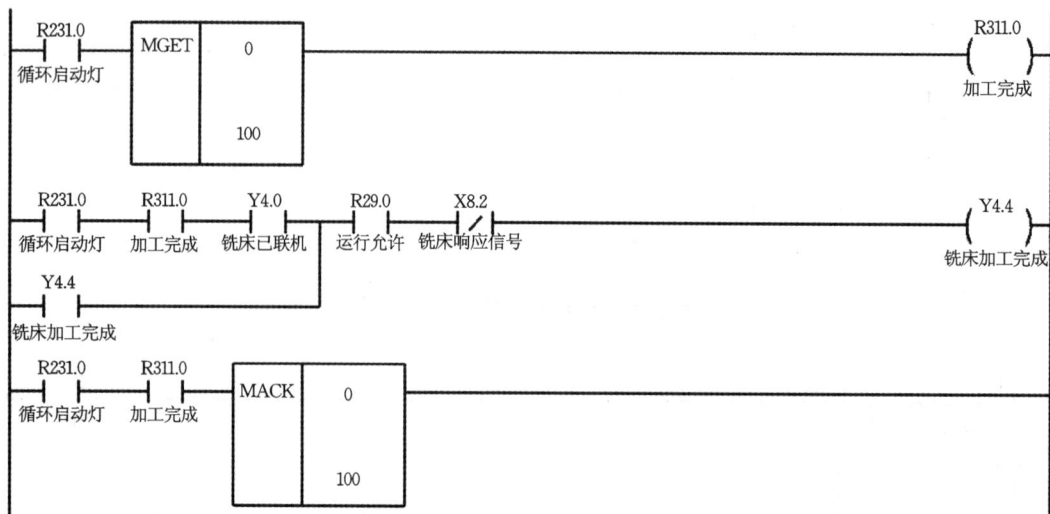

图 2-2-5　加工完成 PLC 程序

【任务评价】

评价内容	评分标准	分值	得分
目标认知程度	工作目标明确,能快速准确收集相关资料,能合理列写自评表	10	
情感态度	工作态度端正,注意力集中,工作积极、主动	10	
团队协作	具有一定的组织、协调能力,积极与他人合作,顾全大局,共同完成工作任务	5	
知识运用能力	知识准备充分,运用熟练正确	10	
任务实施情况	按要求正确完成数控机床联机控制程序的编写	40	
	执行安全操作规范	5	
	在规定时间内完成	5	
成果展示情况	作品完善、操作方便、功能多样、符合预期要求	5	
	积极、主动、大方地展示	5	
	展示过程语言流畅、逻辑性强、表达准确到位	5	
总分		100	

任务三 数控机床摄像头吹气清扫控制

【学习目标】

知识目标

◆ 掌握数控机床摄像头气动清洁喷嘴的设计方法；

◆ 掌握数控机床摄像头气动清洁喷嘴的 PLC 调试方法。

能力目标

◆ 根据要求，编写数控机床摄像头气动清洁喷嘴 PLC 程序；

◆ 能根据 PLC 的在线诊断功能进行信号的测试。

【任务描述】

了解华中 8 型数控系统、数控机床的工作原理，在摄像机镜头前装气动清洁喷嘴，要求完成数控机床摄像头气动清洁喷嘴的 PLC 功能性调试。

【任务分析】

主控面板上设置有"单机"与"联机"切换开关，当处在"单机"模式时，摄像头气动清洁喷嘴的开、闭，由机床 M 代码控制；当处在"联机"模式时，摄像头气动清洁喷嘴的开、闭则由总控平台控制。

（1）总控输入系统信号为 X8.7；

（2）摄像头气动清洁喷嘴输出信号为 Y1.4；

（3）M240 为摄像头气动清洁喷嘴开；

（4）M241 为摄像头气动清洁喷嘴关。

PLC 编程地址分配见表 2-3-1。

表 2-3-1 PLC 编程地址分配

输入地址	地址定义	输出地址	地址定义
X8.7（总控给 PLC）	总控控制吹气	Y1.4	摄像头气动清洁喷嘴输出信号

【任务准备】

配置华中 8 型数控系统的加工中心。

【任务实施】

1．"单机"模式控制编程

（1）设计 M240 为摄像头气动清洁喷嘴开，M241 为摄像头气动清洁喷嘴关。

（2）摄像头气动清洁喷嘴在工作中需满足 2 个条件：

① 安全，必须在机床处于正常工作状态（R29.0）且气压正常（G3011.11）情况下工作。

② 功能，必须具备自保持状态功能。

（3）要编写 M 代码结束指令。

"单机"模式下的 PLC 程序如图 2-3-1 所示。

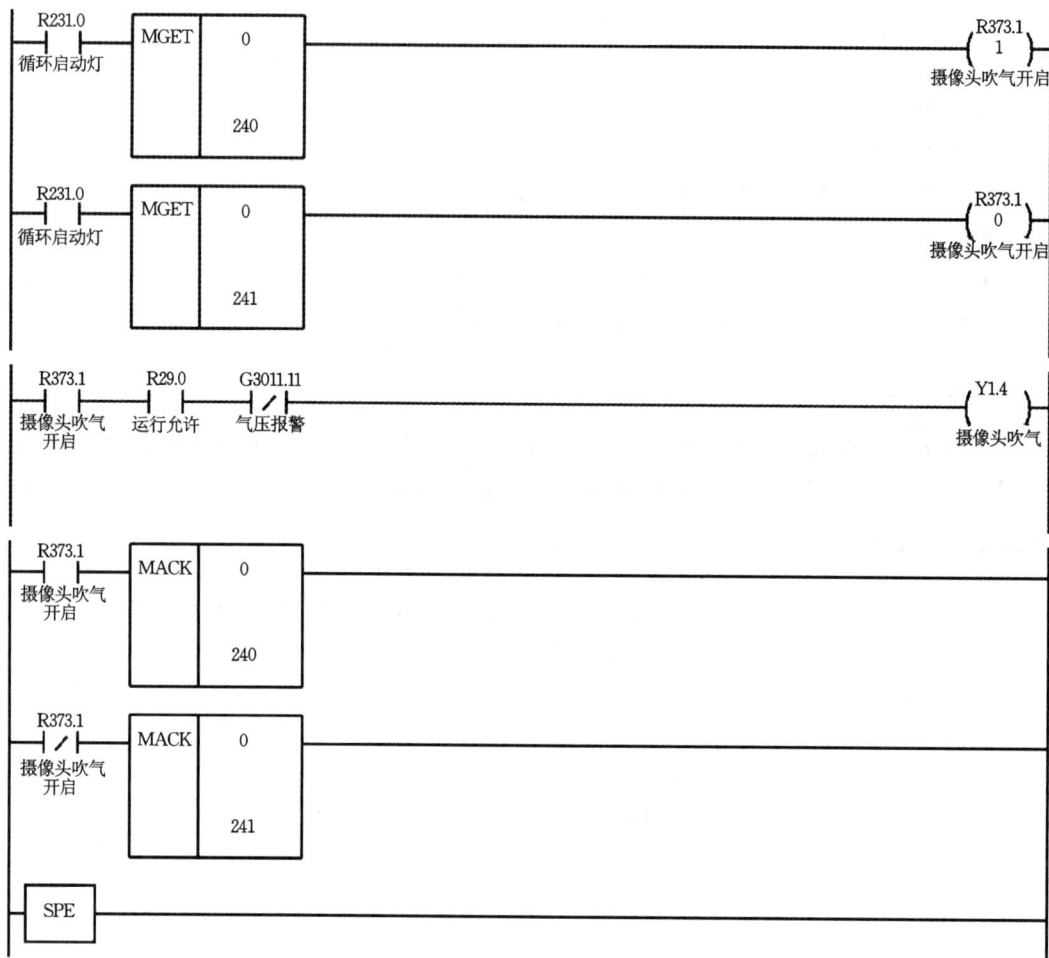

图 2-3-1　"单机"模式下的 PLC 程序

2. "联机"模式控制编程

当处在"联机"模式时，由总控平台控制摄像头气动清洁喷嘴开关，需设计一个输入系统的 X 信号，见图 2-3-2。

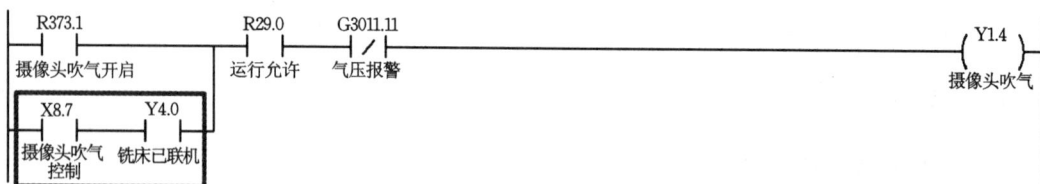

图 2-3-2　"联机"模式下输入系统的 X 信号

【任务评价】

评价内容	评分标准	分值	得分
目标认知程度	工作目标明确,能快速准确收集相关资料,能合理列写自评表	10	
情感态度	工作态度端正,注意力集中,工作积极、主动	10	
团队协作	具有一定的组织、协调能力,积极与他人合作,顾全大局,共同完成工作任务	5	
知识运用能力	知识准备充分,运用熟练正确	10	
任务实施情况	按要求正确完成机床内摄像头吹气清洁功能的程序编写	40	
	执行安全操作规范	5	
	在规定时间内完成	5	
成果展示情况	作品完善、操作方便、功能多样、符合预期要求	5	
	积极、主动、大方地展示	5	
	展示过程语言流畅、逻辑性强、表达准确到位	5	
总分		100	

任务四　加工中心参数设置

【学习目标】

知识目标

◆ 了解数控机床基本参数设置原则;

◆ 掌握修改加工中心参数的方法。

能力目标

◆ 根据要求,正确设置加工中心的相关参数。

【任务描述】

了解华中 8 型数控系统以及系统参数的设置方法,具备数控系统参数调试能力;了解机床的运动机构以及机床的基本组成,掌握机床基本参数的设置方法。完成表 2-4-1 中内容,并完成相应参数设置。

表 2-4-1　加工中心参数设置

序号	参数功能	参数号	数值	单位
1	主轴最高转速			
2	X 轴最大快移速度			
3	X 轴最高加工速度			

续表

序号	参数功能	参数号	数值	单位
4	Y 轴最大快移速度			
5	Y 轴最高加工速度			
6	Z 轴最大快移速度			
7	Z 轴最高加工速度			
8	Z 轴回参考点高速			
9	Z 轴回参考点低速			

【任务准备】

（1）配置华中 8 型数控系统的加工中心；

（2）材料：加工中心说明书、U 盘（64 GB 以下、FAT32 格式）。

【任务实施】

1. 主轴最高转速设置

（1）设置原则：主轴最高转速设置必须参考机床说明书，如图 2-4-1 所示，机床规定最高转速为 12000 r/min，则需设定转速为 12000 r/min。

	主轴电机功率	kW	3.7/5.5	
主轴	连续额定扭矩	N·m	23.6/35	
	转速范围	r/min	12000（直联）	
	主轴直径	mm	ϕ120	
	刀柄规格		BT40	
	拉钉规格		P40T- I（MAS403）	

图 2-4-1　最高转速设置

（2）设置方法。

① 密码输入：启动系统，选择"维护"→"参数设置"→输入口令→输入"HNC8"→"确认"。

② 参数修改：选中"机床用户参数"→"010350 主轴最高转速"→输入数值→"保存"→"确认"，如图 2-4-2 所示。

参数号	参数名	参数值	生效方式
010344	计时报警最大时间[ms]:(B21)+50	0	保存
010345	用户参数[45]	0	保存
010346	用户参数[46]	0	保存
010347	用户参数[47]	0	保存
010348	用户参数[48]	0	保存
010349	用户参数[49]	0	保存
010350	主轴最高转速	0	保存
010351	主轴1档最低转速	0	保存
010352	主轴1档最高转速	0	保存
010353	主轴1档齿轮比分子	0	保存
010354	主轴1档齿轮比分母	0	保存

左侧目录：NC参数、机床用户参数、通道参数、坐标轴参数（逻辑轴0、逻辑轴1、逻辑轴2、逻辑轴3、逻辑轴4、逻辑轴5、逻辑轴6、逻辑轴7）

图 2-4-2　主轴最高转速设置界面

2. X、Y、Z 轴最大快移速度（X、Y、Z 轴设置方法基本相同，此处以 X 轴为例说明）

（1）设置原则：该参数用于设定轴快移定位（G00）速度，直线轴最大快移速度＝丝杠螺距×电机额定转速×传动比，可以参考机床说明书填写。

（2）设置方法。

① 密码输入：启动系统，选择"维护"→"参数设置"→输入口令→输入"HNC8"→"确认"。

② 参数修改：选中"坐标轴参数"→"逻辑轴 0"→"100034 最大快移速度（mm/min）"→输入数值→"保存"→"确认"→"复位"，如图 2-4-3 所示。

	参数号	参数名	参数值	生效方式
NC参数	100022	第3参考点坐标值(mm)	0.0000	复位
机床用户参数	100023	第4参考点坐标值(mm)	0.0000	复位
+ 通道参数	100024	第5参考点坐标值(mm)	0.0000	复位
- 坐标轴参数	100025	参考点范围偏差(mm)	0.0100	复位
逻辑轴0	100030	单向定位(G60)偏移值(mm)	10.0000	保存
逻辑轴1	100031	转动轴折算半径(mm)	0.0000	保存
逻辑轴2	100032	慢速点动速度(mm/min)	3000.0000	复位
逻辑轴3	100033	快速点动速度(mm/min)	5000.0000	复位
逻辑轴4	100034	最大快移速度(mm/min)	8000.0000	复位
逻辑轴5	100035	最高加工速度(mm/min)	6000.0000	保存
逻辑轴6	100036	快移加减速时间常数(ms)	16.0000	复位
逻辑轴7				

图 2-4-3　最大快移速度设置界面

3. X、Y、Z 轴最高加工速度（X、Y、Z 轴设置方法基本相同，此处以 X 轴为例说明）

（1）设置原则：该参数用于设定轴加工运动（G01、G02、…）时的速度上限，该参数与加工要求、机械传动情况及负载情况有关；最高加工速度必须小于最大快移速度；可以参考机床说明书填写，如图 2-4-4 所示。

速度	切削进给速度范围	mm/min	1～10000	
	X、Y、Z 轴快移速度	m/min	48/48/48	

图 2-4-4　加工速度说明

（2）设置方法。

① 密码输入：启动系统，选择"维护"→"参数设置"→输入口令→输入"HNC8"→"确认"。

② 参数修改：选中"坐标轴参数"→"逻辑轴 0"→"100035 最高加工速度（mm/min）"→输入数值→"保存"→"确认"→复位，如图 2-4-5 所示。

4. X、Y、Z 轴回参考点高速（X、Y、Z 轴设置方法基本相同，此处以 X 轴为例说明）

（1）设置原则：回参考点时，压下参考点开关前的移动速度必须小于最大快移速度；半闭环机床使用绝对式电机时，该速度为机床回零速度。

（2）设置方法。

① 密码输入：启动系统，选择"维护"→"参数设置"→输入口令→输入"HNC8"→"确认"。

② 参数修改：选中"坐标轴参数"→"逻辑轴 0"→"100015 回参考点高速（mm/min）"→输入数值→"保存"→"确认"→"复位"，如图 2-4-6 所示。

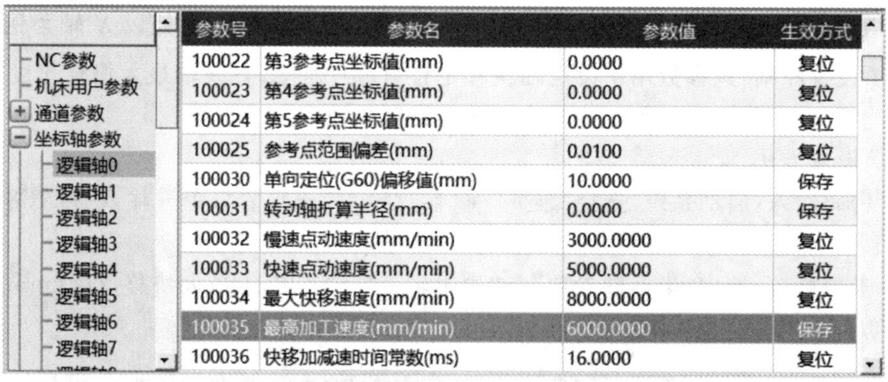

图 2-4-5　最高加工速度设置界面

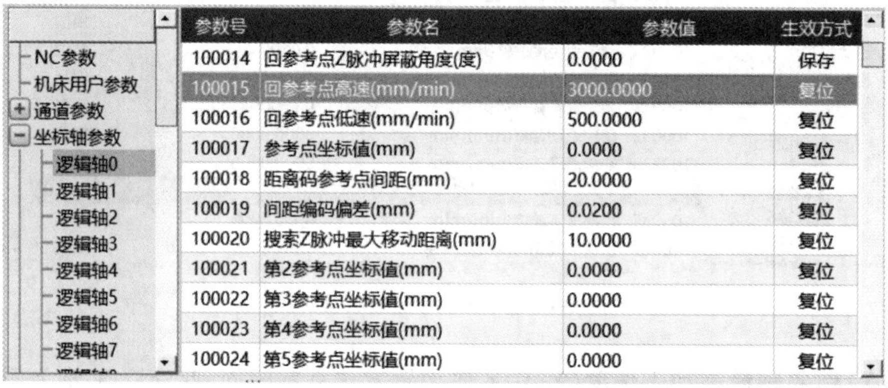

图 2-4-6　回参考点高速参数设置界面

【任务评价】

评价内容	评分标准	分值	得分
目标认知程度	工作目标明确,能快速准确收集相关资料,能合理列写自评表	10	
情感态度	工作态度端正,注意力集中,工作积极、主动	10	
团队协作	具有一定的组织、协调能力,积极与他人合作,顾全大局,共同完成工作任务	5	
知识运用能力	知识准备充分,运用熟练正确	10	
任务实施情况	正确设置加工中心参数	40	
	执行安全操作规范	5	
	在规定时间内完成	5	
成果展示情况	作品完善、操作方便、功能多样、符合预期要求	5	
	积极、主动、大方地展示	5	
	展示过程语言流畅、逻辑性强、表达准确到位	5	
总分		100	

项目三　零件数字化设计加工与在线检测

【项目描述】

切削加工智能制造单元可进行多品种、小批量零件的混流生产,为了更好地进行生产零件的管理与可视化,采用无纸化生产更加贴近当前制造业的发展趋势,利用 CAD/CAM 软件可进行零件三维建模与 G 代码程序生成及数字化存档,方便检查与修改优化。

项目三彩图

利用在线检测装置进行机内测量,可以减小零件二次定位误差,同时可对智能制造单元的生产质量进行优化与管理。本项目主要围绕两个案例——中间轴三维模型设计与加工和零件在线机内检测展开。

任务一　中间轴三维模型设计与加工

【学习目标】

知识目标
◆ 掌握中间轴的建模和加工方法;
◆ 掌握零件尺寸在线检测方法。

能力目标
◆ 能制定简单零件的数控加工工艺;
◆ 根据零件特点选用合适刀具,掌握不同刀具的使用方法;
◆ 根据零件的精度要求,设计合理的加工路线,选择相应的切削参数。

【任务描述】

图 3-1-1 所示为智能制造单元布局,该单元主要用于生产机加工零件。本任务主要完成从毛坯到成品的建模及制造过程。

图 3-1-2 所示为加工零件"中间轴"毛坯图纸,毛坯尺寸为 $\phi68$ mm×25 mm,中间为 $\phi20$ mm 通孔,材料为 2A12-T4,即硬铝合金。

图 3-1-3 所示为"中间轴"零件图纸,根据图样相关要求,完成中间轴零件的建模及加工任务。

本任务主要学习内容包括数控加工工艺设计与数控机床操作编程。工艺设计应结合现场情况来进行,如数控机床、夹具、刀具、数量要与生产线流程相配合等。例如,毛坯若由机器人送往卡盘,则存在一定误差,如何保证毛坯装夹到位且同轴?该制造单元的解决办法是增加顶料机构,因此数控加工前需完成顶料机构对刀与顶料数控程序的编写。

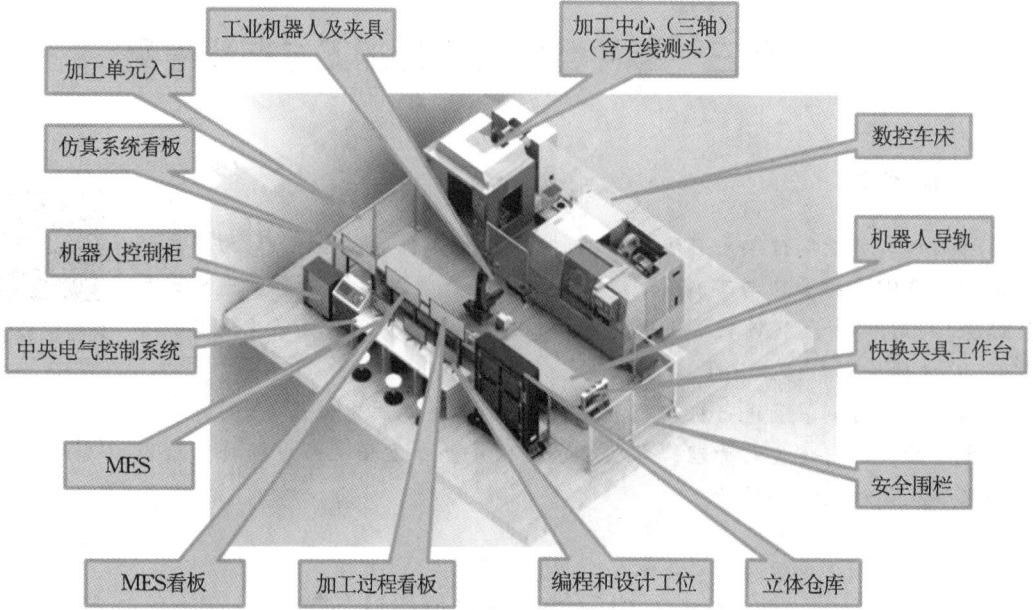

图 3-1-1 智能制造单元布局

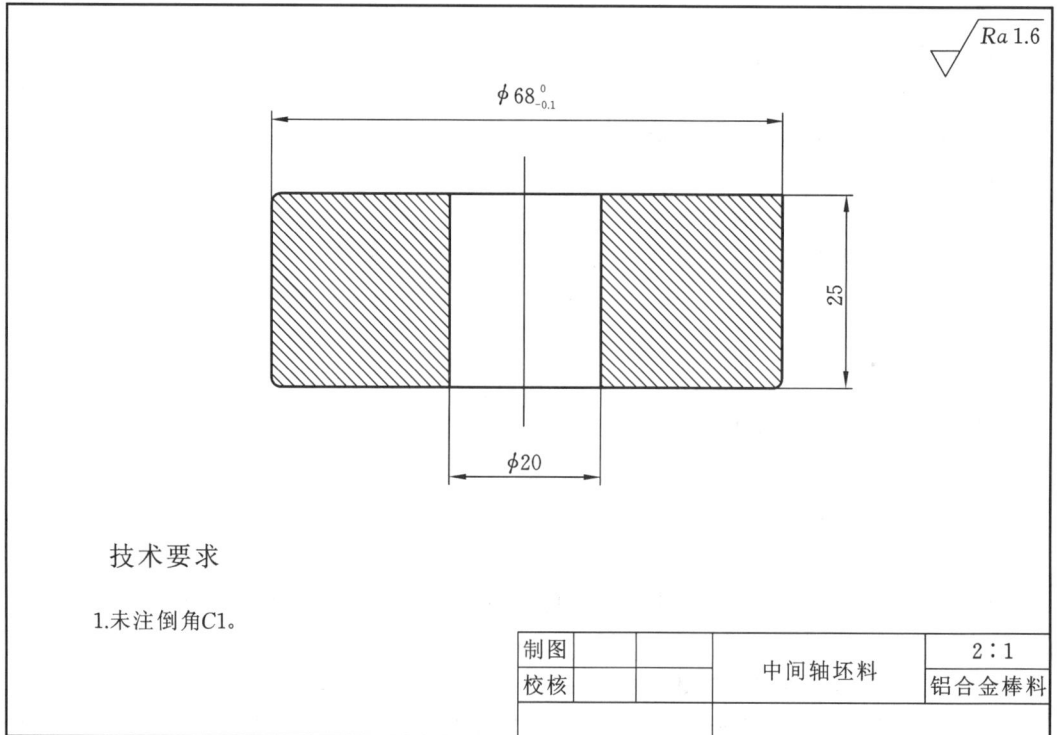

技术要求

1.未注倒角C1。

| 制图 | | | 中间轴坯料 | 2:1 |
| 校核 | | | | 铝合金棒料 |

图 3-1-2 零件毛坯图

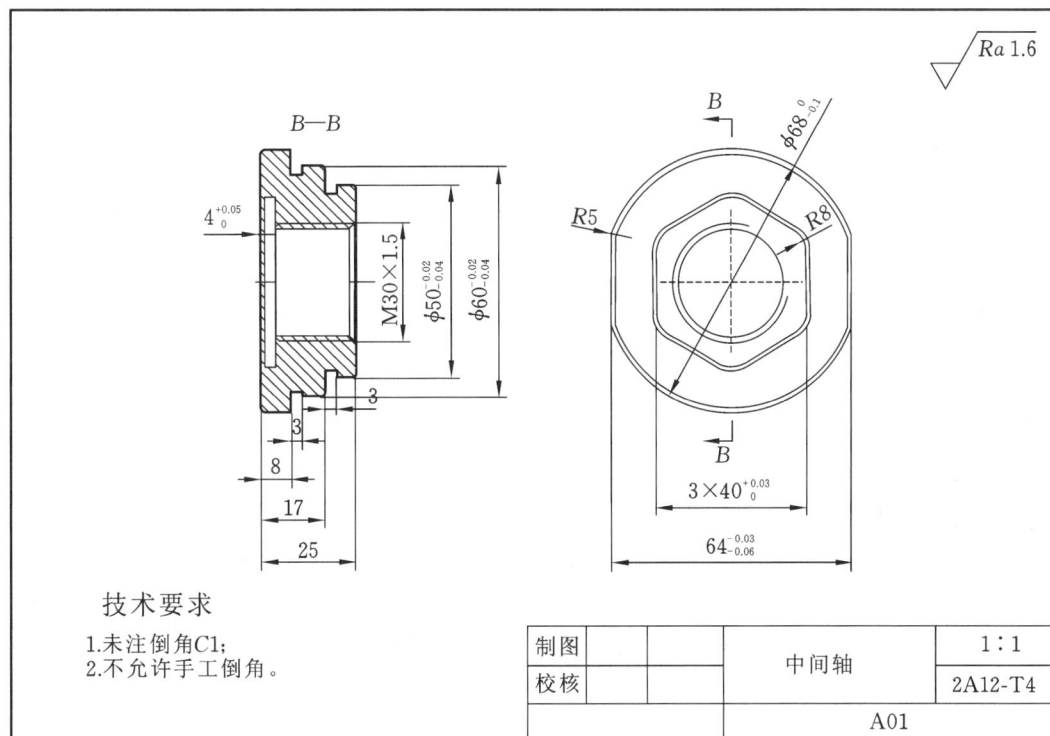

图 3-1-3 零件图

【任务分析】

1. 零件加工工艺分析

1) 零件结构特征分析

分析该零件图的结构特征,见表 3-1-1。

表 3-1-1 结构特征

序号	特征	加工方式
1	$\phi 50$ mm、$\phi 60$ mm 外圆面及倒角	车工序
2	宽度为 3 mm 的两个槽	车工序
3	M30×1.5 mm 的内螺纹	车工序
4	$\phi 68$ mm 类椭圆外轮廓及倒角	铣工序
5	深度为 4 mm 的内六方槽及倒角	铣工序

2) 加工工艺分析

数控车床主要用于轴类、盘类等回转体零件的加工,基于数控加工程序,可自动完成内外圆柱面、圆锥面、成形表面、螺纹和端面等工序的切削加工,并能进行车槽、钻孔、扩孔、铰孔等工作,因此表 3-1-1 中序号为 1、2、3 的结构特征可以在数控车床上完成。

数控铣床适合于各种箱体类和板类零件的加工。它可以进行平面铣削、平面型腔铣削、外形轮廓铣削、三维及复杂型面或轮廓铣削，还可以进行钻削、镗削、螺纹切削等孔加工，因此通常也被称为万能铣床，表 3-1-1 中序号为 4、5 的结构特征分别属于外形轮廓、平面型腔，可以在数控铣床上完成。

零件图中 4 mm 槽、$\phi 50$ mm 外圆面、$\phi 60$ mm 外圆面均有较高的尺寸精度；工件整体表面粗糙度为 Ra 1.6 μm，要求较高；零件为铝合金，切削加工性能比较好，无热处理和硬度要求。

综上，该零件是一个适合车、铣加工的工件，既需要在数控车床上加工，也需要在数控铣床上加工，故采取以下几点工艺措施：

（1）零件图上带公差的尺寸，因公差值较小，故编程时不必取其平均值，取基本尺寸即可。

（2）毛坯尺寸为 $\phi 68$ mm×25 mm，属于精毛坯，没有余量，这样设计的好处是在智能制造单元中只要保证毛坯每次定位是一样的，通过试切，加工出一件合格品后即可高效批量生产，因此加工此零件时，需要注意对刀时不要过切，否则会导致工件尺寸不足。

（3）左、右端面是多个尺寸设计基准，可以夹持 $\phi 68$ mm 外圆面，以右端面中心为工件坐标系原点进行编程，一次装夹可以完成所有车工序的加工内容。

2. 确定装夹方案

1）车工序

夹具可以选择常用的三爪自定心卡盘，夹持 $\phi 68$ mm 外圆面，但如何夹持是一个难点，有以下 3 个注意点：

① 要保证足够的夹持力，但不要夹伤表面。

② 夹持时需要留有余量，以防加工外圆槽时因过切而切到卡盘。

③ 夹持量比较小，非常容易夹歪，从而导致圆跳动公差比较大。

针对以上难点，如果是在切削加工智能制造单元中加工，由于其卡盘是专门根据工件形状定制的，且有顶料机构，因此比较容易夹持。如果是普通数控车床，那么编者给出以下几点建议：

（1）包铜皮，如图 3-1-4 所示，防止外表面被夹伤，缺点是不容易夹正。

（2）做一个内孔直径为 $\phi 68.5$ mm 的夹套，铣个缺口，套在外圆表面上。这种方法最好，一是可以大胆夹持而不怕夹伤工件；二是夹持量相对较大且容易找正；三是可以多次多人使用。夹套如图 3-1-5 所示。

图 3-1-4　铜皮

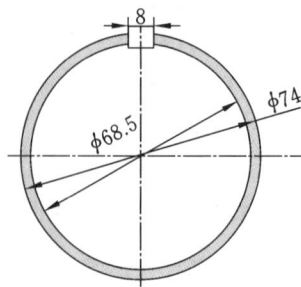

图 3-1-5　夹套

（3）虽然图纸没有圆跳动公差要求，但如果需要找正，可以利用磁性表座、百分表、小木槌。具体方法：用百分表表针压住毛坯外圆表面，手动旋转主轴，根据不同位置表针跳动幅度，用小木槌敲击零件实现毛坯找正。磁性表座＋百分表和小木槌分别如图 3-1-6 和图 3-1-7 所示。

图 3-1-6　磁性表座＋百分表

图 3-1-7　小木槌

2）铣工序

在智能制造单元中，铣工序的夹具是气动精密平口钳，如图 3-1-8 所示，其钳口也是根据工件形状做了专门的设计（实物钳口与图片不符），可以直接夹持 $\phi 60$ mm 外圆面。如果不在智能制造单元中加工，那么通常会选择三爪自定心卡盘作为夹具，同样也是直接夹持 $\phi 60$ mm 外圆面。

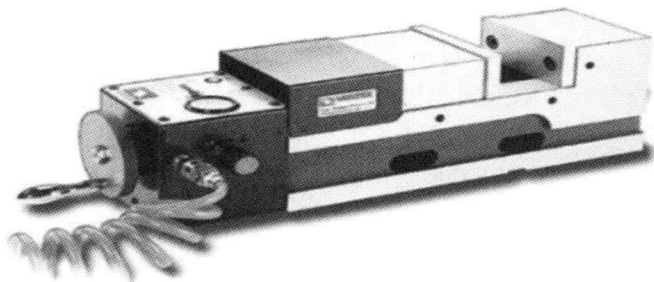

图 3-1-8　气动精密平口钳

3. 确定加工顺序及走刀路径

加工顺序按由内到外、由粗到精、由近到远的原则确定，在一次装夹中尽可能加工出较多的工件表面。结合本零件的结构特征，我们可先在车床上加工外轮廓→内孔→螺纹，然后在铣床上加工外轮廓→内六方槽→倒角。由于该零件为单件小批量生产，走刀路径设计不必考虑最短进给路径或最短空行程路径，外轮廓表面车削走刀路径可沿零件轮廓顺序进行。

1）刀具选择

考虑到单件小批量生产，且切削量不大，车工序选择一把外圆车刀即可，这里选择 30°外圆精车刀；铣工序也是同样的，正常来说是先粗加工后精加工，故而要选择多把铣刀，本任务切削量不大，由于其内六方槽有 $R8\ mm$ 的圆角，因此选用一把 $\phi8\ mm$ 的铝用立铣刀完成粗、精加工，这样效率比较高，当然也可以选用 $\phi6\ mm$、$\phi4\ mm$ 的立铣刀，但加工效率较低。将所选定的刀具参数填入表 3-1-2 中，以便于编程和操作管理。注意：车削外轮廓时，为防止副后刀面与工件表面发生干涉，应选择具有较大副偏角的车刀。

表 3-1-2　中间轴数控加工刀具、量具卡片

零件名称		中间轴	零件图号		A01	
	序号	刀(量)具号	刀具名称、规格	数量(套)	备注	
车工序	1	T0101	30°外圆精车刀	1	刀杆截面尺寸 20 mm×20 mm	
	2	T0202	3 mm 外圆切槽刀	1	刀杆截面尺寸 20 mm×20 mm	
	3	T0303	内孔车刀，刀杆直径 $\phi16\ mm$	1		
	4	T0404	60°内孔螺纹刀，刀杆直径 $\phi16\ mm$	1		
铣工序	5	T01	$\phi8\ mm$，铝用精加工铣刀	1	三刃	
	6	T02	90°倒角刀，刀杆直径 $\phi8\ mm$	1		
量具	7	B1	游标卡尺(0～130 mm)	1	测量工件线性尺寸	
	8	B2	外径千分尺(50～75 mm)	1	测量外圆直径	
	9	B3	M30×1.5-7H 塞规	1	测量内孔螺纹	

2）切削用量选择

编写数控加工程序时，编程人员必须确定每道工序的切削用量，并写入程序中。切削用量包括主轴转速、背吃刀量及进给速度等。不同的加工方法，需要选用不同的切削用量。切削用量的选择原则是：保证零件加工精度和表面粗糙度，充分发挥刀具的切削性能，保证合理的刀具耐用度；充分发挥机床的性能，最大限度地提高生产效率，降低成本。

（1）车工序。

① 主轴转速 n 的确定。

车削加工主轴转速 n 应根据允许的切削速度和工件直径 d 来选择，按 $n=1000v_c/(\pi d)$ 计算。切削速度 v_c 由刀具的耐用度决定，计算时可参考"切削用量手册"选取。

② 进给速度的确定。

进给速度 v_f 是数控机床切削用量中的重要参数，其值直接影响表面粗糙度和切削效率。进给速度主要根据零件的加工精度和表面粗糙度要求以及刀具、工件的材料性质选取。最大进给速度受机床速度和进给系统的性能限制。确定进给速度的原则如下：

a. 当工件的质量要求能够得到保证时，为提高生产效率，可选择较高的进给速度，一般在 100～200 mm/min 范围内选取；

b. 在切断、加工深孔或用高速钢刀具加工时，进给速度应选小些，一般在 20～50 mm/min 范围内选取；

c. 当加工精度、表面粗糙度要求较高时,进给速度应选小些,一般在 20～50 mm/min 范围内选取;

d. 刀具空行程,特别是远距离"回零"时,可以设定为该数控机床装置的最高进给速度。

③ 背吃刀量 a_p 的确定。

背吃刀量根据机床、工件和刀具的刚度来确定的,在刚度允许的条件下,应尽可能使背吃刀量等于工件的加工余量,这样可以减少走刀次数,提高生产效率。为了保证加工表面质量,可留少许精加工余量,一般为 0.2～0.5 mm。

注意:按照上述方法确定的切削用量进行加工,工件表面的加工质量未必十分理想。因此,切削用量的具体数值还应根据机床性能、相关的手册并结合实际经验用模拟方法确定,使主轴转速、背吃刀量及进给速度三者能相互适应,以形成最佳切削用量。

(2) 铣工序。

铣削加工切削用量包括主轴转速(切削速度)、进给速度、背吃刀量和侧吃刀量。切削用量对切削力、切削功率、刀具磨损、加工质量和加工成本均有显著影响。数控加工中选择合理的切削用量就是在保证加工质量和刀具耐用度的前提下,充分发挥机床性能和刀具切削性能,使切削效率最高、加工成本最低。

为保证刀具的耐用度,铣削加工切削用量的选择方法:先选取背吃刀量或侧吃刀量,再确定进给速度,最后确定切削速度。

① 背吃刀量(端铣)或侧吃刀量(圆周铣)的选择。

背吃刀量 a_p 为平行于铣刀轴线测量的切削层尺寸,单位为 mm。端铣时,a_p 为切削层的深度;而圆周铣削时,a_p 为被加工表面的宽度。

侧吃刀量 a_e 为垂直于铣刀轴线测量的切削层尺寸,单位为 mm。端铣时,a_e 为被加工表面的宽度;而圆周铣削时,a_e 为被加工表面的深度。

背吃刀量或侧吃刀量的选取主要根据加工余量和对表面质量的要求。

a. 在工件表面粗糙度要求为 Ra 12.5～25 μm 时,如果圆周铣削的加工余量小于 5 mm,端铣的加工余量小于 6 mm,则粗铣一次进给就可以达到要求。但在余量较大、工艺系统刚度较差或机床动力不足时,可分两次进给完成。

b. 在工件表面粗糙度要求为 Ra 3.2～12.5 μm 时,可分粗铣和半精铣两步进行。粗铣时背吃刀量或侧吃刀量选取同前。粗铣后留 0.5～1.0 mm 的余量,在半精铣时切除。

c. 在工件表面粗糙度要求为 Ra 0.8～3.2 μm 时,可分粗铣、半精铣、精铣三步进行。半精铣时背吃刀量或侧吃刀量取 1.5～2 mm;精铣时圆周铣侧吃刀量取 0.3～0.5 mm,而背吃刀量取 0.5～1 mm。

② 进给量 f 与进给速度 v_f 的选择。

铣削加工的进给量是指刀具旋转一周,工件与刀具沿进给运动方向的相对位移量,单位为 mm/r;进给速度是单位时间内工件与铣刀沿进给方向的相对位移量,单位为 mm/min。进给量与进给速度是数控铣床加工切削用量中的重要参数,须根据零件的表面粗糙度、加工精度要求、刀具及工件材料等因素,参考"切削用量手册"选取,且工件刚度差或刀具强度低时应取小值。铣刀为多齿刀具时,其进给速度 v_f、主轴转速 n、刀具齿数 z 及每齿进给量 f_z 满足公式 $v_f = n z f_z$,参考范围如表 3-1-3 所示。

表 3-1-3　切削用量参考

工件材料	每齿进给量/mm			
	粗铣		精铣	
	高速钢铣刀	硬质合金铣刀	高速钢铣刀	硬质合金铣刀
钢	0.10～0.15	0.10～0.25	0.02～0.05	0.10～0.15
铸铁	0.12～0.20	0.15～0.30		

③ 切削速度 v_c 的选择。

根据已经选定的背吃刀量、进给量及刀具耐用度选择切削速度 v_c，单位为 m/min。切削速度可用经验公式计算，也可根据生产实践经验，在机床说明书允许的切削速度范围内查阅"切削用量手册"选取。

实际编程中，切削速度 v_c 确定后，还要按公式计算出铣床主轴转速 n（单位：r/min），$n=1000v_c/(\pi d)$。对于有级变速铣床，须按铣床说明书选择与所计算转速 n 接近的转速，并填入程序单中。铣削速度参考值见表 3-1-4。

表 3-1-4　铣削速度参考值

工件材料	硬度/HBS	铣削速度 v_c/(m/min)	
		高速钢铣刀	硬质合金铣刀
钢	＜225	18～42	66～150
	225～325	12～36	54～120
	325～425	6～21	36～75
铸铁	＜190	21～36	66～150
	190～260	9～18	45～90
	260～320	4.5～10	21～30

3）数控加工工艺卡片拟定

将前面分析的各项内容综合形成表 3-1-5 所示的数控加工工艺卡片，此表是编制加工程序的主要依据和操作人员配合数控程序进行数控加工的指导性文件，主要内容包括工步顺序、工步内容、各工步所用的刀具及切削用量等。

表 3-1-5　数控加工工艺卡片

数控加工工序卡				产品名称	零件名称	零件图号
				数控工艺分析实例	中间轴	A01
工序号	程序编号	材料	数量	夹具名称	使用设备	车间
10	O1234	2A12-T4	1	三爪自定心卡盘	数车 CK6140	数控中心

工步号	工步内容	切削用量				刀具		量具	
		v_c/(m/min)	n/(r/min)	f/(mm/r)	a_p/mm	编号	名称	编号	名称
01	粗车外圆	130	600	0.16	1	T0101	外圆车刀	B1	游标卡尺
02	精车外圆	170	800	0.08	0.2	T0101	外圆车刀	B2	外径千分尺
03	车外圆槽	90	500	0.04	2	T0202	外切槽刀	B1	游标卡尺
04	粗镗内孔	60	600	0.15	1	T0303	内孔车刀	B1	游标卡尺
05	精镗内孔	75	800	0.05	0.2	T0303	内孔车刀	B1	游标卡尺
06	车内螺纹	50	500	1.5	0.5	T0404	内螺纹刀	B3	M30×1.5-7H塞规

工序号	程序编号	材料	数量	夹具名称	使用设备	车间
20	O08132	2A12-T4	1	气动精密平口钳	高速钻攻中心	数控中心

工步号	工步内容	切削用量				刀具		量具	
		v_c/(m/min)	n/(r/min)	f/(mm/r)	a_p/mm	编号	名称	编号	名称
01	粗铣内轮廓	125	5000	0.2	0.5			B1	游标卡尺
02	精铣内轮廓	200	8000	0.1	0.2			B1	游标卡尺
03	粗铣外轮廓	125	5000	0.2	0.5	T01	$\phi 8$ mm平底立铣刀	B2	外径千分尺
04	精铣外轮廓	200	8000	0.1	0.2			B2	外径千分尺
05	内外轮廓倒角	200	8000	0.1	1	T02	90°倒角刀	B1	游标卡尺

【任务准备】

按表 3-1-6 准备本任务所需设备及工量具。

表 3-1-6　所需设备及工量具

序号	设备及工量具
1	数控车床
2	数控铣床
3	零件图及毛坯
4	编程工位电脑
5	车床夹具及卡盘扳手
6	铣床夹具及卡盘扳手
7	刀、量具,参考表 3-1-2
8	护目镜、工装、平底鞋
9	磁性表座、万用表
10	抹布、铁丝钳、小木槌、毛刷

【任务实施】

1. 中间轴建模

本任务所用软件为 CAXA 制造工程师软件。

① 利用 CAXA 软件可以进行建模、制图、制造,分别对应 3D 设计环境、图纸、制造。本任务选择第一个 3D 设计环境进行中间轴零件建模,新建 3D 设计环境,如图 3-1-9 所示。

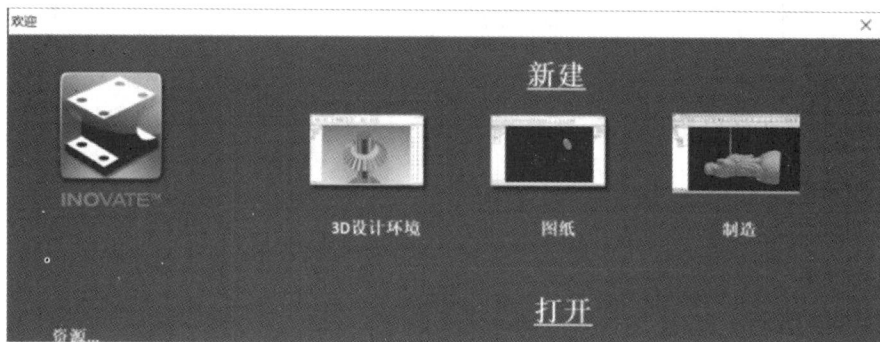

图 3-1-9　新建 3D 设计环境

② 在右侧设计元素库(见图 3-1-10)中用鼠标左键选中"圆柱体",拖曳至编辑区,见图 3-1-11。

③ 用鼠标左键点击圆柱体(见图 3-1-12)上红点,红点会变成黄点(见图 3-1-13),右击弹出菜单,选择"编辑包围盒",将长度、宽度、高度分别设置为 68、68、8,如图 3-1-14 所示。

④ 按"F10"键出现三维球,如图 3-1-15 所示,单击上面蓝点,右击翻转,如图 3-1-16 所示。这个操作的目的是将工件坐标系的原点设置在 ϕ68 mm 外圆上表面中心(见图 3-1-17),方便后面铣削加工。

图 3-1-10 设计元素库

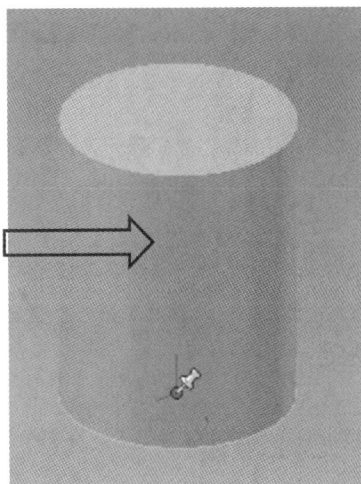

图 3-1-11 建模编辑区

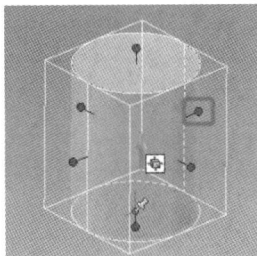

图 3-1-12 圆柱体
（有彩图）

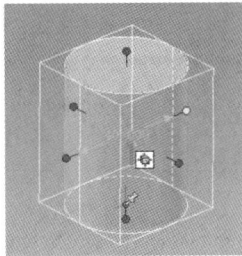

图 3-1-13 选中点
（有彩图）

图 3-1-14 "编辑包围盒"界面

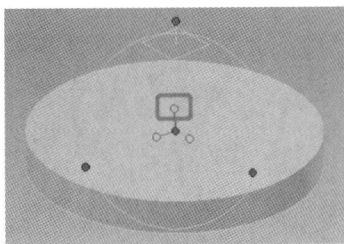

图 3-1-15 三维球（有彩图）

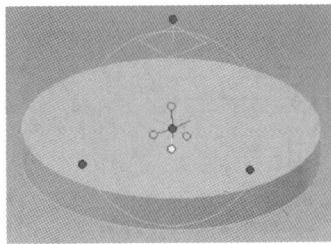

图 3-1-16 翻转（有彩图）

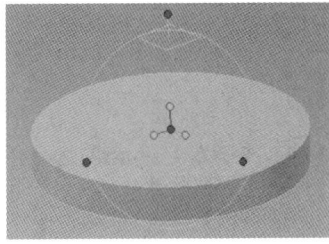

图 3-1-17 中心点（有彩图）

⑤ 拖曳圆柱体至 φ68 mm 外圆下表面中心（见图 3-1-18），会出现一个绿色点，即中心，然后以相同操作编辑包围盒，改变圆柱体尺寸，将长、宽、高分别设置为 56、56、3，见图 3-1-19。

⑥ 重复上述操作，建模完成所有外圆，如图 3-1-20 所示。

⑦ 在右侧设计元素库中选择"孔类圆柱体"（见图 3-1-21），左键按住拖曳至零件上表面中心（见图 3-1-22），左侧设计树中选择"孔类圆柱体"（见图 3-1-23），单击右键，选择"编辑草图截面"，更改小圆半径为 14（见图 3-1-24），为该零件通孔直径编辑包围盒（见图 3-1-25），更改其高度为通孔长度 25 mm，此处数值要 ≥25，通孔最终效果如图 3-1-26 所示。

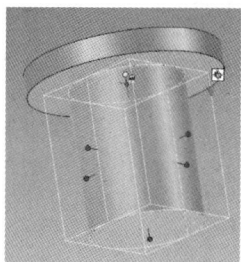

图 3-1-18　添加圆柱体
（有彩图）

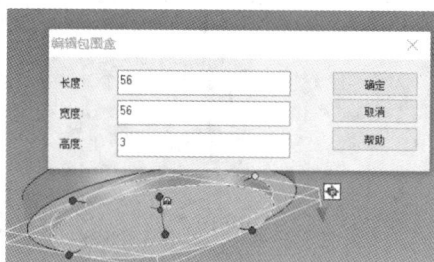

图 3-1-19　改变尺寸（有彩图）

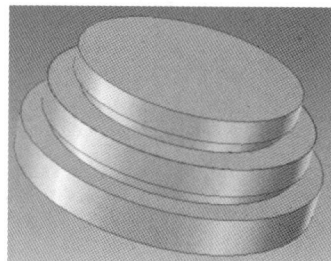

图 3-1-20　外圆建模最终效果

图 3-1-21　选中孔类圆柱体

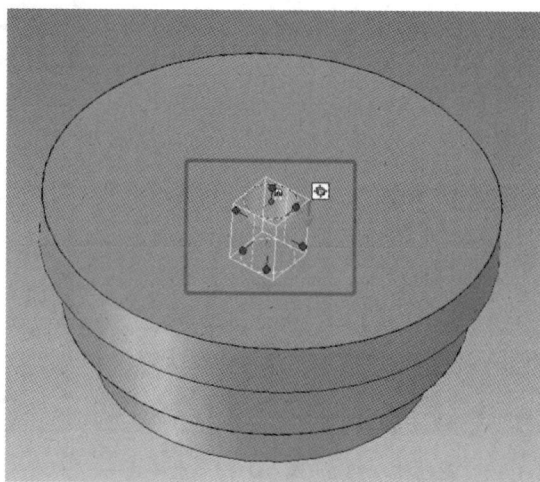

图 3-1-22　拖曳至上表面中心

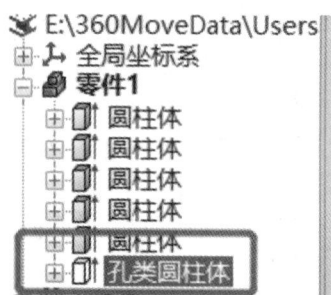

图 3-1-23　项目树选中孔类圆柱体

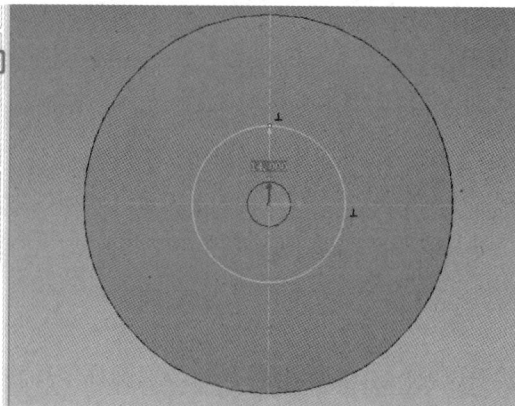

图 3-1-24　编辑草图截面

⑧ 点击上方工具栏中的"边倒角"（见图 3-1-27），更改倒角距离为"1"，根据零件图要求选中需要倒角的边（见图 3-1-28），倒角完成后如图 3-1-29 所示。

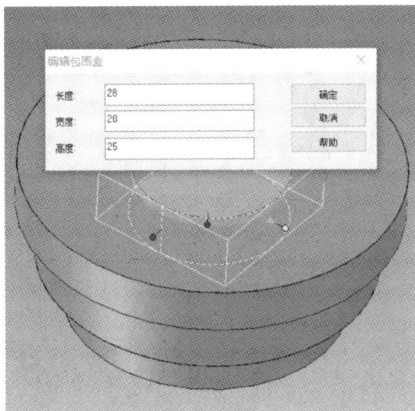

图 3-1-25　编辑包围盒

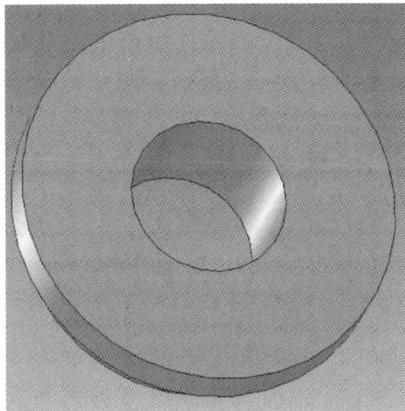

图 3-1-26　通孔最终效果

图 3-1-27　工具栏选择"边倒角"

图 3-1-28　选中需要倒角的边

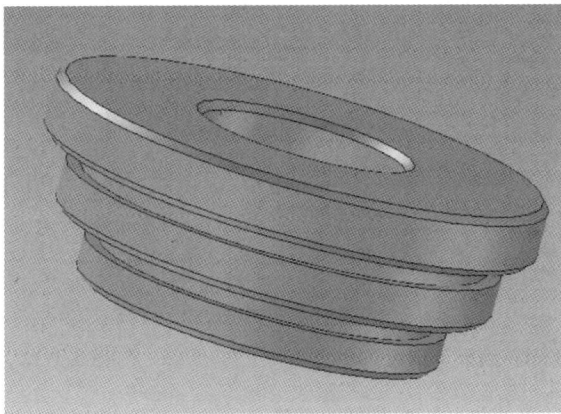

图 3-1-29　倒角最终效果

⑨ 点击上方工具栏中的"螺纹"(见图 3-1-30),草图选择 2D 平面(见图 3-1-31)。在上表面上选择任意一点(见图 3-1-32),在命令栏中选择"多边形"(见图 3-1-33),构造一个边长为 1 的三角形,注意顶点一定要在 X 轴上(见图 3-1-34)。这里边长为 1 是因为螺纹牙深约等于 1 mm,构造三角形是因为普通螺纹的形状为三角形。因为是内螺纹,材料选择"删除",螺距是 1.5 mm,长度为 25 mm,曲面选择螺纹面(见图 3-1-35),单击左上的"√"确定,即生成螺纹,如图 3-1-36 所示。

⑩ 选中左边设计树的第一个零件,单击右键更改其草图界面,如图 3-1-37 所示,完成后如图 3-1-38 所示。

⑪ 从右侧设计元素库中拖曳出孔类圆柱体至上表面中心。按"F10"键导出三维球,鼠

标放在三维球中心,右键单击后编辑位置,三处均输入"0",该点即为后续编程加工零点(见图 3-1-39)。在左侧设计树中更改其草图截面,如图 3-1-40 所示,按图纸要求,完成内外轮廓倒角。该零件的模型如图 3-1-41 所示。

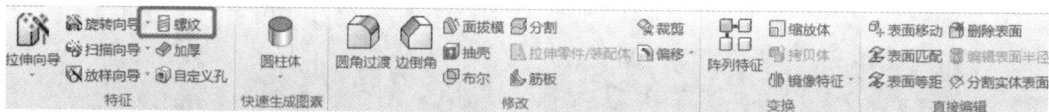

图 3-1-30　工具栏选中"螺纹"

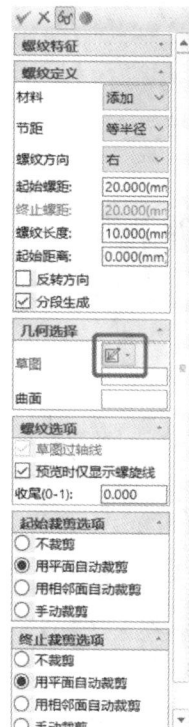

图 3-1-31　选择草图

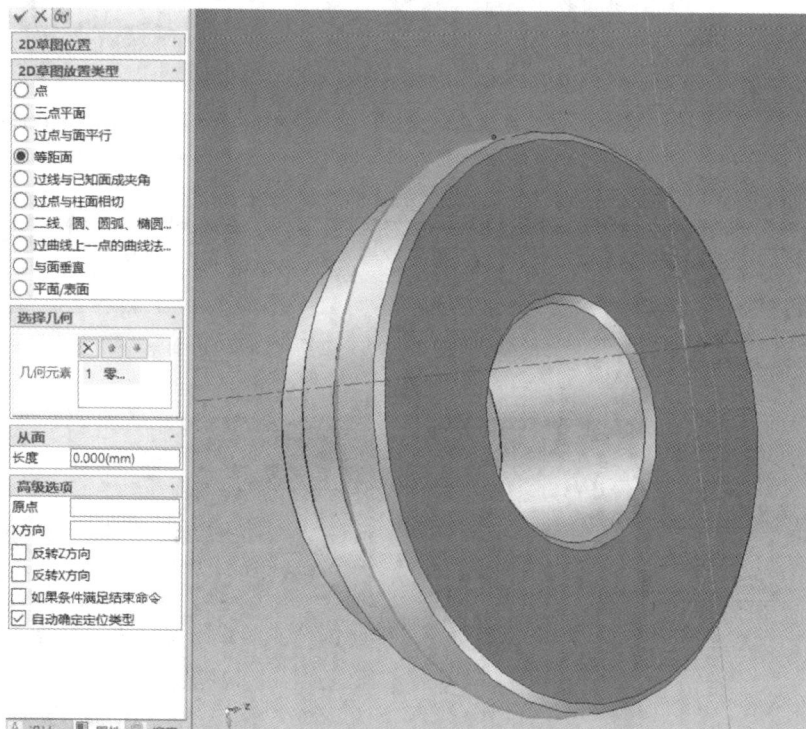

图 3-1-32　选择坐标系原点

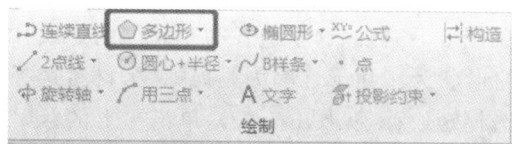

图 3-1-33　选中"多边形"

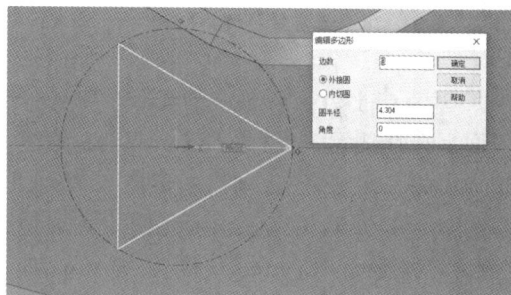

图 3-1-34　构造三角形

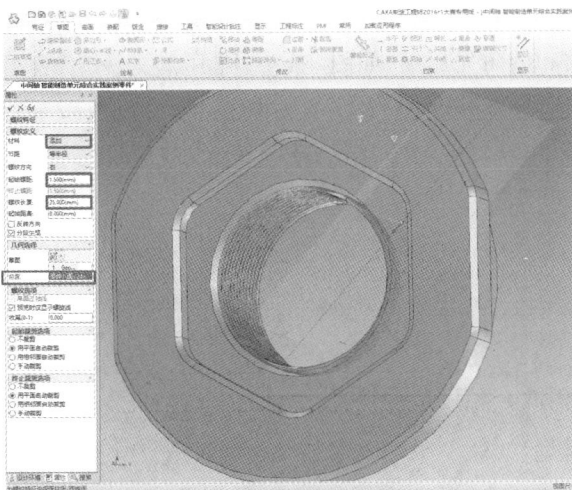

图 3-1-35 选择内孔螺纹面

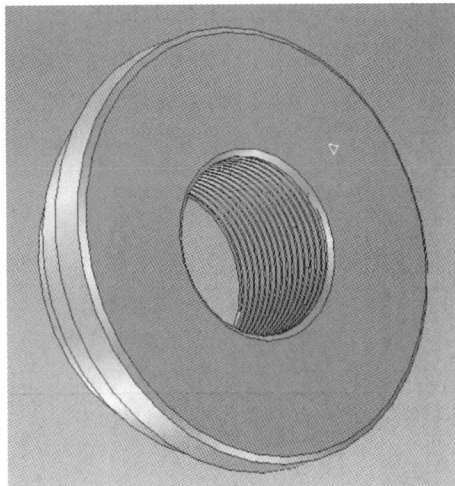

图 3-1-36 螺纹最终效果

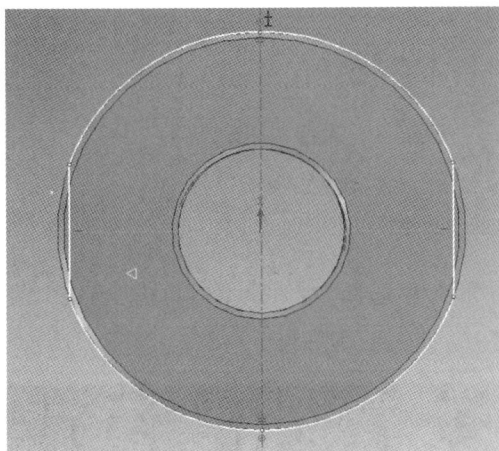

图 3-1-37 绘制草图

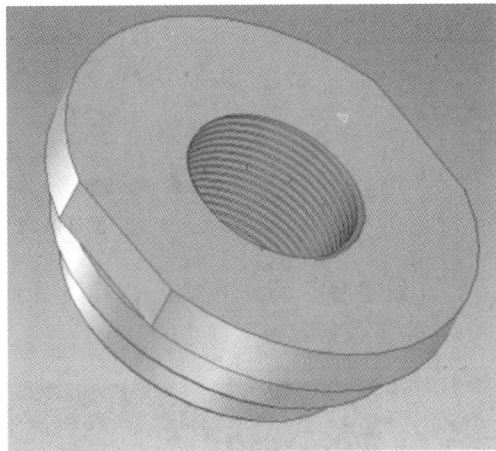

图 3-1-38 更改草图界面最终效果

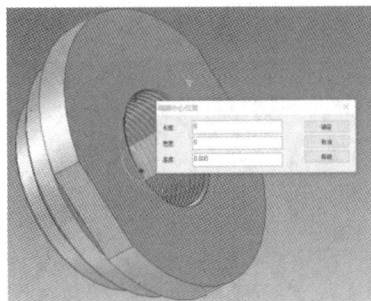

图 3-1-39 设置基准点坐标

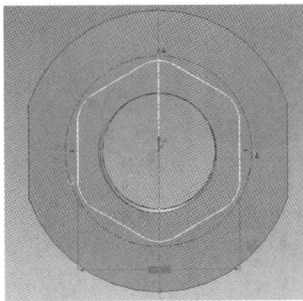

图 3-1-40 绘制草图截面

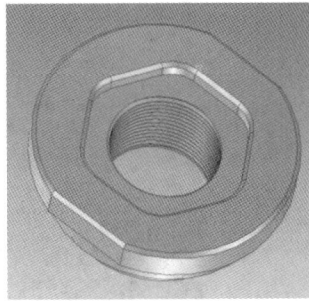

图 3-1-41 零件模型

2. 中间轴铣工序加工程序

① 为方便加工,需要在模型中将螺纹和倒角先压缩,如图 3-1-42 所示。

② 在左侧设计树中选中该零件,单击右键输出格式为 Parasolid 16.0(＊.x_t)的文件(见图 3-1-43),在最上方点击生成制造文件按钮(见图 3-1-44),选择实体零件。

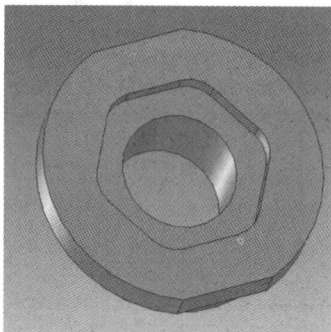

图 3-1-42　模型压缩

文件名(N)：	零件1
保存类型(T)：	Parasolid 16.0 (*.x_t)

图 3-1-43　选择输出格式

图 3-1-44　新建制造文件

③ 创建毛坯,点击"毛坯",选择类型为"圆柱形",再选择"参照模型",单击"确定",图 3-1-45 中黄线所示为所创建的毛坯。

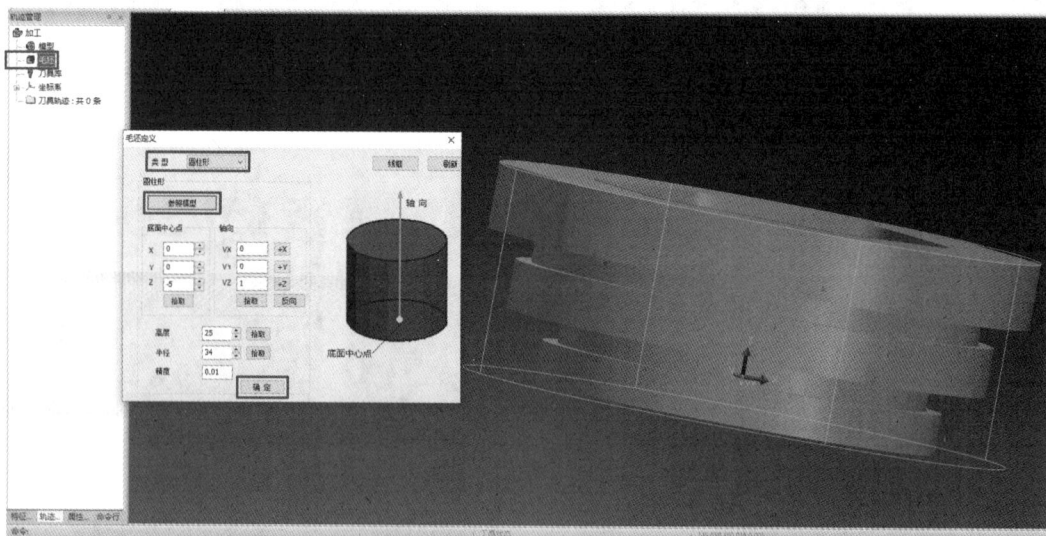

图 3-1-45　创建毛坯(有彩图)

④ 选中加工轮廓,点击"曲线"→"相关线"(见图 3-1-46),选择"实体边界",选中加工轮廓曲线(见图 3-1-47)。

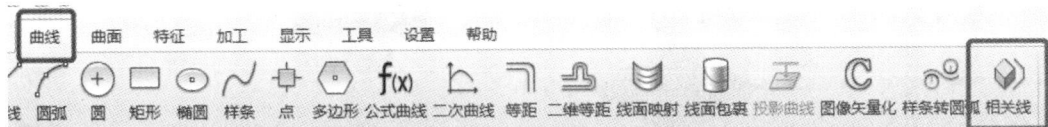

图 3-1-46　选中"相关线"

⑤ 内六边形的粗加工。在"加工"菜单栏里的"二轴加工"里选择"平面区域粗加工"(见图 3-1-48),加工参数选择环切从里向外,这样螺旋下刀时不会过切,余量留 0.2 mm,切削层总深为 4 mm,每刀切 0.5 mm(见图 3-1-49),其余参数设置如图 3-1-50～图 3-1-52 所示。图 3-1-53 中的"轮廓曲线"选择要加工的内六边形,刀轨如图 3-1-54 所示。

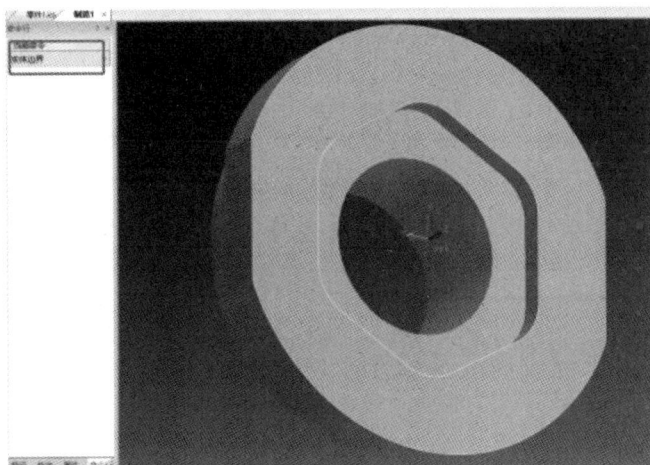

图 3-1-47　选中加工轮廓曲线

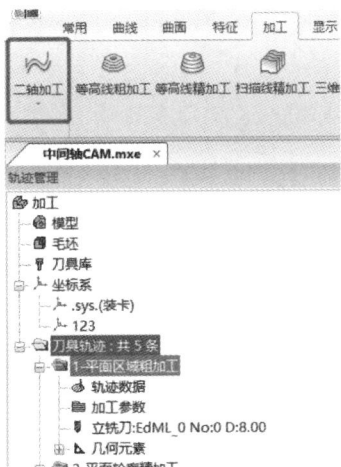

图 3-1-48　选择粗加工

图 3-1-49　加工参数(内六边形粗加工)

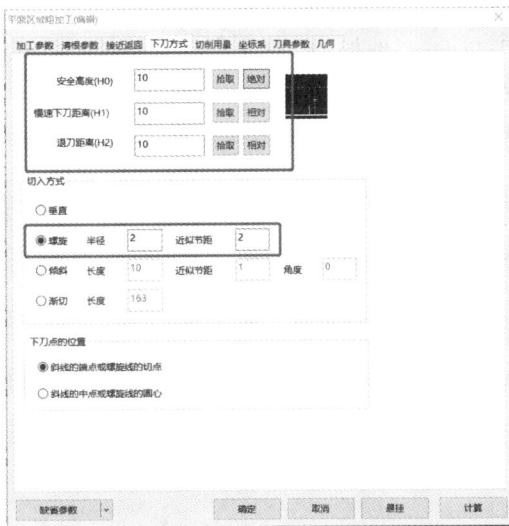

图 3-1-50　下刀方式(内六边形粗加工)

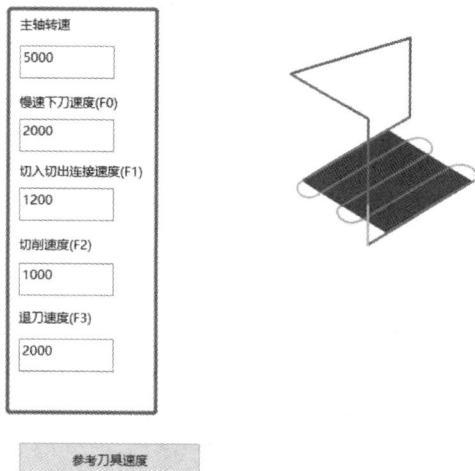

图 3-1-51 加工速度（内六边形粗加工）

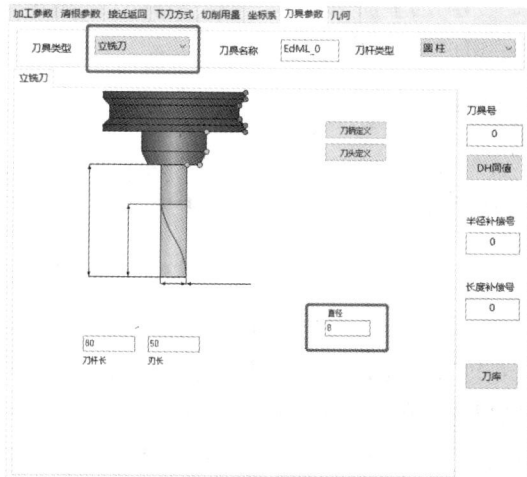

图 3-1-52 刀具参数（内六边形粗加工）

图 3-1-53 加工轮廓（内六边形粗加工）

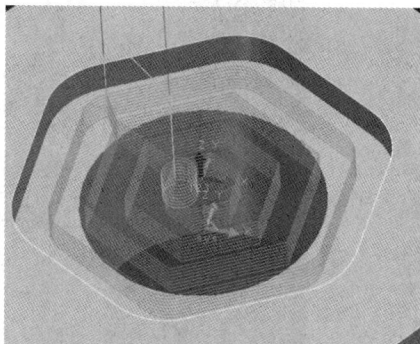

图 3-1-54 刀轨（内六边形粗加工）

⑥ 内六边形的精加工。使用铣刀沿着内轮廓加工去除最后的余量。选择"加工"菜单栏里的"二轴加工"→"平面轮廓精加工"（见图 3-1-55），切削层选择一刀切完 4 mm，可以避免层切之间的接刀痕（见图 3-1-56），其余参数设置如图 3-1-57、图 3-1-58 所示，图 3-1-59 中的"轮廓曲线"选择要加工的内六边形，刀轨如图 3-1-60 所示。

⑦ 外轮廓的粗加工。径向最大切削量为（68－62）mm＝6 mm，沿轮廓可以一刀加工完。因此可以选用平面轮廓粗加工方式沿着外轮廓切削，切削层每层切 1 mm，切至 8.5 mm 深，确保外轮廓完全加工到，留 0.2 mm 精加工余量，如图 3-1-61 所示。其余参数设置如图 3-1-62～图 3-1-64 所示，图 3-1-65 中的"轮廓曲线"选择要加工的外轮廓，进退刀可以按默认方式，刀轨如图 3-1-66 所示。

⑧ 外轮廓的精加工。选用平面轮廓精加工方式沿着外轮廓切削，切削层高度从 0 至 －8.5，保证一刀切完，避免层间接刀痕，见图 3-1-67。其余参数设置如图 3-1-68～图 3-1-70 所示，图 3-1-71 中的"轮廓曲线"选择要加工的外轮廓，进退刀可以选择默认方式，刀轨如图 3-1-72 所示。

⑨ 倒角加工。CAXA 2016 没有直接的倒直角加工，这里使用平铣刀精加工的方式生

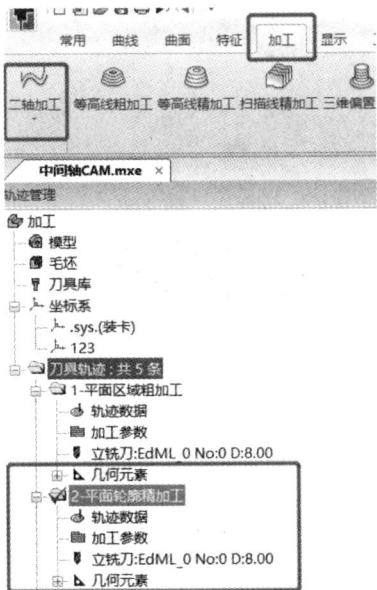

图 3-1-55　选择精加工

图 3-1-56　加工参数（内六边形精加工）

图 3-1-57　下刀方式（内六边形精加工）

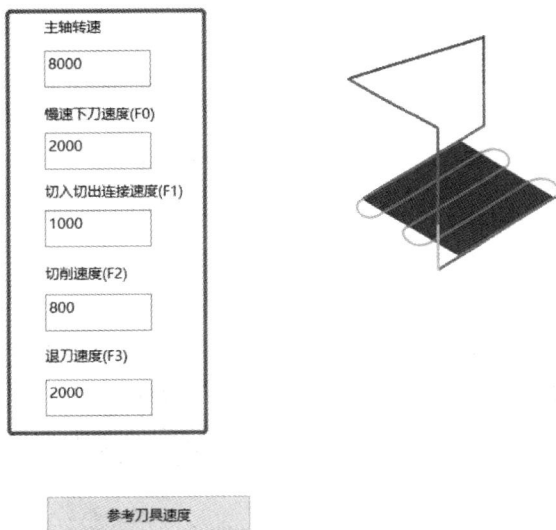

图 3-1-58　加工速度（内六边形精加工）

成倒角刀的加工刀轨,然而在实际加工时应使用倒角刀加工。本任务使用的是 $\phi 8$ mm 的 90°倒角刀,用侧刃去倒角,因此偏置 2 mm,刀具直径修改为 4 mm,这是一个难理解点。加工参数设置如图 3-1-73~图 3-1-77 所示,刀轨如图 3-1-78 所示。

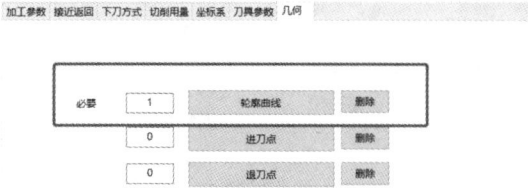

图 3-1-59　加工轮廓（内六边形精加工）

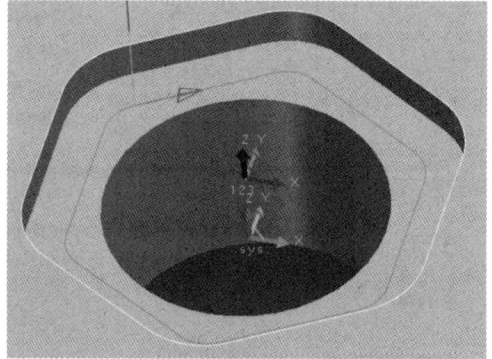

图 3-1-60　刀轨（内六边形精加工）

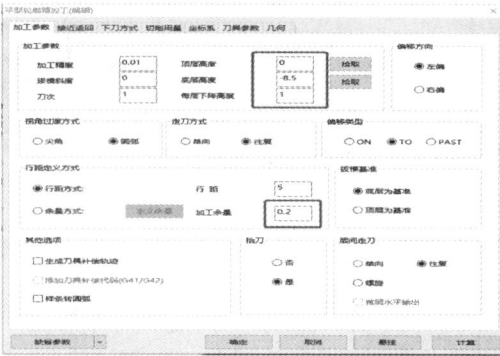

图 3-1-61　加工参数（外轮廓粗加工）

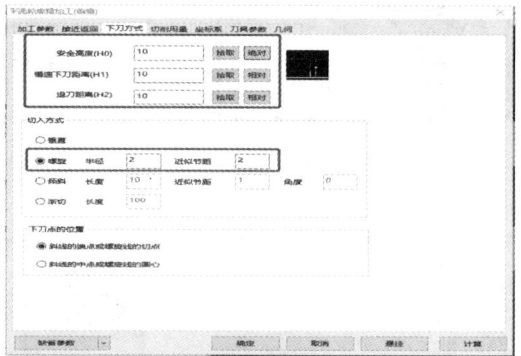

图 3-1-62　下刀方式（外轮廓粗加工）

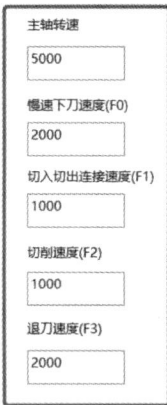

图 3-1-63　加工速度（外轮廓粗加工）

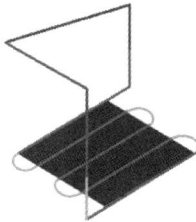

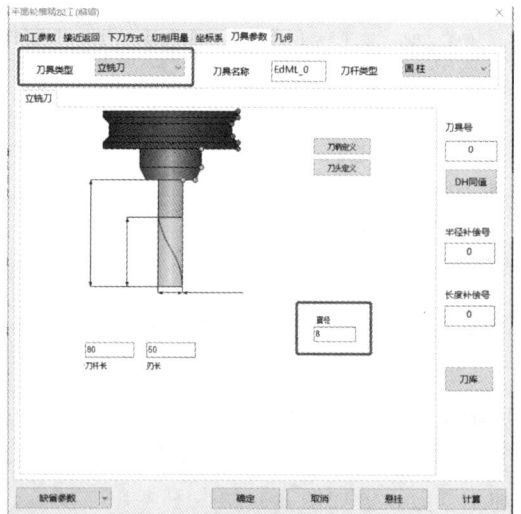

图 3-1-64　刀具参数（外轮廓粗加工）

必要	1	轮廓曲线	删除
0		进刀点	删除
0		退刀点	删除

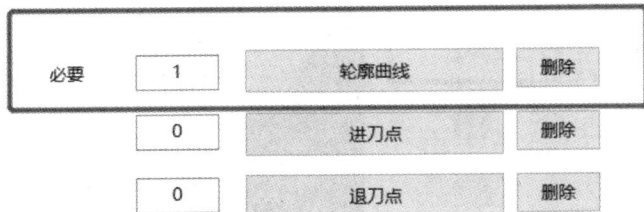

图 3-1-65　加工轮廓（外轮廓粗加工）

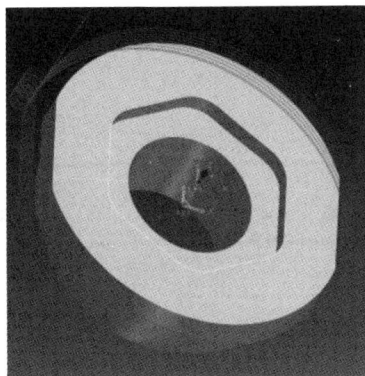

图 3-1-66　刀轨（外轮廓粗加工）

图 3-1-67　加工参数（外轮廓精加工）

图 3-1-68　下刀方式（外轮廓精加工）

主轴转速
8000

慢速下刀速度(F0)
2000

切入切出连接速度(F1)
1000

切削速度(F2)
800

退刀速度(F3)
2000

参考刀具速度

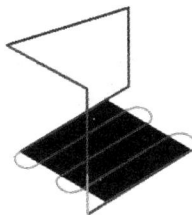

图 3-1-69　加工速度（外轮廓精加工）

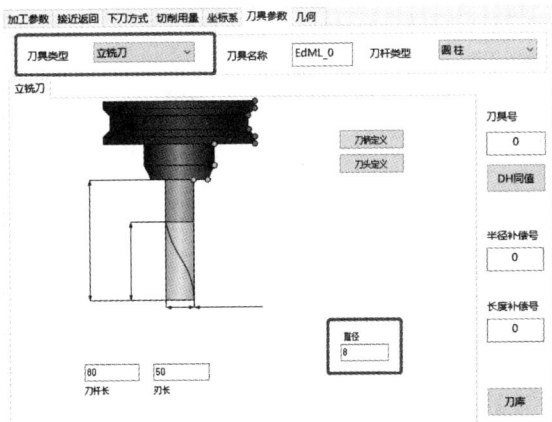

图 3-1-70　刀具参数（外轮廓精加工）

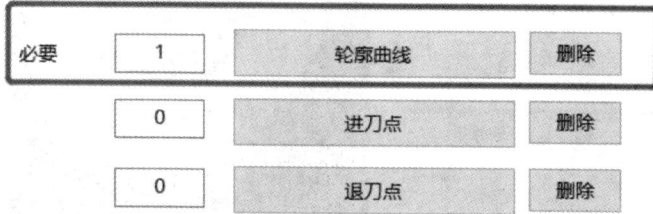

图 3-1-71 加工轮廓（外轮廓精加工）

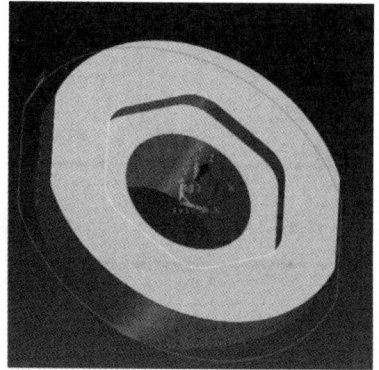

图 3-1-72 刀轨（外轮廓精加工）

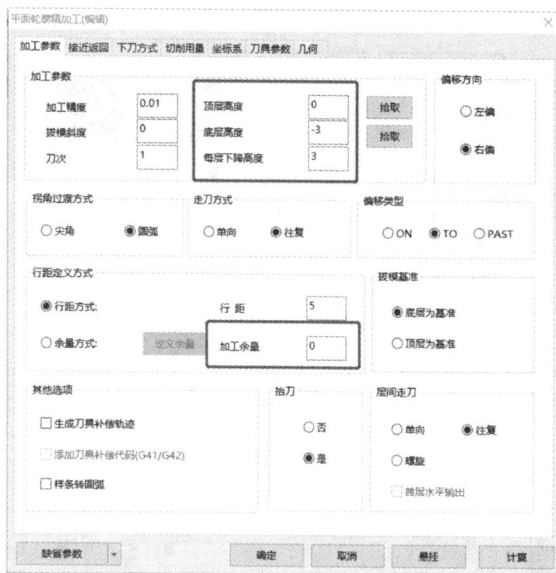

图 3-1-73 加工参数（倒角加工）

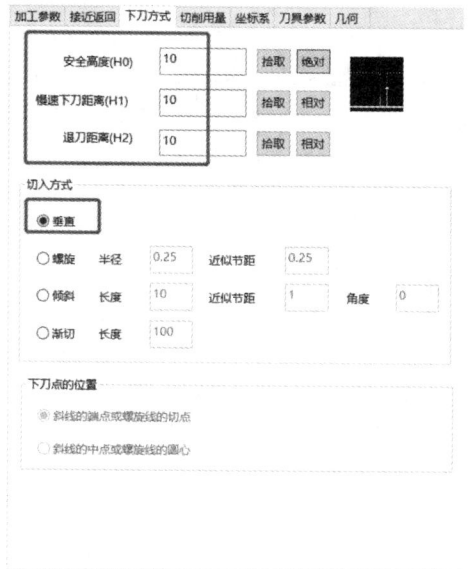

图 3-1-74 下刀方式（倒角加工）

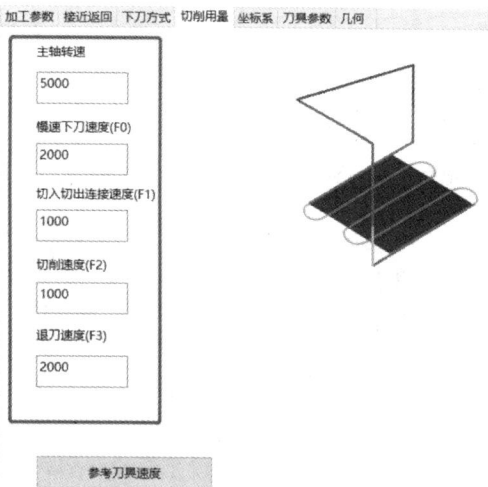

图 3-1-75 切削用量（倒角加工）

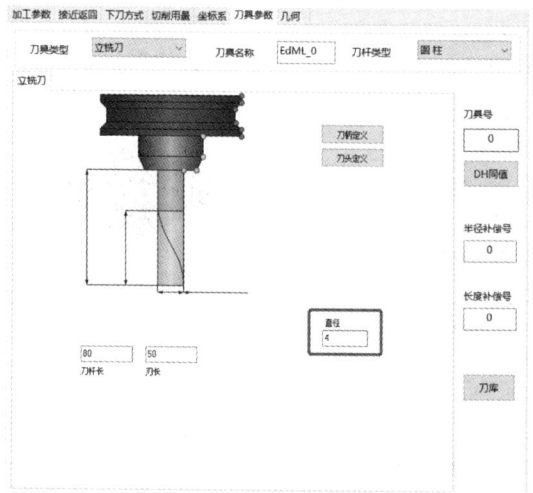

图 3-1-76 刀具参数（倒角加工）

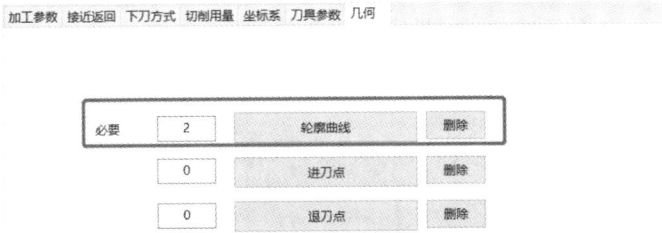

图 3-1-77 加工轮廓(倒角加工)

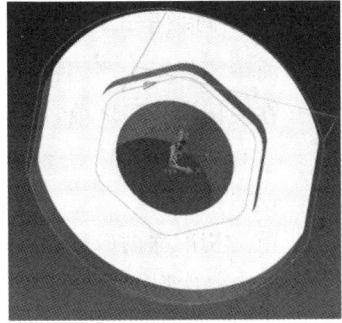

图 3-1-78 刀轨(倒角加工)

⑩ 至此,刀轨编程已结束,最终效果如图 3-1-79 所示。

⑪ 生成 G 代码。选中刀具轨迹(见图 3-1-80),单击右键,选择后置处理里的生成 G 代码,数控系统一定要选择"huazhong"(见图 3-1-81)。生成的 G 代码要进行修改,按照实际更改刀具号,删除所有的"G43 H0","M07"是切削液,按照所用数控系统,应为"M08",见图 3-1-82。

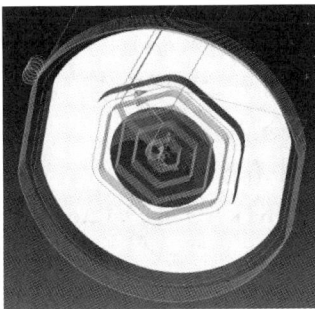

图 3-1-79 最终刀轨

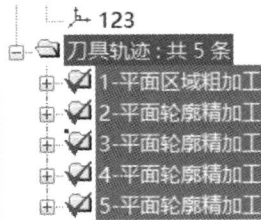

图 3-1-80 选择刀轨

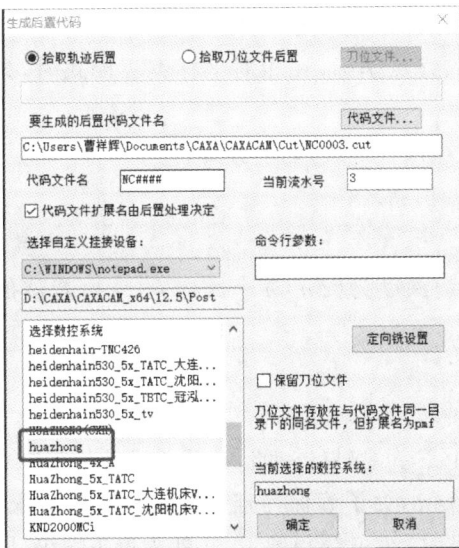

图 3-1-81 后置处理

N10 T0 M6
N12 G90 G54 G0 X-3.8 Y2.194 S5000 M03
N14 G43 H0 Z100. M07
N16 Z10.
N18 G01 Z0. F2000
N20 X-3.431 Y2.36 Z-0.016

图 3-1-82 检查程序

3. 中间轴车工序加工程序

简单零件车工序编程可以采取手工编程,比自动编程更加快捷、方便。

在阅读参考程序前,简单介绍本任务中所用到的华中数控系统指令。

(1) G71 U(Δd) R(r) P(ns) Q(nf) X(Δx) Z(Δz) F(f) S(s) T(t)。

说明:

U 为切削深度(每次切削量),指定时不加符号;

R 为每次退刀量;

P 为精加工路径第一程序段的顺序号;

Q 为精加工路径最后程序段的顺序号;

X 为 X 方向精加工余量;

Z 为 Z 方向精加工余量;

S、T 指定粗加工时 G71 中程序的 F、S、T 有效,而精加工时处于 ns 到 nf 程序段之间的 F、S、T 有效。

(2) G04 X_或 G04 P_。

说明:

X 或 P 为暂停时间,X 的单位是秒(s),P 的单位是毫秒(ms)。

G04 指令在前一程序段的进给速度降到 0 之后才开始暂停动作。

在执行含 G04 指令的程序段时,先执行暂停指令。

G04 指令为非模态指令,仅在被规定的程序段中有效。

(3) G76 C(c) R(r) E(e) A(a) X(x) Z(z) I(i) K(k) U(d) V(Δd) Q(q) P(p) F(L)。

说明:

C 为精整次数(1~99),为模态值;

R 为螺纹 Z 向退尾长度,为模态值;

E 为螺纹 X 向退尾长度,为模态值;

A 为刀尖角度(两位数字),为模态值,要大于 10°且小于 80°;

X、Z 在绝对坐标编程模式时,为有效螺纹终点坐标,在相对坐标编程模式时,为有效螺纹终点相对于循环起点的有向距离;

I 为螺纹两端的半径差,如 $i=0$,指直螺纹(圆柱螺纹)切削方式;

K 为螺纹高度,该值由 X 轴方向上的半径值指定;

U 为精加工余量(半径值);

V 为最小切削深度(半径值),第 n 次切削深度为($\Delta d \sqrt{n} - \Delta d \sqrt{n-1}$),若该值小于 Δd 最小值,则切削深度设定为 Δd;

Q 为第一次切削深度(半径值);

P 为主轴基准脉冲距离切削起始点的主轴转角;

F 为螺纹导程(同 G32),采用米制,理论上 F 为主轴转一圈,刀具前进的长度。

注意:本任务中内螺纹尺寸为 M30×1.5 mm,为了确保与连接轴外螺纹的装配效果,倒角设为 $C1$,牙深半径根据经验公式 $h=0.6549 \times P$(螺距)确定,此处为单头螺纹,即螺距=导程=1.5 mm,牙深半径 $h=0.6495 \times 1.5$ mm≈0.974 mm,因此 30 mm 大径对应的小径为(30−0.974×2)mm＝28.05 mm≈28 mm。镗孔直径根据经验公式等于公称直径减螺距，即(30−1.5)mm＝28.5 mm，即底孔车削至 28.5 mm，且在最后一刀切削完毕后再重复最后一刀一次，以清除堵屑和消除让刀带来的差距。

4. 车工序参考程序

车工序参考程序见表 3-1-7。

表 3-1-7　车工序参考程序

序号	程序体	注释
1	M03 S600	
2	T0101	车削外轮廓
3	G00 X75 Z2	G71 指令循环起点
4	G71 U1 R1 P1 Q2 X0.2 Z0.05 F100	G71 指令
5	M03 S800	
6	N1 G01 X46 F60	轮廓加工起始段
7	Z1	
8	X50 Z-1	
9	Z-8	
10	X60 C1	
11	Z-17	
12	X66	
13	X68 Z-18	
14	N2 X75	轮廓加工末尾段
15	G00 X100	
16	Z100	
17	T0202	车削外圆槽
18	M03 S500	
19	G00 X52 Z1	
20	G01 Z-8 F200	
21	X46 F20	
22	G04 X1	暂停 1 s
23	G01 X62 F200	快速退刀
24	Z-17	
25	X56 F20	慢速进刀
26	G04 X1	暂停 1 s
27	G01 X70 F200	
28	G00 X100	
29	Z150	
30	T0303	镗内孔
31	M03 S600	

续表

序号	程序体	注释
32	G00 X19 Z2	G71 循环起点
33	G71 U1 R1 P3 Q4 X-0.3 Z0.05 F90	G71 指令
34	M03 S800	
35	N3 G01 X33 F40	精加工起始段
36	Z1	
37	X28 Z-1.5	
38	Z-24	
39	N4 X26	精加工末尾段
40	G00 Z100	
41	X100	
42	T0404	车内螺纹
43	M03 S500	
44	G00 X25 Z4	
45	G76 C2 R-1 E-1 A60 X30 Z-21.5 K0.974 U-0.1 V0.1 Q0.5 F1.5	
46	G00 Z100	
47	X100	
48	M05	
49	M30	程序结束

【任务评价】

评价内容	评分标准	分值	得分
目标认知程度	工作目标明确,能快速准确收集相关资料,能合理列写自评表	10	
情感态度	工作态度端正,注意力集中,工作积极、主动	10	
团队协作	具有一定的组织、协调能力,积极与他人合作,顾全大局,共同完成工作任务	5	
知识运用能力	知识准备充分,运用熟练正确	10	
任务实施情况	按要求正确完成零件的建模与加工	40	
	执行安全操作规范	5	
	在规定时间内完成	5	
成果展示情况	作品完善、操作方便、功能多样、符合预期要求	5	
	积极、主动、大方地展示	5	
	展示过程语言流畅、逻辑性强、表达准确到位	5	
总分		100	

任务二　在线检测装置安装与调试

【学习目标】

知识目标
◆ 掌握在线检测装置（测头）的安装与调试方法；
◆ 掌握在线检测装置信号含义与检测方法。

能力目标
◆ 能够正确安装与调试在线检测装置（测头）；
◆ 能够根据安装连接完成在线检测装置的信号测试。

【任务描述】

完成加工中心在线测量装置（测头）的安装与调试，读懂现场提供的有关测头的电气原理图，根据电气原理图完成测头系统的电气硬件接线，同时完成测头的通电检查。

【任务分析】

1. 在线检测装置的功能作用

本系统采用汉默欧测量技术（苏州）有限公司生产的 HAMOO 测头，该测头采用红宝石探针，可对工件的外形尺寸、位置进行在线检测，如图 3-2-1 所示，测头与接收器之间采用无线电通信。

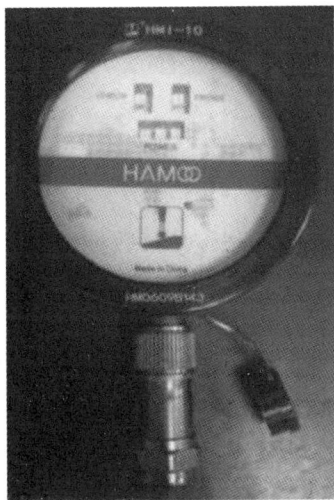

图 3-2-1　在线检测装置主要组件

2. 在线检测装置各接线含义

在线检测装置各接线含义见表 3-2-1。

表 3-2-1　接线含义

序号	线缆颜色	含义
1	纯红色线	电源＋24 V
2	红白线	电源 0 V
3	纯蓝线	PLC 输入（跳转信号 X3.6，根据系统定义）
4	蓝白线	信号 0 V,可以与电源 0 V 并接在一起
5	黄绿线	地线

3. 安装精度要求

安装测头到指定刀位号上面,并把刀摆调节到 0.01 mm 以内。

【任务准备】

按表 3-2-2 准备本任务所需设备与工具。

表 3-2-2　所需设备与工具

序号	设备与工具
1	在线检测装置
2	安装所需工具
3	千分表与磁性表座
4	数控机床

【任务实施】

1. 线缆连接与测头安装

1) 数控机床侧线缆连接

根据任务分析中的线缆含义,将在线检测装置的线缆接入数控机床电气控制柜中。

(1) 纯红色线:电源＋24 V;

(2) 红白线:电源 0 V;

(3) 纯蓝线:PLC 输入（跳转信号 X3.6,根据机床系统 PLC 的定义,打开机床 PLC 电气图,查找到 R335.1,确认测头接收器连接的输入点信号）;

(4) 蓝白线:信号 0 V,可以与电源 0 V 并接在一起;

(5) 黄绿线:地线。

2) 接收器侧线缆连接

将数控机床侧线缆与接收器侧线缆进行连接,让公插的凹槽对准母插的红点,把螺旋扣旋紧,如图 3-2-2 所示。

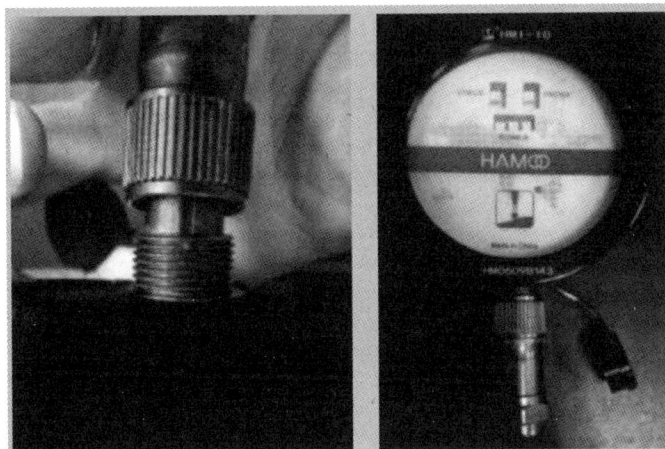

图 3-2-2　接收器侧线缆连接

3）安装刀柄拉钉和锁紧螺钉

将刀柄拉钉与刀柄进行安装，并使用扳手进行拧紧。拉钉及锁紧螺钉安装位置如图 3-2-3 所示。

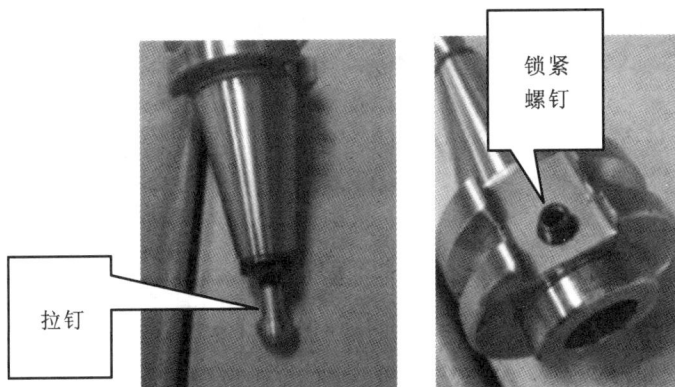

锁紧
螺钉

拉钉

图 3-2-3　拉钉及锁紧螺钉安装位置

4）刀柄与测头安装

将在线检测装置测头与刀柄安装在一起，并锁紧。松开测头的 4 颗调节螺钉，将刀柄和测头连接，并旋紧 2 颗锁紧螺钉和 4 颗调节螺钉，尽量让刀柄和测头保持同心。锁紧螺钉位置如图 3-2-4 所示。

5）电池安装

安装测头电池（注意区分正负极），锁紧电池盖（必须把电池盖旋紧，否则容易造成漏液并损坏测头），安装位置如图 3-2-5 所示。

6）测针安装

使用内六角扳手进行测针的安装，需用扳手轻轻锁紧，用力过度会损坏测头，如图 3-2-6 所示。

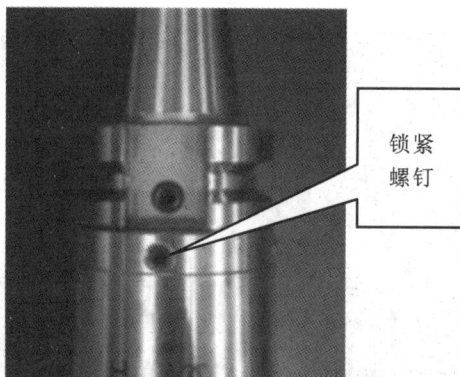

图 3-2-4　锁紧螺钉位置

锁紧
螺钉

图 3-2-5　电池安装位置

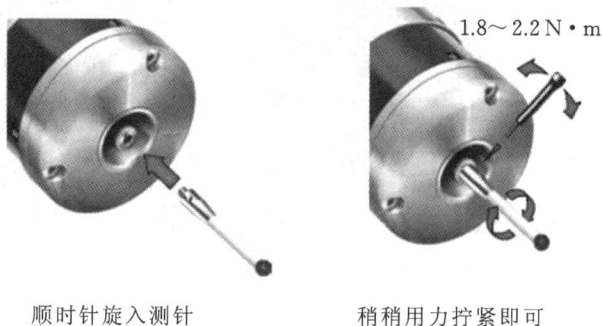

$1.8\sim2.2\,\mathrm{N\cdot m}$

顺时针旋入测针　　　　　　稍稍用力拧紧即可

图 3-2-6　测针安装位置

7）安装密封圈和后盖

将密封圈和后盖按照正确的位置安装并紧固好，放在数控机床内合适的位置。

8）测头精度调整

将测头安装在数控机床主轴上，使用千分表调整测头与主轴的同轴度精度，要求误差在 0.01 mm 以内，如图 3-2-7 所示。

2. 在线检测装置 PLC 程序的编写

1）测头打开与关闭的 PLC 程序

定义 M26 用于打开测头，M27 用于关闭测头。M26 对应 R316.0，M27 对应 R316.1，

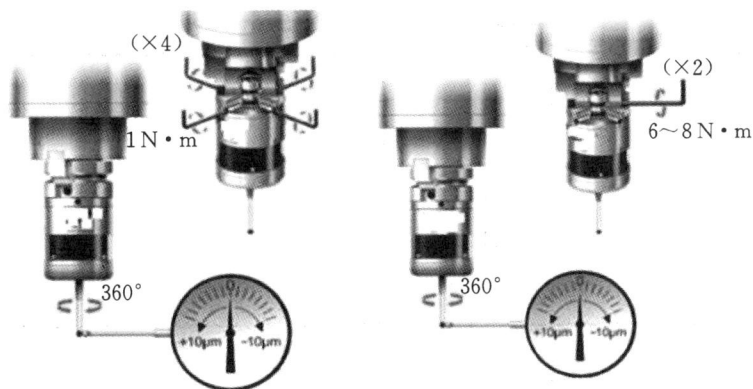

图 3-2-7 精度调整示意图

再转到 R316.2,控制最终的测头输出为 Y3.7,所有 M 指令均用 M 代码的获取及应答(MGET/MACK)来完成。K14.0 用于通过参数开关来选择采用 M26、M27,还是采用 M28 作为测头控制指令,本系统采用 M26、M27。

PLC 程序如图 3-2-8 所示。

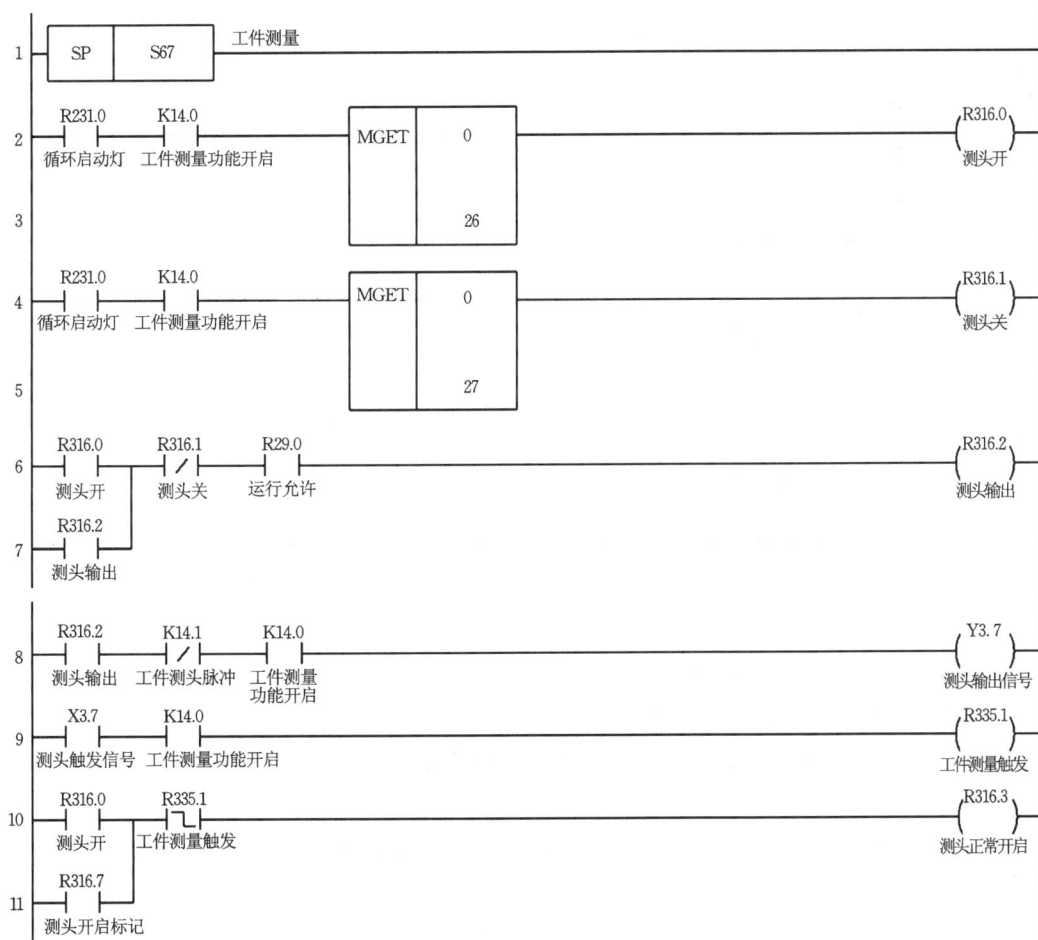

图 3-2-8 编写的 PLC 程序

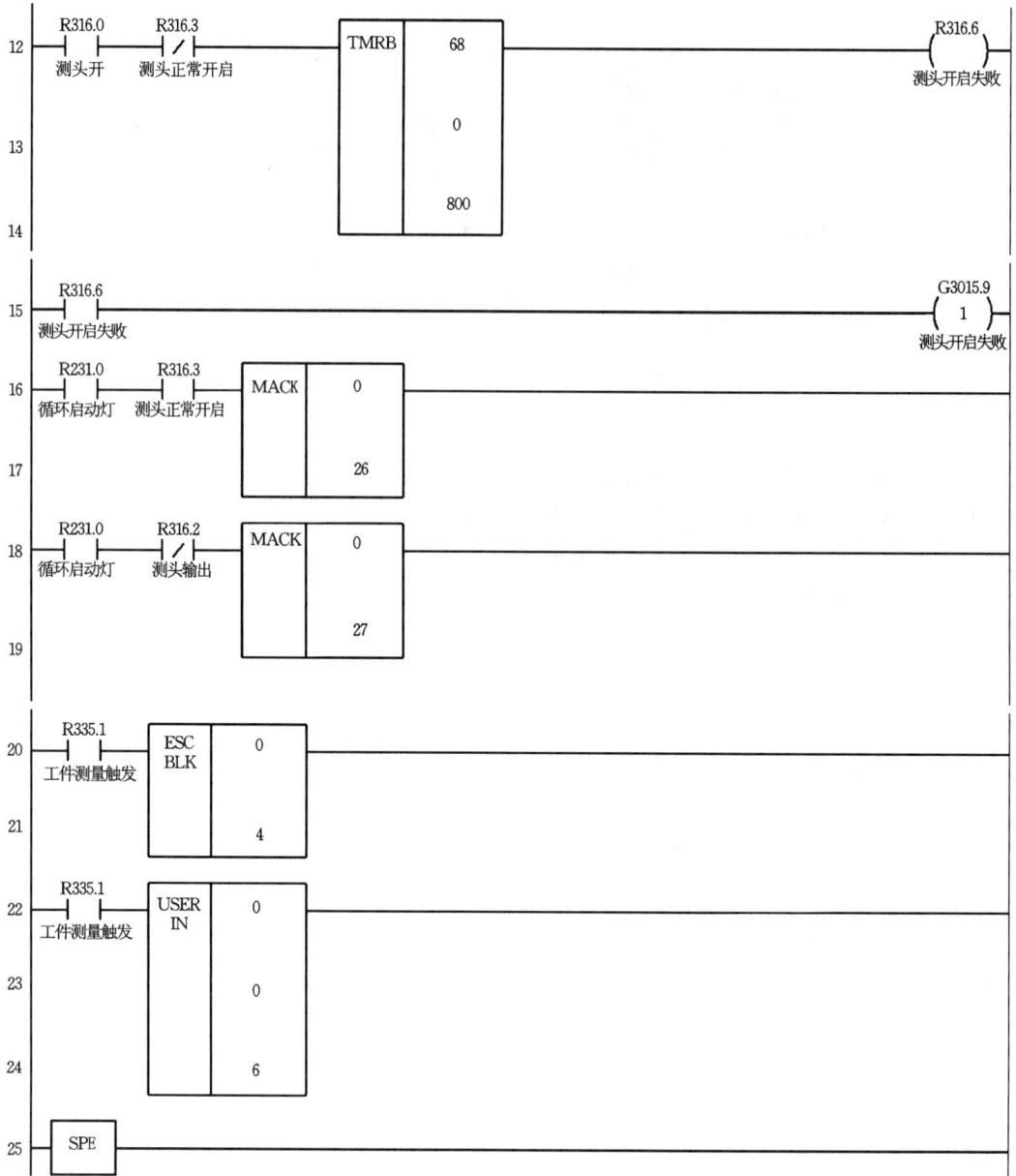

12 ┤├ R316.0 ┤/├ R316.3 [TMRB 68 / 0 / 800] ─────( ) R316.6
测头开　　测头正常开启　　　　　　　　　　　　　　　　测头开启失败

15 ┤├ R316.6 ──────────────────────────────(1) G3015.9
测头开启失败　　　　　　　　　　　　　　　　　　　　测头开启失败

16 ┤├ R231.0 ┤/├ R316.3 [MACK 0 / 26]
循环启动灯　测头正常开启

18 ┤├ R231.0 ┤/├ R316.2 [MACK 0 / 27]
循环启动灯　测头输出

20 ┤├ R335.1 [ESC BLK 0 / 4]
工件测量触发

22 ┤├ R335.1 [USER IN 0 / 0 / 6]
工件测量触发

25 [SPE]

续图 3-2-8

2) G31 跳段功能信号测试

在 MDI 模式下输入以下两行指令:

G91 G31 L4 X100. F100.(L4 还是 L5 根据机床来定);

G91 G01 Y100. F100;

按下循环启动,开始只有 X 轴坐标变化,碰下测针,变成只有 Y 轴坐标变化,证明 G31 跳转功能正常。

【任务评价】

评价内容	评分标准	分值	得分
目标认知程度	工作目标明确,能快速准确收集相关资料,能合理列写自评表	10	
情感态度	工作态度端正,注意力集中,工作积极、主动	10	
团队协作	具有一定的组织、协调能力,积极与他人合作,顾全大局,共同完成工作任务	5	
知识运用能力	知识准备充分,运用熟练正确	10	
任务实施情况	正确完成在线检测装置的安装	25	
	正确完成在线检测控制程序的编写	20	
	在规定时间内完成	5	
成果展示情况	作品完善、操作方便、功能多样、符合预期要求	5	
	积极、主动、大方地展示	5	
	展示过程语言流畅、逻辑性强、表达准确到位	5	
总分		100	

任务三 在线检测装置标定

【学习目标】

知识目标

◆ 掌握测头标定基本知识;

◆ 掌握相关的在线检测宏变量知识。

能力目标

◆ 能完成测头的半径标定;

◆ 能完成测头的偏心标定;

◆ 能完成测头的长度标定。

【任务描述】

基于给定的在线检测装置及环规,使用所学知识,完成测头的半径、偏心、长度的标定,为后面使用测头进行工件尺寸的测量做准备。

【任务分析】

1. 在线检测装置标定的作用

当把 HAMOO 测头固定到机床的刀柄/刀座上时,没有必要使测头的测针准确地位于主轴线上,一点微小的偏心是允许的。但在实践中最好能使测针机械地对中,以减小主轴和刀具定向误差的影响。没有标定测头的偏心将导致不准确的测量,测头的偏心结果通过标定将被准确地计算出来。可以用镗孔标定测头循环(宏程序 O9802)生成此偏心数据。

由于每一个 HAMOO 测头系统都是独特的,因此在下列情况下标定测头是有必要的:

(1)第一次使用测头时;

(2)测头上安装了新的测针;

(3)怀疑测针弯曲或测头发生碰撞时;

(4)定期对机床的机械变化进行误差补偿时;

(5)测头柄重新定位的重复性差。在这种情况下,可能每次选用测头时都要对其重新标定。

2. 测头标定的宏程序

用三个不同的操作来标定测头,分别是长度标定 O9801、偏心值标定 O9802、半径标定 O9803。标定循环没有使用顺序要求。

1)测头长度标定 O9801

在一个已知的参考平面上标定测头的长度,存储测头基于电子触发点的长度。它不同于测头组件的物理长度。在使用长度标定时,系统直接基于机床坐标系进行计算,故不能使用 G43 刀具偏置长度,如图 3-3-1 所示。

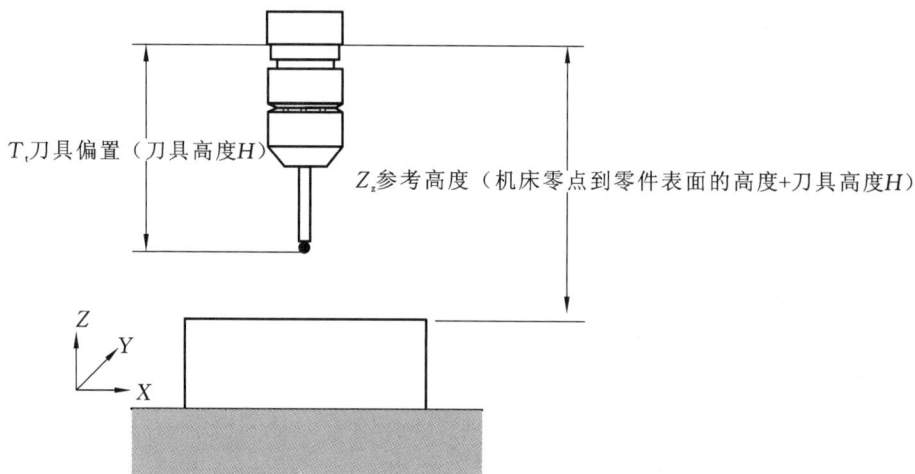

T,刀具偏置(刀具高度H)

Z,参考高度(机床零点到零件表面的高度+刀具高度H)

图 3-3-1   长度标定

格式:G90/G91 G65 P9801 Z_H_(F_)。

Z:标定表面的公称位置,可以用 G90 或 G91 的方式进行设定,但必须保证 Z 轴的目标位置在负方向。

动作:

a. Z 轴由当前点向目标点移动;

b. 碰触到标准平面后返回;

c. 返回后测量初始点,测量结束。

结果:计算出测量得到的位置与公称位置的差值并将其保存到♯54104 以及用 H 代表的刀具偏置长度中。

2）测头偏心值标定 O9802

用镗孔标定测头将自动存储测球相对主轴中心线的偏心值，存储的数据将自动被测量循环使用。用它来补偿测量结果，以获得相对于主轴中心的位置。先用一把镗刀镗出一个孔，以便知道孔的准确中心位置。然后把待标定的测头定位到孔内，并在主轴定向有效的情况下把主轴定位到已知的中心位置，一定要保证主轴中心在圆心位置上才能开始测量。偏心标定如图 3-3-2 所示。

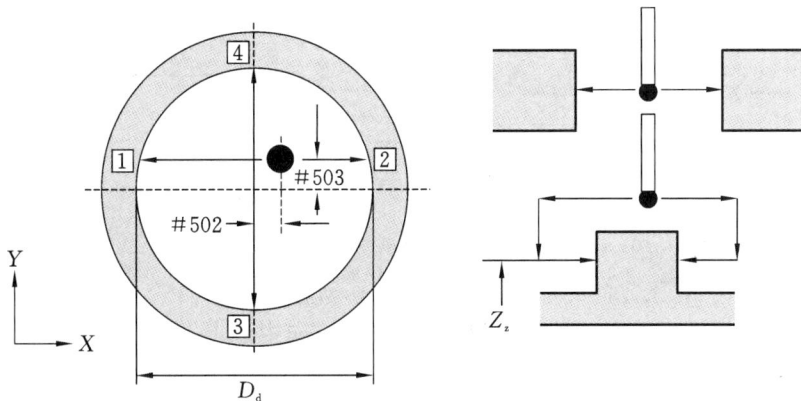

图 3-3-2　偏心标定

格式：G90/G91 G65 P9802 D_(F_Z_R_)。

D：镗孔的直径尺寸，不需要很精确；

Z：允许用圆柱的外表面进行标定，此时 Z 值为测量点的 Z 方向位置；

R：使用圆柱外边测量时的安全距离。

动作：

a. 沿 X 负方向、X 正方向先后进行 2 次测量移动；

b. 返回起始点；

c. 沿 Y 负方向、Y 正方向先后进行 2 次测量移动；

d. 返回起始点。

结果：计算出沿 X 轴、Y 轴 2 个方向的偏心值，并将其保存到♯54105 和♯54106 中。

3）测头 X、Y 方向半径标定 O9803

用直径已知的环规标定测头，自动存储测球的半径值。存储的数据自动被测量循环使用，以得到型面的真实尺寸。这些值也被用于获得单个平面的真实位置。存储的半径值是基于真实的电子触发点的，它们不同于物理尺寸。首先把环规固定到机床工作台上接近已知位置处，在主轴定向有效的情况下，将待标定的测头定位到环规内靠近中心的位置，开始测量，如图 3-3-3 所示。

格式：G90/G91 G65 P9803 D_(F_Z_R_)。

D：环规的精确尺寸；

Z：允许用外表面进行标定，此时 Z 值为测量点的 Z 方向位置；

R：使用圆柱外边测量时的安全距离。

动作：

a. 沿 X 负方向、X 正方向先后进行 2 次测量移动；

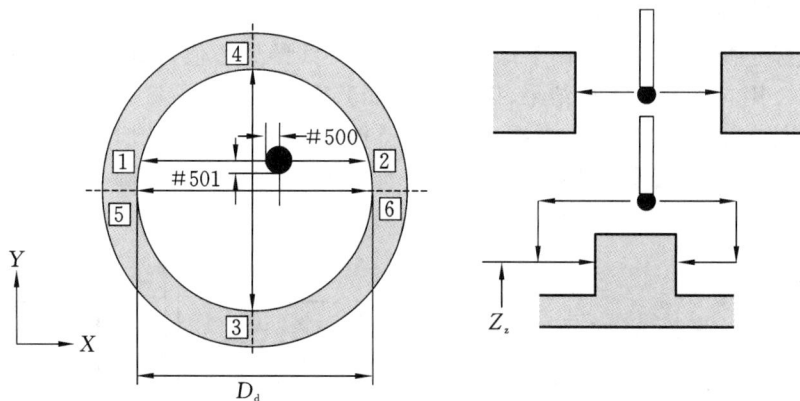

图 3-3-3　半径标定

b. 返回两个碰触点的中心位置,保证测球在 X 方向中心点上;

c. 沿 Y 负方向、Y 正方向先后进行 2 次测量移动;

d. 返回两个碰触点的中心位置,保证测球在 Y 方向中心点上;

e. 沿 X 负方向、X 正方向再次进行 2 次测量移动;

f. 返回两个碰触点的中心位置。

结果:计算出测球沿 X 轴、Y 轴 2 个方向的触发半径值,并将其保存到 ♯54107 和 ♯54108 中。

3. 测头基本移动宏程序

测头有 2 个基本移动程序,分别是保护定位移动 O9810 和测量移动 O9726。

1) 保护定位移动 O9810

在使用测头的过程中,机床除手动移动及由测量程序移动之外,只能使用 O9810 进行移动。测头在 O9810 下移动时,若触碰到非预期的障碍物,则机床立刻停止移动,程序停止,需要手动将轴移开。

格式:G90/G91 G65 P9810 X_Y_Z_(F_)。

X、Y、Z:测头移动的目标位置,同时输入多个轴时差补移动。

动作:测头以"F"表示的速度移动到目标位置,若中途碰触到非预期的障碍物,则后退 4 mm 之后 Z 轴回零并报警。

2) 测量移动 O9726

此移动为所有测量过程中使用的基本二次测量循环,无须单独调用,可以根据需要对测量移动的相关参数进行修改。

格式:G90/G91 G65 P9726 X_Y_Z_(F_)。

X、Y、Z:测量移动的目标位置,只能输入单个轴,否则不进行任何移动。

动作:

a. 测头以"F"表示的快速速度向目标位置定位移动,实际的目标位置为输入目标位置 ＋越程距离,越程距离默认为 10 mm,可在程序中修改;

b. 碰触到目标位置后,回退 2 mm,回退距离可在程序中修改,以保证测头退出碰触点;

c. 测头回退完成后,重新以♯54109 中存储的慢速速度向前运动 2 倍的回退距离,即 4 mm;

d. 再次碰触后,找到精确的位置,停止移动,等待后续程序处理数值。

4. 标定过程中所使用的宏变量含义

标定过程中所使用的宏变量含义见表 3-3-1。

表 3-3-1 宏变量含义

测量程序所使用的宏变量		测量输出变量数据	
♯600	实际中心与 X 正向触发的距离	♯630	探测时 X 轴机械坐标值
♯601	实际中心与 X 负向触发的距离	♯631	探测时 Y 轴机械坐标值
♯602	实际中心与 Y 正向触发的距离	♯632	探测时 Z 轴机械坐标值
♯603	实际中心与 Y 负向触发的距离	♯633	X 方向位置偏差值
♯604	测头长度值	♯634	Y 方向位置偏差值
♯605	测头 X 方向偏心值	♯635	Z 方向位置偏差值
♯606	测头 Y 方向偏心值	♯636	尺寸值,宽度/直径
♯607	测头 X 方向半径	♯637	尺寸偏差值
♯608	测头 Y 方向半径	♯638	角度值
♯609	测头二次测量速度		

【任务准备】

本任务所需设备与工具见表 3-3-2。

表 3-3-2 所需设备与工具

序号	设备与工具
1	HNC-818BM 加工中心数控铣床
2	HAMOO 测头
3	已知直径环规

【任务实施】

1. 测头长度标定

使用在线检测装置,编写测头长度标定的程序,运行程序,得出长度标定数值。测头长度标定 O9801 应用参考程序(在工件坐标系 G59 中设定 X、Y、Z 值)见表 3-3-3。

表 3-3-3 长度标定程序

序号	程序体
1	%4
2	M6 T6

序号	程序体
3	G17 G40 G49 G80 G90
4	G59
5	G43 H6 Z100
6	G0 X20 Y0
7	G01 Z20
8	G65 P9810 Z5 F500
9	G65 P9801 Z0 T6 F500
10	G65 P9810 Z10 F500
11	G28 G91 Z0
12	M30

2. 测头偏心标定

使用在线检测装置,编写测头偏心标定的程序,运行程序,测头偏心值标定 O9802 应用参考程序(在工件坐标系 G59 中设定 X、Y、Z 值)见表 3-3-4。

表 3-3-4　偏心标定程序

序号	程序体
1	%5
2	M6 T6
3	G28 G91 Z0
4	G59
5	G43 H6 Z100
6	G90 G80 G40 G49 G69
7	G0 X0 Y0
8	G43 G0 Z20 H6
9	G65 P9810 Z-8 F500
10	G65 P9802 D24.998
11	G65 P9810 Z100 F500
12	M30

3. 测头半径标定

使用在线检测装置及环规,编写测头半径标定的程序,运行程序,测头 X、Y 方向半径标定 O9803 应用参考程序(在工件坐标系 G59 中设定 X、Y、Z 值)见表 3-3-5。

表 3-3-5　半径标定程序

序号	程序体
1	%6
2	M6 T6
3	G17 G40 G49 G80 G90
4	G59
5	G43 H6 Z100
6	G0 X0 Y0
7	G01 Z20
8	G65 P9810 Z-8 F500
9	G65 P9803 D24.998
10	G65 P9810 Z10 F500
11	G28 G91 Z0
12	M30

【任务评价】

评价内容	评分标准	分值	得分
目标认知程度	工作目标明确,能快速准确收集相关资料,能合理列写自评表	10	
情感态度	工作态度端正,注意力集中,工作积极、主动	10	
团队协作	具有一定的组织、协调能力,积极与他人合作,顾全大局,共同完成工作任务	5	
知识运用能力	知识准备充分,运用熟练正确	10	
任务实施情况	按要求正确完成测头半径标定	20	
	按要求正确完成测头偏心标定	10	
	按要求正确完成测头长度标定	10	
	执行安全操作规范	5	
	在规定时间内完成	5	
成果展示情况	作品完善、操作方便、功能多样、符合预期要求	5	
	积极、主动、大方地展示	5	
	展示过程语言流畅、逻辑性强、表达准确到位	5	
总分		100	

任务四　中间轴内径测量

【学习目标】

知识目标

◆ 掌握测头测量基本知识；

◆ 掌握内孔在线检测的基本方法；

◆ 掌握相关在线检测宏变量知识。

能力目标

◆ 能完成内孔测量。

【任务描述】

以 HAMOO 测头为例，HNC-8 数控系统中安装测量循环后，在机床上用接触式探针可以对工件进行尺寸与角度测量。可以执行的测量动作包括 X/Y/Z 单个平面位置测量、两个平面/三个平面的交点位置测量、凸台/凹槽的中点/宽度测量、内孔/外圆的圆心/直径测量、X/Y/Z 平面角度测量、刀具的长度测量，并且在测量完成后可以自动设置工件零点坐标系或刀具长度补偿表，同时将测量结果输出到宏变量中。本任务主要根据图纸检测要求，使用在线检测装置，完成加工零件的内孔尺寸检测。

【任务分析】

内孔/外圆测量宏程序 O9814 的使用。

（1）应用。

用于测量零件内孔或者外圆直径。在主轴定向、测头刀具偏置长度有效的情况下，将测头定位移动或手动移动到内孔、外圆上方，近似中心的位置，之后开始测量。

（2）指令格式。

格式：G90/G91 G65 P9814 D(Z_F_)。

D：测量内孔、外圆时，公称直径；

Z：测量外圆时，测量点 Z 方向的位置；

F：测量定位速度（缺省时 $f=1000$ mm/min，要求 $f \leqslant 2000$ mm/min，否则报警）。

注意：内孔测量时，不能给参数 Z，需要提前将测头以 O9810 方式移动至合适深度；外圆测量时，一定要给参数 Z，需要提前将测头以 O9810 方式移动至圆心上方，此时该上方点即为测量循环起始点。此时，指令格式参数 Z 表达的含义是在对应 Z 轴位置平面进行测量。

（3）动作。

① 内孔测量。

a. 向负方向移动至第一测量起始点（距离凹槽边界一个安全距离 R 的位置）；

b. 从第一测量起始点向负方向进行测量移动，完成后返回至第一测量起始点；

c. 向正方向移动至第二测量起始点（距离凹槽边界一个安全距离 R 的位置）；

d. 从第二测量起始点向正方向进行测量移动，完成后返回至第二测量起始点；

e. 返回到中心点。

② 外圆测量。

a. 移动至负方向第一测量起始点上方(超出凸台边界一个安全距离 R 的位置);

b. 从 Z 轴向下移动至第一测量起始点;

c. 从第一测量起始点向正方向进行测量移动,完成后返回至第一测量起始点;

d. 返回至第一测量起始点上方;

e. 移动至正方向第二测量起始点上方(超出凸台边界一个安全距离 R 的位置);

f. 从 Z 轴向下移动至第二测量起始点;

g. 从第二测量起始点向负方向进行测量移动,完成后返回至第二测量起始点;

h. 返回至第二测量起始点上方;

i. 返回到中心点。

内孔/外圆测量动作如图 3-4-1 所示。

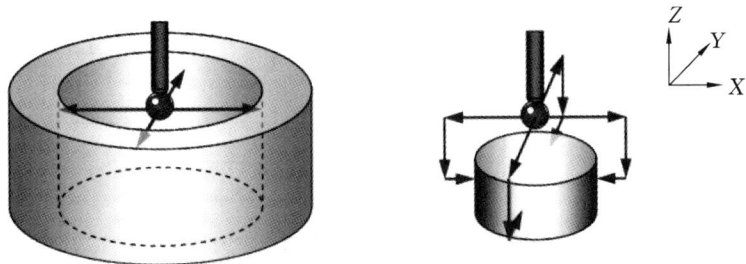

图 3-4-1 内孔/外圆测量动作

(4) 测量数据存储地址。

点位测量所得数据存放在系统宏变量♯636 中。

(5) 示例。

题目:完成图 3-4-2 所示内孔、外圆测量程序编写,工件坐标系为 G54。

参考程序如下:

N1 ％1234

N2 G28 G91 Z0

N3 G90 G54 G80 G17 G40 G49

N4 M19

N5 G01 G65 P9801 X0 Y0 F2000

N6 G01 G65 P9801 Z5 F2000

N7 G01 G65 P9814 D60 Z-4 F400

N8 ♯50043=♯636

N9 G01 G65 P9810 Z-4 F400

N10 G01 G65 P9814 D50 F400

N11 ♯50044=♯636

N12 G28 G91 Z0

N13 M20

N14 M30

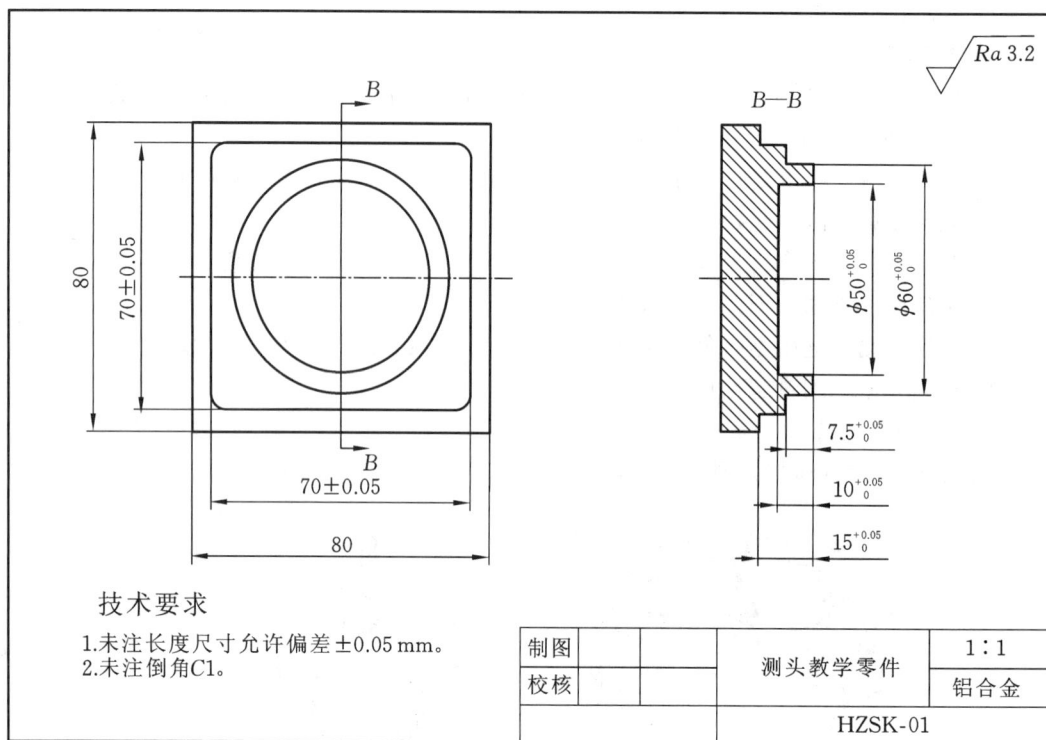

图 3-4-2　测头教学内孔/外圆示例

【任务准备】

本任务所需设备与工具见表 3-4-1。

表 3-4-1　所需设备与工具

序号	设备与工具
1	HNC-818BM 加工中心数控铣床
2	HAMOO 测头
3	已加工零件

【任务实施】

编写内孔检测程序。内孔检测参考程序见表 3-4-2。内径测量示意图如图 3-4-3 所示，$D50$ 为被测物体加工后的尺寸。

表 3-4-2　内孔检测参考程序

程序体（O2299）	注释
M6 T6	
G54 G40 G49 G69 G80	

续表

程序体（02299）	注释
G90 G0 X0 Y0	
M19	主轴定向
M26	开启测头
G65 P9810 G43 H6 Z20F1000	
G65 P9810 Z5 F1000	
G65 P9810 Z-3 F500	
G65 P9814 D50.0001 F200	
G65 P9810 Z5 F1000	
G91 G28 Z0	
＃501＝＃636	测量结果赋值
M20	定向取消
M27	关闭测头
M30	

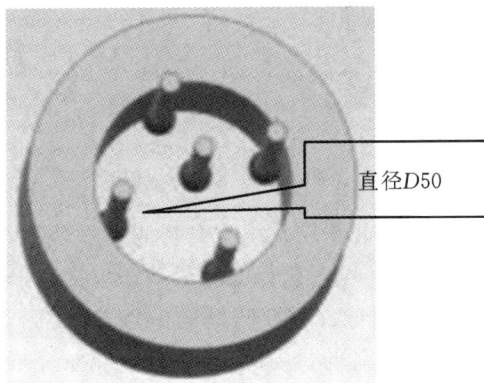

图 3-4-3　内径测量示意图

【任务评价】

评价内容	评分标准	分值	得分
目标认知程度	工作目标明确，能快速准确收集相关资料，能合理列写自评表	10	
情感态度	工作态度端正，注意力集中，工作积极、主动	10	
团队协作	具有一定的组织、协调能力，积极与他人合作，顾全大局，共同完成工作任务	5	
知识运用能力	知识准备充分，运用熟练正确	10	

续表

评价内容	评分标准	分值	得分
任务实施情况	按要求正确完成中间轴内孔测量	40	
	执行安全操作规范	5	
	在规定时间内完成	5	
成果展示情况	作品完善、操作方便、功能多样、符合预期要求	5	
	积极、主动、大方地展示	5	
	展示过程语言流畅、逻辑性强、表达准确到位	5	
总分		100	

任务五　中间轴凸台测量

【学习目标】

知识目标

◆ 掌握测头测量基本知识；

◆ 掌握凸台在线检测的基本方法；

◆ 掌握相关在线检测宏变量知识。

能力目标

◆ 能完成凸台测量。

【任务描述】

以 HAMOO 测头为例,HNC-8 数控系统中安装测量循环后,在机床上用接触式探针可以对工件进行尺寸与角度测量。可以执行的测量动作包括 $X/Y/Z$ 单个平面位置测量、两个平面/三个平面的交点位置测量、凸台/凹槽的中点/宽度测量、内孔/外圆的圆心/直径测量、$X/Y/Z$ 平面角度测量、刀具的长度测量,并且在测量完成后可以自动设置工件零点坐标系或刀具长度补偿表,同时将测量结果输出到宏变量中。本任务主要根据图纸检测要求,使用在线检测装置,完成加工零件的凸台尺寸检测。

【任务分析】

平面测量程序 O9811 的使用。

（1）应用。

在主轴定向、测头刀具偏置长度有效的情况下,将测头定位移动或手动移动到需要测量的平面或交点的旁边（保证至各个平面都有一定的距离）,之后开始测量。

（2）指令格式。

格式:G90/G91 G65 P9811 X_Y_Z_(S_H_F_)。

X/Y/Z:测量起始点与测量点的公称距离（G91）或测量点的位置（G90）。

S:要设定的工件坐标系号,1~6 对应 G54~G59。

H:要设置的刀编号,不能与 S 同时输入。

F:测量定位速度(缺省时 $f=1000$ mm/min,要求 $f \leqslant 2000$ mm/min,否则报警)。

(3)动作。

① 沿 Y、Z 方向同时移动设定的至 Y、Z 轴距离的 2 倍,此为 X 方向测量起始点;

② 从 X 方向测量起始点开始 X 方向测量,完成后返回至 X 方向测量起始点;

③ 返回到起始点;

④ 沿 X、Z 方向同时移动设定的至 X、Z 轴距离的 2 倍,此为 Y 方向测量起始点;

⑤ 从 Y 方向测量起始点开始 Y 方向测量,完成后返回至 Y 方向测量起始点;

⑥ 返回到起始点;

⑦ 沿 X、Y 方向同时移动设定的至 X、Y 轴距离的 2 倍,此为 Z 方向测量起始点;

⑧ 从 Z 方向测量起始点开始 Z 方向测量,完成后返回至 Z 方向测量起始点;

⑨ 返回到起始点。

注意:若在调用程序时未输入至 X、Y、Z 轴距离,则在移动中将忽略该方向的测量过程,例如仅输入 Y、Z 值不输入 X 值,那么动作①～③将不执行,动作④和⑦中都无 X 方向的移动。

结果:将测出的位置写入设定的坐标系中,或将测出位置与公称位置的偏差写入设定的刀补数据中,并输出相关数据至宏变量中。

【任务准备】

本任务所需设备与工具见表 3-5-1。

表 3-5-1　所需设备与工具

序号	设备与工具
1	HNC-818BM 加工中心数控铣床
2	HAMOO 测头
3	已加工零件

【任务实施】

编写凸台检测程序。如图 3-5-1 所示,测量表面 Z_1、Z_2 点间高度(例如被测物体高度为 8 mm)。凸台高度测量参考程序见表 3-5-2。

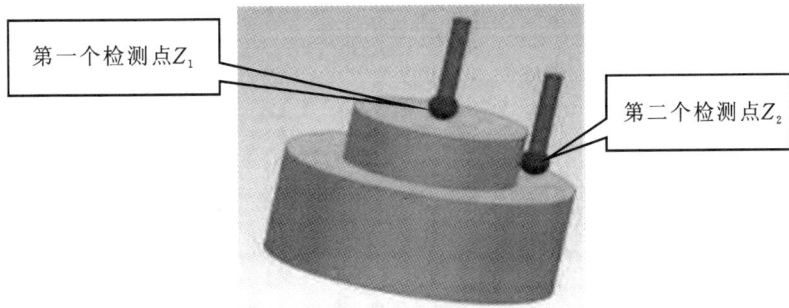

第一个检测点 Z_1

第二个检测点 Z_2

图 3-5-1　凸台测量示意图

表 3-5-2 凸台高度测量参考程序

程序体(%1234)	注释
G28 G91 Z0	
M6 T01	调用测头
G17 G40 G49 G80 G90 G69	
G54	
M19	主轴定向
M26	开启测头
G04 X2	
G0 X48 Y-5	
G43 G01 Z100 F1000 H13	
G65 P9810 Z5 F500	
G65 P9811 Z0	
#501＝#632	测量第一个点数据赋值
G65 P9810 Z5	
G0 X15 Y-5	
G65 P9810 Z0	
G65 P9811 Z-8.2	
#502＝#632	测量第二个点数据赋值
#500＝#501－#502	计算得出实际高度
#50040＝#500	
G65 P9810 Z50	
G91 G28 Z0	
M27	关闭测头
M30	
G65 P9802 D24.998	
G65 P9810 Z100 F500	
M30	

【任务评价】

评价内容	评分标准	分值	得分
目标认知程度	工作目标明确,能快速准确收集相关资料,能合理列写自评表	10	
情感态度	工作态度端正,注意力集中,工作积极、主动	10	
团队协作	具有一定的组织、协调能力,积极与他人合作,顾全大局,共同完成工作任务	5	
知识运用能力	知识准备充分,运用熟练正确	10	
任务实施情况	按要求正确完成凸台测量	40	
	执行安全操作规范	5	
	在规定时间内完成	5	
成果展示情况	作品完善、操作方便、功能多样、符合预期要求	5	
	积极、主动、大方地展示	5	
	展示过程语言流畅、逻辑性强、表达准确到位	5	
总分		100	

项目四 智能制造单元设备通信与数据交互

【项目描述】

本项目是基于切削加工智能制造单元的。在一个典型切削加工智能制造单元中,各设备都不是独立运行的,需要联合运行、相互协作。总控 MES 软件、数控机床、工业机器人、PLC、RFID 等设备需要进行数据交互。基于这些设备所支持的通信协议,应用通信模块指令,实现设备之间的互联互通,为智能制造单元联调生产运行做准备。本项目共涉及两种通信协议:Modbus TCP 和 Modbus RTU。Modbus TCP 以太网方式链接,Modbus RTU 以串口方式链接。这两种通信方式整体来看,硬件链接方便快捷,软件编程简单易懂,用途广泛。

任务一 总控 PLC 硬件组态

【学习目标】

知识目标

◆ 掌握设备组态定义;

◆ 了解信号模块和通信模块;

◆ 了解常用组态参数。

能力目标

◆ 能够根据需要在 TIA Portal 软件中完成设备添加、设备组态;

◆ 能正确修改有关组态参数。

【任务描述】

要完成与 PLC 有关的项目,第一件要做的事情就是设备硬件组态,即在软件中搭建一个与实际硬件系统完全一致的虚拟系统,后续所有的工作都是在该基础上完成的,因此掌握硬件组态方法和了解相关主要参数尤为重要。

【任务分析】

1. 硬件组态的基本方法

(1) 硬件组态的任务。

英语单词"configuring"(配置、设置)一般被翻译为"组态"。设备组态的任务就是在设备视图(见图 4-1-1)和网络视图(见图 4-1-2)中,生成一个与实际的硬件系统对应的虚拟系统,PLC、远程 I/O、HMI 和各种模块的型号、订货号和版本号,模块的安装位置与设备之间的通信连接,都应与实际的硬件系统完全相同。此外,还应设置模块的参数,即给参数赋值。

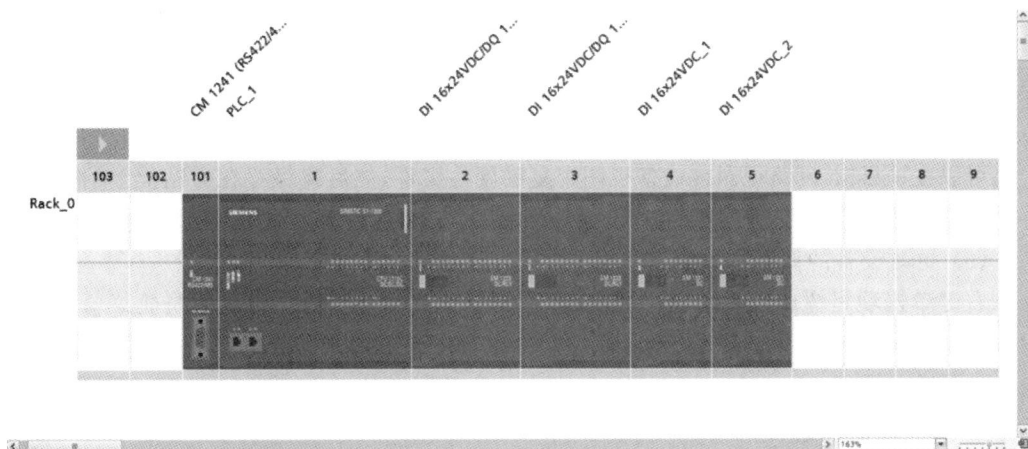

图 4-1-1　硬件组态设备视图

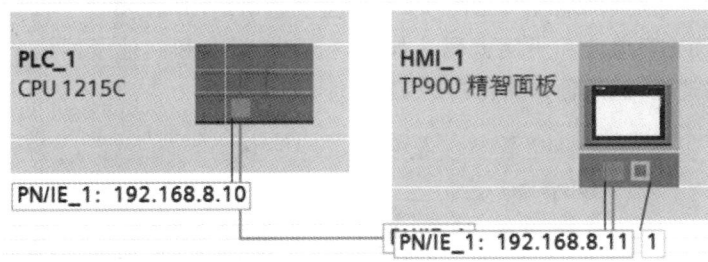

图 4-1-2　硬件组态网络视图

　　组态信号模块时，STEP7 自动地分配它们的 I/O 地址，为程序编写提供了必要的条件。

　　组态信息应下载到 CPU，CPU 按组态的参数运行。自动化系统启动时，CPU 比较组态时生成的虚拟系统和实际的硬件系统，检测出可能的错误并用巡视窗口显示。可以设置两个系统不兼容时是否启动 CPU。

　　TIA Portal 为各种模块的参数预设了默认值，一般可以采用模块的默认值，只需要修改少量的参数。

　　(2) 在设备视图中添加模块。

　　在硬件组态时，需要将 I/O 模块或通信模块放置到工作区机架的插槽内，有两种放置硬件对象的方法：一种是用拖曳的方法放置硬件对象；另一种是用双击的方法放置硬件对象。

　　(3) 硬件目录中的过滤器功能。

　　如果勾选"硬件目录"窗口左上角的"过滤"复选框，激活硬件目录的过滤器功能，则硬件目录只显示与工作区中的设备有关的硬件。

　　(4) 删除硬件组件。

　　可以删除被选中的设备视图或网络视图中的硬件组件，被删除的组件的插槽可供其他组件使用。不能单独删除 CPU 或机架，只能在网络视图或项目树中删除整个 PLC 站。

硬件组件删除后,可能在项目中产生矛盾,违反插槽规则。选中指令树中的"PLC_1",单击工具栏上方的"编译"按钮,对硬件组态进行编译。编译时进行一致性检查,如果有错误,将会显示错误信息,则应改正错误后重新进行编译,直到没有错误为止。

(5)复制与粘贴硬件组件。

可以在项目树、网络视图或设备视图中复制硬件组件,然后将保存在剪贴板上的硬件组件粘贴到其他地方。可以在网络视图中复制和粘贴站点,在设备视图中复制和粘贴模块。

(6)更改设备的型号。

右键单击项目树或设备视图中要更改型号的 CPU 或 HMI,在弹出的快捷菜单中单击"更改设备"命令,在"更改设备"对话框右边的列表中双击用来替换的设备的订货号,这样设备型号就被更改。

2. 常见组态参数

(1)以太网地址组态。

打开一个 S7-1200 项目,选中设备视图中 CPU 的 PROFINET 接口,单击巡视窗口的"属性"→"常规"→"以太网地址"(见图 4-1-3),选中默认选项"在项目中设置 IP 地址",可以手动设置接口的 IP 地址和子网掩码。如果该 CPU 需要和其他子网设备通信,应勾选"使用路由器"复选框,然后输入路由器的 IP 地址。

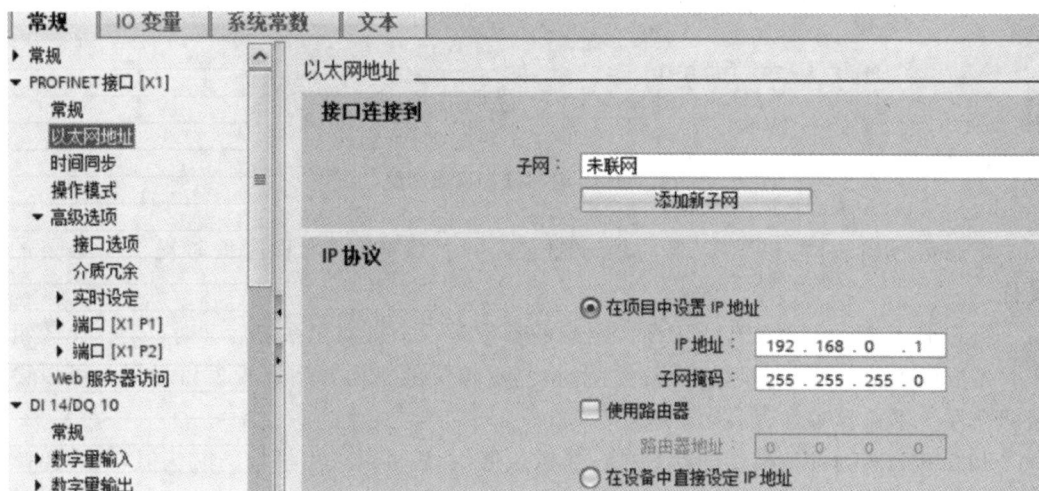

图 4-1-3　修改 IP 地址

(2)设置读写保护和密码。

选中设备视图中的 CPU 后,单击巡视窗口的"属性"→"常规"→"防护与安全"→"访问级别"(见图 4-1-4),右边窗口出现 4 个可供选择的访问级别,其中打钩的项表示在没有该访问级别密码的情况下可以执行的操作。如果要使用该访问级别没有打钩的功能,需要输入密码。

(3)设置系统存储器字节与时钟存储器字节。

选中设备视图中的 CPU,单击巡视窗口的"属性"→"常规"→"系统和时钟存储器"(见图 4-1-5),勾选相应复选框,启用系统存储器字节和时钟存储器字节,它们的默认地址为 MB1 和 MB0,也可以设置它们的地址值。

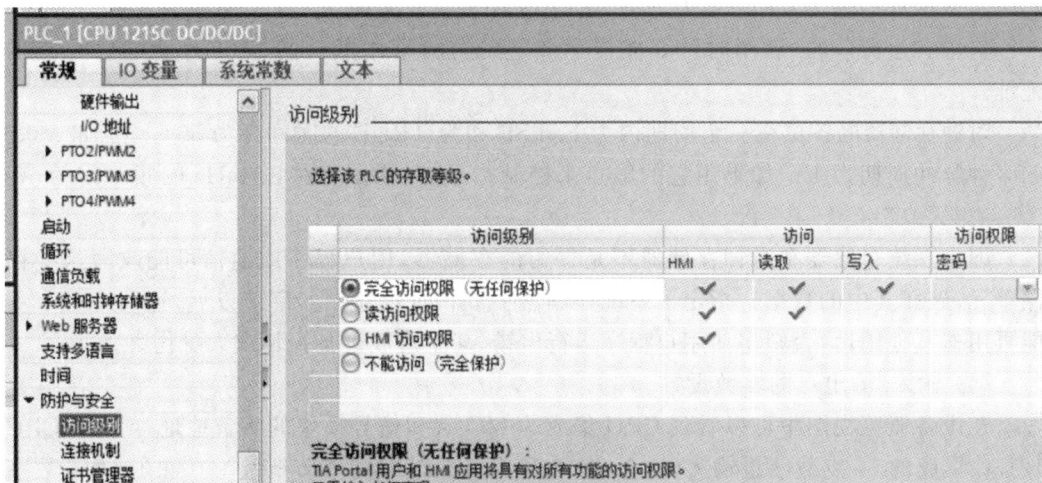

图 4-1-4　修改访问级别

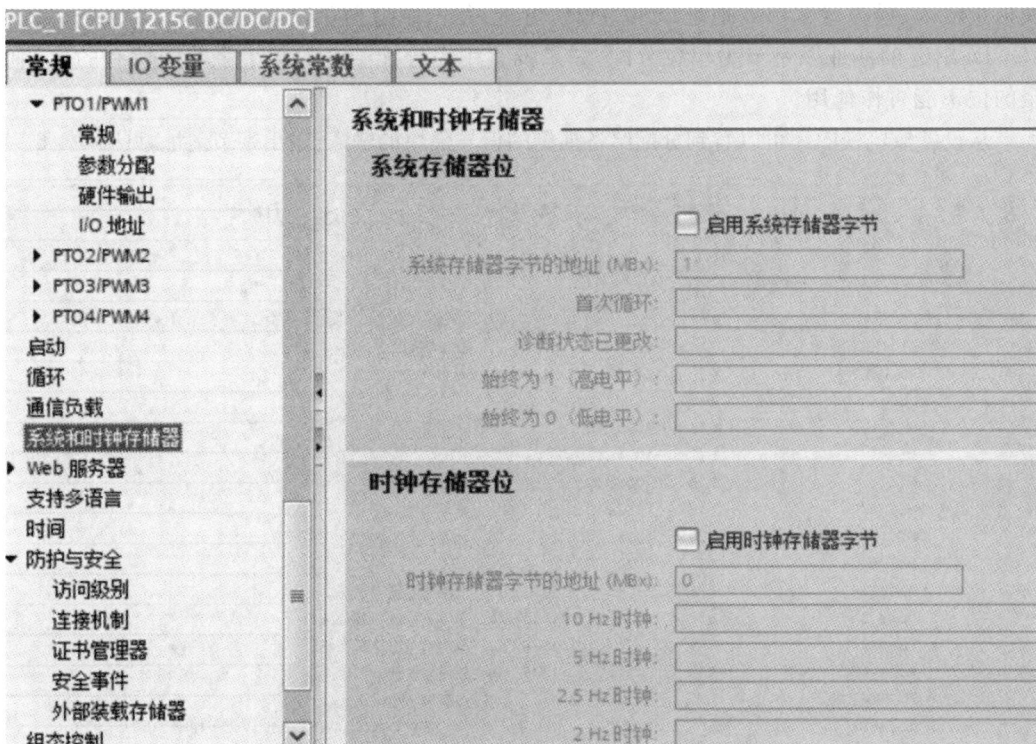

图 4-1-5　启用系统存储器字节和时钟存储器字节

将 MB1 设置为系统存储器字节后,该字节的 M1.0～M1.3 的含义如下。

① M1.0(首次循环):仅在刚进入 RUN 模式的首次扫描时为 TRUE(1 状态),以后为 FALSE(0 状态)。

② M1.1(诊断状态已更改):诊断状态发生改变时为 1 状态。

③ M1.2(始终为 1):总是为 TRUE,其常开触点总是闭合。

④ M1.3(始终为 0):总是为 FALSE,其常闭触点总是闭合。

勾选右边窗口的"启用时钟存储器字节"复选框,采用默认的 MB0 作为时钟存储器地址。

时钟存储器的各位在一个周期内为 FALSE 和为 TRUE 的时间各为 50%。例如 M0.5 的时钟脉冲周期为 1 s,如果用它的触点来控制指示灯,指示灯将以 1 Hz 的频率闪动,亮 0.5 s,熄灭 0.5 s。

因为系统存储器和时钟存储器不是保留的存储器,用户程序或通信可能改写这些存储单元,破坏其中的数据。指定了系统存储器字节和时钟存储器字节以后,这两个字节不能再用作其他用途,否则将使用户程序运行出错,甚至造成设备损坏或人身伤害。

(4)输入/输出点的参数设置。

在设备概览视图中可以看到 CPU 集成的 I/O 点和信号模块的字节地址。例如,CPU 1215C 集成的 14 点数字量输入(I0.0~I0.7 和 I1.0~I1.5)的字节地址为 0 和 1,10 点数字量输出(Q0.0~Q0.7、Q1.0 和 Q1.1)的字节地址为 0 和 1。

CPU 集成的模拟量输入点的地址为 IW64 和 IW66,每个通道占一个字或两个字节。模拟量输入、模拟量输出的地址以组为单位分配,每一组有两个输入输出点。

DI、DQ 的地址以字节为单位分配,如果没有用完分配给它的某个字节中所有的位,剩余的位不能再作他用。

从设备概览视图还可以看到分配给各插槽的信号模块的输入、输出字节地址,见图 4-1-6。

...	模块	插槽	I 地址	Q 地址	类型	订货号	固件	注
		103						
		102						
		101						
	▼ PLC_1	1			CPU 1215C DC/DC/DC	6ES7 215-1AG40-0XB0	V4.3	
	DI 14/DQ 10_1	1 1	0...1	0...1	DI 14/DQ 10			
	AI 2/AQ 2_1	1 2	64...67	64...67	AI 2/AQ 2			
		1 3						
	HSC_1	1 16	1000...10...		HSC			
	HSC_2	1 17	1004...10...		HSC			
	HSC_3	1 18	1008...10...		HSC			
	HSC_4	1 19	1012...10...		HSC			
	HSC_5	1 20	1016...10...		HSC			
	HSC_6	1 21	1020...10...		HSC			
	Pulse_1	1 32		1000...10...	脉冲发生器 (PTO/PWM)			
	Pulse_2	1 33		1002...10...	脉冲发生器 (PTO/PWM)			
	Pulse_3	1 34		1004...10...	脉冲发生器 (PTO/PWM)			
	Pulse_4	1 35		1006...10...	脉冲发生器 (PTO/PWM)			
	▶ PROFINET接口_1	1 X1			PROFINET接口			
	DI 16x24VDC_1	2	8...9		SM 1221 DI16 x 24VDC	6ES7 221-1BH32-0XB0	V2.0	
	DQ 8xNO/NC Relay_1	3		12	SM 1222 DQ8 NONC x ...	6ES7 222-1XF32-0XB0	V2.0	
	AI 8xTC_1	4	128...143		SM 1231 AI8 x TC	6ES7 231-5QF32-0XB0	V2.0	
	AQ 4x14BIT_1	5		144...151	SM 1232 AQ4	6ES7 232-4HD32-0XB0	V2.0	
		6						
		7						
		8						
		9						

图 4-1-6 设备概览视图

【任务准备】

（1）各设备 IP 地址规划见表 4-1-1。

表 4-1-1　各设备 IP 地址

设备	IP 地址
MES 电脑	192.168.8.99
PLC 电脑	192.168.8.98
PLC	192.168.8.10
HMI 触摸屏	192.168.8.11

（2）硬件设备类型及订货号见表 4-1-2。

表 4-1-2　硬件设备类型及订货号

模块类型	插槽号	订货号
通信模块 CM1241（RS422/485）	101	6ES7 241-1CH32-0XB0
CPU 模块　1215C DC/DC/DC	1	6ES7 215-1AG40-0XB0
数字量模块　DI 16x24VDC/DQ 16xRelay	2	6ES7 223-1PL32-0XB0
数字量模块　DI 16x24VDC/DQ 16xRelay	3	6ES7 223-1PL32-0XB0
数字量模块　DI 16x24VDC	4	6ES7 221-1BH32-0XB0
数字量模块　DI 16x24VDC	5	6ES7 221-1BH32-0XB0

（3）PLC 各模块 I/O 地址规划见表 4-1-3。

表 4-1-3　PLC 各模块 I/O 地址

模块	输入起始地址	输出起始地址
CPU	0	0
DI 16x24VDC/DQ 16xRelay_1	2	2
DI 16x24VDC/DQ 16xRelay_2	4	4
DI 16x24VDC_1	8	
DI 16x24VDC_2	10	

【任务实施】

设备组态操作如下。

（1）双击打开 TIA Portal 软件，在 Portal 视图下，选择"创建新项目"，设置好项目名称、存放路径、作者以及注释后点击"创建"，如图 4-1-7 所示。

（2）项目创建完成后，可以在当前界面中的"设备与网络"中添加设备，也可以在"项目视图"里进行设备组态，如图 4-1-8 所示。

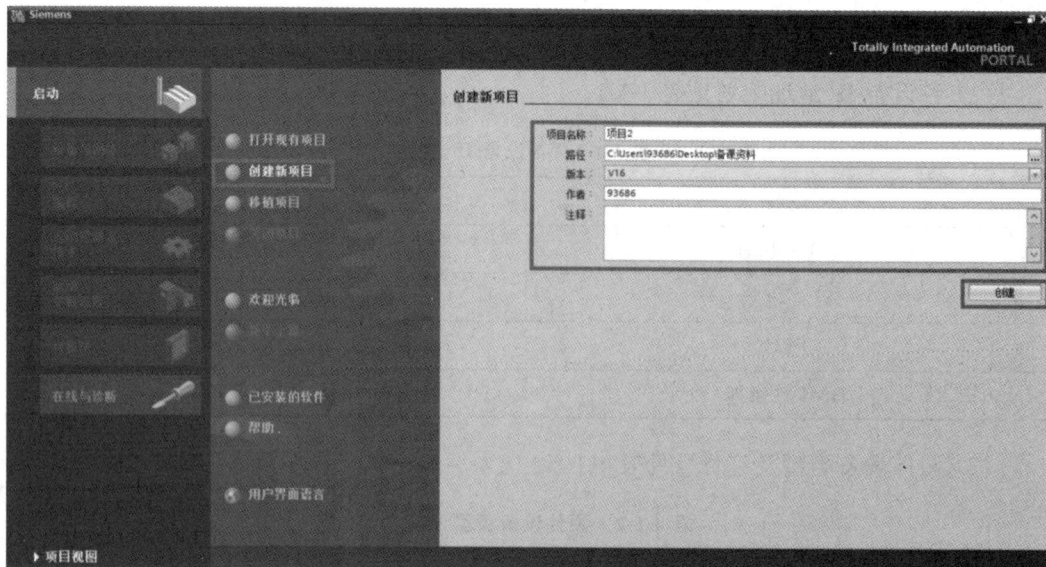

图 4-1-7　创建新项目

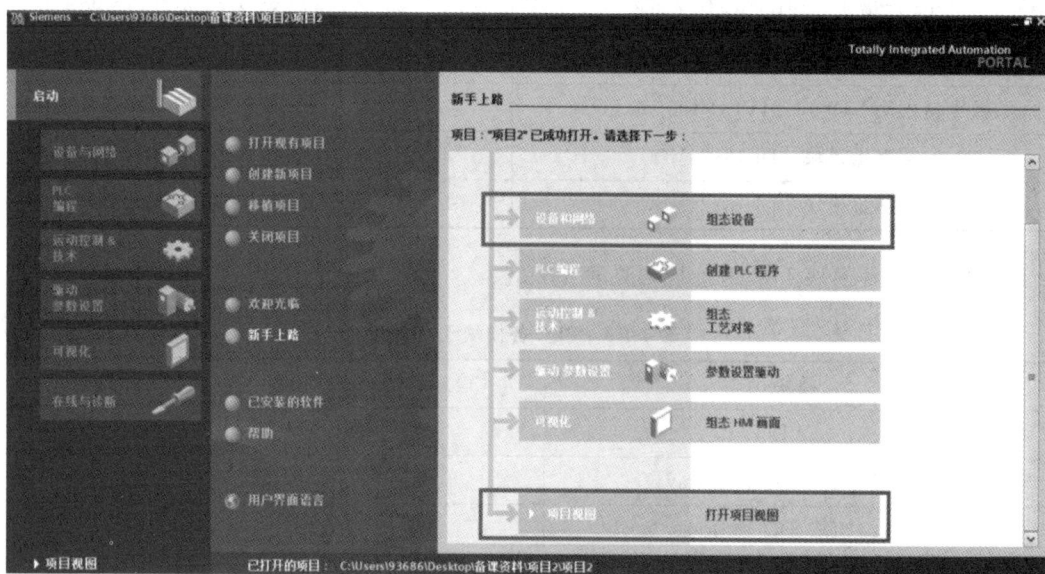

图 4-1-8　设备组态方式

（3）点击"设备与网络"，然后点击"添加新设备"，在控制器中寻找与硬件设备相对应的 PLC 的 CPU 型号，这里选用 SIMATIC S7-1200　CPU 1215C DC/DC/DC，订货号为 6ES7 215-1AG40-0XB0，版本选择 V4.1。选择好后将针对所选的 CPU 有一个简短的设备说明——"100 KB 工作存储器；24VDC 电源，板载 DI14x24VDC 漏型/源型，板载 DQ10x24VDC 及 AI2 和 AQ2；板载 6 个高速计数器和 4 个脉冲输出；信号板扩展板载 I/O；多达 3 个通信模块用于串行通信；多达 8 个信号模块用于 I/O 扩展；2 个 PROFINET 端口用于编程、HMI 和 PLC 间的通信"。点击"添加"，如图 4-1-9 所示。

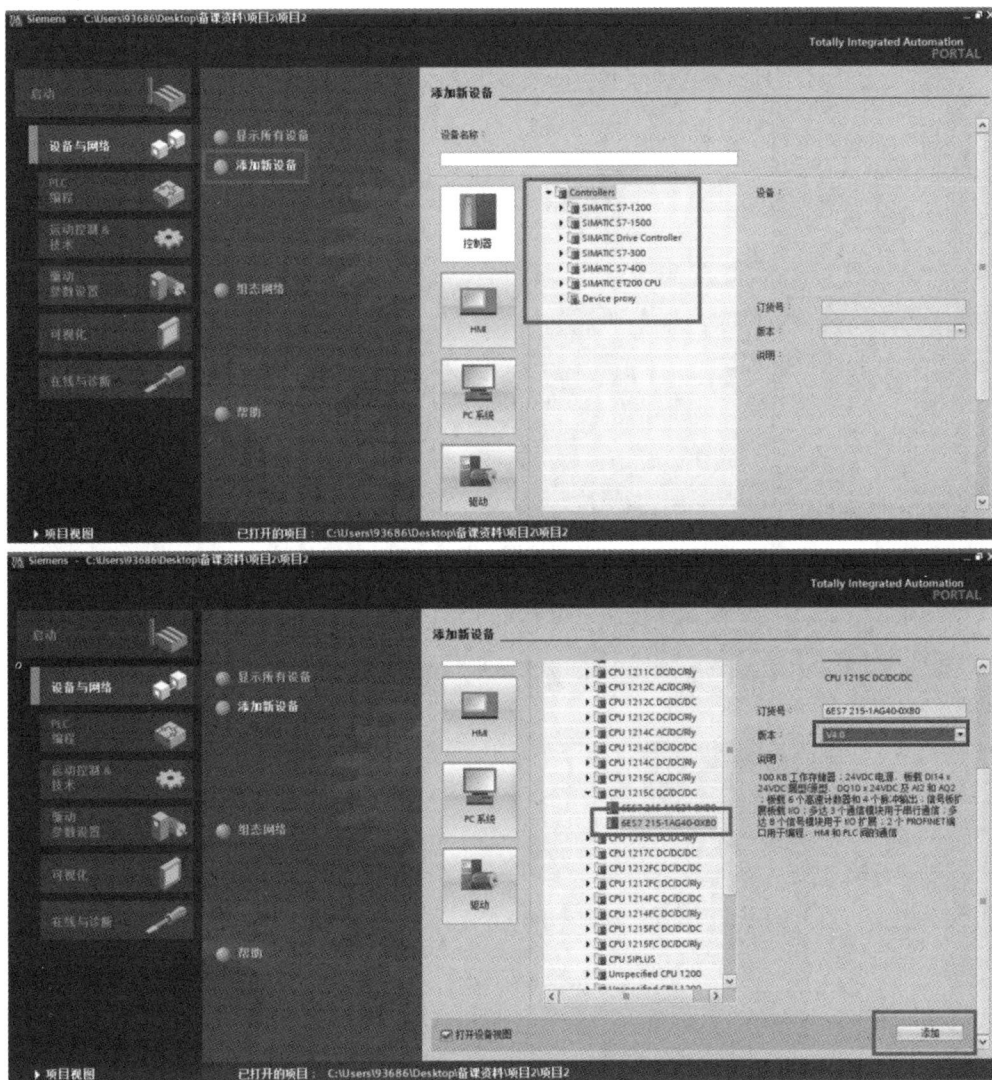

图 4-1-9　添加设备

（4）添加完成后，自动打开项目视图，如图 4-1-10 所示，我们需要更改 CPU 的 IP 地址，点击 CUP，在下方巡视窗口的属性栏里面找到"以太网地址"，将 IP 地址更改为 192. 168.8.10，子网掩码保持默认（255.255.255.0）即可。

（5）在右侧依次添加两个 DI/DQ 模块、两个 DI 模块。两个 DI/DQ 模块型号为 DI 16x24VDC/DQ 16xRelay，订货号为 6ES7 223-1PL32-0XB0，版本为 V2.0；两个 DI 模块型号为 DI 16x24VDC，订货号为 6ES7 221-1BH32-0XB0，版本为 V2.0。选中新添加的 DI/DQ 模块，在下方巡视窗口的属性栏里面找到"I/O 地址"，将第一个 DI/DQ 模块输入、输出地址的起始地址改为 2，结束地址自动更新，将第二个 DI/DQ 模块输入、输出地址的起始地址改为 4。选中新添加的 DI 模块，在下方巡视窗口的属性栏里面找到"I/O 地址"，将第一个 DI 模块输入地址的起始地址改为 8，结束地址自动更新，将第二个 DI 模块输入地址的起始地址改为 10，如图 4-1-11 所示。

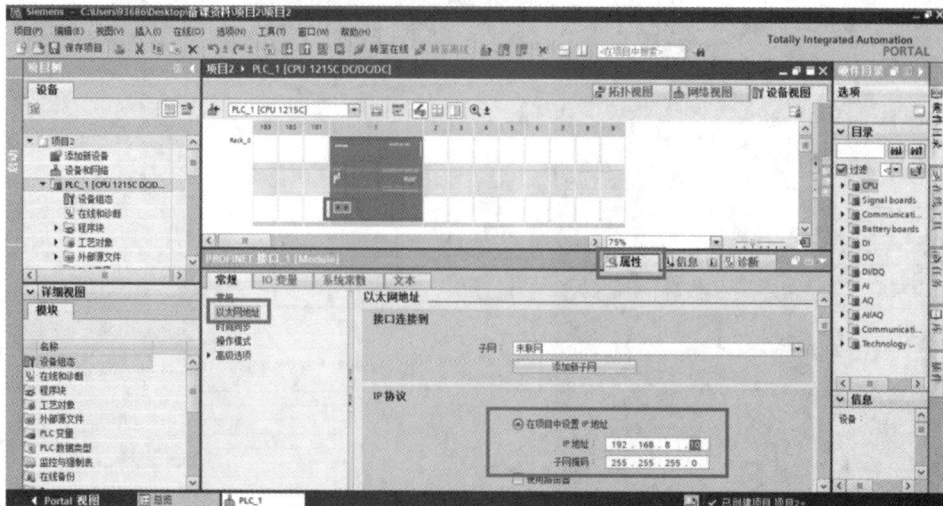

图 4-1-10　在项目视图中更改 CPU 的 IP 地址

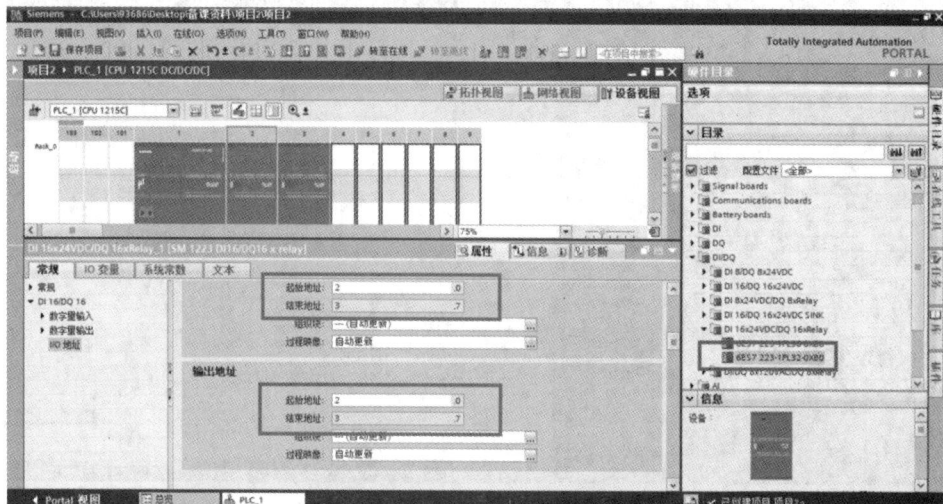

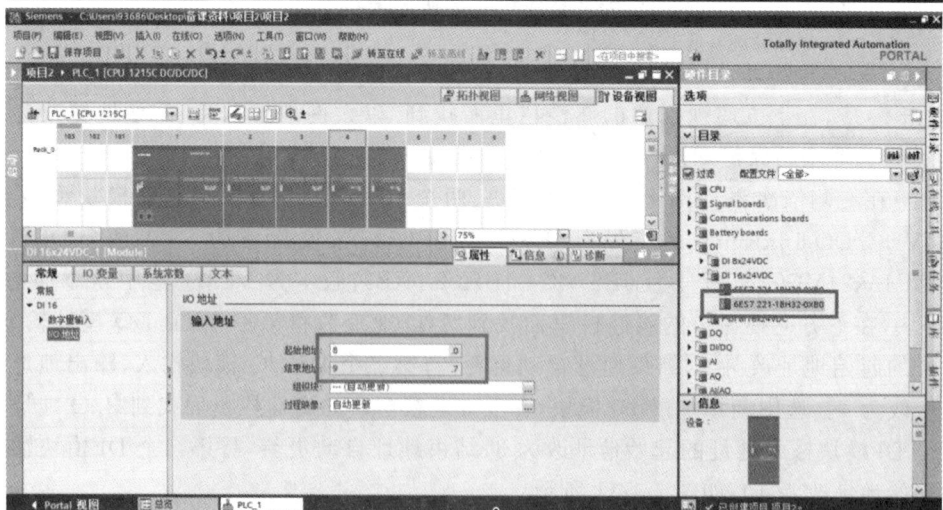

图 4-1-11　添加 DI/DQ、DI 模块并修改 I/O 地址

（6）在左侧添加一个通信模块，型号为 CM1241（RS422/485），订货号为 6ES7 241-1CH32-0XB0，版本为 V2.2。选中新添加的通信模块，在下方巡视窗口的属性栏里找到"端口组态"，将波特率改为 115.2 kbps，如图 4-1-12 所示。

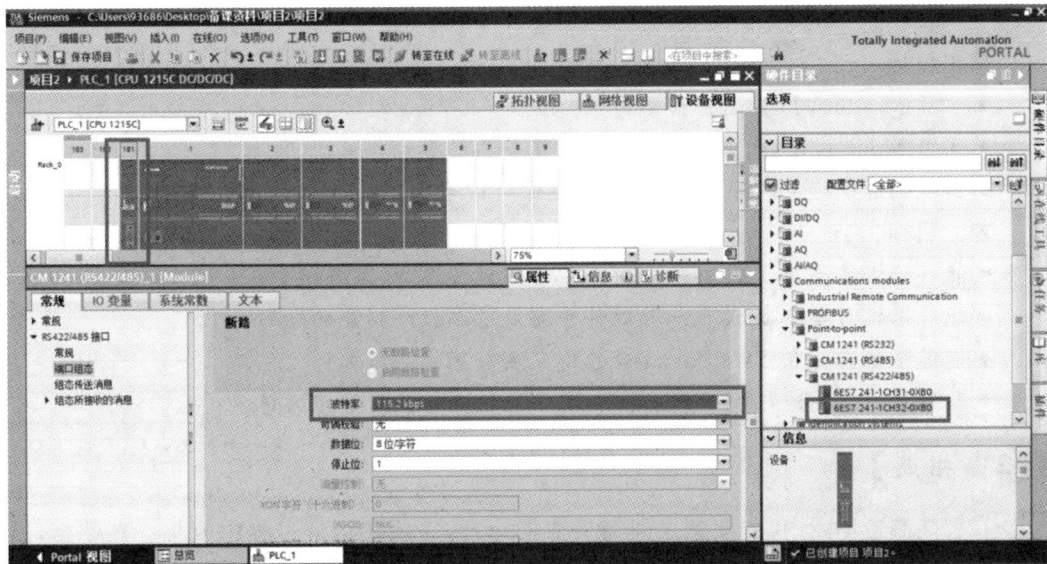

图 4-1-12　添加通信模块并修改波特率

【任务评价】

评价内容	评分标准	分值	得分
目标认知程度	工作目标明确，能快速准确收集相关资料，能合理列写自评表	10	
情感态度	工作态度端正，注意力集中，工作积极、主动	10	
团队协作	具有一定的组织、协调能力，积极与他人合作，顾全大局，共同完成工作任务	5	
知识运用能力	知识准备充分，运用熟练正确	10	
任务实施情况	按要求正确完成 PLC 硬件组态	40	
	执行安全操作规范	5	
	在规定时间内完成	5	
成果展示情况	作品完善、操作方便、功能多样、符合预期要求	5	
	积极、主动、大方地展示	5	
	展示过程语言流畅、逻辑性强、表达准确到位	5	
总分		100	

任务二　总控 PLC 与制造执行系统(MES)通信配置

【学习目标】

知识目标

◆ 了解 Modbus TCP 通信协议;

◆ 掌握 Modbus TCP 通信协议服务器指令各引脚的作用;

◆ 掌握制造执行系统(MES)与 PLC 通信的信号交互规则。

能力目标

◆ 能够根据需要在 TIA Portal 软件中完成设备添加、设备组态;

◆ 能够根据需要在 TIA Portal 软件中完成基本程序指令的编写;

◆ 能够根据需要在 TIA Portal 软件中完成数据块的添加;

◆ 能够根据需要进行 Modbus TCP 通信协议服务器指令的编辑。

【任务描述】

在智能制造单元中,各设备之间需要协同运行,需要在运行过程中收集一些数据,所以智能制造单元的各个设备之间都进行了链接。例如,制造执行系统(MES)与 PLC 之间的链接用网线实现。这是硬件方面的链接。在软件方面,我们需要添加与实际设备一样的虚拟设备,进行设备组态和 IP 地址、I/O 端口号更改;然后在程序块里面添加通信指令、Modbus TCP 通信协议,进行程序的编写,从而实现制造执行系统(MES)与 PLC 之间的通信链接。

【任务分析】

1. Modbus 通信协议

MES 与 PLC 使用 Modbus TCP/IP 协议进行通信,Modbus 是一种国际通用的应用于工业现场控制的通信协议,使用该协议进行通信时要求双方同时按照协议约定进行编程。本任务中,通信双方为 MES 软件与 PLC,MES 软件经过软件工程师的编程已经配置好 Modbus 通信功能,西门子 S7-1200 PLC 本身具备非常强大的通信功能,其中就包括 Modbus 通信功能。

那么 Modbus 通信协议具体是什么呢? 这是一个难理解的点,受限于篇幅和把握重点,编者将其中重点核心内容总结如下:

Modbus 通信协议没有定义标准的物理接口,因此不同类型的物理接口衍生出不同类型的通信协议,本任务为 Modbus TCP/IP 通信,其接口是 RJ45 水晶头,就是生活中随处可见的网口,但不同接口类型的 Modbus 通信都遵循相同的信息帧编码格式,如图 4-2-1 所示。

信息帧是由一串按通信协议编码的逻辑 0 和 1 构成的,其作用是传送信息和数据,由地址域、功能码、数据、差错校验构成,其作用分别如下。

(1)地址域:数据信息编码成信息帧后发送给目标对象,对于 Modbus TCP/IP 通信协议,其地址域为目标设备的 IP 地址及服务器端口号。

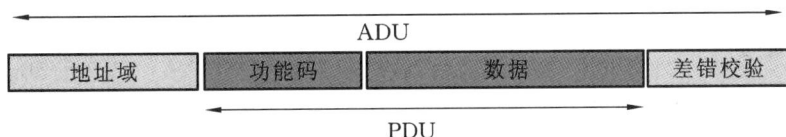

图 4-2-1　Modbus 通用信息帧

（2）功能码：不同功能码具备不同功能，例如读、写、诊断等。功能码由 Modbus 通信协议规定，所有类型 Modbus 通信协议都遵守相同的功能码，如表 4-2-1 所示。

表 4-2-1　功能码

数据长度	寄存器类型	功能	功能码（十六进制）
单比特访问	物理离散量输入	读输入离散量	02
	内部比特或物理线圈	读线圈	01
		写单个线圈	05
		写多个线圈	0F
16 比特访问	输入存储器	读输入寄存器	04
	内部存储器或物理输出存储器	读多个寄存器	03
		写单个寄存器	06
		写多个寄存器	10
		读/写多个寄存器	17
		屏蔽写寄存器	16
文件记录访问		读文件记录	14
		写文件记录	15

（3）数据：要发送或接收的信息。

（4）差错校验：确保接收或发送的数据无误。

2. 客户端与服务器

Modbus TCP/IP 通信协议规定通信双方分别为客户端和服务器，其作用分别如下。

（1）客户端：发出数据请求的一方，根据不同功能码实现不同功能。例如，功能码16#03是读服务器的多个寄存器，16#10 是将数据写入服务器的多个寄存器。

（2）服务器：被动响应客户端的数据请求，例如客户端要读取服务器内部 Modbus 寄存器的数值，服务器就被动发送；客户端要写入服务器内部 Modbus 寄存器数值，服务器就被动写入。

在本任务中，MES 端作为客户端，软件出厂时已经配置好，无法更改，PLC 只能作为服务器，但理论上双方谁作为客户端都可以，在此选择 PLC 作为服务器的原因如下：

（1）从双方主导角度来讲，MES 起主导作用；

（2）PLC 作为客户端，编程会很复杂，因为 PLC 和 MES 的通信变量表里读写是交错分开不连续的。

【任务准备】

（1）各设备 IP 地址规划见表 4-2-2。

表 4-2-2　各设备 IP 地址

设备	IP 地址
MES 电脑	192.168.8.99
PLC 电脑	192.168.8.98
PLC	192.168.8.10
HMI 触摸屏	192.168.8.11

（2）硬件设备类型及订货号见表 4-2-3。

表 4-2-3　硬件设备类型及订货号

模块类型	插槽号	订货号
通信模块 CM1241(RS422/485)	101	6ES7 241-1CH32-0XB0
CPU 模块 1215C DC/DC/DC	1	6ES7 215-1AG40-0XB0
数字量模块 DI 16x24VDC/DQ 16xRelay	2	6ES7 223-1PL32-0XB0
数字量模块 DI 16x24VDC/DQ 16xRelay	3	6ES7 223-1PL32-0XB0
数字量模块 DI 16x24VDC	4	6ES7 221-1BH32-0XB0
数字量模块 DI 16x24VDC	5	6ES7 221-1BH32-0XB0

（3）PLC 各模块 I/O 地址规划见表 4-2-4。

表 4-2-4　PLC 各模块 I/O 地址

模块	输入起始地址	输出起始地址
CPU	0	0
DI 16x24VDC/DQ 16xRelay_1	2	2
DI 16x24VDC/DQ 16xRelay_2	4	4
DI 16x24VDC_1	8	
DI 16x24VDC_2	10	

【任务实施】

1. 设备组态

参考项目四任务一相关内容。

2. 编写通信程序

（1）完成组态后，根据 MES 与 PLC 的信号交互表，新建一个数据块，双击左侧添加新块,选择数据块 DB,编号选择"手动",输入"100",点击"确定",如图 4-2-2 所示。

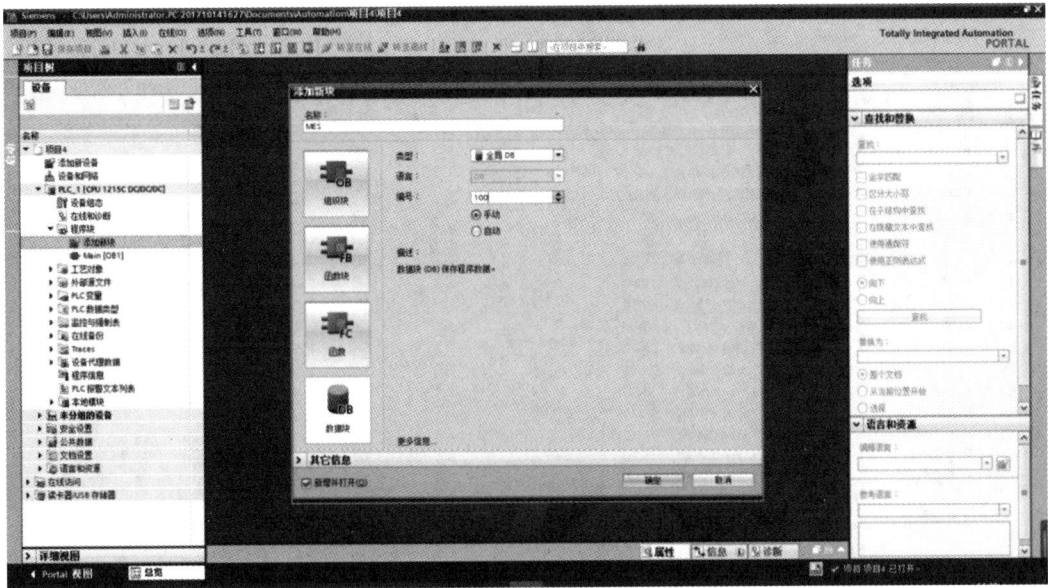

图 4-2-2　添加新块

（2）鼠标右键单击新创建的数据块,点击"属性",取消勾选"优化的块访问",这样就可以进行绝对寻址了。然后根据 MES 与 PLC 的信号表,完整无误地添加整个信号表,完成编译,如图 4-2-3 所示。

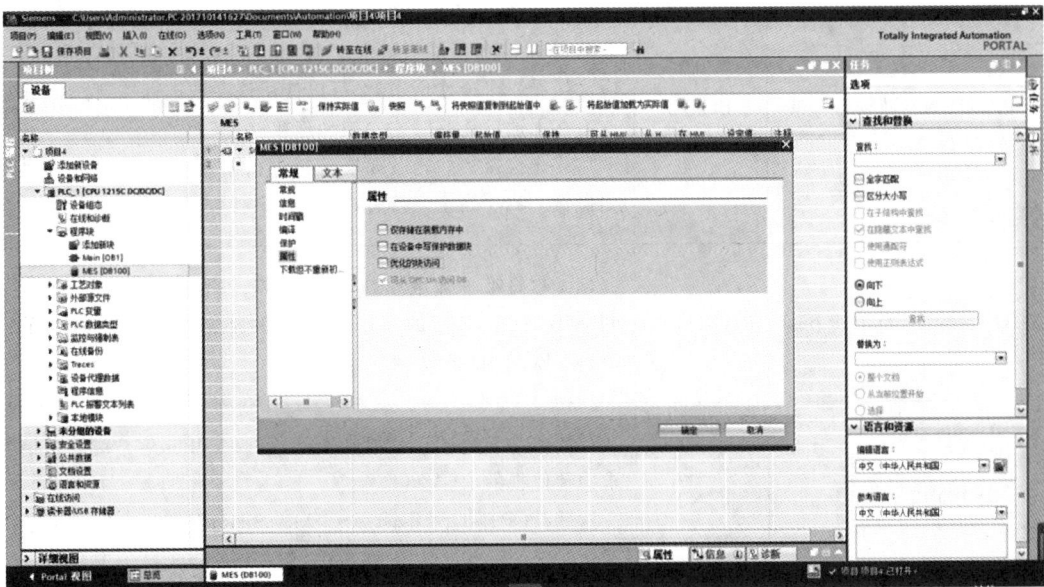

图 4-2-3　添加信号表

智能制造单元程序 ▶ PLC_1 [CPU 1215C DC/DC/DC] ▶ 程序块 ▶ MES [DB100]

保持实际值　快照　将快照值复制到起始值中　将起始值加载为实际值

MES

	名称	数据类型	偏移量	起始值	保持	可从HMI...	从H...	在HMI...	设定值	注释
1	▼ Static									
2	▶ MES too PLC	Array[1..10] of Int	0.0			✓	✓	✓		
3	▶ MES feedback PLC	Array[1..10] of Int	20.0			✓	✓	✓		
4	▶ PLC too MES	Array[1..10] of Int	40.0			✓	✓	✓		
5	▶ PLC feedback MES	Array[1..10] of Int	60.0			✓	✓	✓		
6	▶ robot	Array[1..12] of Int	80.0			✓	✓	✓		
7	车床加工完成	Int	104.0	0		✓	✓	✓		
8	加工中心加工完成	Int	106.0	0		✓	✓	✓		
9	▶ 预留_2	Array[1..6] of Int	108.0			✓	✓	✓		
10	▶ 仓库	Array[1..32] of Bool	120.0			✓	✓	✓		
11	▶ 预留	Array[1..3] of Int	124.0			✓	✓	✓		
12	▶ 车床	Array[1..16] of Bool	130.0			✓	✓	✓		
13	▶ 加工中心	Array[1..16] of Bool	132.0			✓	✓	✓		
14	▶ 预留_1	Array[1..3] of Int	134.0			✓	✓	✓		
15	▶ RFID	Array[1..30] of "RFID"	140.0			✓	✓	✓		
16	▶ 标定值	Array[1..5] of "计算"	380.0			✓	✓	✓	✓	
17	▶ 机器人值	Array[1..7] of "计算"	410.0			✓	✓	✓	✓	
18	▶ 测量值	Array[1..6] of "计算"	452.0			✓	✓	✓	✓	

续图 4-2-3

（3）在右侧指令栏里，选择"通信"→"其它"→"MODBUS TCP"→"MB_SERVER"，将 PLC 作为服务器来和 MES 进行通信。MB_SERVER 指令引脚具体说明见表 4-2-5。

表 4-2-5　MB_SERVER 指令引脚说明

参数	声明	数据类型	说明
DISCONNECT	Input	BOOL	指令"MB_SERVER"建立与一个伙伴模块的被动连接，即服务器会对来自每个请求 IP 地址的 TCP 连接请求进行响应。接受一个连接请求后，可以使用该参数进行控制。 0：在无通信连接时建立被动连接。 1：终止连接初始化。如果已置位该输入，那么不会执行其他操作。成功终止连接后，STATUS 参数将输出值 7003
CONNECT_ID	Input	UINT	该参数将唯一确定 CPU 中的连接。指令"MB_CLIENT"和"MB_SERVER"的每个单独实例都必须有一个唯一的 CONNECT_ID 参数
IP_PORT	Input	UINT	起始值为 502。该 IP 端口号定义了 Modbus 客户端连接请求中待监视的 IP 端口。 这些 TCP 端口号不能用于"MB_SERVER"指令的被动连接：20、21、25、80、102、123、5001、34962、34963 和 34964
MB_HOLD_REG	InOut	VARIANT	指向"MB_SERVER"指令中 Modbus 保持性寄存器的指针。将具有标准访问权限的全局数据块用作保持性寄存器

续表

参数	声明	数据类型	说明
NDR	Output	BOOL	"New Data Ready": 0:无新数据; 1:从 Modbus 客户端写入新数据
DR	Output	BOOL	"Data Read": 0:未读取数据; 1:从 Modbus 客户端读取数据
ERROR	Output	BOOL	如果在调用"MB_SERVER"指令过程中出错,则将 ERROR 参数的输出设置为 TRUE。有关错误原因的详细信息,将由 STATUS 参数指定
STATUS	Output	WORD	指令的错误代码

如图 4-2-4 所示,MB_HOLD_REG 引脚上填写的 P♯DB100.DBX0.0 WORD 250 是用来寻址的固定格式,P♯后面的 DB100 是存储寄存器数据的数据块标号;后面的 DBX0.0,DB 是格式,X0.0 表示从 X0.0 开始读取或写入;WORD 表示数据类型为字,16 位;250 表示总共进行 250 个字的寻址。

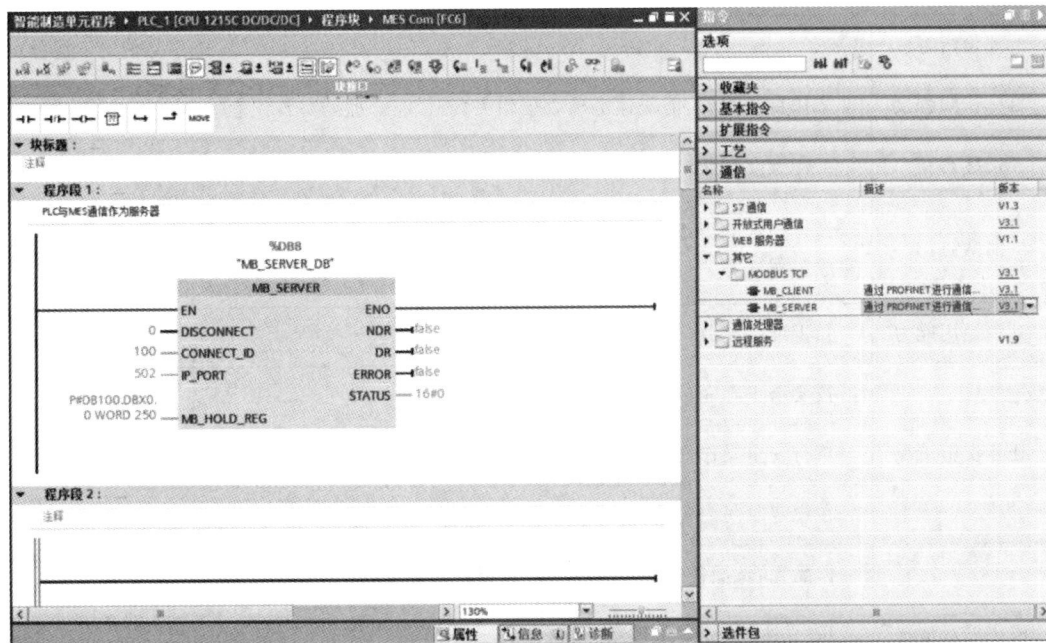

图 4-2-4 MB_SERVER 指令

(4)最后把软件中的程序下载到西门子 PLC 硬件中。点击上方工具栏的"下载"按钮,设定好 PG/PC 接口,单击"开始搜索",选中搜索到的设备,点击"下载",如图 4-2-5 所示。

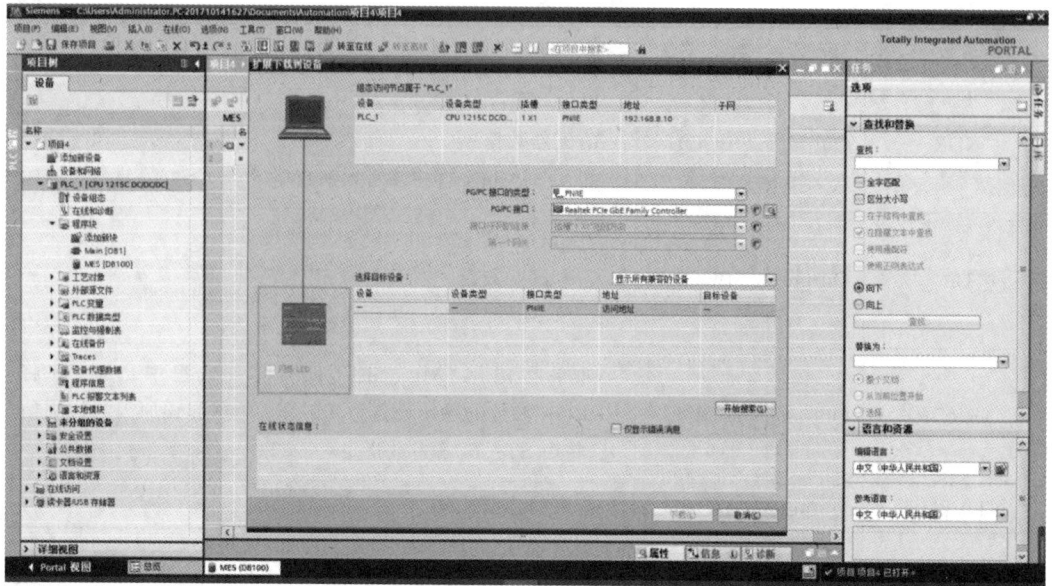

图 4-2-5　程序下载到 PLC

【任务评价】

评价内容	评分标准	分值	得分
目标认知程度	工作目标明确,能快速准确收集相关资料,能合理列写自评表	10	
情感态度	工作态度端正,注意力集中,工作积极、主动	10	
团队协作	具有一定的组织、协调能力,积极与他人合作,顾全大局,共同完成工作任务	5	
知识运用能力	知识准备充分,运用熟练正确	10	
任务实施情况	按要求正确完成 MES 与 PLC 的通信配置	40	
	执行安全操作规范	5	
	在规定时间内完成	5	
成果展示情况	作品完善、操作方便、功能多样、符合预期要求	5	
	积极、主动、大方地展示	5	
	展示过程语言流畅、逻辑性强、表达准确到位	5	
总分		100	

任务三　总控 PLC 与工业机器人通信配置

【学习目标】

知识目标

◆ 了解 Modbus TCP 通信协议标准；

◆ 掌握 PLC 与工业机器人通过 Modbus TCP 通信的方法。

能力目标

◆ 能根据通信要求，通过 TIA Portal 完成 PLC 硬件组态；

◆ 能根据通信要求，通过 TIA Portal 完成 PLC 与工业机器人数据交互表的创建；

◆ 能根据通信要求，通过 TIA Portal 完成 PLC 作为客服端与工业机器人的通信搭建。

【任务描述】

工业机器人作为切削加工智能制造单元的执行机构，它的主要作用就是给数控机床上下工件和搬运物料，它不需要进行单元运行逻辑的思考，只需要执行由 PLC 发送过来的命令。什么时候该上料，什么时候该下料，都是由 PLC 来告诉机器人。PLC 与工业机器人之间是用网线来连接的。我们需要在 TIA Portal 软件上进行设备组态，在软件上添加一个和实际设备一样的虚拟设备，然后进行通信程序的编写，实现工业机器人与 PLC 之间的通信。

【任务分析】

工业机器人与 PLC 之间是由网线进行连接的，通信协议为 Modbus TCP，其中，工业机器人作为服务器，PLC 作为客户端，工业机器人端 IP 地址已经设定完成（IP 地址为 192.168.8.103），只需要设定 PLC 的 IP 地址以及 TIA Portal 软件所在电脑的 IP 地址。首先需要在软件上添加 PLC 设备并组态，这里 PLC 是客户端，需要添加客户端的通信指令，设置通信指令上参数，下载到 PLC 硬件里面，实现 PLC 与工业机器人间的通信。

【任务准备】

（1）PLC 硬件模块类型及订货号见表 4-3-1。

表 4-3-1　PLC 硬件模块类型及订货号

模块类型	插槽号	订货号
通信模块 CM1241（RS422/485）	101	6ES7 241-1CH32-0XB0
CPU 模块 1215C DC/DC/DC	1	6ES7 215-1AG40-0XB0
数字量模块 DI 16x24VDC/DQ 16xRelay	2	6ES7 223-1PL32-0XB0
数字量模块 DI 16x24VDC/DQ 16xRelay	3	6ES7 223-1PL32-0XB0

模块类型	插槽号	订货号
数字量模块 DI 16x24VDC	4	6ES7 221-1BH32-0XB0
数字量模块 DI 16x24VDC	5	6ES7 221-1BH32-0XB0

（2）PLC 与工业机器人通信变量表见表 4-3-2。

表 4-3-2 PLC 与工业机器人通信变量表

通信地址	变量类型	功能	定义
30001	INT	读	（系统数据)J1 轴实时坐标值
30002	INT	读	（系统数据)J2 轴实时坐标值
30003	INT	读	（系统数据)J3 轴实时坐标值
30004	INT	读	（系统数据)J4 轴实时坐标值
30005	INT	读	（系统数据)J5 轴实时坐标值
30006	INT	读	（系统数据)J6 轴实时坐标值
30007	INT	读	（系统数据)E1 轴实时坐标值
30008	INT	读	（系统数据)机器人状态
30009	INT	读	（系统数据)机器人 home 位
30010	INT	读	（系统数据)机器人模式
30011	INT	读	R[90]
30012	INT	读	R[11]
30013	INT	读	R[12]
30014	INT	读	R[13]
30015	INT	读	R[14]
30016	INT	读	R[24]
40001	INT	写	R[15]
40002	INT	写	R[16]
40003	INT	写	R[17]
40004	INT	写	R[18]
40005	INT	写	R[19]
40006	INT	写	R[20]
40007	INT	写	R[21]
40008	INT	写	外部使能
40009	INT	写	R[23]
40010	INT	写	R[25]

续表

通信地址	变量类型	功能	定义
40011	INT	写	R[26]
40012	INT	写	R[27]
40013	INT	写	R[28]
40014	INT	写	R[29]
40015	INT	写	R[31]
40016	INT	写	

（3）PLC 各模块 I/O 地址规划见表 4-3-3。

表 4-3-3　PLC 各模块 I/O 地址

模块	输入起始地址	输出起始地址
CPU	0	0
DI 16x24VDC/DQ 16xRelay_1	2	2
DI 16x24VDC/DQ 16xRelay_2	4	4
DI 16x24VDC_1	8	
DI 16x24VDC_2	10	

（4）各设备 IP 地址规划见表 4-3-4。

表 4-3-4　各设备 IP 地址

设备	IP 地址
工业机器人	192.168.8.103
PLC 电脑	192.168.8.98
PLC	192.168.8.10

【任务实施】

1. 设备组态

参考项目四任务一相关内容。

2. 编写通信程序

（1）组态完成后，根据工业机器人与 PLC 的信号交互表，新建一个数据块，双击左侧添加新块，选择数据块 DB，编号选择"手动"，输入"101"，点击"确定"。用鼠标右键单击新创建的数据块，点击"属性"，取消勾选"优化的块访问"，这样就可以进行绝对寻址了。然后根据工业机器人与 PLC 的信号表，完整无误地添加整个信号表，进行编译，就会出现一个偏移量，如图 4-3-1 所示。

（2）将软件中的程序下载到西门子 PLC 硬件中。点击上方工具栏的"下载"按钮，设定好 PG/PC 接口，单击"开始搜索"，选中搜索到的设备，点击"下载"，如图 4-3-2 所示。

智能制造单元程序 ▶ PLC_1 [CPU 1215C DC/DC/DC] ▶ 程序块 ▶ Rbt Data [DB101]

Rbt Data

	名称	数据类型	偏移量	起始值	保持	可从HMI…	从H…	在HMI…	设定值	注释
1	▼ Static									
2	J1	Int	0.0	0		✓	✓	✓		(系统数据)J1轴实时坐标值
3	J2	Int	2.0	0		✓	✓	✓		(系统数据)J2轴实时坐标值
4	J3	Int	4.0	0		✓	✓	✓		(系统数据)J3轴实时坐标值
5	J4	Int	6.0	0		✓	✓	✓		(系统数据)J4轴实时坐标值
6	J5	Int	8.0	0		✓	✓	✓		(系统数据)J5轴实时坐标值
7	J6	Int	10.0	0		✓	✓	✓		(系统数据)J6轴实时坐标值
8	J7	Int	12.0	0		✓	✓	✓		(系统数据)E1轴实时坐标值
9	RobotAlarm	Int	14.0	0		✓	✓	✓		(系统数据)机器人状态
10	RobotHome	Int	16.0	0		✓	✓	✓		(系统数据)机器人home位
11	RobotModel	Int	18.0	0		✓	✓	✓		(系统数据)机器人模式
12	RobotSpeed	Int	20.0	0		✓	✓	✓		空闲 忙
13	Response_M	Int	22.0	0		✓	✓	✓		取料位应答
14	Response_N	Int	24.0	0		✓	✓	✓		放料位应答
15	Response_K	Int	26.0	0		✓	✓	✓		设备号应答
16	RFID	Int	28.0	0		✓	✓	✓		到达RFID位置
17	Robot_Status	Int	30.0	0		✓	✓	✓		取料位
18	M	Int	32.0	0		✓	✓	✓		取料位
19	N	Int	34.0	0		✓	✓	✓		放料位
20	K	Int	36.0	0		✓	✓	✓		设备应答号
21	RFID_Done	Int	38.0	0		✓	✓	✓		RFID读写完成
22	L_Door	Int	40.0	0		✓	✓	✓		车床安全门
23	C_Door	Int	42.0	0		✓	✓	✓		加工中心安全门
24	Tool_Num	Int	44.0	0		✓	✓	✓		工具号
25	ROB_EN	Int	46.0	0		✓	✓	✓		外部使能
26	RFID_ReadOrWrite	Int	48.0	0		✓	✓	✓		机器人去RFID_1-30
27	Start	Int	50.0	0		✓	✓	✓		启动
28	车床卡盘	Int	52.0	0		✓	✓	✓		
29	CNC卡盘	Int	54.0	0		✓	✓	✓		
30	预留	Int	56.0	0		✓	✓	✓		
31	预留_1	Int	58.0	0		✓	✓	✓		
32	HMI_Order	Int	60.0	0		✓	✓	✓		
33	Ext_Model	Int	62.0	0		✓	✓	✓		

图 4-3-1　工业机器人偏移量

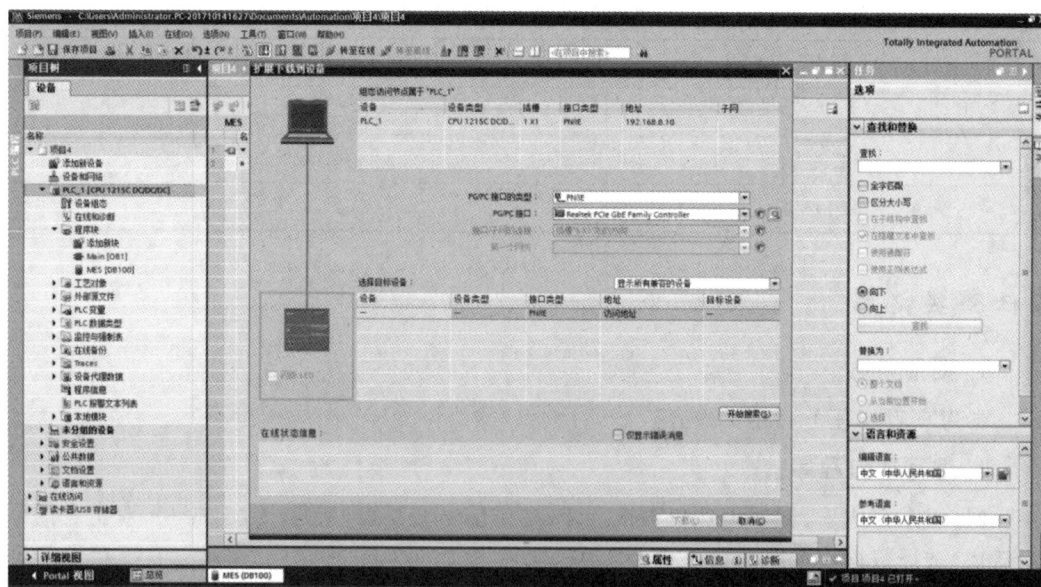

图 4-3-2　程序下载到 PLC

（3）在右侧指令栏中，选中"通信"→"其它"→"MODBUS TCP"→"MB_CLIENT"，如图 4-3-3(a)所示。MB_CLIENT 指令各引脚说明见表 4-3-5。MB_MODE 引脚上，"0"代表的是读取，"1"代表的是写入。MB_DATA_PTR 引脚上填写的 P♯DB101.DBX0.0 WORD 16 是用来寻址的固定格式，P♯后面的 DB101 是存储寄存器数据的数据块标号；后面的 DBX0.0，DB 是格式，X0.0 表示从 X0.0 开始读取或写入；WORD 表示数据类型为字，16 位；16 表示总共进行 16 个字的长度的寻址。

总共需要添加两个 MB_CLIENT 指令，第二次无须添加新的 MB_CLIENT 指令，只需复制粘贴前一个 MB_CLIENT 指令，更改模式、起始地址、数据寄存器位置即可，如图 4-3-3(b)所示。

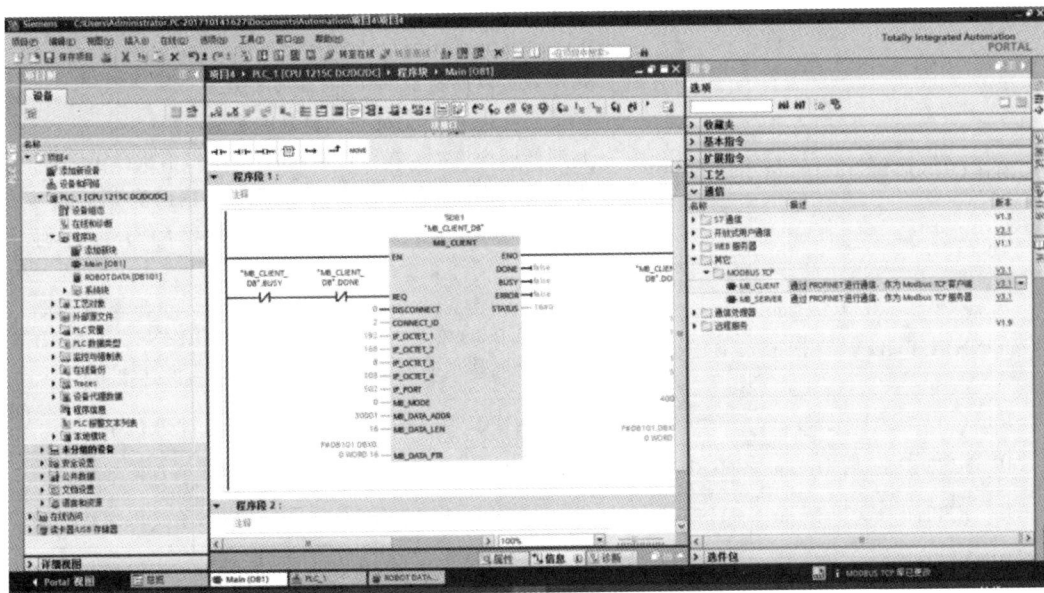

（a）

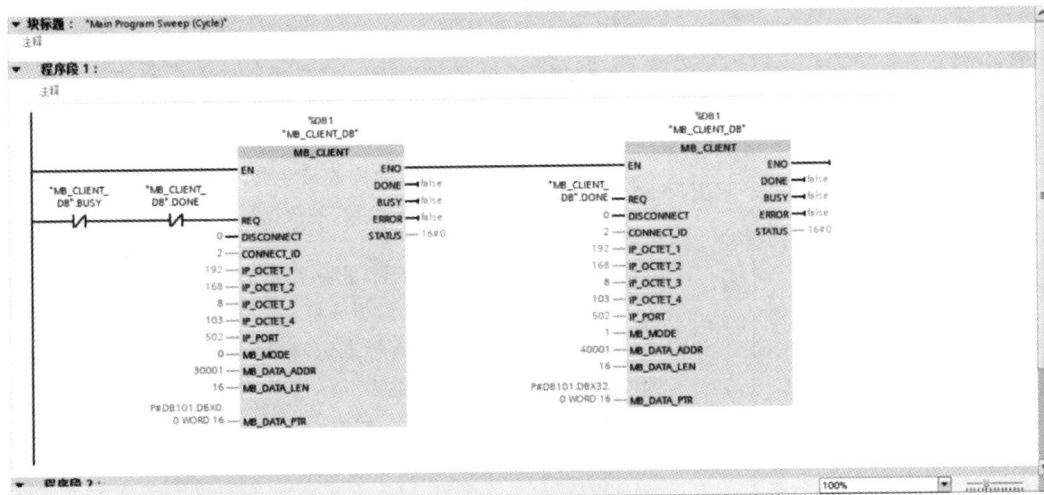

（b）

图 4-3-3　添加 MB_CLIENT 指令

表 4-3-5　　MB_CLIENT 指令各引脚说明

参数	声明	数据类型	说明
REQ	Input	BOOL	与 Modbus TCP 服务器之间的通信请求 REQ 参数受到等级控制。这意味着只要设置了输入（REQ＝TRUE），指令就会发送通信请求。 其他客户端背景数据块的通信请求被阻止。 在服务器进行响应或输出错误消息之前，对输入参数的更改不会生效。 如果在 Modbus 请求期间再次设置了参数 REQ，此后将不会进行任何其他传输
DISCONNECT	Input	BOOL	该参数可以控制与 Modbus 服务器建立或终止连接。 0：建立与指定 IP 地址和端口号的通信连接； 1：断开通信连接。在终止连接的过程中，不执行任何其他功能。成功终止连接后，STATUS 参数将输出值 7003。 而如果在建立连接的过程中设置了参数 REQ，将立即发送请求
CONNECT_ID	Input	UINT	确定连接的唯一 ID。指令"MB_CLIENT"和"MB_SERVER"的每个实例都必须指定一个唯一的连接 ID
IP_OCTET_1	Input	USINT	Modbus TCP 服务器 IP 地址*中的第 1 个八位字节
IP_OCTET_2	Input	USINT	Modbus TCP 服务器 IP 地址*中的第 2 个八位字节
IP_OCTET_3	Input	USINT	Modbus TCP 服务器 IP 地址*中的第 3 个八位字节
IP_OCTET_4	Input	USINT	Modbus TCP 服务器 IP 地址*中的第 4 个八位字节
IP_PORT	Input	UINT	服务器上使用 TCP/IP 协议与客户端建立连接和通信的 IP 端口号（默认值：502）
MB_MODE	Input	USINT	选择请求模式（读取、写入或诊断）
MB_DATA_ADDR	Input	UDINT	由"MB_CLIENT"指令所访问数据的起始地址
MB_DATA_LEN	Input	UINT	数据长度：数据访问的位数或字数（请参见"MB_MODE"和"MB_DATA_ADDR 参数"的数据长度）
MB_DATA_PTR	InOut	VARIANT	指向 Modbus 数据寄存器的指针。寄存器是缓存从 Modbus 服务器接收的数据或将发送到 Modbus 服务器的数据。指针必须引用具有标准访问权限的全局数据块。寻址到的位数必须可被 8 整除
DONE	Out	BOOL	只要最后一个作业成功完成，立即将输出参数 DONE 置位为"1"
BUSY	Out	BOOL	0：当前没有正在处理的"MB_CLIENT"作业； 1："MB_CLIENT"作业正在处理中

续表

参数	声明	数据类型	说明
ERROR	Out	BOOL	0：无错误； 1：出错。出错原因由参数 STATUS 指示
STATUS	Out	WORD	指令的错误代码

* 指 Modbus TCP 服务器 32 位 IPv4 IP 地址中的 8 位长度的部分。

【任务评价】

评价内容	评分标准	分值	得分
目标认知程度	工作目标明确，能快速准确收集相关资料，能合理列写自评表	10	
情感态度	工作态度端正，注意力集中，工作积极、主动	10	
团队协作	具有一定的组织、协调能力，积极与他人合作，顾全大局，共同完成工作任务	5	
知识运用能力	知识准备充分，运用熟练正确	10	
任务实施情况	按要求正确完成工业机器人与 PLC 通信配置	40	
	执行安全操作规范	5	
	在规定时间内完成	5	
成果展示情况	作品完善、操作方便、功能多样、符合预期要求	5	
	积极、主动、大方地展示	5	
	展示过程语言流畅、逻辑性强、表达准确到位	5	
总分		100	

任务四　总控 PLC 与 RFID 读写器通信配置

【学习目标】

知识目标

◆ 了解 Modbus RTU 通信协议标准；

◆ 掌握 PLC 与 RFID 读写器通过 Modbus RTU 通信的方法。

能力目标

◆ 能根据通信要求，通过 TIA Portal 完成 PLC 硬件组态；

◆ 能根据通信要求，通过 TIA Portal 完成 PLC 与 RFID 读写器数据交互表的创建；

◆ 能根据通信要求，通过 TIA Portal 完成 PLC 作为主站与 RFID 读写器的通信搭建。

【任务描述】

在智能制造单元中,对物料的识别都是靠 RFID(无线射频识别)完成的。RFID 读写器由读写头、芯片和软件组成,读写头靠近芯片,由软件来控制读取和写入。需要读取和写入哪些数据,由 PLC 控制。在完成设备组态后,首先应编写 RFID 读写器和 PLC 之间的通信,实现 RFID 读写器与 PLC 之间的数据互通。

【任务分析】

RFID 读写器和 PLC 之间的通信方式是串口通信,使用的通信协议为 Modbus RTU。这种通信协议需要建立组态端口,以 PLC 作为主站的方式进行数据传递。

【任务准备】

(1) PLC 硬件模块类型及订货号见表 4-4-1。

表 4-4-1   PLC 硬件模块类型及订货号

模块类型	插槽号	订货号
通信模块 CM1241(RS422/485)	101	6ES7 241-1CH32-0XB0
CPU 模块 1215C DC/DC/DC	1	6ES7 215-1AG40-0XB0
数字量模块 DI 16x24VDC/DQ 16xRelay	2	6ES7 223-1PL32-0XB0
数字量模块 DI 16x24VDC/DQ 16xRelay	3	6ES7 223-1PL32-0XB0
数字量模块 DI 16x24VDC	4	6ES7 221-1BH32-0XB0
数字量模块 DI 16x24VDC	5	6ES7 221-1BH32-0XB0

(2) PLC 各模块 I/O 地址规划见表 4-4-2。

表 4-4-2   PLC 各模块 I/O 地址

模块	输入起始地址	输出起始地址
CPU	0	0
DI 16x24VDC/DQ 16xRelay_1	2	2
DI 16x24VDC/DQ 16xRelay_2	4	4
DI 16x24VDC_1	8	
DI 16x24VDC_2	10	

(3) 各设备 IP 地址规划见表 4-4-3。

表 4-4-3　各设备 IP 地址

设备	IP 地址
PLC 电脑	192.168.8.98
PLC	192.168.8.10

【任务实施】

1. 设备组态

参考项目四任务一相关内容。

2. 编写 RFID 读写器与 PLC 通信程序

(1) 根据 RFID 与 PLC 的信号交互表，新建一个数据块，双击左侧添加新块，选择数据块 DB，编号选择“手动”，输入“5”，点击“确定”。用鼠标右键单击新创建的数据块，点击“属性”，取消勾选“优化的块访问”，这样就可以进行绝对寻址了。然后根据 RFID 与 PLC 的信号表，完整无误地添加整个信号表。进行编译，就会出现一个偏移量，如图 4-4-1 所示。数据表中的设备地址等需要起始值数据，必须按照变量表填写，否则将出现通信不成功的情况。

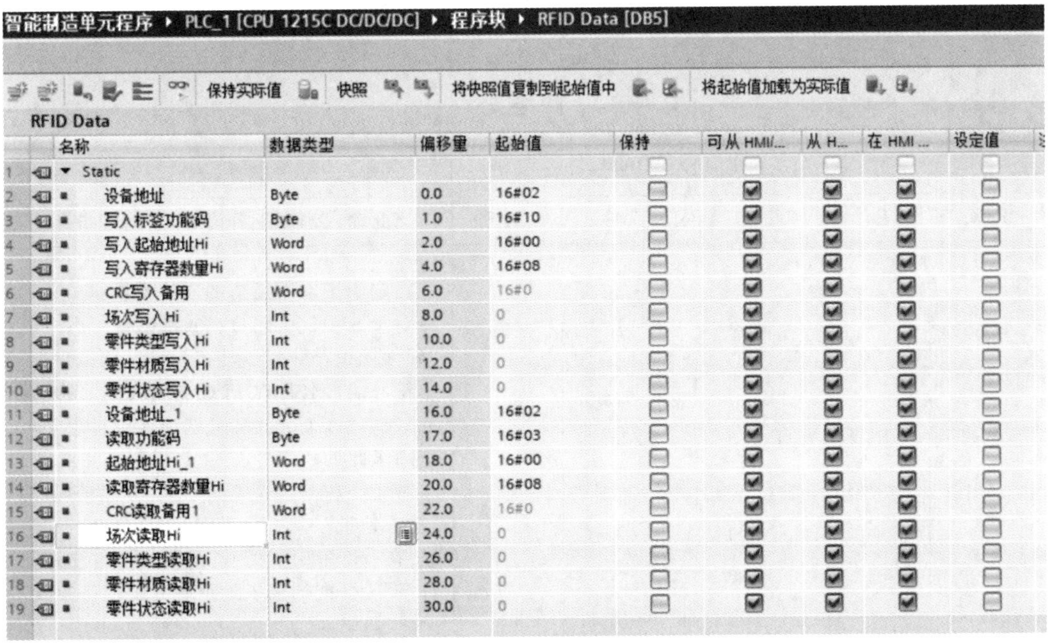

	名称	数据类型	偏移量	起始值	保持	可从 HMI/...	从 H...	在 HMI ...	设定值
1	▼ Static				☐	☐	☐	☐	☐
2	设备地址	Byte	0.0	16#02	☐	☑	☑	☑	☐
3	写入标签功能码	Byte	1.0	16#10	☐	☑	☑	☑	☐
4	写入起始地址Hi	Word	2.0	16#00	☐	☑	☑	☑	☐
5	写入寄存器数量Hi	Word	4.0	16#08	☐	☑	☑	☑	☐
6	CRC写入备用	Word	6.0	16#0	☐	☑	☑	☑	☐
7	场次写入Hi	Int	8.0	0	☐	☑	☑	☑	☐
8	零件类型写入Hi	Int	10.0	0	☐	☑	☑	☑	☐
9	零件材质写入Hi	Int	12.0	0	☐	☑	☑	☑	☐
10	零件状态写入Hi	Int	14.0	0	☐	☑	☑	☑	☐
11	设备地址_1	Byte	16.0	16#02	☐	☑	☑	☑	☐
12	读取功能码	Byte	17.0	16#03	☐	☑	☑	☑	☐
13	起始地址Hi_1	Word	18.0	16#00	☐	☑	☑	☑	☐
14	读取寄存器数量Hi	Word	20.0	16#08	☐	☑	☑	☑	☐
15	CRC读取备用1	Word	22.0	16#0	☐	☑	☑	☑	☐
16	场次读取Hi	Int	24.0	0	☐	☑	☑	☑	☐
17	零件类型读取Hi	Int	26.0	0	☐	☑	☑	☑	☐
18	零件材质读取Hi	Int	28.0	0	☐	☑	☑	☑	☐
19	零件状态读取Hi	Int	30.0	0	☐	☑	☑	☑	☐

图 4-4-1　RFID 偏移量

(2) 建立 RFID 读写器与 PLC 间的通信，首先需要组态 Modbus 的端口，如图 4-4-2 所示，在右侧指令栏中，选择“通信”→“通信处理器”→“MODBUS(RTU)”→“Modbus_Comm_Load”，依次组态 Modbus 的端口即可，所以“Modbus_Comm_Load”指令的启动信号只需要首次启动就可以了。Modbus_Comm_Load 指令名引脚说明见表 4-4-4。MB_DB 引脚填的是“Modbus_Master”指令背景数据块中的 MB_DB。

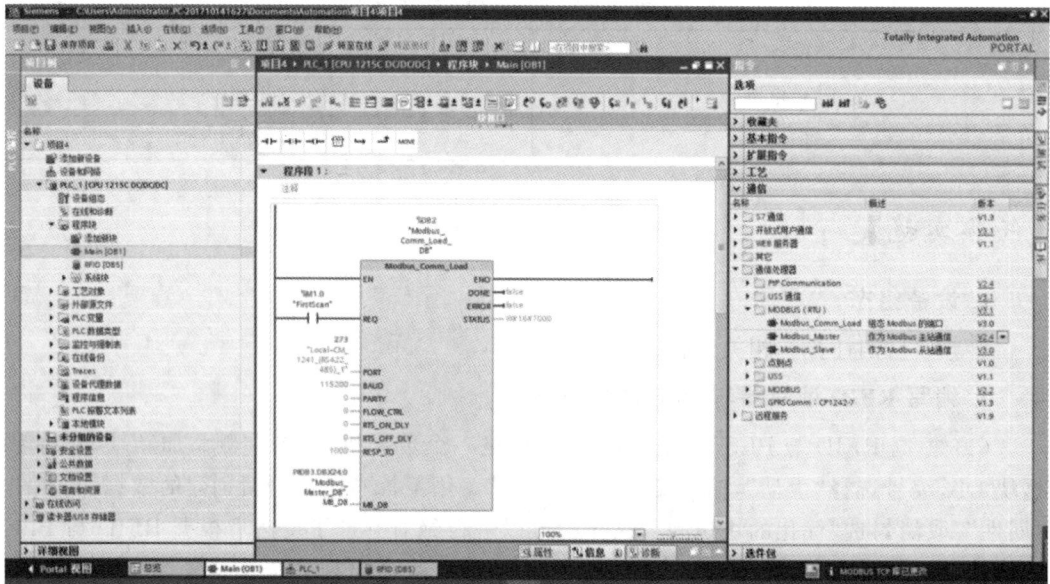

图 4-4-2　Modbus 端口组态及 Modbus_Comm_Load 指令

表 4-4-4　Modbus_Comm_Load 指令各引脚说明

参数	声明	数据类型		标准	说明
		S7-1200/1500	S7-300/400/WinAC		
REQ	IN	Bool		FALSE	当此输入出现上升沿时,启动该指令
PORT	IN	Port	Laddr	0	指定用于以下通信的通信模块: 对于 S7-1500/S7-1200,指设备组态中的"硬件标识符"。 符号端口名称在 PLC 变量表的"系统常数"(System Constants)选项卡中指定并可应用于此处。 对于 S7-300/S7-400,指设备组态中的"输入地址"。 在 S7-300/400/WinAC 系统中,在 HWCN 分配的输入地址中分配端口参数
BAUD	IN	UDInt	DWord	9600	选择数据传输速率,有效值为 300 bit/s、600 bit/s、1200 bit/s、2400 bit/s、4800 bit/s、9600 bit/s、19200 bit/s、38400 bit/s、57600 bit/s、76800 bit/s、115200 bit/s
PARITY	IN	UInt	Word	0	选择奇偶校验: 0:无; 1:奇校验; 2:偶校验

续表

参数	声明	数据类型		标准	说明
		S7-1200/1500	S7-300/400/WinAC		
FLOW_CTRL	IN	UInt	Word	0	选择流控制： 0：(默认)无流控制； 1：硬件流控制，RTS 始终开启(不适用于 RS422/485 CM)； 2：硬件流控制，RTS 切换(不适用于 RS422/485 CM)
RTS_ON_DLY	IN	UInt	Word	0	RTS 接通延迟选择： 0：从"RTS 激活"直到发送帧的第一个字符之前无延迟。 1~65535：从"RTS 激活"一直到发送帧的第一个字符之前的延迟(以 ms 为单位表示)(不适用于 RS422/485 CM)。 不论 FLOW_CTRL 选择什么，都会使用 RTS 延迟
RTS_OFF_DLY	IN	UInt	Word	0	RTS 关断延迟选择： 0：从传送上一个字符一直到"RTS 未激活"之前无延迟； 1~65535：从传送上一个字符直到"RTS 未激活"之前的延迟(以 ms 为单位表示)(不适用于 RS422/485 端口)。 不论选择 FLOW_CTRL 为何，都会使用 RTS 延迟
RESP_TO	IN	UInt	Word	1000	响应超时： 5~65535：Modbus_Master 等待从站响应的时间(以 ms 为单位)。如果从站在此时间段内未响应，Modbus_Master 将重复请求，或者在指定数量的重试请求后取消请求并提示错误
MB_DB	IN/OUT	MB_BASE			对 Modbus_Master 或 Modbus_Slave 指令的背景数据块的引用。 MB_DB 参数必须与 Modbus_Master 或 Modbus_Slave 指令(静态，因此在指令中不可见)的 MB_DB 参数相连
COM_RST	IN/OUT	—	Bool	FALSE	Modbus_Comm_Load 指令的初始化，将使用 TRUE 对指令进行初始化，随后会将 COM_RST 复位为 FALSE。 注：该参数仅适用于 S7-300/400 指令

续表

参数	声明	数据类型		标准	说明
		S7-1200/1500	S7-300/400/WinAC		
DONE	OUT	Bool		FALSE	如果上一个请求完成并且没有错误，DONE 位将变为 TRUE 并保持一个周期
ERROR	OUT	Bool		FALSE	如果上一个请求完成时出错，则 ERROR 位将变为 TRUE 并保持一个周期。STATUS 参数中的错误代码仅在 ERROR＝TRUE 的周期内有效
STATUS	OUT	Word		16♯7000	错误代码

（3）编写 RFID 通信模块指令时，要将端口组态指令的背景数据块中的 MODE 改为 16♯04，如图 4-4-3 所示。

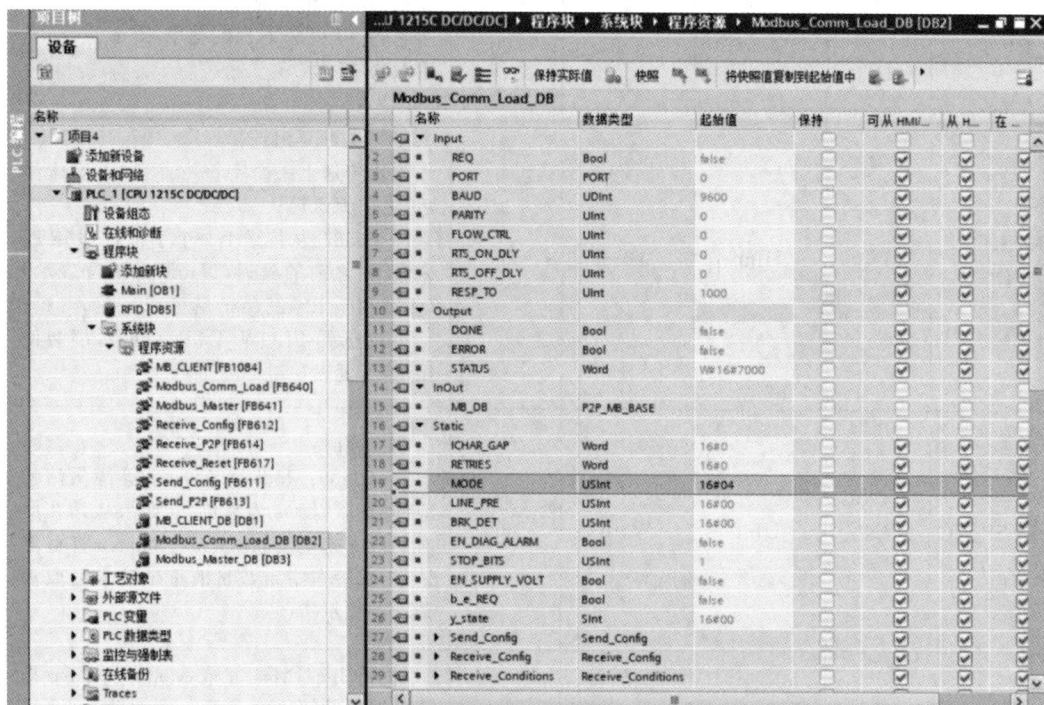

图 4-4-3　修改 MODE 起始值

（4）MODBUS 端口组态完成后，开始编写以 Modbus 作为主站进行通信的程序，如图 4-4-4 所示。Modbus_Master 指令各引脚的说明如表 4-4-5 所示。

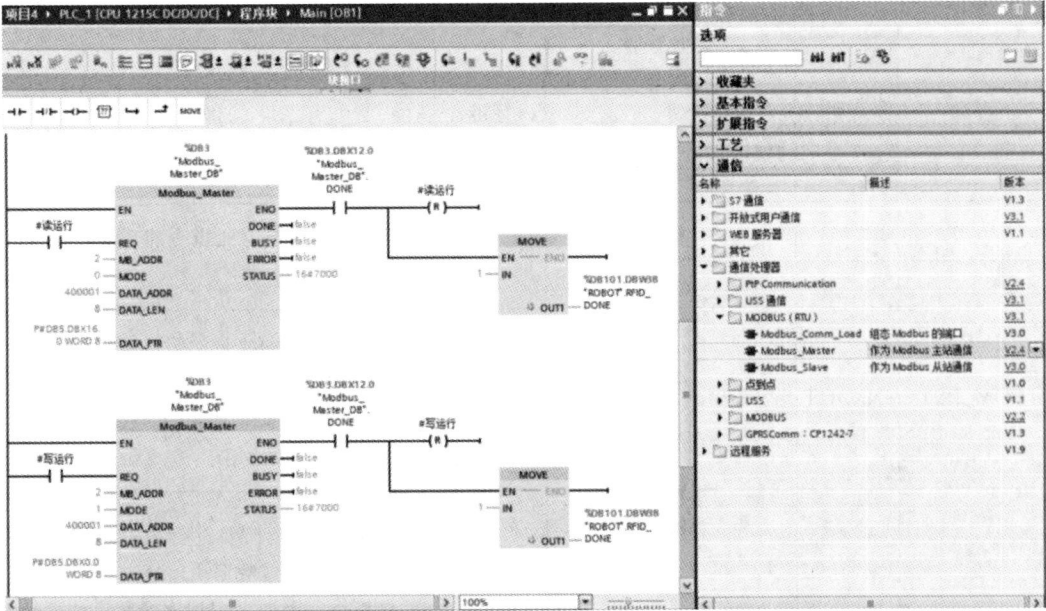

图 4-4-4 编写通信程序

表 4-4-5 Modbus_Master 指令各引脚说明

参数	声明	数据类型		标准	说明
		S7-1200/1500	S7-300/400/WinAC		
REQ	IN	Bool		FALSE	FALSE:无请求; TRUE:请求向 Modbus 从站发送数据
MB_ADDR	IN	UInt	Word		Modbus RTU 站地址: 标准地址范围(1 到 247 以及 0 用于 Broadcast) 扩展地址范围(1 到 65535 以及 0,用于 Broadcast) 值 0 为将帧广播到所有 Modbus 从站预留。广播仅支持 Modbus 功能代码 05、06、15 和 16
MODE	IN	USInt	Byte	0	模式选择:指定请求类型(读取、写入或诊断)
DATA_ADDR	IN	UDInt	DWord	0	从站中的起始地址:指定在 Modbus 从站中访问的数据的起始地址

续表

参数	声明	数据类型		标准	说明
		S7-1200/1500	S7-300/400/WinAC		
DATA_LEN	IN	UInt	Word	0	数据长度:指定此指令将访问的位或字的个数
COM_RST	IN/OUT	—	Bool	FALSE	Modbus_Master 指令的初始化。将使用 TRUE 对指令进行初始化,随后会将 COM_RST 复位为 FALSE。注:该参数仅适用于 S7-300/400 指令
DATA_PTR	IN/OUT	Variant	Any		数据指针:指向要进行数据写入或数据读取的标记或数据块地址。自指令版本 V3.0 起,该参数可指向优化存储区。在优化存储区中,允许使用以下数据类型的单个元素或数组:Bool、Byte、Char、Word、Int、DWord、DInt、Real、USInt、UInt、UDInt、SInt、WChar。所有其他数据类型都会导致错误消息 16#818C 出现
DONE	OUT	Bool		FALSE	如果上一个请求完成并且没有错误,DONE 位将变为 TRUE 并保持一个周期
BUSY	OUT	Bool			FALSE:Modbus_Master 无激活命令;TRUE:Modbus_Master 命令执行中
ERROR	OUT	Bool		FALSE	如果上一个请求完成时出错,则 ERROR 位将变为 TRUE 并保持一个周期。STATUS 参数中的错误代码仅在 ERROR=TRUE 的周期内有效
STATUS	OUT	Word		0	错误代码

（5）将软件中的程序下载到西门子 PLC 硬件中。点击上方工具栏的"下载"按钮,设定好 PG/PC 接口,单击"开始搜索",选中搜索到的设备,点击"下载",如图 4-4-5 所示。

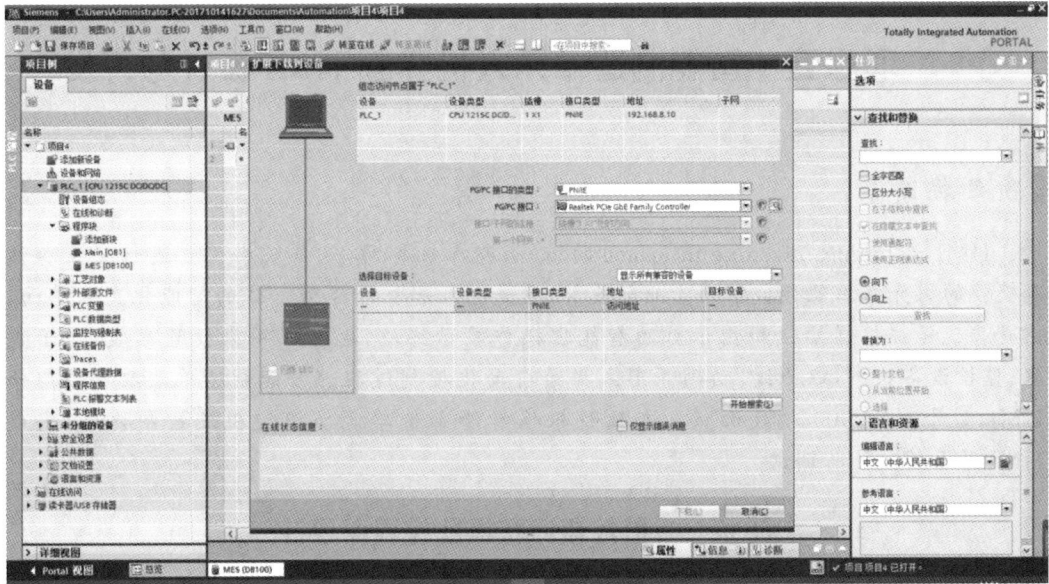

图 4-4-5　下载程序至 PLC

【任务评价】

评价内容	评分标准	分值	得分
目标认知程度	工作目标明确,能快速准确收集相关资料,能合理列写自评表	10	
情感态度	工作态度端正,注意力集中,工作积极、主动	10	
团队协作	具有一定的组织、协调能力,积极与他人合作,顾全大局,共同完成工作任务	5	
知识运用能力	知识准备充分,运用熟练正确	10	
任务实施情况	按要求正确完成 RFID 与 PLC 的通信配置	40	
	执行安全操作规范	5	
	在规定时间内完成	5	
成果展示情况	作品完善、操作方便、功能多样、符合预期要求	5	
	积极、主动、大方地展示	5	
	展示过程语言流畅、逻辑性强、表达准确到位	5	
总分		100	

项目五　智能制造单元人机界面 HMI 设计与开发

【项目描述】

HMI 是 human machine interface 的缩写,即人机界面,是系统和用户进行交互和信息交换的媒介。工业领域常用工业触摸屏,它是把人和机器连为一体的智能化交互界面,它是替代传统控制按钮和指示灯的智能化操作显示终端,也可以用来设置参数、显示数据、监控设备状态,以曲线、动画等形式描绘自动化控制过程。智能制造单元配有西门子HMI,型号为 TP900 精致面板。本项目根据智能制造单元功能监视及控制要求,完成HMI 界面的设计与调试。

任务一　数控机床状态监控界面设计

【学习目标】

知识目标

◆ 掌握 HMI 组态的基本操作使用方法;

◆ 认识人机界面设计的常用指令;

◆ 掌握 HMI 变量的创建;

◆ 掌握人机界面实现机床状态监视及控制功能的原理。

能力目标

◆ 能根据控制原理,在信号交互表中选择正确的输入及输出信号;

◆ 能在 TIA Portal 软件中进行 HMI 界面编程以及必要的 PLC 编程;

◆ 能将 HMI 和 PLC 程序下载到实际硬件中并进行功能调试。

【任务描述】

设计数控机床状态监控界面的具体要求如下:

(1) 在 HMI 中按下车床安全门按钮,可以控制数控车床安全门打开和关闭,并且在HMI 中实时显示数控车床安全门状态;

(2) 在 HMI 中按下车床卡盘夹紧按钮,可以控制数控车床卡盘夹紧,按下车床卡盘张开按钮,可以控制数控车床卡盘张开,并且在 HMI 中实时显示数控车床卡盘状态;

(3) 在 HMI 中按下加工中心安全门按钮,可以控制加工中心安全门打开和关闭,并且在人机界面中实时显示加工中心安全门状态;

(4) 在 HMI 中按下加工中心平口钳卡盘夹紧按钮,可以控制加工中心平口钳卡盘夹紧,按下加工中心平口钳卡盘张开按钮,可以控制加工中心平口钳卡盘张开,并且在人机界面中实时显示加工中心平口钳卡盘状态;

(5) 在 HMI 中按下加工中心零点卡盘夹紧按钮,可以控制加工中心零点卡盘夹紧,按下加工中心零点卡盘张开按钮,可以控制加工中心零点卡盘张开,并且在人机界面中实时显示加工中心零点卡盘状态；

（6）在 HMI 中按下手动吹气按钮，控制数控机床吹气；选择吹气时间和间歇时间，并按下自动吹气按钮，控制数控机床按周期吹气，再次按下自动吹气按钮则停止吹气。

参考人机界面如图 5-1-1 所示。

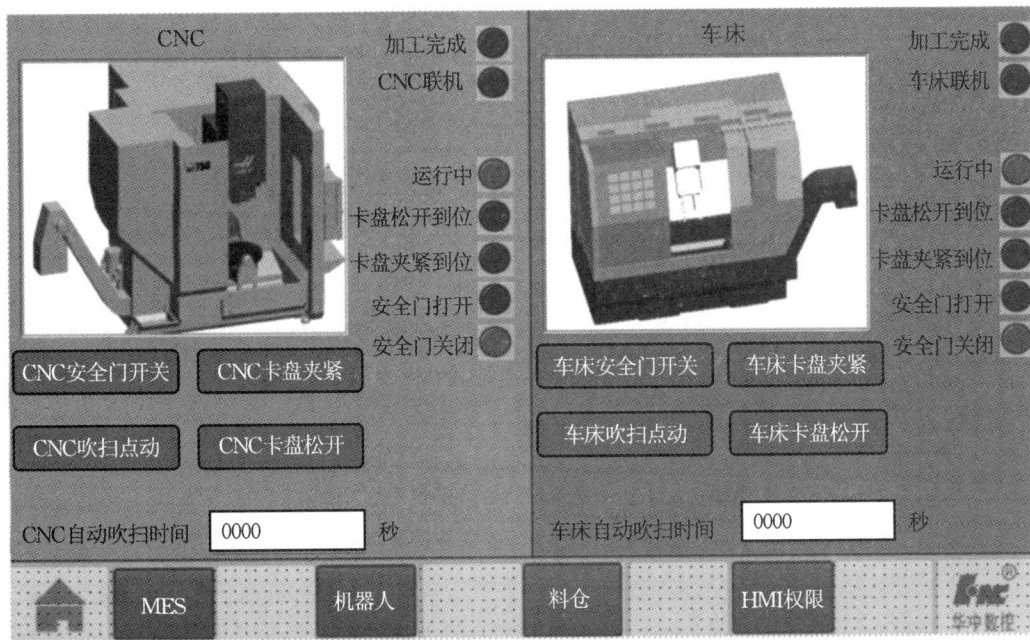

图 5-1-1　机床监控参考人机界面

【任务分析】

1. HMI 远程控制机床的工作原理

在进行 HMI 编程调试前，首先要掌握其工作流程与工作原理。其工作流程是点击触摸屏上的按钮，机床有对应的动作，动作完成后有相对应的状态信号反馈到触摸屏上，触摸屏可以实时显示其状态。整个流程是一个信号交互的过程。从结果上看是触摸屏给机床发送相关动作信号，机床给触摸屏反馈相关状态信号。但触摸屏与机床在该单元中并未直接进行通信，需要 PLC 在其中扮演一个"桥梁"的角色，起到信号处理和传递的作用。

那么到底是如何实现的呢？实际上，除西门子 PLC 外，机床自身也有 PLC，通过电缆导线，可以将机床的输入输出触点对应连接到西门子 PLC 的输出输入触点上，即西门子 PLC 的输出信号是机床的输入信号，西门子 PLC 的输入信号是机床的输出信号。该单元中，机床和 PLC 通过 I/O 硬件接线的方式进行通信，而 PLC 和 HMI 都是西门子产品，本身兼容性非常好，设置好 IP 地址后在同一网段通过网线相连接即可方便地进行通信。其信号传递过程如图 5-1-2 和图 5-1-3 所示。

2. 需要获取的相关信息

掌握工作原理并了解各设备间的通信方式后，需要对相关资料内容做出分析并提取所需信息。

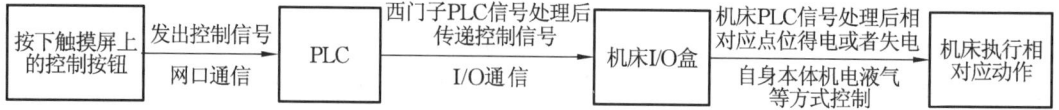

图 5-1-2 控制信号工作原理

图 5-1-3 状态信号反馈原理

（1）硬件组态。

在进行编程调试工作前，PLC 设备组态是必不可少的环节，其作用是在 PLC 编程软件中搭建一个和实际 PLC 机架完全一致的虚拟系统。查找资料得到 PLC 硬件配置信息，如表 5-1-1 所示，虚拟系统的插槽号、型号、I/O 地址、版本这四个信息与实际 PLC 机架要完全一致。

表 5-1-1 硬件配置

插槽	名称	型号	I/O 地址		版本
			I	Q	
	TP900 精智面板	6AV21240JC010AX0			结合现场
101	RS485 串口通信模块	SIE.6ES7 241-1CH32-0XB0			V2.1
1	1215C（DC/DC/DC）模块	SIE.6ES7 215-1AG40-0XB0	0-1	0-1	V4.0（推荐）
2	SM1223 信号模块（16 入 16 出）	SIE.6ES7 223-1PL32-0XB0	2-3	2-3	V2.0
3	SM1223 信号模块（16 入 16 出）	SIE.6ES7 223-1PL32-0XB0	4-5	4-5	V2.0
4	SM1221 信号模块（16 入）	SIE.6ES7 221-1BH32-0XB0	8-9		V2.0
5	SM1221 信号模块（16 入）	SIE.6ES7 221-1BH32-0XB0	10-11		V2.0

（2）网络 IP 地址。

设备组态完成后需要对 PLC 和 HMI 的 IP 地址进行正确设置，且不能按照自己的想法随意设置，因为在整条产线中所有设备都接入了同一局域网，形成一个小的物联网，再接入华数云平台 APP，就可以使用户从网站或者手机上查看自家设备状态。而这一局域网有上百台设备接入，如果不按照某一规律对每台设备分配好 IP 地址，很容易让多台设备是同一个 IP 地址，引起冲突。另外，如果是单一产线单元，可能接入网络的设备仅十余台，但也不可随意分配地址。这是因为 MES 系统和 PLC 间的通信是读写指定地址下的 PLC 数据，需要按照 MES 网络配置表进行 PLC 地址分配。

查找相关资料，摘取有关信息，如表 5-1-2 所示。

表 5-1-2　网络 IP 地址分配表

序号	名称	IP 地址分配
1	主控系统 PLC	$192.168.8.n0$
2	主控 HMI 触摸屏	$192.168.8.n1$
3	PLC 部署计算机	$192.168.8.n8$

表 5-1-2 中 n 代表单元，产线共有 6 套单元，如果是单元 1，那么就需要将 PLC 的 IP 地址设置为 192.168.8.10，HMI 的 IP 地址设置为 192.168.8.11，PLC 编程工位计算机的 IP 地址设置为 192.168.8.18。

子网掩码都为 255.255.255.0，网关就是路由器，它可以将产线内形成局域网的设备与外网相连接，如接了外网也需设置。

（3）I/O 变量。

分析 PLC I/O 变量表，摘出信号信息，如表 5-1-3 所示。

表 5-1-3　PLC 信号交互表

设备	总控柜侧输入信号	信号解释	设备	总控柜侧输出信号	信号解释
总控柜	I0.4	联机	车床	Q2.0	联机请求
车床	I2.0	已联机		Q2.4	安全门控制
	I2.5	报警		Q2.5	卡盘控制
	I2.6	卡盘张开状态			
	I2.7	卡盘夹紧状态		Q2.7	摄像头吹气
	I3.0	车床开门状态			
加工中心	I4.0	已联机	加工中心	Q4.0	联机请求
	I4.5	报警		Q4.4	安全门控制
	I4.6	卡盘张开状态		Q4.5	卡盘控制
	I4.7	卡盘夹紧状态			
	I5.0	加工中心开门状态		Q4.7	摄像头吹气/

（4）信号。

① 联机信号。

该信号的作用是部分屏蔽机床面板功能键，将机床控制权移交至 PLC，此时操作人员手动操作机床时不会有任何动作。如果想通过触摸屏控制机床，该信号必不可少，因为远程控制机床动作时，机床 PLC 将联机信号作为必要条件，即机床没有处于联机状态就无法自动控制。

I0.4 为总控柜上的联机按钮，Q2.0 及 Q4.0 为 PLC 向机床发出的联机请求信号。I2.0 及 I4.0 为机床向 PLC 反馈的已联机状态信号。联机控制流程如图 5-1-4 所示。

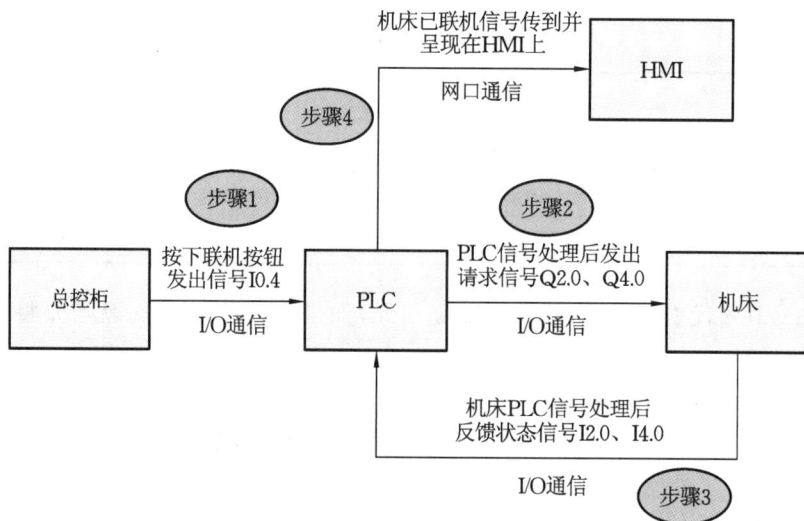

图 5-1-4　联机控制流程

② 报警信号。

I2.5、I4.5 为机床发给 PLC 的报警状态信号,该信号主要作为动作控制的条件,即要想远程控制机床,则机床不能有报警。

③ 机床动作控制信号。

Q2.4、Q4.4:机床门控制信号,上升沿控制门的开关。

Q2.5、Q4.5:机床卡盘控制信号,置位为夹紧,复位为松开(结合产线实际情况)。

Q2.7、Q4.7:机床摄像头吹气控制信号,导通就吹气,断开就停止吹气。

这 6 个动作均为单信号控制,即 1 个信号控制一个动作而不是两个或多个信号控制一个动作。但这 6 个信号的控制方式也不完全一样:安全门是检测信号的上升沿,即检测到一次上升沿门就打开,再次检测到信号上升沿,门就关闭;卡盘是置位和复位,即将信号置位则卡盘夹紧,复位则卡盘松开;摄像头吹气则是信号导通和断开,对应吹气和不吹气动作。

有的读者可能会思考:为什么控制方式不一样呢?控制原理是怎么样的?这个问题要结合机床 PLC 和实际执行机构的控制方式考虑,这里不过多赘述。感兴趣的读者可以查看机床 PLC 关于门、卡盘、摄像头等装置的逻辑控制方法,以及机床气动液压回路是如何控制各执行部件的。但一定要注意安全,不要修改机床 PLC 的逻辑,不要拔插各类油压气压管路,若要打开机床电柜,一定要让机床断电并放电完全。

④ 机床状态信号。

I2.6、I2.7:数控车床卡盘张开、夹紧状态信号,张开时 I2.6＝1 且 I2.7＝0,夹紧则相反。

I4.6、I4.7:加工中心数控铣床卡盘张开、夹紧状态信号,张开时 I4.6＝1 且 I4.7＝0,夹紧则相反。

I3.0、I5.0:数控机床门状态信号,1 为开门状态,0 为关门状态。

【任务准备】

1. 切削智能制造单元平台设备

现场的每一套柔性切削智能制造单元都有一个编程和设计工位计算机,计算机内装有 TIA Portal 软件并能够流畅运行。计算机和 PLC 及触摸屏皆已接入交换机,能够通过网口相连接。工程技术人员可以直接在该工位计算机上进行编程操作。

2. 信息交互表

智能制造单元相关信号变量表较多,请根据任务要求,结合现场实际,选择自己所需信息。详见附表 1～附表 6。

【任务实施】

1. 组态与变量分配

(1)创建项目,打开 TIA Portal 软件,新建项目命名为 HMI 界面设计,选择文件保存路径,单击"创建",打开"项目视图",如图 5-1-5 所示。这里使用的软件版本为 V15.1,软件版本没有硬性要求,最好与现场一致。

(2) CPU 硬件组态,添加新设备,对照附表 2 在硬件目录中找到相对应的硬件模块,包括订货号、版本、插槽号都要保持一致,更改 CPU 和通信模块的 I/O 地址,更改 CPU 的 IP 地址,如图 5-1-6 所示。

(3) HMI 硬件组态,添加新设备,选择"HMI"→"SIMATIC 精智面板"→"TP900 Comfort",版本选择 15.0.0.0,完成后开始设备组态,更改 IP 地址,如图 5-1-7 所示。

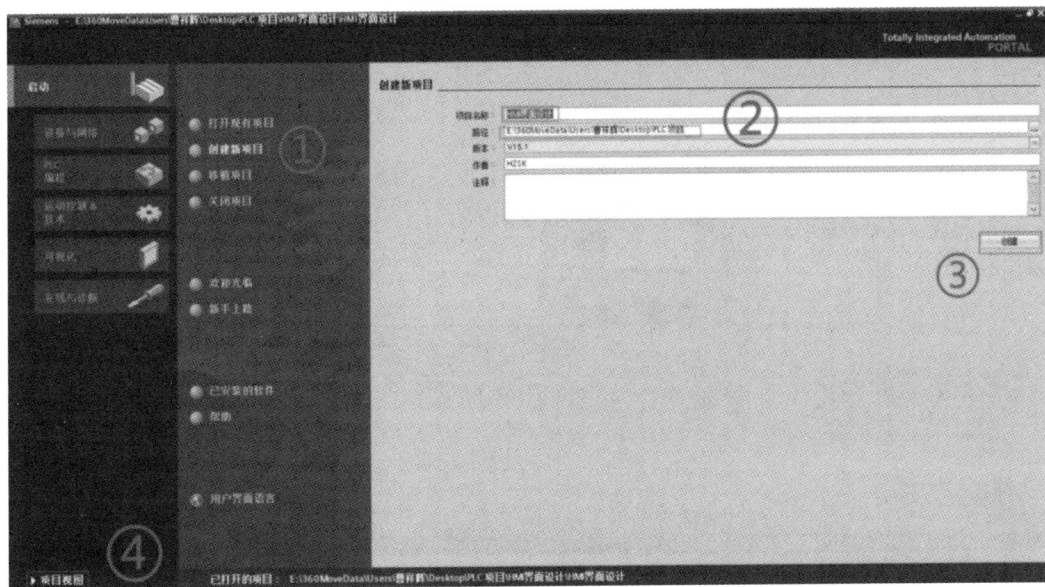

图 5-1-5　新建项目

(4) 人机界面仍旧由 PLC 程序控制,此时要创建好按钮对应中间变量,可以使用中间变量存储区 M 区,也可以使用全局变量数据块,如表 5-1-4 所示。使用中间变量时要注意,这个变量的字节(Byte)、字(Word)、双字(DWord)都不能在程序中使用。使用全局变量数据块没有变量地址冲突问题。在项目树中打开程序块,双击"添加新块",选择添加数据块 DB,打开数据块创建变量,如图 5-1-8 所示。

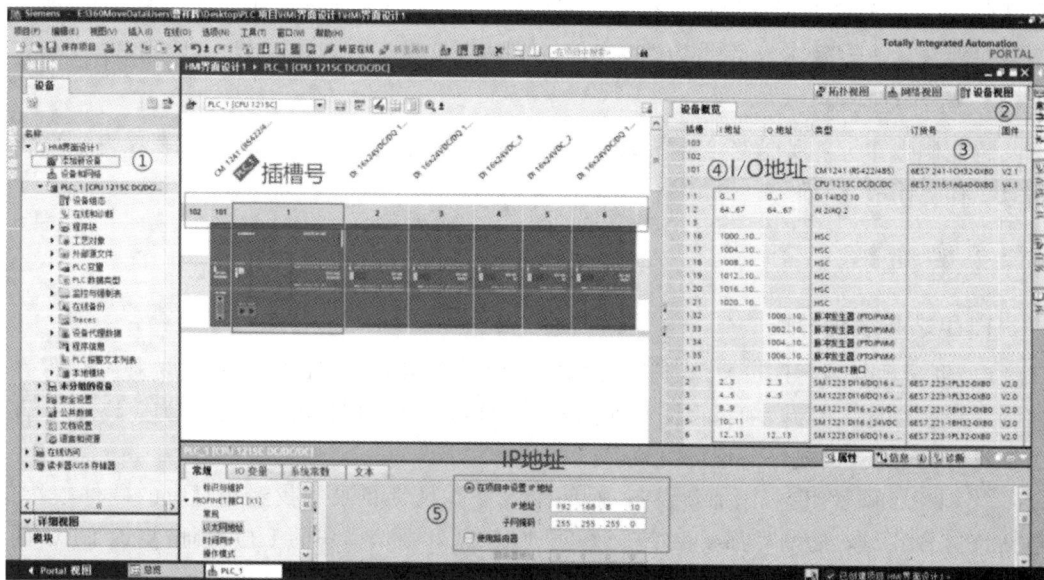

图 5-1-6 CPU 硬件组态

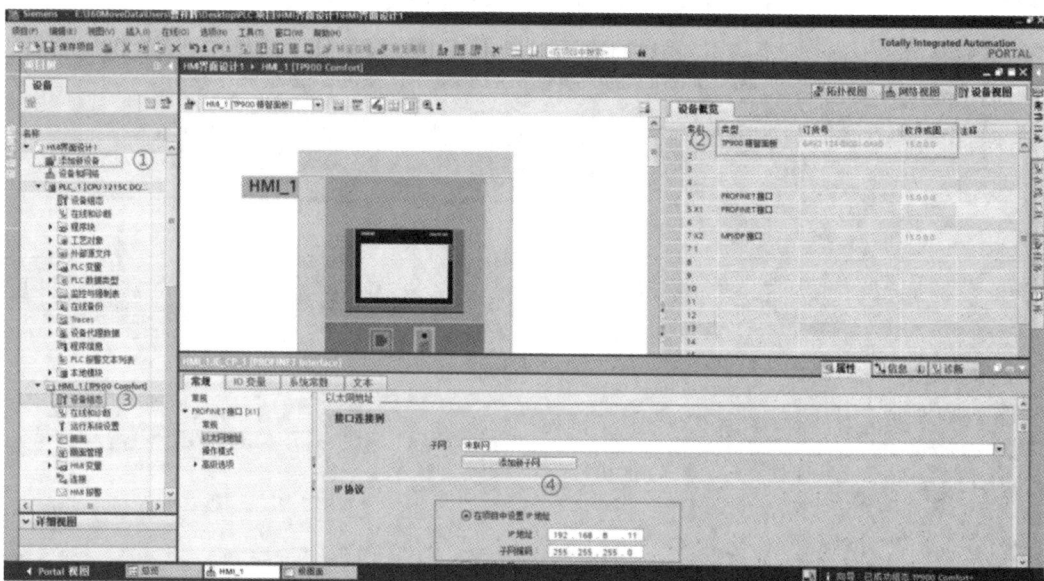

图 5-1-7 HMI 硬件组态

表 5-1-4 PLC 硬件存储区

存储区	描述	强制	保持
过程映像输入（I）	在扫描循环开始时，从物理输入复制的输入值	NO	NO
物理输入（I_:P）	通过该区域立即读取物理输入	YES	NO
过程映像输出（Q）	在扫描循环结束后，将输出值写入物理输出	NO	NO

续表

存储区	描述	强制	保持
物理输出（Q:_P）	通过该区域立即写入物理输出	YES	NO
位存储器（M）	用于存储用户程序的中间运算结果或标志位	NO	YES
临时局部存储器（L）	块的临时局部数据，只能供内部使用，只可以通过符号方式来访问	NO	NO
数据块（DB）	数据存储器与 FB 的参数存储器	NO	YES

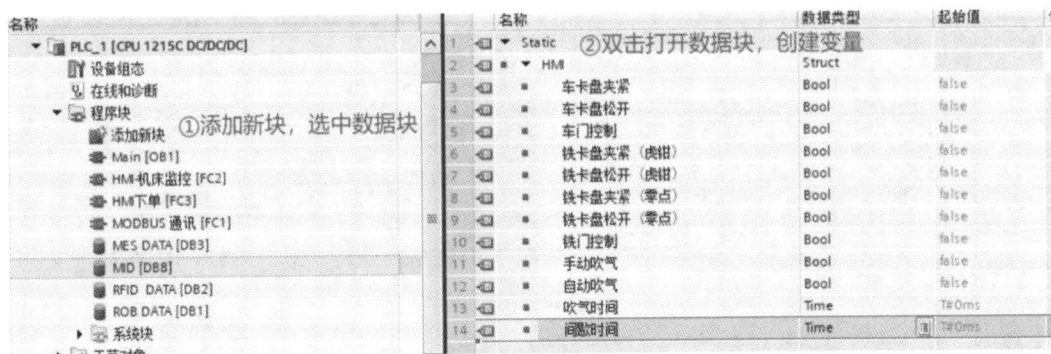

图 5-1-8　创建中间变量

2. 程序编写

（1）编写 PLC 逻辑控制程序（为方便理解，控制条件仅选择了必要的联机信号），如图 5-1-9～图 5-1-13 所示。

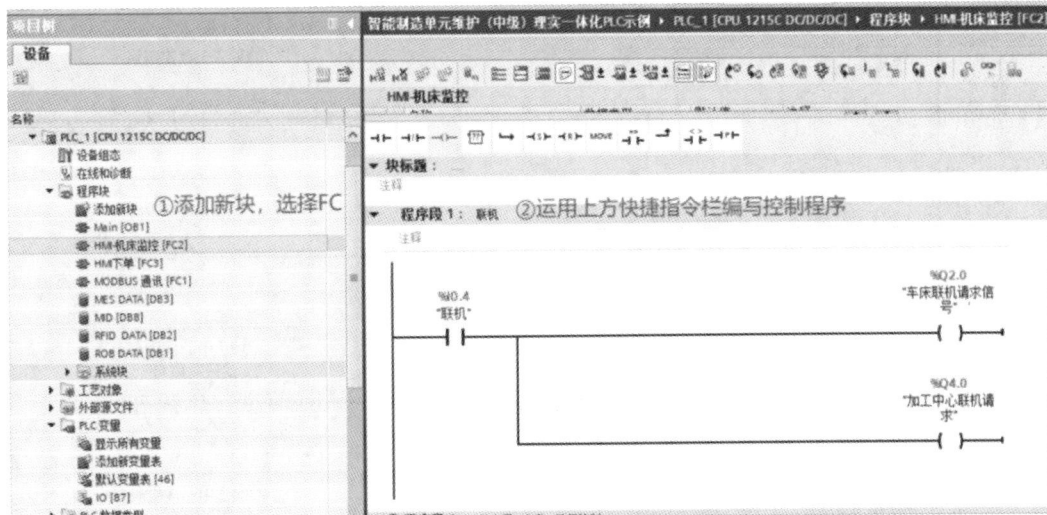

图 5-1-9　创建程序块

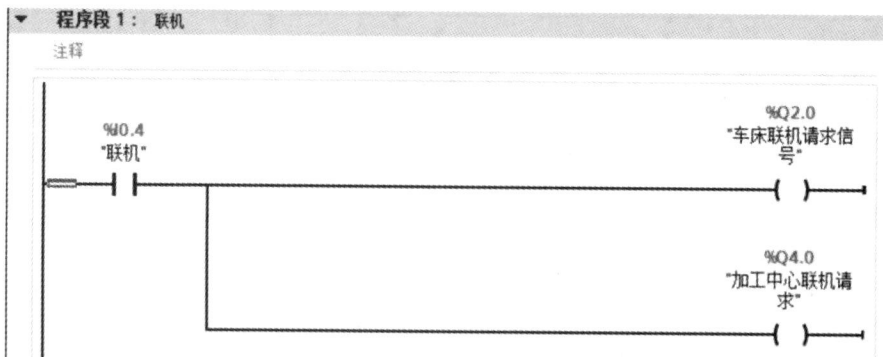

图 5-1-10　联机程序

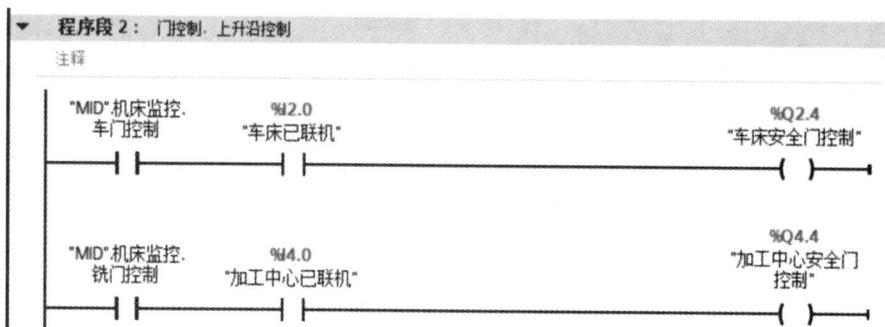

图 5-1-11　门控制程序

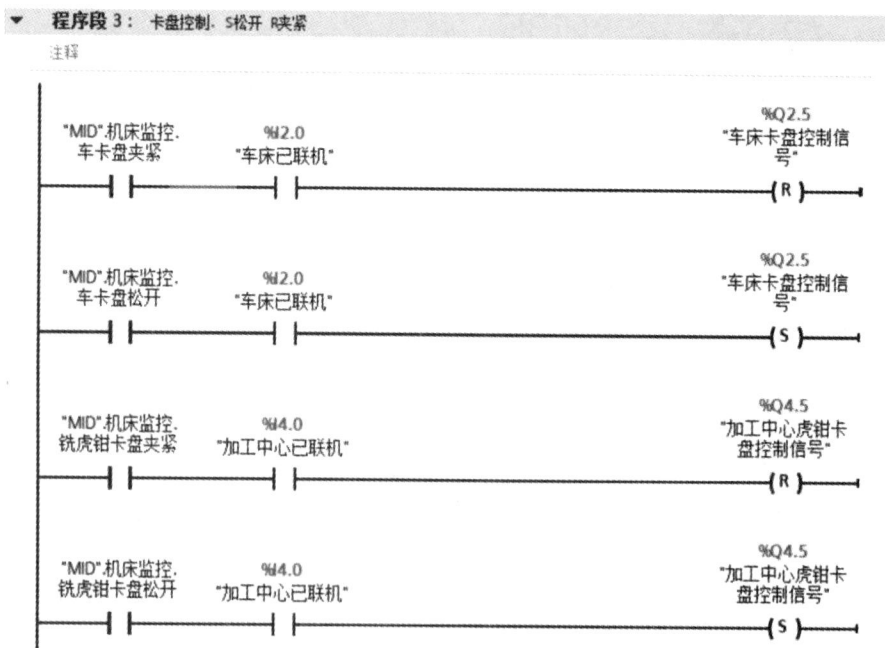

图 5-1-12　卡盘控制程序

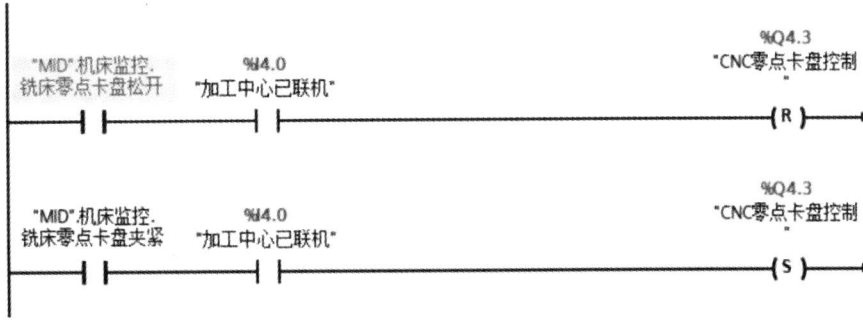

续图 5-1-12

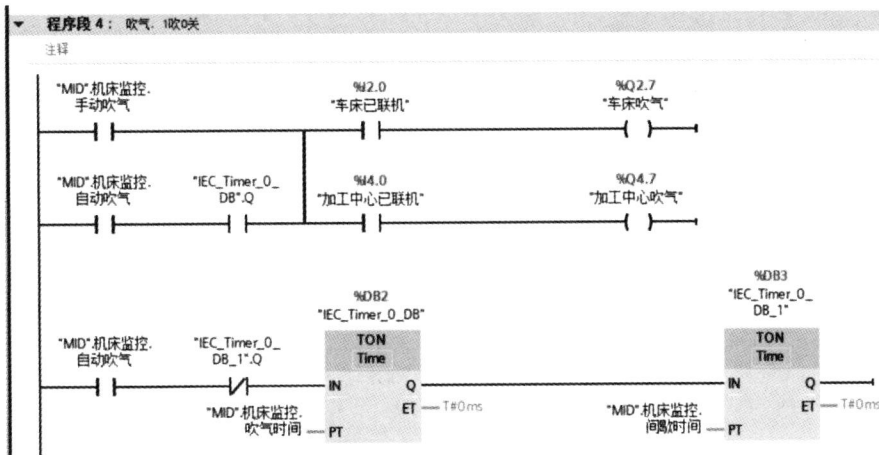

图 5-1-13　吹气控制程序

（2）结合 PLC 程序和各信号控制方式，需要自动吹气按钮起到类似开关的效果，其余则是正常按钮效果。添加按钮步骤是选择"工具箱"→"元素"→"按钮"，然后命名并关联变量，如图 5-1-14 所示。

图 5-1-14　创建按钮

（3）添加按钮后，选择"属性"→"事件"→"按下"，添加函数"编辑位"，点击选择"按下按键时置位位",变量选择 PLC 程序块用户自定义变量,如图 5-1-15 和图 5-1-16 所示。

"按下按键时置位位"的作用是对给定的"Bool"型变量的值按下按键置位为 1,松开按键复位为 0。

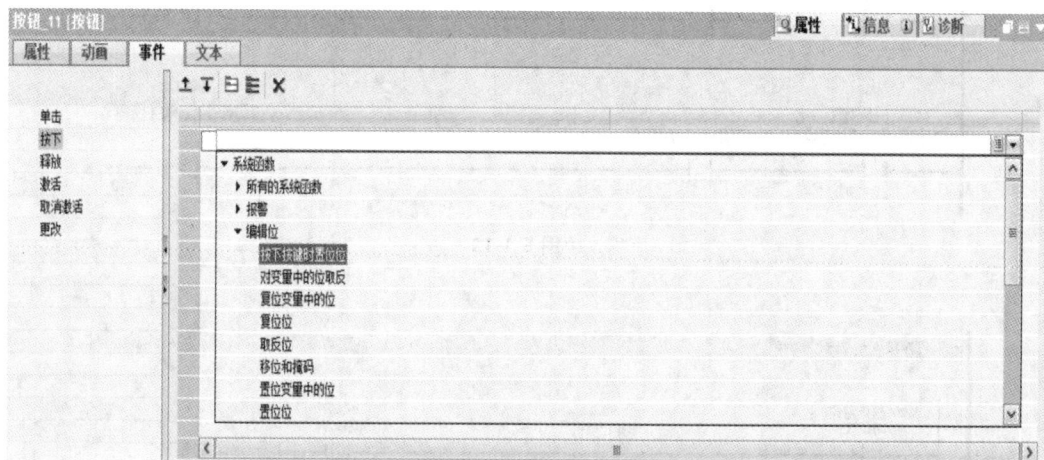

图 5-1-15　添加事件"按下"

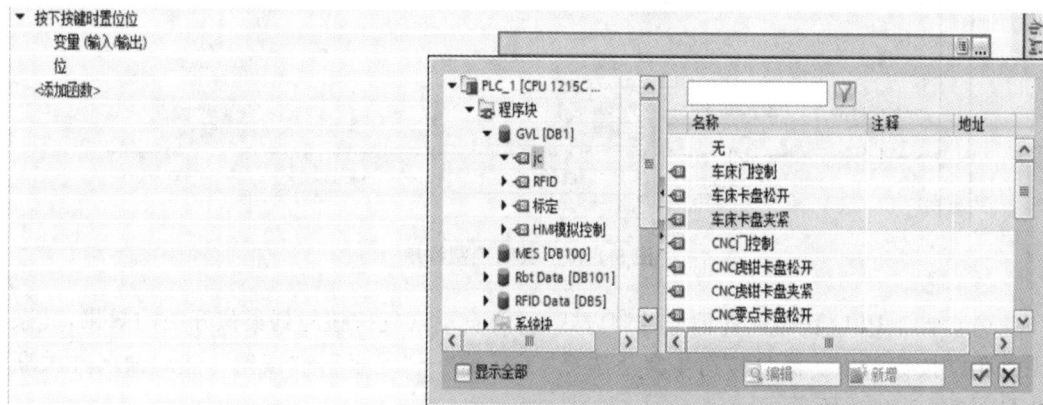

图 5-1-16　选择变量

（4）添加按钮后,选择"属性"→"事件"→"单击",添加函数"编辑位",点击选择"取反位",变量选择 PLC 程序块用户自定义变量"自动吹气",如图 5-1-17 和图 5-1-18 所示。

"取反位"的作用是对给定的"Bool"型变量的值取反。如果变量现有值为 1（真）,它将被设置 为 0（假）;如果变量现有值为 0（假）,它将被设置为 1（真）。

（5）数控机床状态显示设置。选择"工具箱"→"基本对象"→"圆",用"文本"注释"圆"的功能,即显示数控机床状态。添加圆后,选择"属性"→"动画"→"显示"→"外观",变量选择 PLC 输入变量,选择变量显示效果,如图 5-1-19、图 5-1-20 和图 5-1-21 所示。

（6）吹气时间和间歇时间设置,选择"工具箱"→"元素"→"I/O 域",关联变量并用"文本"注释"I/O 域"的功能,如图 5-1-22 所示。

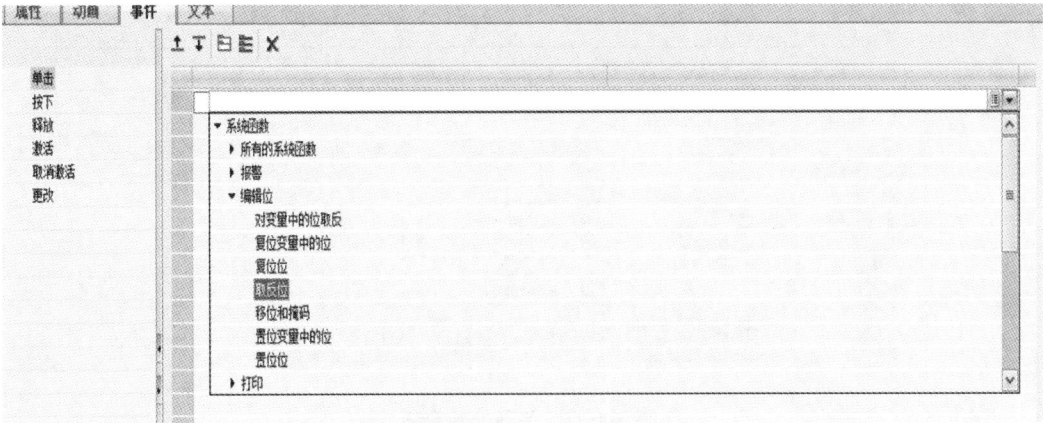

图 5-1-17 添加事件"单击"

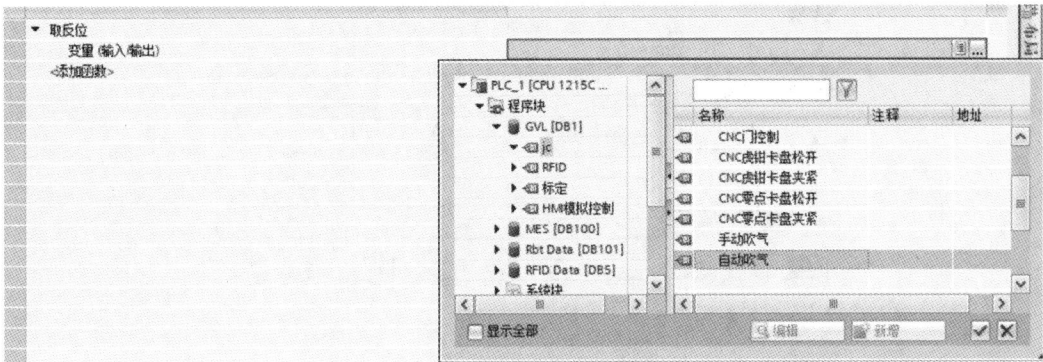

图 5-1-18 选择变量"自动吹气"

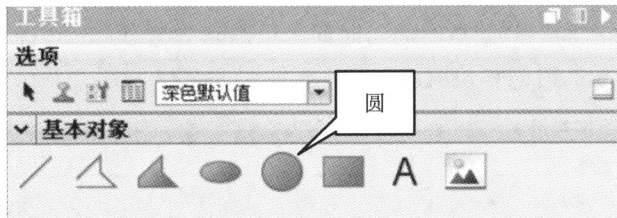

图 5-1-19 创建圆形

图 5-1-20 添加动画——外观

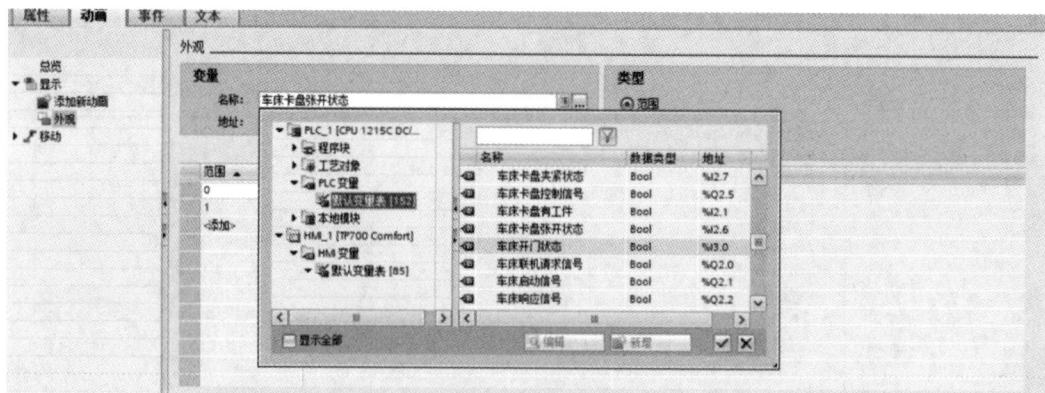

图 5-1-21　关联外观变量

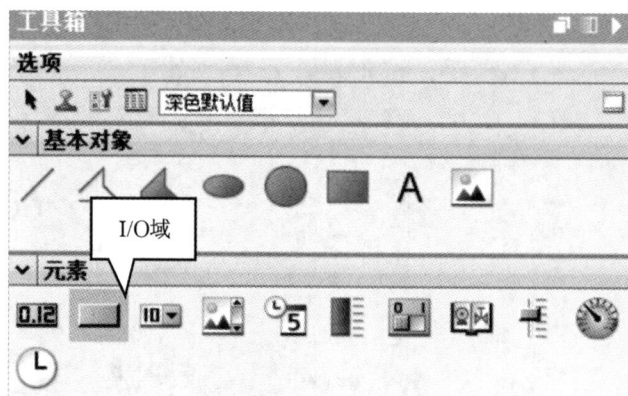

图 5-1-22　创建 I/O 域

（7）添加 I/O 域后，选择"属性"→"常规"，将"过程"中的"变量"设置为 PLC 程序块用户自定义变量"吹气时间"和"间歇时间"，时间单位默认为毫秒（ms），将"常规"中"格式"下的"移动小数点"设为 3，时间单位就改为秒（s），如图 5-1-23 和图 5-1-24 所示。

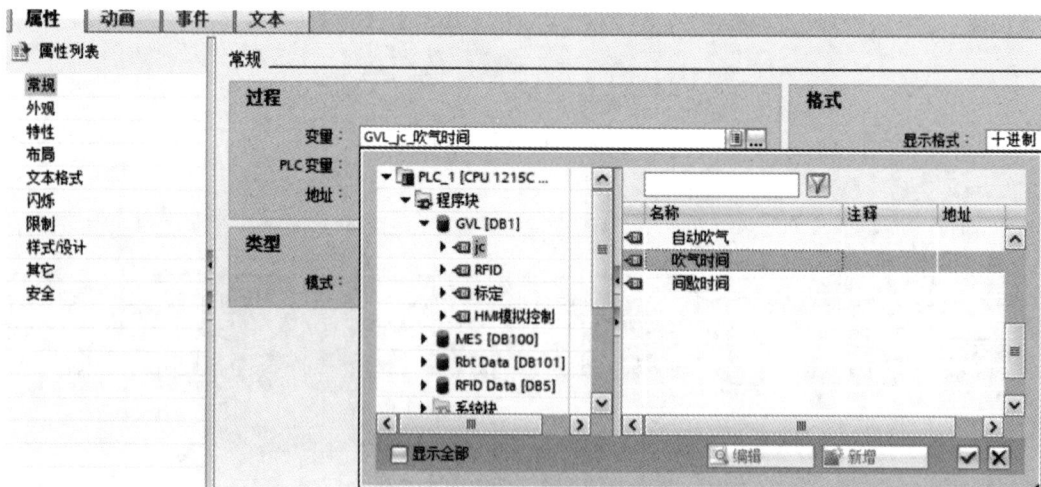

图 5-1-23　关联变量

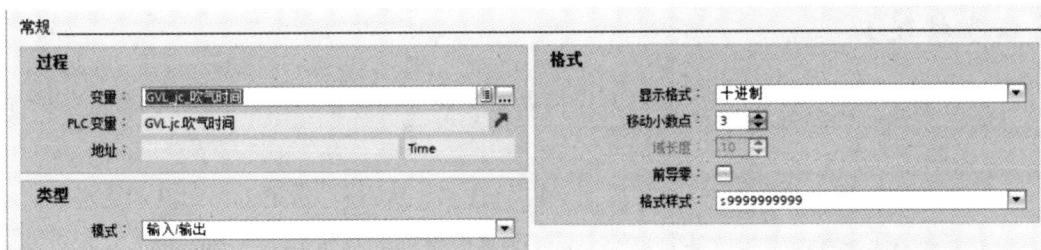

图 5-1-24　移动小数点

【任务评价】

评价内容	评分标准	分值	得分
目标认知程度	工作目标明确,能快速准确收集相关资料,能合理列写自评表	10	
情感态度	工作态度端正,注意力集中,工作积极、主动	10	
团队协作	具有一定的组织、协调能力,积极与他人合作,顾全大局,共同完成工作任务	5	
知识运用能力	知识准备充分,运用熟练正确	10	
任务实施情况	按要求正确完成数控机床 HMI 界面设计	40	
	执行安全操作规范	5	
	在规定时间内完成	5	
成果展示情况	作品完善、操作方便、功能多样、符合预期要求	5	
	积极、主动、大方地展示	5	
	展示过程语言流畅、逻辑性强、表达准确到位	5	
总分		100	

任务二　数字化料仓监控界面设计

【学习目标】

知识目标

◆ 掌握 HMI 中对象对齐、等高、等宽等的操作方法;

◆ 掌握 HMI 组合多个对象的方法;

◆ 掌握 HMI"图形"元素的使用方法。

能力目标

◆ 能根据数字化料仓监视要求,完成监控界面设计;

◆ 能根据界面设计内容,正确关联 PLC 信号。

【任务描述】

设计数字化料仓监控界面,在料仓监控界面实现仓位有无料信息、零件状态信息的显示,具体要求如下:

(1) 在任意料仓放入工件,监控界面对应的仓位显示有料,拿走工件则显示无料;

(2) 在 MES 软件中修改零件状态信息,则监控界面的显示与 MES 同步;

(3) 机器人写入或读取仓位 RFID 信息后,监控界面对应仓位零件状态信息显示为机器人写入或读取的仓位 RFID 信息。

数字化料仓参考监控界面如图 5-2-1 所示。

图 5-2-1　数字化料仓参考监控界面

【任务分析】

分析图 5-2-1 可知,监控界面中的"圆"显示仓位有无料信息,4 个符号 I/O 域显示当前仓位的状态信息。每个仓位都有光电传感器,"圆"关联的是光电传感器信号;30 个仓位信息是 PLC 与 MES 通信变量中的仓位信息变量。从 PLC 与 MES 的通信变量表中可以看出,RFID 的信息是由 MES 发送给 PLC 的。光电传感器变量表如图 5-2-2 所示。RFID 变量表如图 5-2-3 所示。

默认变量表

		名称	数据类型	地址
43		仓格1	Bool	%I8.0
44		仓格2	Bool	%I8.1
45		仓格3	Bool	%I8.2
46		仓格4	Bool	%I8.3
47		仓格5	Bool	%I8.4
48		仓格6	Bool	%I8.5
49		仓格7	Bool	%I8.6
50		仓格8	Bool	%I8.7
51		仓格9	Bool	%I9.0
52		仓格10	Bool	%I9.1
53		仓格11	Bool	%I9.2
54		仓格12	Bool	%I9.3
55		仓格13	Bool	%I9.4
56		仓格14	Bool	%I9.5
57		仓格15	Bool	%I9.6
58		仓格16	Bool	%I9.7
59		仓格17	Bool	%I10.0
60		仓格18	Bool	%I10.1
61		仓格19	Bool	%I10.2
62		仓格20	Bool	%I10.3
63		仓格21	Bool	%I10.4
64		仓格22	Bool	%I10.5
65		仓格23	Bool	%I10.6
66		仓格24	Bool	%I10.7
67		仓格25	Bool	%I11.0
68		仓格26	Bool	%I11.1
69		仓格27	Bool	%I11.2
70		仓格28	Bool	%I11.3
71		仓格29	Bool	%I11.4
72		仓格30	Bool	%I11.5

图 5-2-2　光电传感器变量表

MES

		名称	数据类型	偏移量
15		▼ RFID	Array[1..30] of "RFID"	140.0
16		▼ RFID[1]	"RFID"	140.0
17		场次	Int	140.0
18		类型	Int	142.0
19		材质	Int	144.0
20		状态	Int	146.0
21		▶ RFID[2]	"RFID"	148.0
22		▶ RFID[3]	"RFID"	156.0
23		▶ RFID[4]	"RFID"	164.0
24		▶ RFID[5]	"RFID"	172.0
25		▶ RFID[6]	"RFID"	180.0
26		▶ RFID[7]	"RFID"	188.0
27		▶ RFID[8]	"RFID"	196.0
28		▶ RFID[9]	"RFID"	204.0
29		▶ RFID[10]	"RFID"	212.0
30		▶ RFID[11]	"RFID"	220.0
31		▶ RFID[12]	"RFID"	228.0
32		▶ RFID[13]	"RFID"	236.0
33		▶ RFID[14]	"RFID"	244.0
34		▶ RFID[15]	"RFID"	252.0
35		▶ RFID[16]	"RFID"	260.0
36		▶ RFID[17]	"RFID"	268.0
37		▶ RFID[18]	"RFID"	276.0
38		▶ RFID[19]	"RFID"	284.0
39		▶ RFID[20]	"RFID"	292.0
40		▶ RFID[21]	"RFID"	300.0
41		▶ RFID[22]	"RFID"	308.0
42		▶ RFID[23]	"RFID"	316.0
43		▶ RFID[24]	"RFID"	324.0
44		▶ RFID[25]	"RFID"	332.0
45		▶ RFID[26]	"RFID"	340.0

图 5-2-3　RFID 变量表（MES 上显示）

【任务准备】

1. 切削智能制造单元平台设备

现场的每一套柔性切削智能制造单元都有一个编程和设计工位计算机，计算机内装有 TIA Portal 软件并能够流畅运行。计算机和 PLC 及触摸屏皆已接入交换机，能够通过网口相连接。工程技术人员可以直接在该工位计算机上进行编程操作。

2. 信息交互表

智能产线单元相关信号变量表较多，请根据任务要求，结合现场实际，选择自己所需信息。详见附表 1～附表 6。

【任务实施】

监控界面设计步骤如下。

（1）监控界面中的元素是可以复制粘贴的，可以先复制粘贴，再关联变量。"圆"的外观可以先设置数值和颜色而不关联变量，"符号 I/O 域"可以先关联文本列表而不关联变量。"文本列表"可以使用 RFID 监控界面制作的文本列表。设置"圆"的外观，如图 5-2-4 所示。

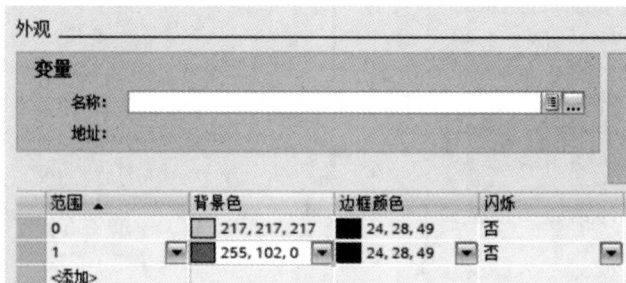

图 5-2-4   添加"圆"的外观

（2）设置仓位 RFID 信息"符号 I/O 域"的文本显示，如图 5-2-5 所示。

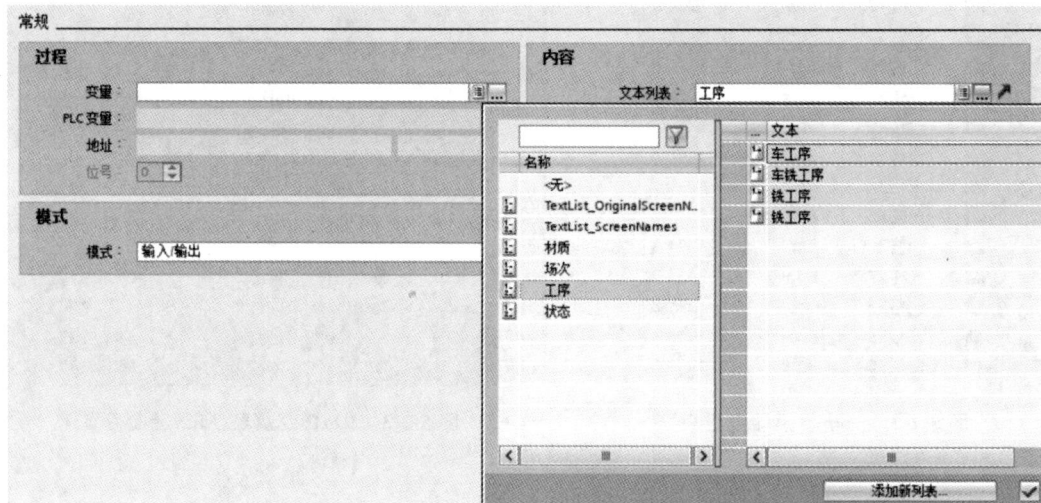

图 5-2-5   关联文本

（3）人机界面变量关联。"圆"关联 PLC 变量表中的仓位变量 I8.0～I11.5，"符号 I/O 域"关联 MES 变量表中的"RFID"变量，如图 5-2-6 和图 5-2-7 所示。

（4）依次关联 30 个"圆"的仓位有无料信息显示。

仓位 RFID 信息关联：每个仓位有 4 个 RFID 信息，均关联 MES 通信变量表中的"RFID 信息"变量，按照 RFID 信息规则设置，如图 5-2-8 所示。

（5）依次关联 30 个仓位状态信息。

这一类画面特征模板化非常明显，即 1～30 号所用的元素、文本域完全一致，仅仅是关联变量不同。因此先做好模板，再复制粘贴和更改关联变量，可大大提高界面组建速度。首先创建 4 个符号 I/O 域，将变量与文本信息一一关联好，全部选中对齐并组合成一个组，然后复制粘贴出 30 个仓位对应信息，再将 MES 通信变量表中的 RFID 数组 1～30 号仓位状态信息依次关联到对应仓位。图 5-2-9 显示了通信变量与文本关联操作。

图 5-2-6　关联外观变量（一）

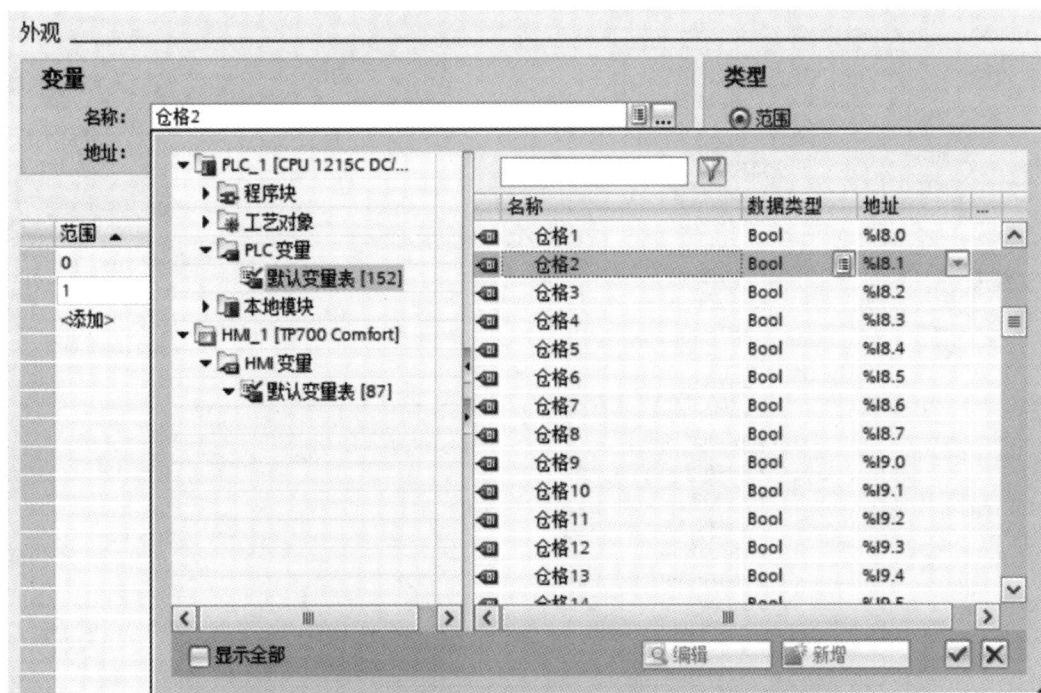

图 5-2-7　关联外观变量（二）

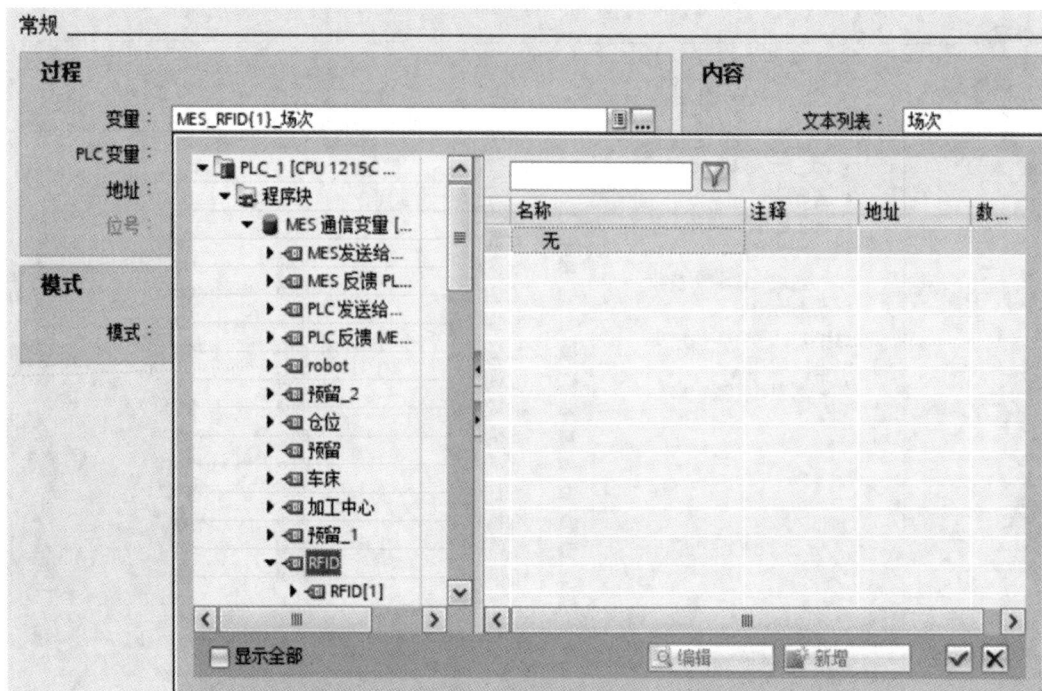

图 5-2-8　关联文本列表

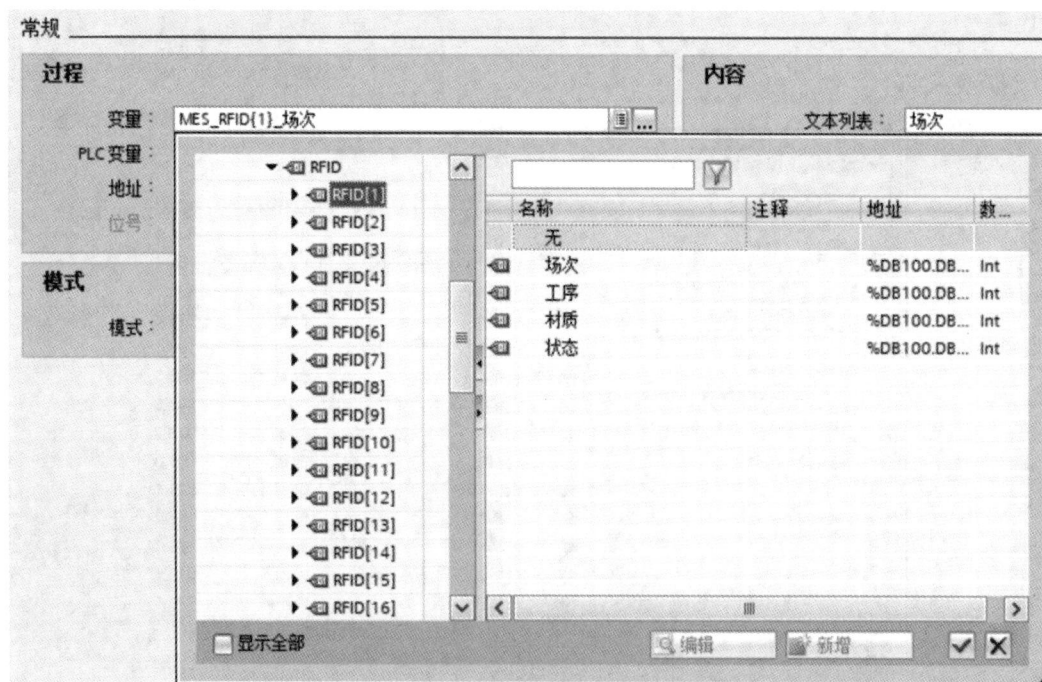

图 5-2-9　通信变量与文本关联

【任务评价】

评价内容	评分标准	分值	得分
目标认知程度	工作目标明确,能快速准确收集相关资料,能合理列写自评表	10	
情感态度	工作态度端正,注意力集中,工作积极、主动	10	
团队协作	具有一定的组织、协调能力,积极与他人合作,顾全大局,共同完成工作任务	5	
知识运用能力	知识准备充分,运用熟练正确	10	
任务实施情况	按要求正确完成数字化料仓监控界面设计	40	
任务实施情况	执行安全操作规范	5	
任务实施情况	在规定时间内完成	5	
成果展示情况	作品完善、操作方便、功能多样、符合预期要求	5	
成果展示情况	积极、主动、大方地展示	5	
成果展示情况	展示过程语言流畅、逻辑性强、表达准确到位	5	
总分		100	

任务三 RFID 监控界面设计

【学习目标】

知识目标
◆ 掌握 HMI 组态的基本操作方法;
◆ 掌握"符号 I/O 域"的使用方法;
◆ 掌握"文本和图形列表"的使用方法。

能力目标
◆ 能根据 RFID 界面显示要求,完成监控界面设计;
◆ 能根据界面设计内容,完成变量关联。

【任务描述】

根据编写的 RFID 通信程序设计 RFID 监控界面,对立体仓库规定仓位的 RFID 按照规定的编码规则进行读写操作,具体要求如下:

(1)在写入界面按照 RFID 规则选择写入信息,例如场次(B)、工序(车铣工序)、材质(铝)、状态(合格品),按下"写入"按钮给 RFID 芯片写入信息。

(2)RFID 信息写入后按下"读取"按钮,则读取出的信息应与写入的一致并显示在 HMI 读取界面上。

RFID 读写参考界面如图 5-3-1 所示。

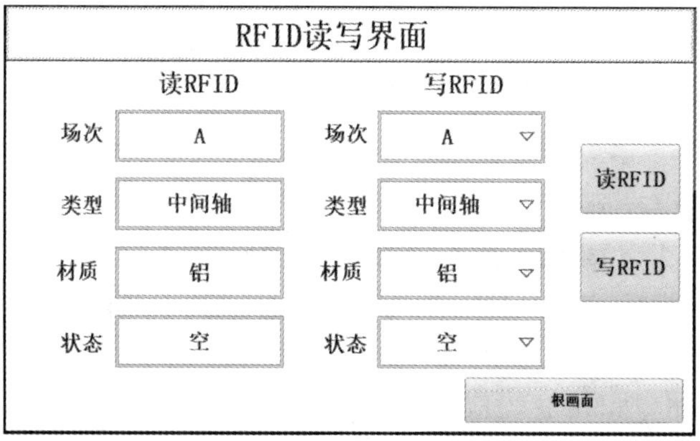

图 5-3-1　RFID 读写参考界面

【任务分析】

RFID 编码由字母和数字组成,要求描述 RFID 信息的以下 4 个方面内容。

① 场次定义:用 A、B、C、D、E、F 表示;

② 零件种类:0 表示连接轴,1 表示中间轴,2 表示上板,3 表示下板;

③ 零件材料定义:0 表示铝材,1 表示 45 钢;

④ 零件状态定义:00 表示空,01 表示毛坯,02 表示正在加工,03 表示合格品,04 表示不合格品,05 表示车半成品,06 表示铣半成品。

RFID 编码示例如图 5-3-2 所示。

图 5-3-2　RFID 编码示例

【任务准备】

1. 切削智能制造单元平台设备

现场的每一套柔性切削智能制造单元都有一个编程和设计工位计算机,计算机内装有 TIA Portal 软件并能够流畅运行。计算机、PLC 和触摸屏皆已接入交换机,能够通过网口相连接。工程技术人员可以直接在该工位计算机上进行编程操作。

2. 信息交互表

智能制造单元相关信号变量表较多,请根据任务要求,结合现场实际,选择自己所需信息。详见附表 1~附表 6。

【任务实施】

1. 通信变量设置

如图 5-3-3 所示，建立 PLC 与 RFID 通信变量表。

RFID 通信变量

	名称	数据类型	偏移量	起始值
▼	Static			
■	设备地址	Byte	0.0	16#02
■	写入标签功能码	Byte	1.0	16#10
■	写入起始地址 Hi	Word	2.0	16#00
■	写入寄存器数量 Hi	Word	4.0	16#08
■	CRC 写入备用	Word	6.0	16#0
■	场次写入 Hi	Int	8.0	0
■	零件工序写入 Hi	Int	10.0	0
■	零件材质写入 Hi	Int	12.0	0
■	零件状态写入 Hi	Int	14.0	0
■	设备地址_1	Byte	16.0	16#02
■	读取功能码	Byte	17.0	16#03
■	起始地址 Hi_1	Word	18.0	16#00
■	读取寄存器数量 Hi	Word	20.0	16#08
■	CRC 读取备用 1	Word	22.0	16#0
■	场次读取 Hi	Int	24.0	0
■	零件工序读取 Hi	Int	26.0	0
■	零件材质读取 Hi	Int	28.0	0
■	零件状态读取 Hi	Int	30.0	0

图 5-3-3 建立 PLC 与 RFID 通信变量表

2. RFID 监控界面按钮变量表设置

如图 5-3-4 所示，建立 RFID 监控界面按钮变量表。

中间变量

	名称	数据类型	起始值
▼	Static		
■	▶ jc	Struct	
■	▼ RFID	Struct	
	读卡	Bool	false
	写卡	Bool	false
	标定	Struct	
■	▶ HMI模拟控制	Struct	

图 5-3-4 建立 RFID 监控界面按钮变量表

3. RFID 监控界面设计

RFID 监控界面的按钮和数控机床界面操作方法一致，RFID 信息显示需要使用"文本"和符号 I/O 域，如图 5-3-5 所示。

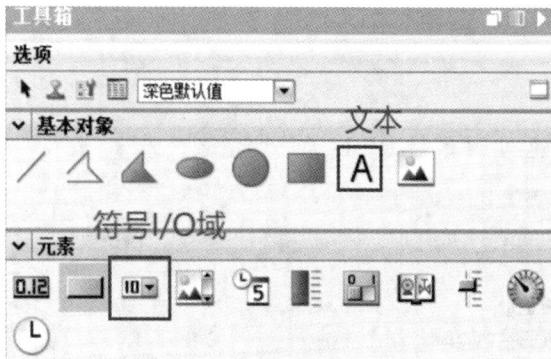

图 5-3-5　文本与符号 I/O 域

符号 I/O 域的组态相对于 I/O 域的组态要复杂一些,操作步骤如下:

(1) 选中"工具箱"→"元素"→"符号 I/O 域",用鼠标拖曳到 HMI 画面中;

(2) 在 TIA Portal 软件项目视图左侧项目树中,选中"文本和图形列表"选项,单击"添加"按钮;

(3) 在文本列表中,添加一个文本,再在文本列表中添加 RFID 编码要求的信息;

(4) 打开符号 I/O 域属性,在"常规"的"文本列表"中添加所建立的"文本和图形列表";

(5) 在"常规"下"过程"的"变量"中添加 PLC 程序"RFID 通信变量"中的变量,如图 5-3-6 所示。

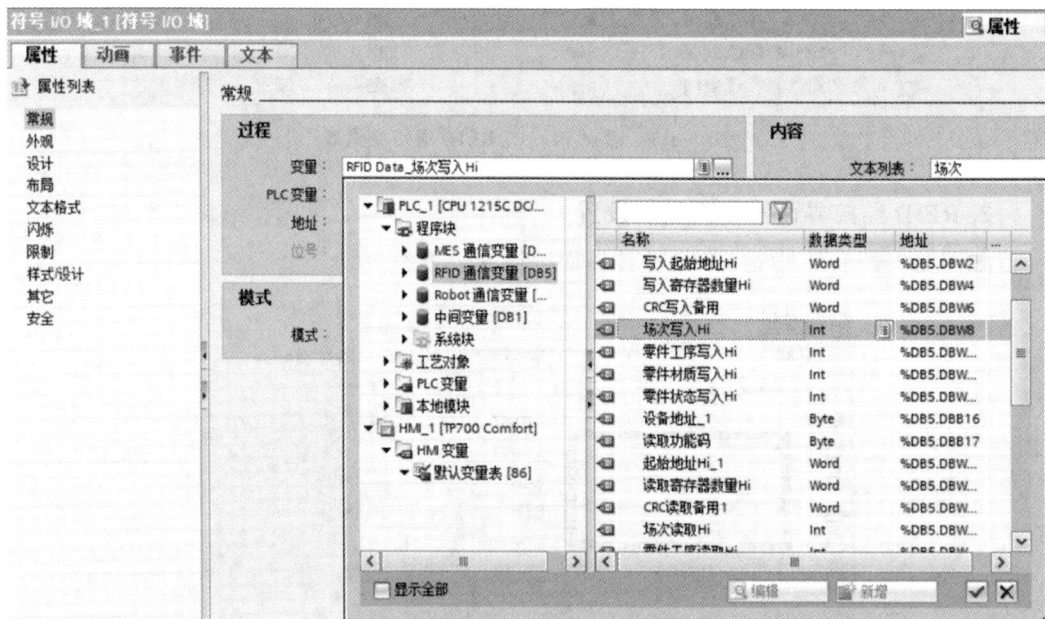

图 5-3-6　关联变量

(6) 建立符号 I/O 域的文本列表(依据 RFID 编码要求),如图 5-3-7 和图 5-3-8 所示。

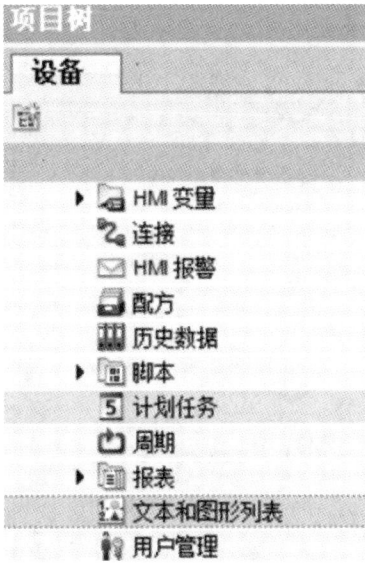

图 5-3-7 文本的图形列表

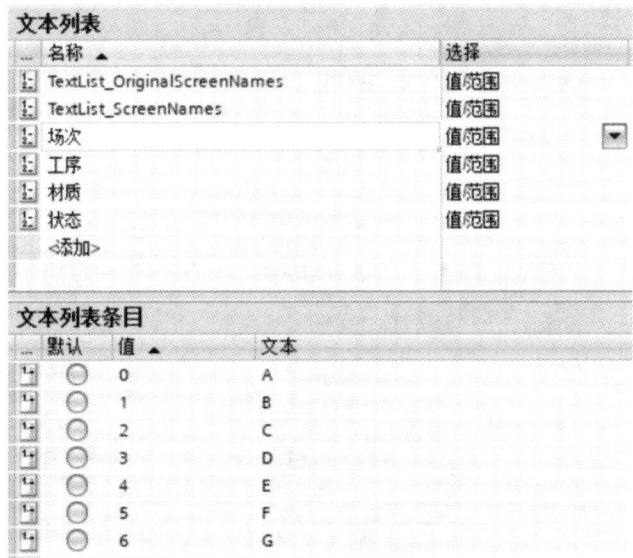

图 5-3-8 创建文本列表

（7）将 8 个符号 I/O 域依次与文本列表关联，如图 5-3-9 所示。

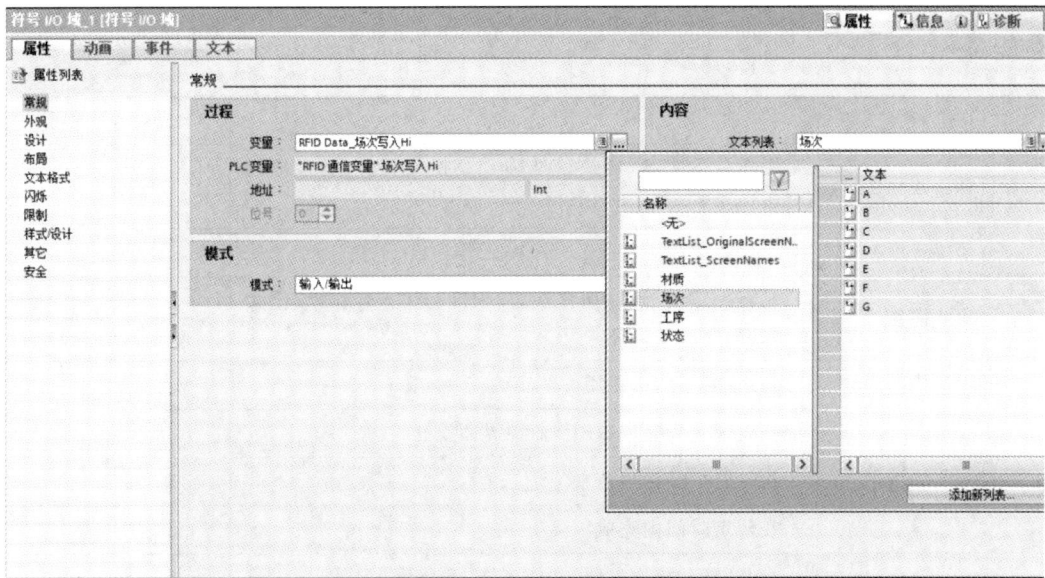

图 5-3-9 关联文本列表

（8）将符号 I/O 域依次与 4 位 RFID 通信变量关联，如图 5-3-10 所示。

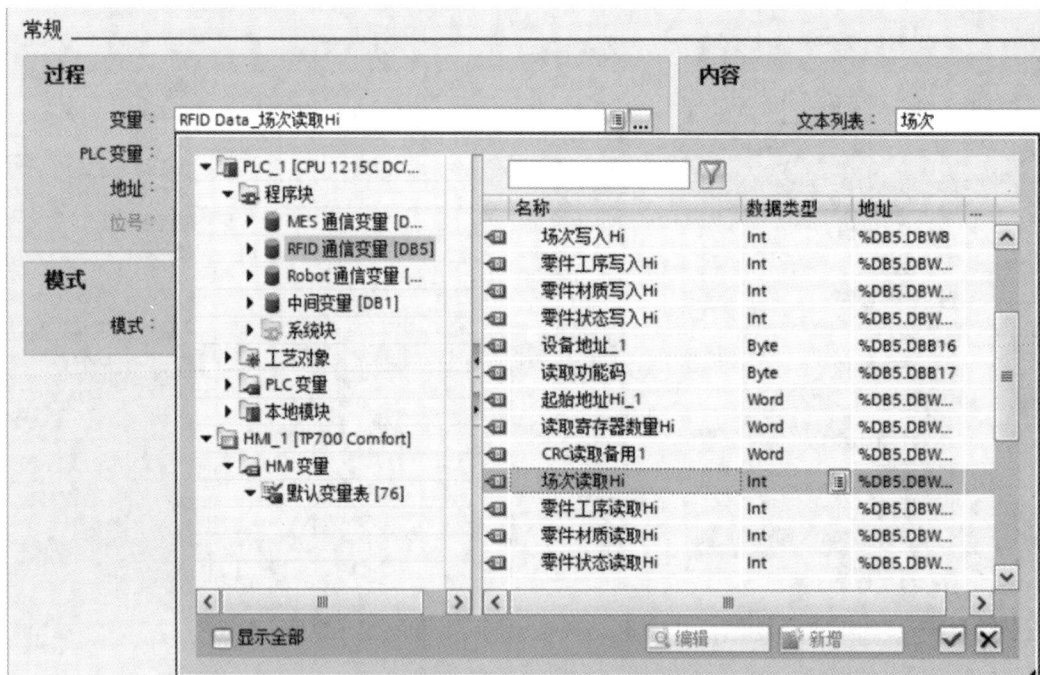

图 5-3-10   关联通信变量

【任务评价】

评价内容	评分标准	分值	得分
目标认知程度	工作目标明确,能快速准确收集相关资料,能合理列写自评表	10	
情感态度	工作态度端正,注意力集中,工作积极、主动	10	
团队协作	具有一定的组织、协调能力,积极与他人合作,顾全大局,共同完成工作任务	5	
知识运用能力	知识准备充分,运用熟练正确	10	
任务实施情况	按要求正确完成 RFID 监控界面设计	40	
任务实施情况	执行安全操作规范	5	
任务实施情况	在规定时间内完成	5	
成果展示情况	作品完善、操作方便、功能多样、符合预期要求	5	
成果展示情况	积极、主动、大方地展示	5	
成果展示情况	展示过程语言流畅、逻辑性强、表达准确到位	5	
总分		100	

任务四　工业机器人监控界面设计

【学习目标】

知识目标
◆ 掌握 HMI 画面"文本域"的功能作用；
◆ 掌握 HMI 画面"I/O 域"的功能作用。

能力目标
◆ 能根据任务要求添加显示相应的"文本域"；
◆ 能根据任务要求添加显示相应的"I/O 域"；
◆ 能根据任务要求将"I/O 域"关联相应的 PLC 变量；
◆ 能根据任务要求使 HMI 画面显示相应的监控数据。

【任务描述】

工业机器人监控界面主要是对工业机器人各个轴的实时位置和工业机器人给 PLC 发送的取料位、放料位、设备号这些数据进行监控显示。添加新的画面，添加新的元素，对新添加的元素进行变量关联，使得 HMI 触摸屏可以实时显示工业机器人各轴的数据变化，同时显示工业机器人给 PLC 发送的取料位、放料位、设备号数据信息。

【任务分析】

工业机器人各个轴的实时位置和工业机器人发送给 PLC 的取料位、放料位、设备号数据，都需要在 HMI 触摸屏中用"I/O 域"来进行显示，又需要用"文本域"来说明各个"I/O 域"所代表的信息。因此，在本任务中，HMI 界面监控所需要用到的元素有"文本域"和"I/O 域"，对"I/O 域"进行变量关联，就可以把变量中数据的变化实时显示在 HMI 触摸屏上，以达到数据监控的作用。

【任务准备】

1. 切削智能制造单元平台设备

现场的每一套柔性切削智能制造单元都有一个编程和设计工位计算机，计算机内装有 TIA Portal 软件并能够流畅运行。计算机和 PLC 及触摸屏皆已接入交换机，能够通过网口相连接。工程技术人员可以直接在该工位计算机上进行编程操作。

2. 信息交互表

智能制造单元相关信号变量表较多，请根据任务要求，结合现场实际，选择自己所需信息。详见附表 1～附表 6。

【任务实施】

1. 添加新画面

在 TIA Portal 软件项目视图左侧项目树下,点击"设备"→"HMI_1〔TP700 Comfort〕"→"画面",双击"添加新画面",如图 5-4-1 所示。

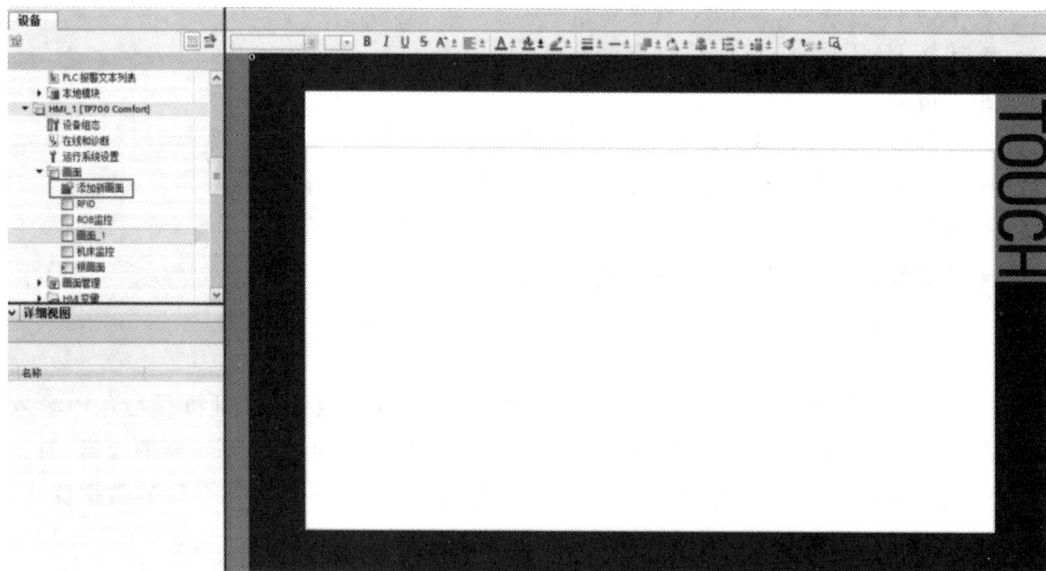

图 5-4-1　添加新画面

2. 添加新元素

根据任务要求,HMI 界面需要监控的数据包括工业机器人各个轴的实时位置数据,以及工业机器人发送给 PLC 的取料位、放料位和设备号。

由这些需要监控的数据可知,我们需要添加两种元素:"文本域"和"I/O 域"。"I/O 域"用来实时监控数据变化,"文本域"用来说明数据功能。这两种元素在软件项目视图右侧工具箱中,"文本域"在"基本对象"栏中,"I/O 域"在"元素"栏中。

添加新元素的方法为用鼠标左键单击工具栏所需对象,然后在工作区目标位置处再次单击即可;另一种方法是双击想要添加的元素,自动添加到工作区左上角,然后用鼠标拖曳到想要放置的位置即可。工业机器人参考监控界面如图 5-4-2 所示。

3. 关联 PLC 变量

HMI 界面布局完成后,可以对 HMI 界面中的"I/O 域"关联变量,使得"I/O 域"能够显示变量中的数据。单击选中"J1"对应的"I/O 域",在下方巡视窗口属性栏中选择"常规",在"过程"中关联变量,点击右侧▥按钮,可以显示出 PLC 中的全部变量。因为需要关联的变量在 DB 数据块中,所以需要点击程序块,找到 ROBOT 通信变量数据块。现在关联的是工业机器人 J1 轴的位置数据,选中 J1,完成变量关联,如图 5-4-3 所示。

按照上述操作,完成工业机器人七个轴的变量关联。

图 5-4-2　工业机器人参考监控界面

图 5-4-3　关联变量(一)

取料位、放料位、设备号三个数据是工业机器人发送给 PLC 的,所以这三个变量数据所在的位置也是 DB 数据块[DB101],按照上述方法关联这三个变量,如图 5-4-4 所示。

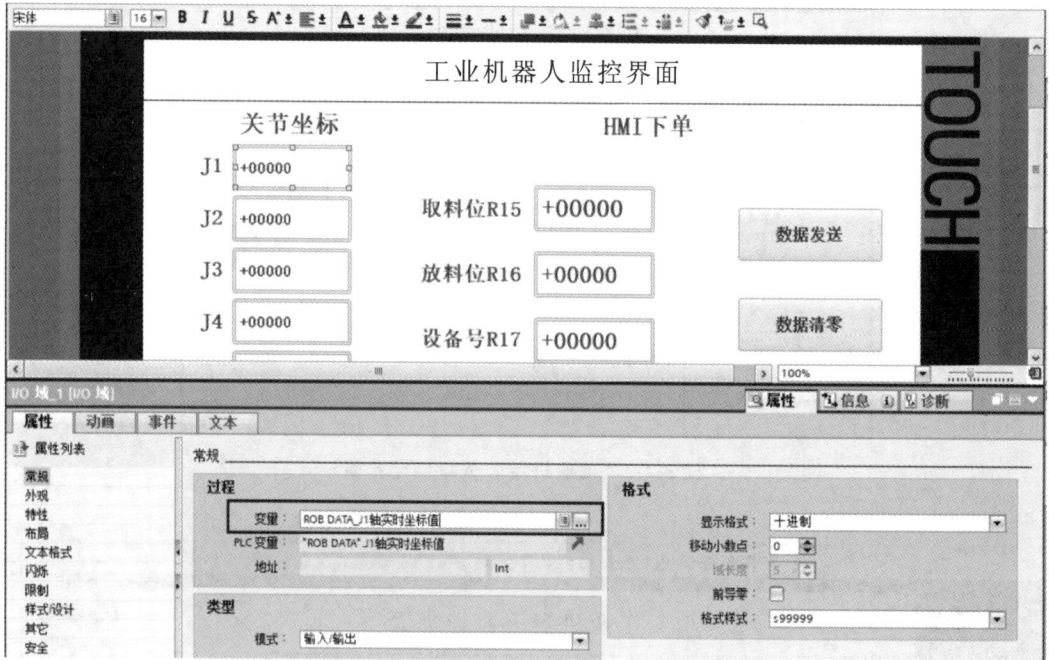

图 5-4-4　关联变量（二）

4. 下载

HMI 界面做完后，单击上方"下载"按钮，如图 5-4-5 所示。

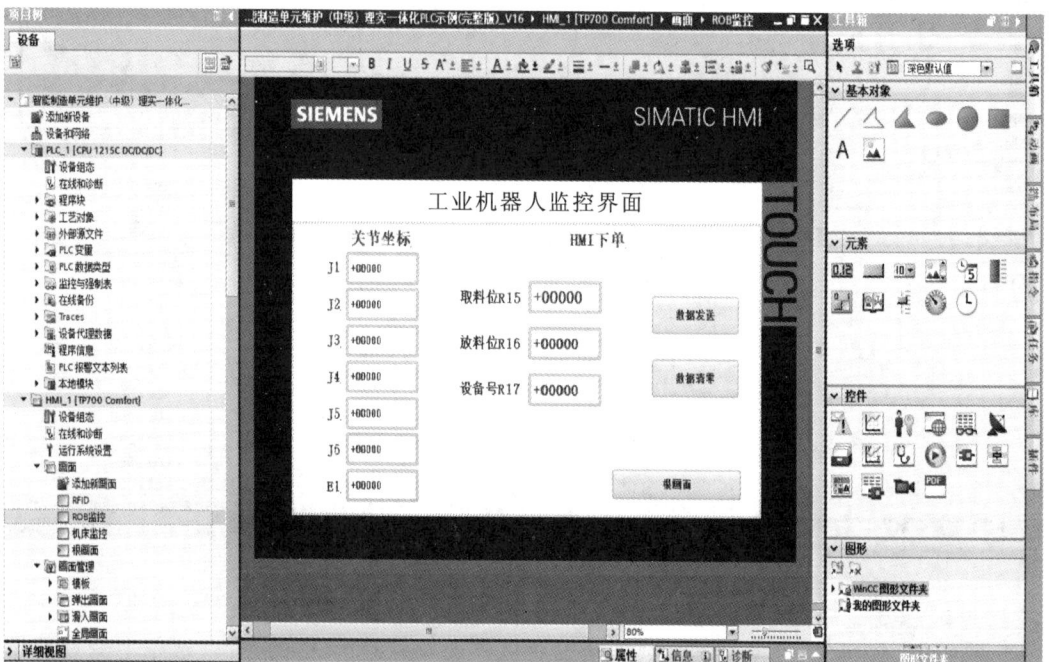

图 5-4-5　下载

PG/PC 接口类型选择 PN/IE,PG/PC 接口选择电脑网卡,选择"显示所有兼容的设备",点击"开始搜索",选中搜索到的设备,点击"下载"按钮,如图 5-4-6 所示。

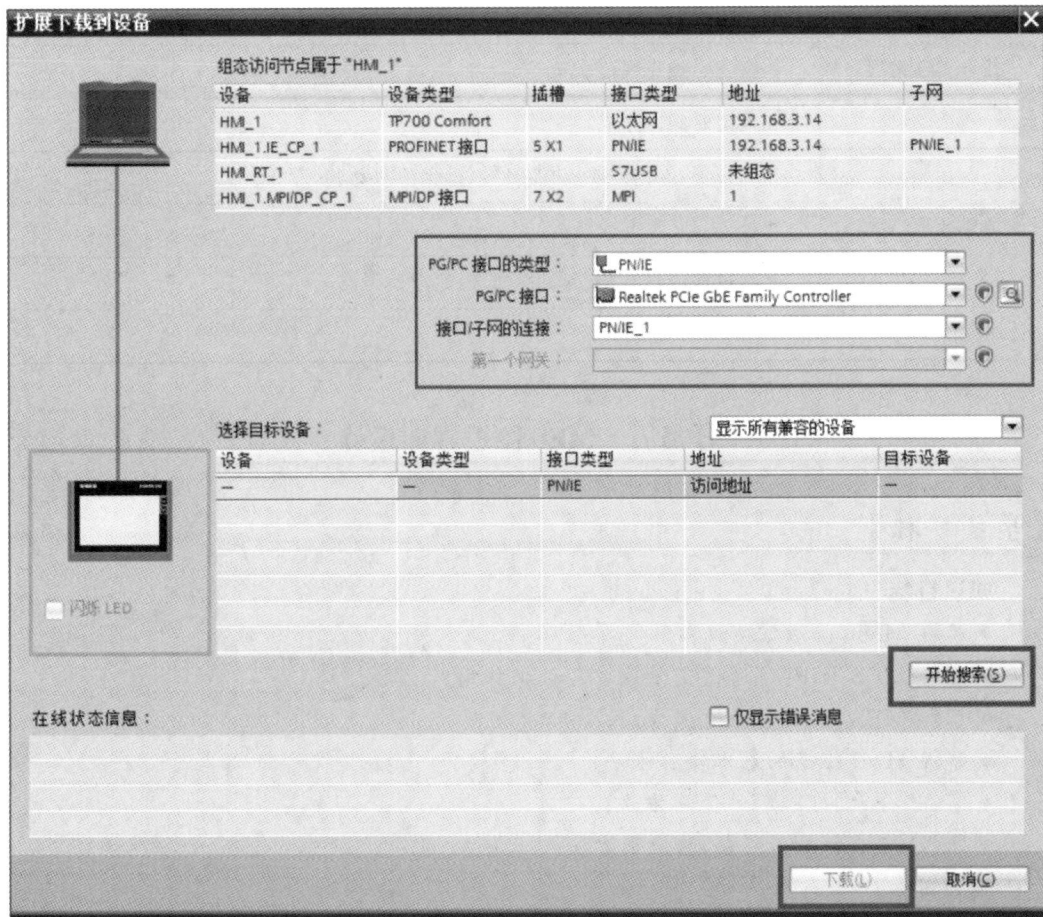

图 5-4-6 下载接口参数选择

【任务评价】

评价内容	评分标准	分值	得分
目标认知程度	工作目标明确,能快速准确收集相关资料,能合理列写自评表	10	
情感态度	工作态度端正,注意力集中,工作积极、主动	10	
团队协作	具有一定的组织、协调能力,积极与他人合作,顾全大局,共同完成工作任务	5	
知识运用能力	知识准备充分,运用熟练正确	10	

评价内容	评分标准	分值	得分
任务实施情况	按要求正确完成工业机器人监控界面设计	40	
	执行安全操作规范	5	
	在规定时间内完成	5	
成果展示情况	作品完善、操作方便、功能多样、符合预期要求	5	
	积极、主动、大方地展示	5	
	展示过程语言流畅、逻辑性强、表达准确到位	5	
总分		100	

任务五   MES 监控界面设计

【学习目标】

知识目标

◆ 了解 Modbus 通信协议；

◆ 理解 MES 与 PLC 通信变量表中各数据作用；

◆ 了解 MES 与 PLC 的通信方式；

◆ 掌握 HMI 组态的基本操作方法；

◆ 掌握"符号 I/O 域"的使用方法；

◆ 掌握"文本和图形列表"的使用方法。

能力目标

◆ 能根据 MES 界面显示要求，完成监控界面设计；

◆ 能根据界面设计内容，完成变量关联。

【任务描述】

为了实时监控 PLC 与 MES 软件之间的数据交互，在建立通信及变量表的基础上，设计 MES 监控界面，将 MES 与 PLC 部分通信数据可视化。MES 监控参考界面如图 5-5-1 所示。

【任务分析】

MES 与 PLC 的信息交互需要确定通信方式和通信信息。数据是信息的载体，在信息世界中只能传送 0 和 1，因此需要对信息进行编码，例如现有某一寄存器 Db001，该寄存器数值为 2#00 时代表苹果，为 2#01 时代表香蕉，为 2#10 时代表西瓜，为 2#11 时代表水蜜桃，以这种方式利用 2 个 bit 即编码了 4 种信息。

本任务中 MES 与 PLC 的通信信息也是通过类似的方式存贮在一个个 Modbus 寄存器中，完整的通信变量表中包含了以下信息：

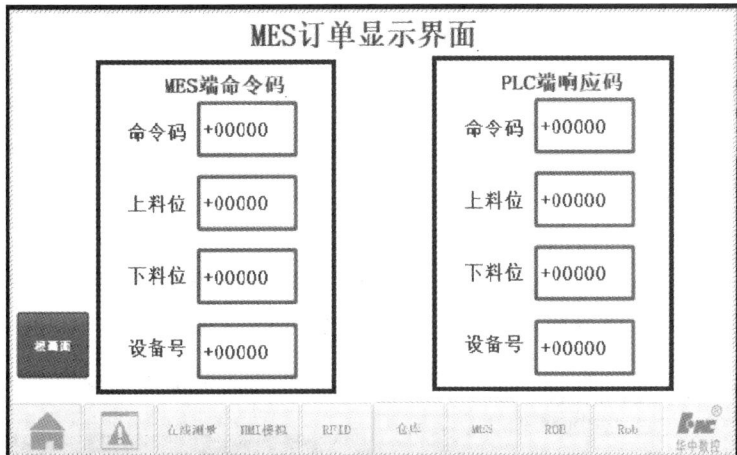

图 5-5-1　MES 监控参考界面

（1）MES 发给 PLC 的指令；

（2）MES 响应 PLC 的指令；

（3）PLC 发给 MES 的指令；

（4）PLC 响应 MES 的指令；

（5）机器人状态；

（6）机床状态；

（7）仓位状态；

（8）仓位信息，包括场次、材料、种类、状态；

（9）测头测量值。

完整的通信变量表具有非常多的数据，约为 300 个，其中大部分本任务未用到，因此本任务只选用了前面约 80 个，占全部的 1/4，详见附表 6。

附表 6 中寄存器 Db001 定义的是 MES 命令码，不同数值代表不同功能：98 表示启动系统；99 表示停止系统；100 表示复位；102 表示加工调度；103 表示 MES 写入；104 表示 HMI 写入；105 表示返修。

【任务准备】

1. 切削智能制造单元平台设备

现场的每一套柔性切削智能制造单元都有一个编程和设计工位计算机，计算机内装有 TIA Portal 软件并能够流畅运行。计算机和 PLC 及触摸屏皆已接入交换机，能够通过网口相连接。工程技术人员可以直接在该工位计算机上进行编程操作。

2. 信息交互表

智能制造单元相关信号变量表较多，请根据任务要求，结合现场实际，选择自己所需信息。详见附表 1～附表 6。

【任务实施】

1. 添加新画面

在左侧项目树 HMI 文件夹下"画面"内,左键单击"添加新画面" 🖼添加新画面 ,将新画面重命名为 MES 状态。

1) 关联 I/O 域

在左侧项目树 PLC 文件夹中打开创建的变量块 🔲 PLC与MES通信变量表 [DB1] ,将变量块中的部分变量分别拖曳至新创建的画面中,如图 5-5-2 所示。

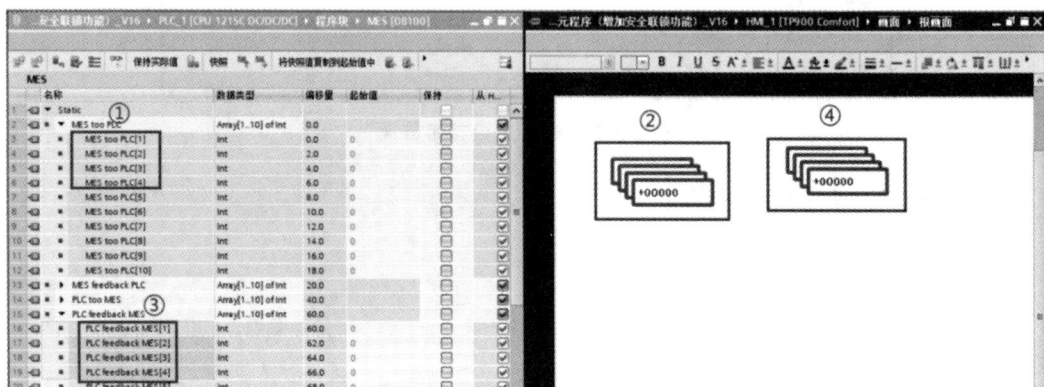

图 5-5-2　创建 I/O 域

2) 界面布局

(1) 将各 I/O 域按顺序拖曳展开,然后将左边四个全选中,依次点击上方工具栏里 📊📈 图标(功能为左侧对齐和垂直均匀分布),这样可以快速均匀对齐,右边四个也是如此操作。

(2) 在 I/O 域旁一一配上文字说明,使用右侧"工具箱"里"基本对象"的"文本"命令。

(3) 点击背景,点击下侧"属性"菜单→"常规"→"背景色",更改背景颜色,如图 5-5-3 所示。

图 5-5-3　画面更改背景色

(4) 选中全部 I/O 域,点击下侧"属性"→"外观"→"背景色",将背景色更改为自己喜欢的颜色,如图 5-5-4 所示。

图 5-5-4　I/O 域更改背景色

(5) 拖曳左侧项目树里 HMI 文件夹下根画面至画面中,如图 5-5-5 所示。

图 5-5-5　拖曳根画面

（6）同样地，将创建的画面（MES 状态）拖曳至根画面中。触摸屏初始界面是根画面，通过根画面可进入状态显示画面。

以上六步完成后效果如图 5-5-1 所示。

2. 编译与下载

1）编译

编译目的是检查程序是否有编程错误。

完成本任务的 PLC 及 HMI 编程后，在左侧项目树中全部选中 HMI 与 PLC，单击上方工具栏里"编译"按钮，查看下侧信息是否有错误，有错误则跳转至对应错误进行更改，否则无法将程序下载至实际设备中。编译操作步骤如图 5-5-6 所示。

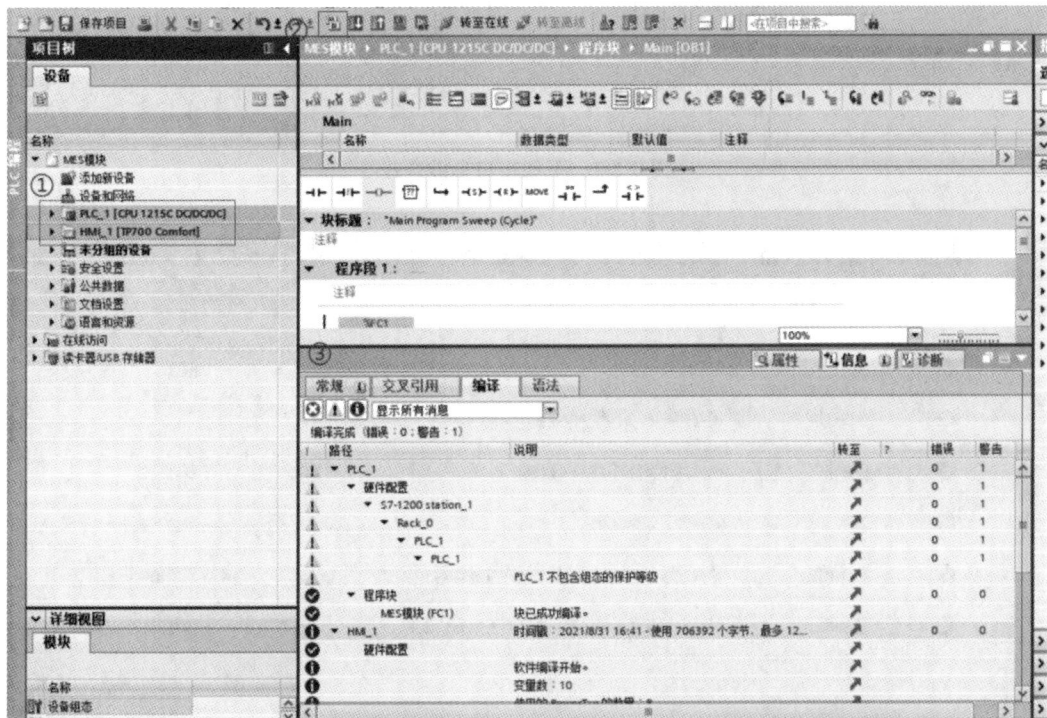

图 5-5-6　编译操作

2）下载

将所编程序下载至硬件中。选中 PLC，单击上方"下载"按钮，选择相关网卡接口等，开始搜索设备，选中搜索到的设备，下载至实际设备中，如图 5-5-7 和图 5-5-8 所示。

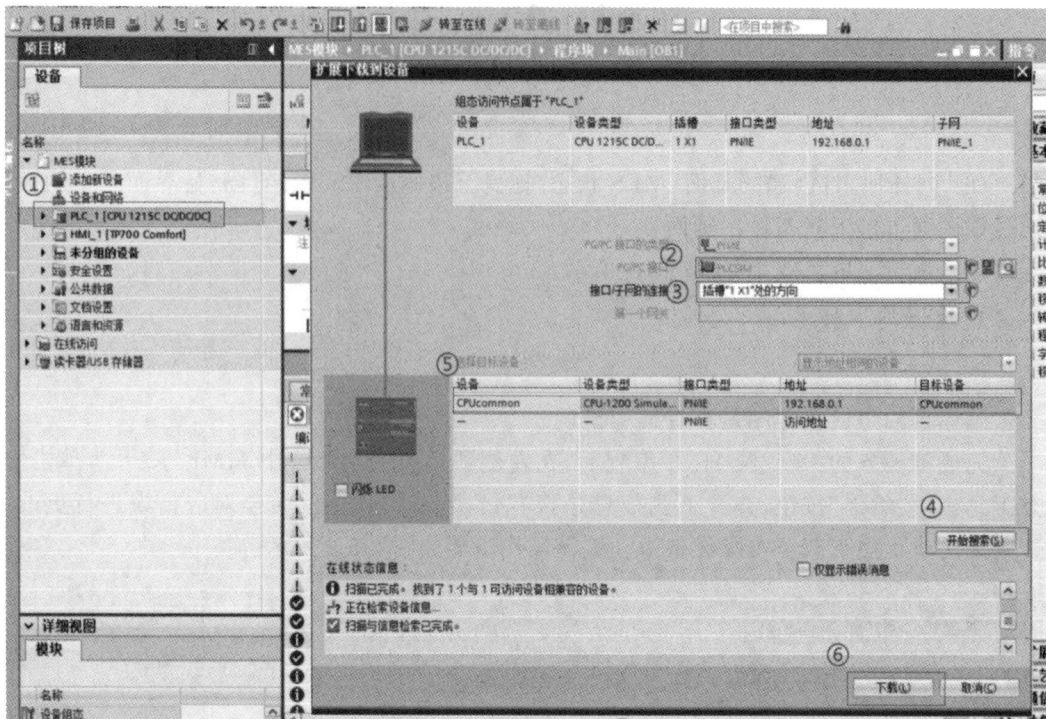

图 5-5-7 下载接口参数选择

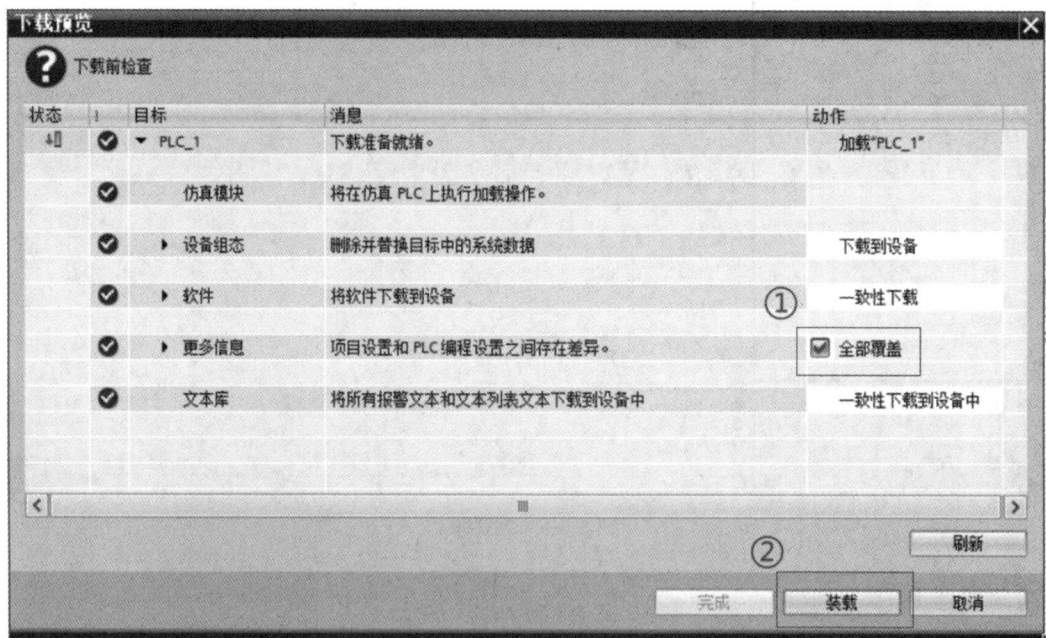

图 5-5-8 下载

【任务评价】

评价内容	评分标准	分值	得分
目标认知程度	工作目标明确,能快速准确收集相关资料,能合理列写自评表	10	
情感态度	工作态度端正,注意力集中,工作积极、主动	10	
团队协作	具有一定的组织、协调能力,积极与他人合作,顾全大局,共同完成工作任务	5	
知识运用能力	知识准备充分,运用熟练正确	10	
任务实施情况	按要求正确完成 MES 监控界面设计	40	
	执行安全操作规范	5	
	在规定时间内完成	5	
成果展示情况	作品完善、操作方便、功能多样、符合预期要求	5	
	积极、主动、大方地展示	5	
	展示过程语言流畅、逻辑性强、表达准确到位	5	
总分		100	

项目六 智能制造单元运行生产功能调试

【项目描述】

完成智能制造单元设备通信、硬件连接等生产准备后，应用工业机器人及PLC，完成智能制造单元上料功能调试、下料功能调试，并通过MES系统进行订单的下发，实现智能制造单元的生产运行，且通过人机界面实时监控设备的运行状态、零件生产统计与生产质量的管理。

任务一 智能制造单元总控MES软件部署与安装

【学习目标】

知识目标
◆ 掌握总控MES软件的安装方法；
◆ 掌握总控MES软件参数配置方法。

能力目标
◆ 能根据所提供的MES软件安装包，在计算机上完成软件的安装部署；
◆ MES安装完成后，能正确进行参数配置。

【任务描述】

利用所提供的软件安装包，在电脑上正确安装MES总控软件，并正确进行参数配置，使总控MES软件可以与数控机床、PLC等设备正常通信。

【任务分析】

智能制造单元总控MES软件是部署在电脑上的、运用于自动产线的控制系统。它对产线上的机床、机器人、测量仪等设备的运行进行监控，并提供方便的可视化界面显示所检测的数据。同时，智能生产线MES系统可以完成数据的上传下达，即将数据（工单、状态、动作、刀具等）上报，将生产任务和命令（CNC切入切出控制指令、加工任务）下发到设备。

【任务准备】

表6-1-1为本任务需准备的设备与软件。

表6-1-1 所需设备与软件

序号	设备与软件
1	计算机一套
2	MES软件安装包

【任务实施】

1. 电脑 IP 地址设置

（1）将总控电脑的 IP 地址设置成与机床 IP 地址在同一个网段。打开"网络与共享中心"，点击"本地连接"，如图 6-1-1 所示。

（2）点击"属性"按钮，弹出图 6-1-2 所示窗口。

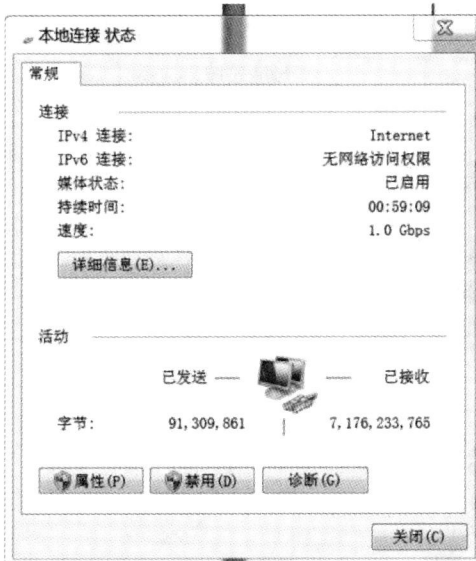

图 6-1-1　本地连接状态

图 6-1-2　本地连接属性

（3）勾选"Internet 协议版本 4（TCP/IPv4）"复选框，点击"属性"，将 IP 地址和子网掩码按图 6-1-3 所示进行设置。

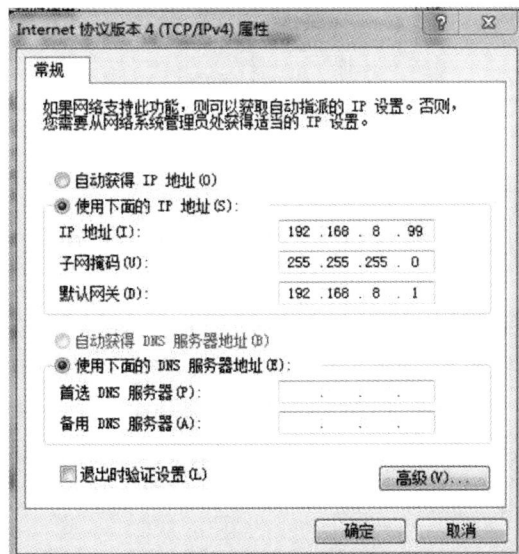

图 6-1-3　设置 IP 地址

（4）单击"确定"，总控电脑的 IP 地址和机床 IP 地址就设置在同一网段了。

2. MES 软件安装

（1）双击"HNC-MES.exe"软件安装包，如图 6-1-4 所示，根据提示完成安装；

（2）安装完成后，在电脑桌面生成图 6-1-5 所示图标，表示软件已安装完成；

（3）双击打开已安装的软件，弹出注册界面，如图 6-1-6 所示，将注册号发送给厂家，根据注册号会生成一个 SN.dll 注册文件。

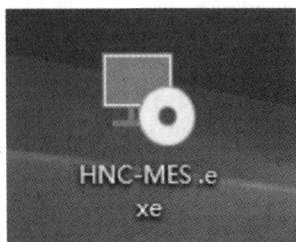

图 6-1-4　软件安装包图标　　　图 6-1-5　安装完成图标　　　图 6-1-6　注册提示界面

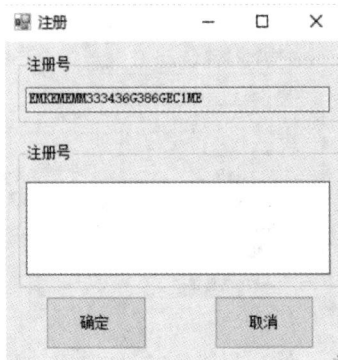

（4）将生成的 SN.dll 注册文件，放置在该软件安装路径"BIN"→"DATA"→"SET"文件夹中，如图 6-1-7 所示，替换文件夹中的 SN.dll 文件，完成注册，然后关闭该界面。

App.config	2018/8/11 10:32	CONFIG 文件	1 KB
IpSetFile	2019/10/21 10:54	文件	1 KB
RFIDSave.xml	2017/9/28 17:03	XML 文档	1 KB
SCADASet - 副本.xml	2018/10/24 13:24	XML 文档	3 KB
SCADASet.xml	2020/2/16 16:10	XML 文档	3 KB
SN.dll	2020/2/16 16:03	应用程序扩展	1 KB
TaskManage.xml	2019/10/24 10:52	XML 文档	1 KB
vssver2.scc	2017/5/22 8:32	SCC 文件	1 KB

图 6-1-7　SET 文件夹

3. MES 软件参数设置

（1）注册完成后，打开软件，点击"设置"按钮，进入设置界面，完成用户注册，如图 6-1-8 所示。

（2）用户注册完成后登录；

（3）在"CNC 设置"界面，按图 6-1-9 所示的参数进行设置并保存。

（4）在"网络拓扑设置"界面，将其他 IP 地址按图 6-1-10 所示参数进行设置。

（5）保存参数后重启软件即可。

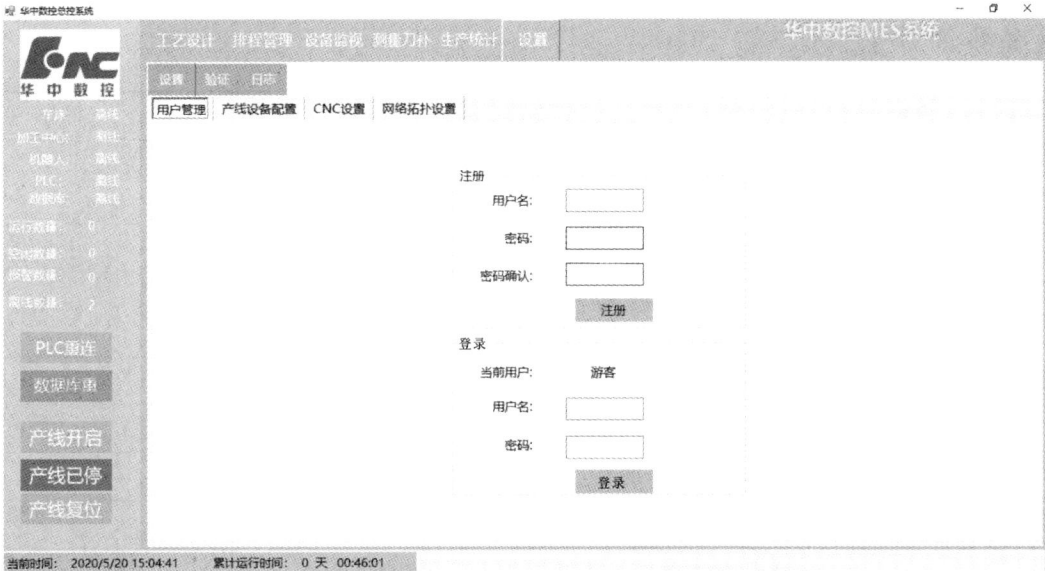

图 6-1-8 用户注册界面

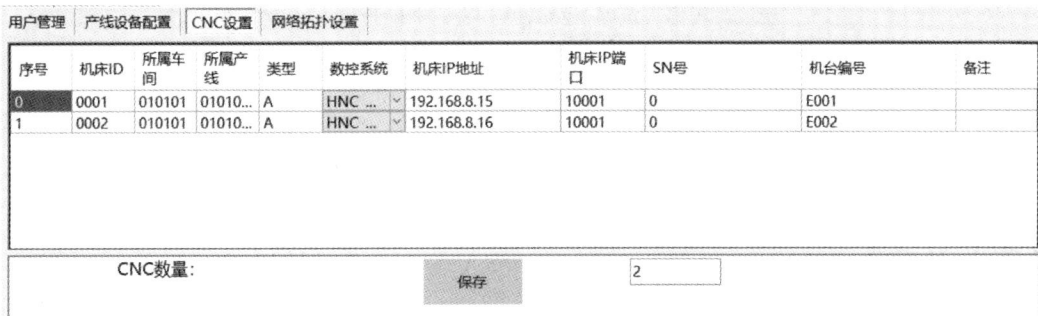

图 6-1-9 CNC 设置界面

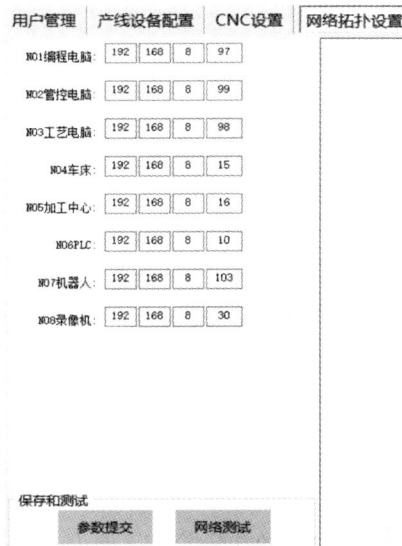

图 6-1-10 网络拓扑设置

【任务评价】

评价内容	评分标准	分值	得分
目标认知程度	工作目标明确,能快速准确收集相关资料,能合理列写自评表	10	
情感态度	工作态度端正,注意力集中,工作积极、主动	10	
团队协作	具有一定的组织、协调能力,积极与他人合作,顾全大局,共同完成工作任务	5	
知识运用能力	知识准备充分,运用熟练正确	10	
任务实施情况	按要求正确完成 MES 软件安装部署	40	
任务实施情况	执行安全操作规范	5	
任务实施情况	在规定时间内完成	5	
成果展示情况	作品完善、操作方便、功能多样、符合预期要求	5	
成果展示情况	积极、主动、大方地展示	5	
成果展示情况	展示过程语言流畅、逻辑性强、表达准确到位	5	
总分		100	

任务二　MES 启动、停止、复位功能编程

【学习目标】

知识目标

◆ 掌握 MES 与 PLC 交互规则;

◆ 掌握 MES 启动、停止、复位逻辑程序编写方法;

◆ 掌握用 PLC 控制数控机床启动的编程方法。

能力目标

◆ 能完成 MES 启动、停止、复位功能逻辑程序编写;

◆ 能进行程序功能的测试。

【任务描述】

编写 PLC 与 MES 交互程序,实现按下 MES 启动按钮 MES 正常启动,按下 MES 停止按钮 MES 正常停止,按下产线复位按钮产线正常复位。

【任务分析】

1. 信息交互规约

为确保双方发出的信息被接收到,双方都必须按如下方式编程:命令发送方发送命令后,命令接收方需在响应命令后回应相应命令,命令发送方接收到命令响应后把命令码清

0,命令接收方接收到 0 后把命令响应清 0,整个命令交互完成。

如图 6-2-1 所示,D01 和 D31 分别是两个 Modbus 寄存器,序号为 1 和 31,定义的功能是 MES 发送命令给 PLC 以及 PLC 响应 MES 的命令。

(1) 当 MES 发出命令功能码 98 时,寄存器 1 数值从 0 变为 98。

(2) PLC 在接收到该命令后,寄存器 31 数值也从 0 变为 98,表示 PLC 已接收到命令。

(3) MES 若读取到寄存器 31 数值为 98,则说明 PLC 已经接收到 MES 发出的命令,因此寄存器 1 会复位,即数值从 98 变为 0,这样可以继续发送其他的功能码。

(4) PLC 在 MES 先复位的前提下再复位,寄存器 31 数值从 98 变为 0。

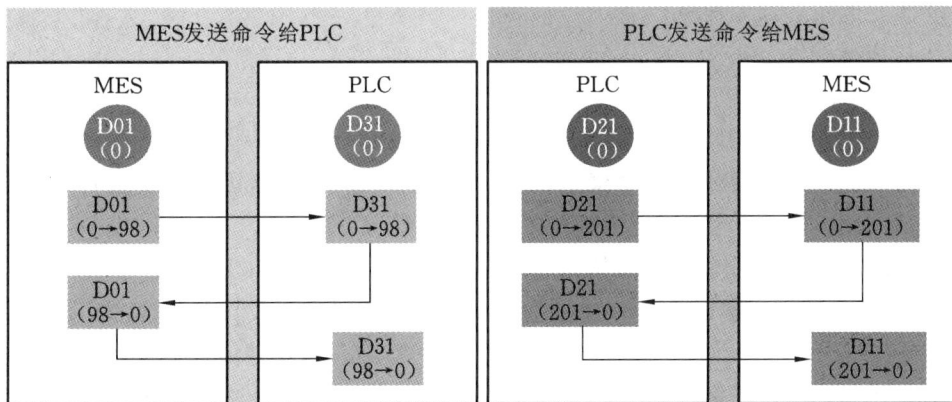

图 6-2-1 MES 与 PLC 交互举例

2. MES 功能码工作流程

本任务 PLC 需编程实现的功能为 98 产线启动、99 产线停止、100 产线复位、102 订单派发、103MES 写入。其功能作用和工作流程如下。

(1) 98 产线启动。

在 MES 软件中单击产线启动按钮→发出命令码 98 到寄存器 DB001 中→通过通信,PLC 接收到寄存器 DB001 变为 98→使各工作模式处于产线启动状态,只有处于产线启动状态,产线才能执行各工作→PLC 完成命令响应后,反馈信号 98 至 DB031 中→MES 确认PLC 收到,复位该命令码,同时软件上该按钮由绿色变灰色→复位 PLC 响应命令码。

(2) 99 产线停止。

在 MES 软件中单击产线停止按钮→发出命令码 99 到寄存器 DB001 中→通过通信,PLC 接收到寄存器 DB001 变为 99→使各工作模式处于产线停止状态,各执行设备不能继续工作→PLC 完成命令响应后,反馈信号 99 至 DB031 中→MES 确认 PLC 收到,复位该命令码,同时软件上该按钮由绿色变灰色→复位 PLC 响应命令码。

(3) 100 产线复位。

在 MES 软件中单击产线复位按钮→MES 软件将机床 home 回零程序下发至机床中,且发出命令码 100 到寄存器 DB001 中→通过通信,PLC 接收到寄存器 DB001 变为 100→PLC 启动机床执行 home 程序→PLC 完成命令响应后,反馈信号 100 至 DB031 中→MES确认 PLC 收到,复位该命令码,同时软件上该按钮由绿色变灰色→复位 PLC 响应命令码。

(4) 102 订单派发。

该功能是 MES 软件的核心功能,作用是派发生产订单。生产执行系统只有在接收到 MES 发出的订单信息后才能开始执行生产任务。

MES 软件手动派发订单时有以下几点条件:

① 产线处于启动状态;

② 指定仓位有料;

③ 机器人空闲;

④ 机器人在原点;

⑤ PLC 在线;

⑥ 指定仓位有加工程序;

⑦ 机床在线。

(5) 103 MES 写入。

该功能是在最开始执行生产前初始化各仓位 RFID 信息。例如,换上一批新的物料后,此时各个仓位信息是不会自动清除的,仍然是上次仓位信息,因此需要对各个仓位的 RFID 芯片信息初始化,这就需要 MES 发出盘点信号。

在 MES 软件中单击料仓盘点按钮→MES 软件发出命令码 103 到寄存器 DB001 中→通过通信,PLC 接收到寄存器 DB001 变为 103→PLC 给机器人发出料仓盘点启动信号→机器人接收到该信号,开始执行动作→PLC 完成命令响应后,反馈信号 103 至 DB031 中→MES 确认 PLC 收到,复位该命令码,同时软件上该按钮由灰色变为绿色→复位 PLC 响应命令码。

【任务准备】

(1) 编程需要的 I/O 信号表如表 6-2-1 所示。

表 6-2-1   I/O 信号表(部分)

输入	定义	输出	定义
I0.4	联机	Q2.0	车床联机请求信号
I2.4	车床加工完成	Q2.1	车床启动信号
I4.4	加工中心加工完成	Q2.2	车床响应信号
		Q4.0	加工中心联机请求信号
		Q4.1	加工中心启动信号
		Q4.2	加工中心响应信号

(2) 编程需要的通信信号表如表 6-2-2 所示。

表 6-2-2   MES 与 PLC 通信信号表(部分)

通信地址	变量类型	定义
DB100.DBW0	INT	MES 发送给 PLC 的命令码(98 表示产线启动,99 表示产线停止,100 表示产线复位)

续表

通信地址	变量类型	定义
DB100.DBW60	INT	PLC 发送给 MES 的响应码(98 表示产线启动,99 表示产线停止,100 表示产线复位)

【任务实施】

1. 组态

根据实际完成硬件组态,添加 CPU、通信模块、信号模块、HMI 等。组态完后修改硬件参数,包括 CPU 和 HMI 的 IP 地址、通信模块波特率、CPU 和信号模块的 I/O 地址等。PLC 硬件配置如表 6-2-3 所示。

表 6-2-3 PLC 硬件配置表

插槽	名称	型号	I/O 地址		版本
			I	Q	
	TP700 精智面板	6AV21240GC010AX0			15.1
101	RS485 串口通信模块	SIE.6ES7 241-1CH32-0XB0			V2.1
1	1215C(DC/DC/DC)模块	SIE.6ES7 215-1AG40-0XB0	0-1	0-1	V4.0
2	SM1223 信号模块(16 入 16 出)	SIE.6ES7 223-1PL32-0XB0	2-3	2-3	V2.0
3	SM1223 信号模块(16 入 16 出)	SIE.6ES7 223-1PL32-0XB0	4-5	4-5	V2.0
4	SM1221 信号模块(16 入)	SIE.6ES7 221-1BH32-0XB0	8-9		V2.0
5	SM1221 信号模块(16 入)	SIE.6ES7 221-1BH32-0XB0	10-11		V2.0

2. 编写机床联机程序

联机程序如图 6-2-2 所示。

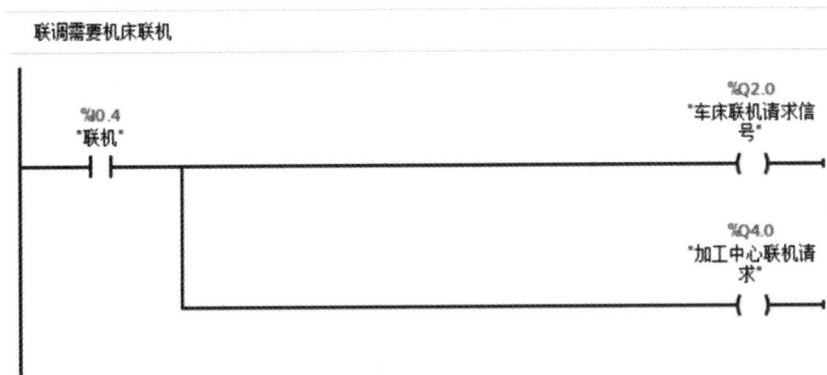

图 6-2-2 联机程序

3. 建立 PLC 与 MES 的通信

（1）创建全局数据块（DB）。

建立全局数据块，作为 PLC 与 MES 通信变量表。用鼠标左键双击左侧项目树中的"添加新块"，出现图 6-2-3 所示界面，单击"数据块"，修改块名称为"PLC 与 MES 通信变量表"。

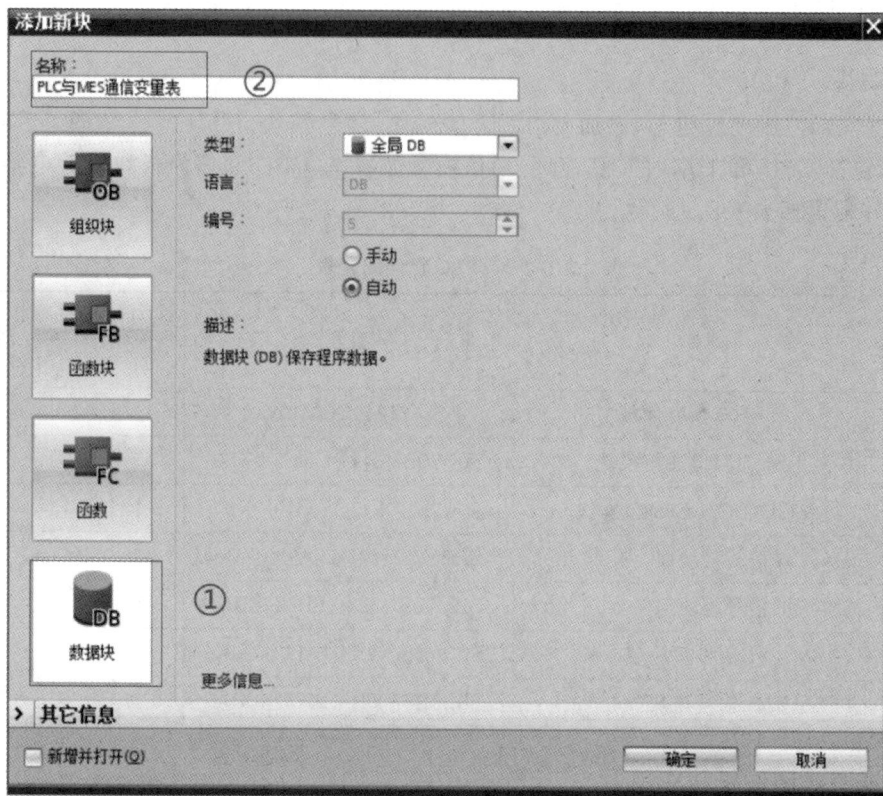

图 6-2-3　创建全局数据块

（2）建立通信变量表。

将 PLC 与 MES 通信变量表里的数据归类后建立图 6-2-4 所示的通信变量表，先添加数据类型，然后修改数据名称。数据类型 Array[0...9]of Int 中，Array 表示为数组类型，[0..9]表示从 0～9 共 10 个数据，of Int 表示这 10 个数据为 Int 类型。数据类型 DWord 是双字数据类型，数据长度为 32 位，共有 30 个仓位，因此该双字数据包含了 30 个仓位的信息。

（3）取消勾选"优化的块访问"。

这一步操作的目的是进行绝对寻址，因为通信指令要求目标数据块必须是非优化的块访问类型。用鼠标右键单击项目树中创建的数据块，选择"属性"，取消勾选"优化的块访问"，单击"确定"→"确定"，如图 6-2-5 所示。

（4）编译块。

取消勾选"优化的块访问"后，全局数据块将出现新的一列数据——偏移量，该偏移量

图 6-2-4 创建通信变量

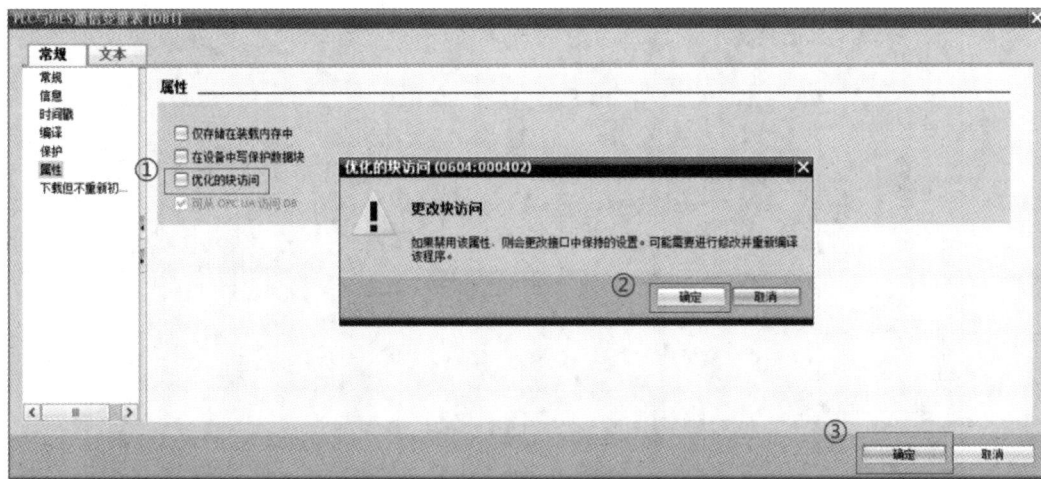

图 6-2-5 取消勾选"优化的块访问"

为块中各数据在该块中的绝对地址,此时是没有数值的。单击上方工具栏中的"编译"按钮,此时该偏移量就有了数值,如图 6-2-6 所示。

图 6-2-6 编译结果

此处有两点需要注意:

① 该块不是智能制造单元配套的完整 MES 通信变量表,因为完整的通信变量表数据长度为 244 个字,约有 300 个数据。本任务用不到如此多的数据,且为方便建立该表,只选取了前面一部分数据,大约占整体的 1/4。

② 最后一个数据"仓位状态"对应的偏移量必须是 120.0,且该表的各数据及其偏移量

是一一对应的,不能错位。

（5）创建函数（FC）。

采用模块化的编程方式使得程序框架清晰,也方便后期维护。本任务采用这种编程方法,创建一个函数,函数的作用可以理解为"子程序"。用鼠标左键双击左侧项目树中的添加新块,出现图 6-2-7 所示界面,单击"函数",修改函数名称为"MES 模块",单击"确定"。

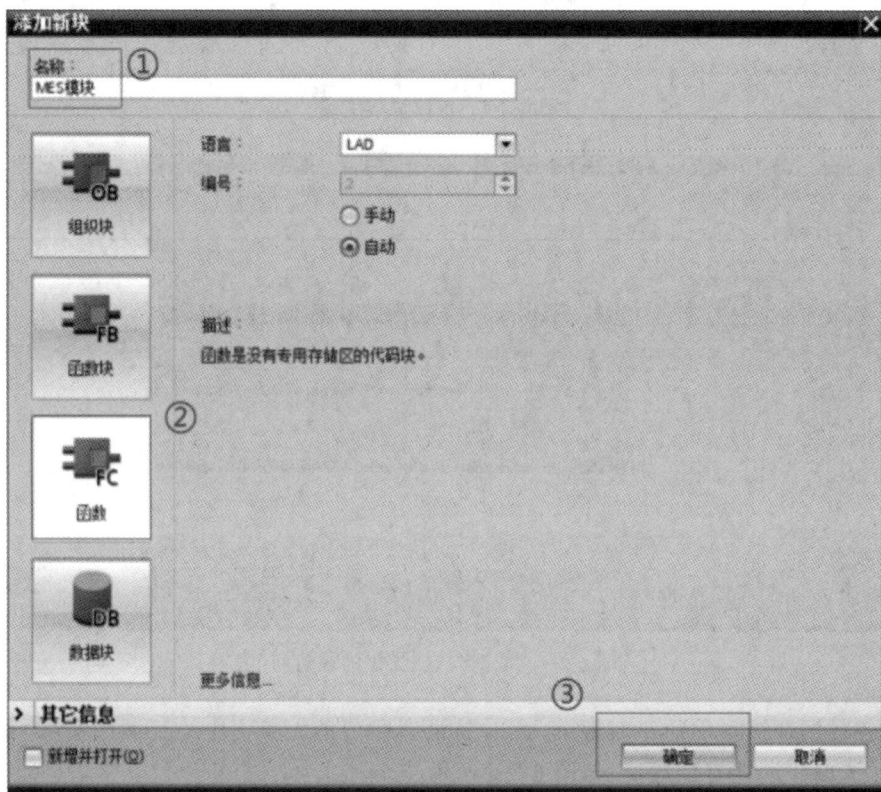

图 6-2-7　创建子程序

（6）选择 PLC 与 MES 的通信指令。

本任务中 PLC 与 MES 通信时,PLC 作为服务器,被动响应客户端的数据请求。

双击打开新创建的函数,单击右侧指令,选择"通信"指令菜单,将"开放式用户通信"和"MODBUS TCP"的版本更改为 V3.1,最后用鼠标左键拖曳指令 MB_SERVER 至程序段 1 中,如图 6-2-8 所示。

（7）编辑 PLC 与 MES 的通信指令。

DISCONNECT 引脚填 0,表示建立通信连接。CONNECT_ID 代表 TCP 链接,ID 与其背景数据块配套使用,代表单独一个实例,该 ID 不是固定值,不同实例不可重复使用同一个 ID。IP_PORT 为端口号。MB_HOLD_REG 引脚全称为 Modbus Hold Region,即 MODBUS 保持性存储区,此处填写 P♯DB1.DBX0.0 WORD 70,这是一个指针,其有专门的固定格式写法,即 P♯〈起始地址〉〈数据类型〉〈数据长度〉,此处相当于把 DB1 块中从第一个数据开始的 70 个字数据长度的数据作为 MODBUS 保持性存储区,以供客户端读取或写入。此处需要注意的是,该引脚的填写要对应于自己所编的程序,比如本任务创建的

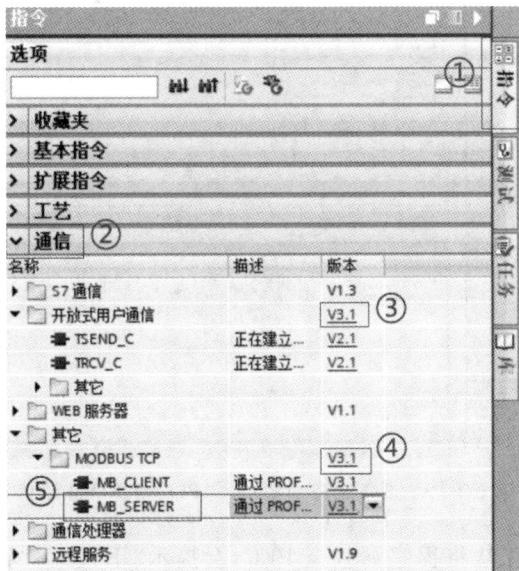

图 6-2-8　创建通信指令

数据块序号为 DB1,那么此处指针填 DB1,而 70 是根据创建的数据块数据长度来定的,本任务从 0.0~123.7 共 124 个字节,即 62 个字,因此只需比 62 大即可,但也是有上限的,最高不能超过 2000,具体查看相关说明书。通信指令引脚填写如图 6-2-9 所示。

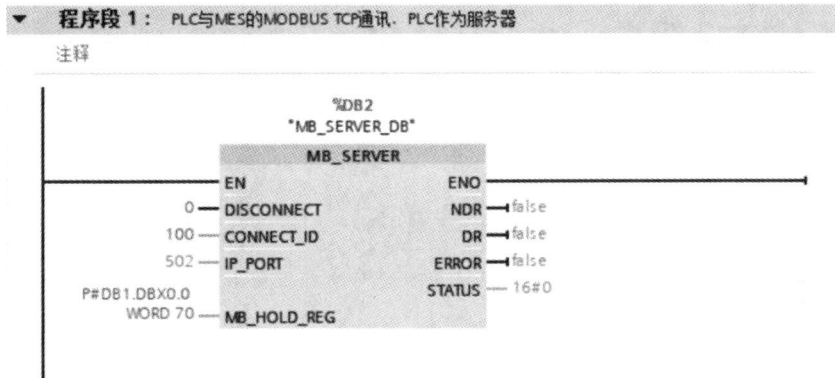

图 6-2-9　通信指令引脚填写(PLC 与 MES 通信)

4. 建立 PLC 与 Robot 的通信

建立 PLC 与 MES 的通信后,两者之间即可收发信息,但由于 MES 发出的部分信号最终是需要机器人接收的,因此本任务必须建立 PLC 与 Robot 的通信,其本质是 MES 通过 PLC 将信号发送给 Robot,PLC 在其中扮演着"桥梁"的角色。

关于其通信方法,此处不作过多的介绍,前文已有很详细的讲解,主要的步骤是建立通信变量表和编辑通信指令,如图 6-2-10 所示。

5. 功能编程

前面的操作是编程的基础,主要完成两个任务:一是组态;二是通信。这是编程的前

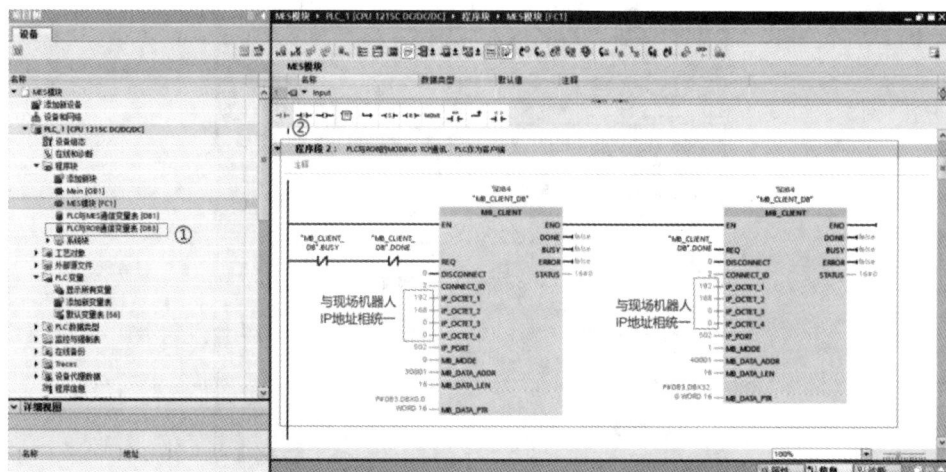

图 6-2-10　通信指令引脚填写（PLC 与 Robot 通信）

提。如果组态错误，则无法将程序下载至 PLC，会提示"下位组件错误"。同样地，如果通信不上，更是无法实现相关功能，也无法查找程序编写错误。

（1）创建变量表。

双击左侧项目树中的默认变量表，添加编程所需的变量，主要有三类，分别是 I、Q、M。I 是实际的输入信号，Q 是实际的输出信号，M 是 PLC 内部中间变量，方便用来编程。创建的 I/O 变量表如图 6-2-11 所示。

		名称	数据类型	地址 ▲	保持	可从 ...	从 H ...	在 H ...
1		总控柜联机旋钮	Bool	%I0.4		☑	☑	☑
2		车床已联机	Bool	%I2.0		☑	☑	☑
3		车床运行中	Bool	%I2.3		☑	☑	☑
4		车床报警	Bool	%I2.5		☑	☑	☑
5		车床开门状态	Bool	%I3.0		☑	☑	☑
6		CNC已联机	Bool	%I4.0		☑	☑	☑
7		CNC运行中	Bool	%I4.3		☑	☑	☑
8		CNC报警	Bool	%I4.5		☑	☑	☑
9		CNC开门状态	Bool	%I5.0		☑	☑	☑
10		仓位状态	DWord	%ID8		☑	☑	☑
11		请求车床联机	Bool	%Q2.0		☑	☑	☑
12		车床启动	Bool	%Q2.1		☑	☑	☑
13		请求CNC联机	Bool	%Q4.0		☑	☑	☑
14		CNC启动	Bool	%Q4.1		☑	☑	☑
15		产线启动	Bool	%M0.0		☑	☑	☑
16		产线停止	Bool	%M0.1		☑	☑	☑
17		ROB准备就绪	Bool	%M0.2		☑	☑	☑
18		机床准备就绪	Bool	%M0.3		☑	☑	☑
19		机床已联机	Bool	%M0.4		☑	☑	☑
20		100复位模式	Bool	%M1.0		☑	☑	☑
21		102派单模式	Bool	%M1.1		☑	☑	☑
22		103料仓盘点模式	Bool	%M1.2		☑	☑	☑
23		<新增>				☑	☑	☑

图 6-2-11　创建的 I/O 变量表

（2）设备状态编程。

该程序段主要将某些设备状态信号整合映射到某个中间变量中，如此编程有两个好处：

① 简化编程，后期编程时使用一个信号即可替代多个信号。

② 方便维护，若某个状态信号更改，且该信号在多处引用，则采用此方式编程时，只需要替换掉更改的信号即可。将实际信号映射到系统中间点位，使用中间点位进行编程是一种重要思想，在实际中有非常重要的应用。这是因为实际生产过程中经常会发生某些点位损坏而需要替换的现象。

如图 6-2-12 所示，该程序段逻辑如下。

第 1 行：机器人准备就绪的条件是机器人无报警，在安全位且空闲。

第 2 行：机床准备就绪的条件是车床和 CNC 均无报警且未运行。

第 3 行：联机控制，按下总控柜上的联机旋钮后发出联机请求，目的是进行远程控制。

第 4 行：机床若已联机，则会发出相关信号，表示知道机床已经处于联机的状态。

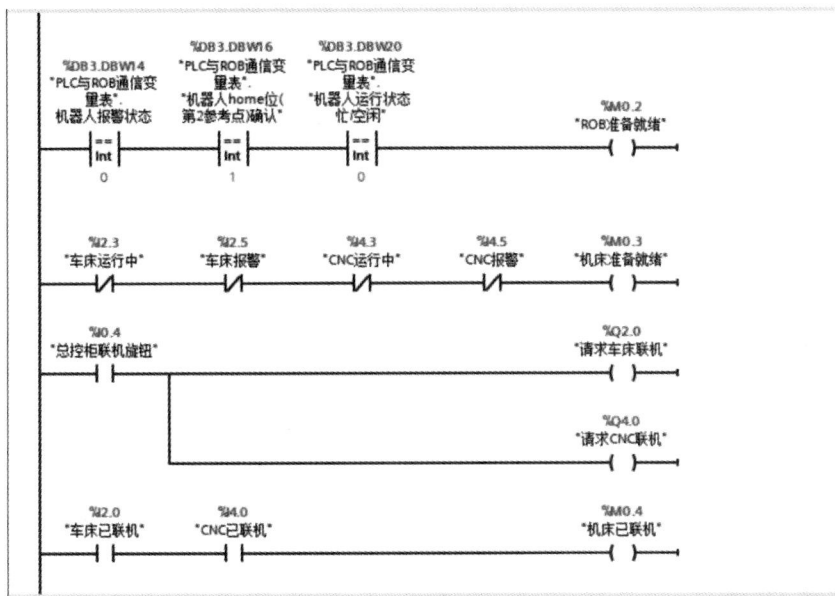

图 6-2-12 编写设备状态程序

（3）PLC 反馈复位。

PLC 反馈的信号如表 6-2-4 所示。

表 6-2-4 PLC 反馈 MES 信号

寄存器序号	信号说明	PLC 数据名称	PLC 数据地址
DB001	MES 发给 PLC 命令	MES 发给 PLC 信号[0]	DB1.DBX0.0
DB002	MES 发给 PLC 的机床下料仓位 n	MES 发给 PLC 信号[1]	DB1.DBX2.0
DB003	机床编号	MES 发给 PLC 信号[2]	DB1.DBX4.0
DB004	MES 发给 PLC 的机床上料仓位 m	MES 发给 PLC 信号[3]	DB1.DBX6.0

续表

寄存器序号	信号说明	PLC 数据名称	PLC 数据地址
DB031	PLC 响应 MES 命令	PLC 响应 MES 信号[0]	DB1.DBX60.0
DB032	PLC 响应 MES 机床下料仓位 n	PLC 响应 MES 信号[1]	DB1.DBX62.0
DB033	PLC 响应 MES 加工类型	PLC 响应 MES 信号[2]	DB1.DBX64.0
DB034	PLC 响应 MES 机床上料仓位 m	PLC 响应 MES 信号[3]	DB1.DBX66.0

　　按照 MES 与 PLC 的通信规约,PLC 相关信号需要在 MES 信号复位后也复位,即 DB001=0 时,则 DB031=0;DB002=0 时,则 DB032=0;DB003=0 时,则 DB033=0; DB004=0 时,则 DB034=0。

　　但 DB002～DB004 为 0 的前提是 DB001=0,因此该逻辑可以简化为图 6-2-13 所示程序,这简化了编程。

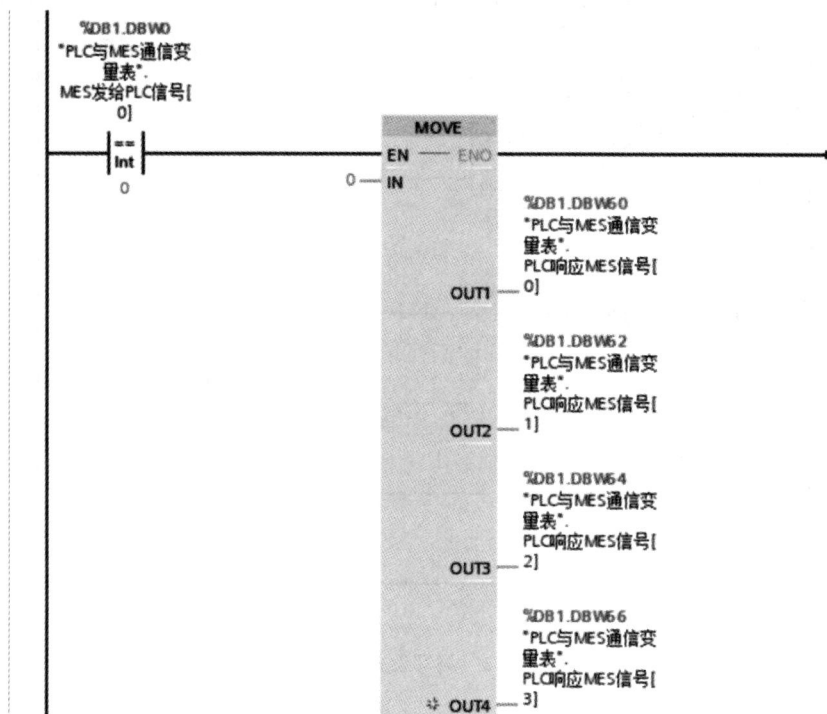

图 6-2-13　PLC 响应码复位程序

　　(4) 98 产线启动。

　　MES 作为制造执行系统,可实现产线是否启动运行。相应程序段如图 6-2-14 所示,产线启动的前提是机器人和机床已准备就绪,则此时当 PLC 收到 MES 发出的功能码信号为 98 时,会置位产线启动信号和复位产线停止信号,这两个信号形成互锁,后续编程时两个信号一起使用,确保安全。同时,将 98 数值赋值给数据 DB1.DBW60,表示 PLC 接收到了 MES 发出的产线启动信号。

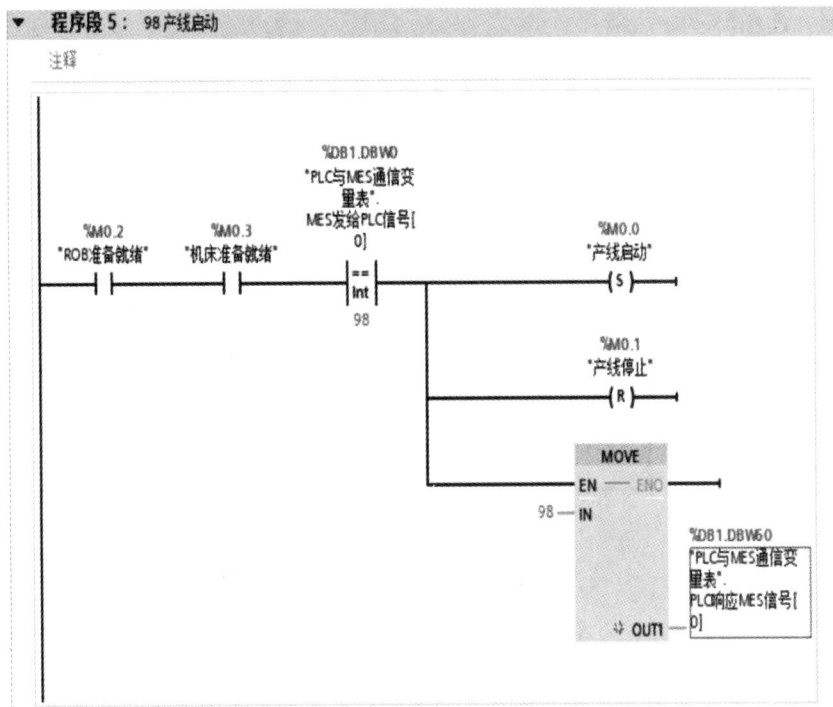

图 6-2-14　MES 产线启动程序

（5）99 产线停止。

MES 产线停止程序段如图 6-2-15 所示，当 PLC 接收到 MES 发来的 99 产线停止信号后，将产线停止信号置位，产线启动信号复位，同时反馈 99 信号给 MES，表示已接收到产生停止信号。

（6）100 产线复位。

MES 软件启动产线复位时，要求将机床复位至准备生产的状态，其工作台位置回到机器人示教的位置。其本质是机床执行复位程序，程序由 MES 软件通过网口通信发给机床，机床启动的动作是由 PLC 控制的。因此，产线复位的 4 个逻辑条件如下：

① 产线停止；

② 机床准备就绪；

③ 机床已联机；

④ PLC 收到 MES 发来的命令功能码 100。

满足以上条件后，机床启动信号置位，且响应 MES 信号，如图 6-2-16 中第一行程序所示。此处增加了一个中间变量信号"M1.0 100 复位模式"，目的是在该模式下复位该启动信号，而不是任意情况下车床门关闭就复位该信号。

该启动信号一定要及时复位，否则机床运行完程序后会一直重复运行。本任务所选的复位条件是门关闭，因为门关闭说明机床已处于加工状态，确保机床收到该启动信号，可以复位。若机床启动信号都复位，则将"M1.0 100 复位模式"信号复位，如图 6-2-16 所示。

程序段 6： 99产线停止

注释

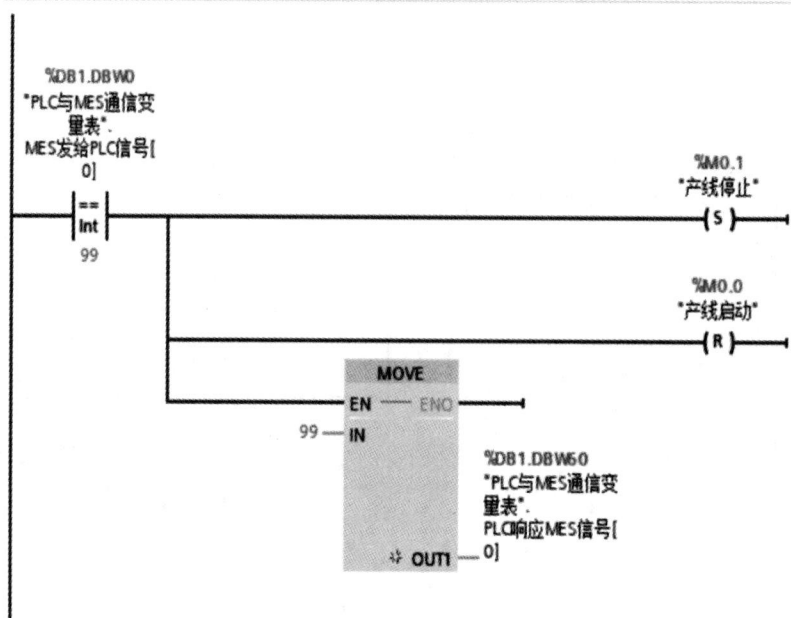

图 6-2-15　MES 产线停止程序

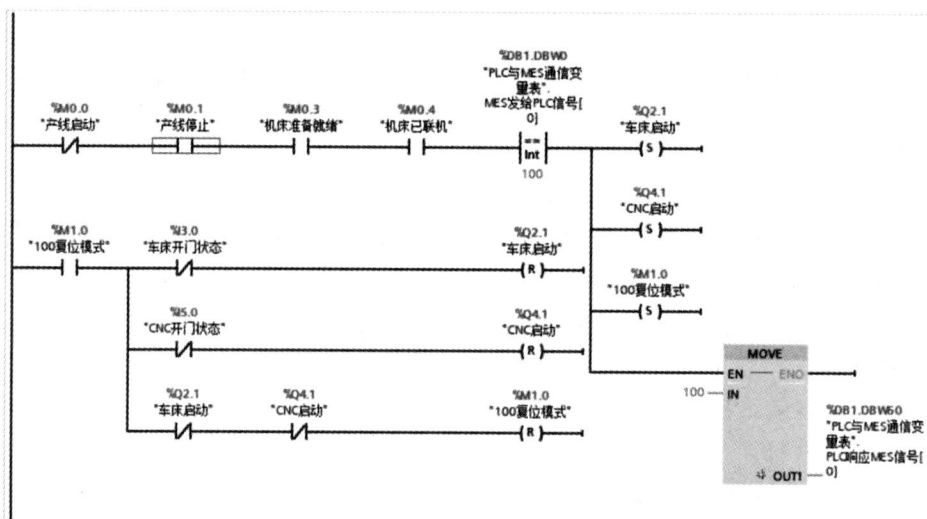

图 6-2-16　MES 产线复位程序

（7）102 订单派发。

该功能是 MES 的核心功能，即下发订单，确定到底生产哪个订单。

MES 软件在排程管理界面进行订单派发时，有以下几个条件：

① 产线处于启动状态；

② 指定仓位有料；

③ 机器人空闲；

④ 机器人在原点；

⑤ PLC 在线；

⑥ 指定仓位有加工程序；

⑦ 机床在线。

其中，前面 5 个条件与 PLC 编程有关。

因此，图 6-2-17 中的程序是将机器人通信表中的 home 信号、空闲状态以 MES 变量表中对应数据发给 MES 以及将 30 个仓位是否有料状态以 MES 变量表中对应数据发给 MES。解决的问题是告诉 MES 软件机器人是否处在 home 位以及指定仓位是否有料，即对应条件②、条件③、条件④。

而条件⑤PLC 在线，要解决的问题是通信指令编写是否正确，即是否通信上，如果不在线说明未通信上。

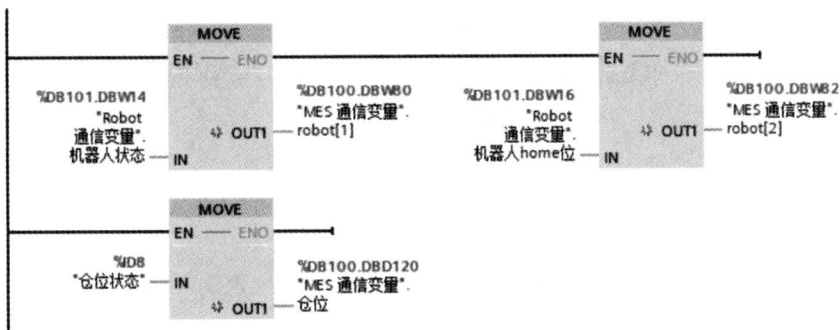

图 6-2-17　状态转发给 MES

如图 6-2-18 中的程序，此时若同时满足了上述 7 个条件，MES 就发出订单信息信号，PLC 将该信号以通信表里中对应数据转发给机器人，如此一来机器人就接收到 MES 发出的订单信息，执行相对应生产动作；第 2 行最后地址为 DB101.DBW50，功能是要机器人启动，机器人只有收到该信号才能启动。

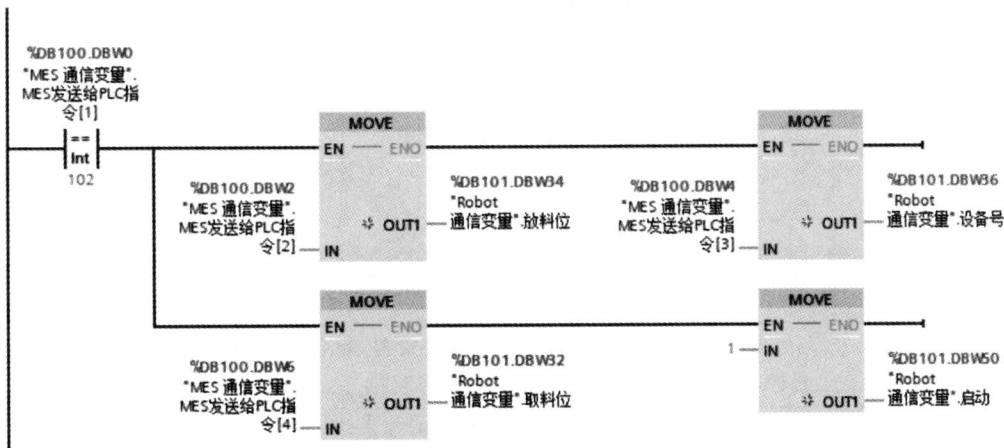

图 6-2-18　MES 订单派发程序

如图 6-2-19 所示程序,在确定机器人接收到订单信号后,会让机器人去执行生产动作,即不在原点,此时按通信规约 PLC 将信号响应发给 MES,表示机器人已接收到信号,同时复位机器人启动信号。

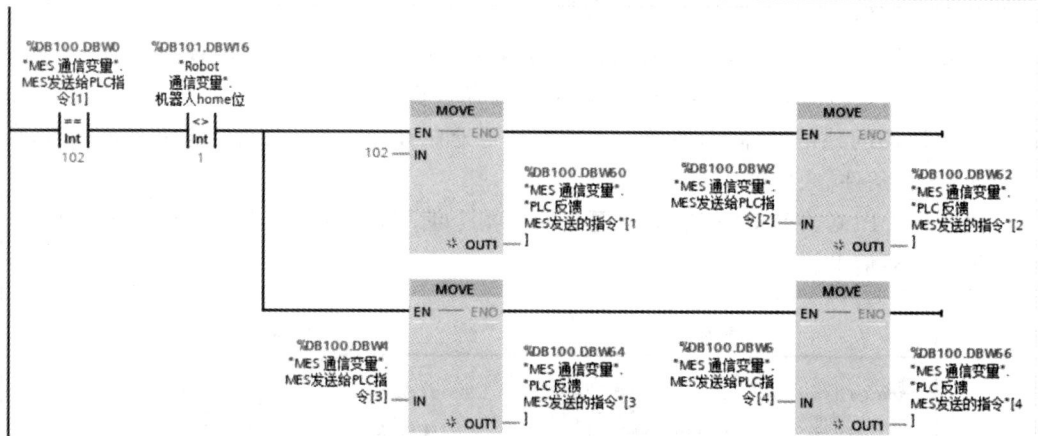

图 6-2-19 响应 MES 订单派发程序

(8) 主程序中调用。

编写完函数程序后,一定要拖曳该函数至主程序段中,否则不会执行所编程序,如图 6-2-20 所示。

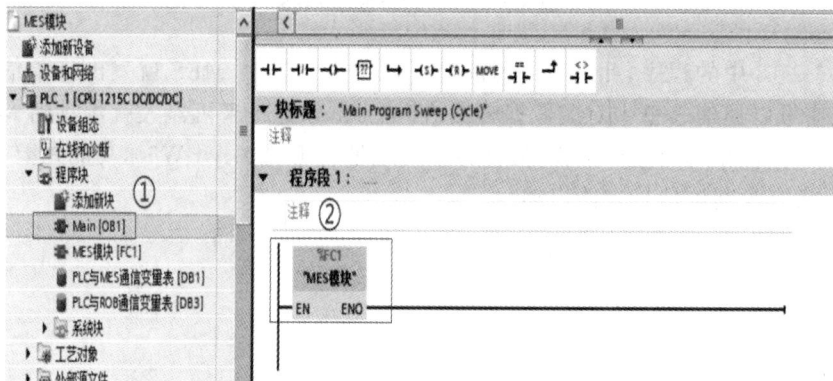

图 6-2-20 主程序调用

【任务评价】

评价内容	评分标准	分值	得分
目标认知程度	工作目标明确,能快速准确收集相关资料,能合理列写自评表	10	
情感态度	工作态度端正,注意力集中,工作积极、主动	10	

续表

评价内容	评分标准	分值	得分
团队协作	具有一定的组织、协调能力,积极与他人合作,顾全大局,共同完成工作任务	5	
知识运用能力	知识准备充分,运用熟练正确	10	
任务实施情况	按要求正确完成 MES 软件启动、停止、复位功能的程序编写	40	
	执行安全操作规范	5	
	在规定时间内完成	5	
成果展示情况	作品完善、操作方便、功能多样、符合预期要求	5	
	积极、主动、大方地展示	5	
	展示过程语言流畅、逻辑性强、表达准确到位	5	
总分		100	

任务三 智能制造单元数字化立体仓库信息初始化

【学习目标】

知识目标
◆ 掌握数字化仓库初始化中机器人程序的编写与调试;
◆ 掌握数字化仓库初始化中总控 PLC 程序的编写和调试;
◆ 掌握 MES 软件"料仓盘点"功能的使用。

能力目标
◆ 能完成工业机器人料仓盘点程序的编写;
◆ 能完成料仓盘点机器人点位的示教。

【任务描述】

(1)数字化立体仓库每个仓位对应一个 RFID 芯片,用来记录和保存该仓位工件的信息。在工件加工之前,对每一个 RFID 芯片进行初始化操作,需要用机器人末端所安装的 RFID 读写器进行信息的写入,其中数字化立体仓库每相邻仓位的行距和列距相同。编写机器人程序和 PLC 程序,并建立 PLC 与上位机总控 MES 软件间的通信、PLC 与下位机工业机器人间的通信。利用总控 MES 软件"料仓盘点"功能完成数字化立体仓库的初始化操作。

(2)图 6-3-1 所示为数字化立体仓库的示意图及相关说明。

(3)图 6-3-2 所示为 MES 软件料仓盘点界面,点击"料仓盘点"按钮,完成数字化仓库 RFID 信息初始化。

【任务分析】

机器人从 1 号仓位开始料仓盘点,依次对 30 个仓位的 RFID 进行写入操作,数字化立

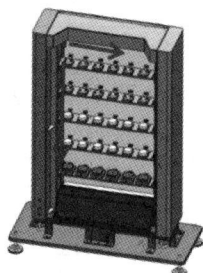

说明：该方向从机器人侧至料仓方向，左上角为1号料仓，从左至右为1～6号仓位，依次向下，右下角为30号仓位，进行料仓初始化操作

图 6-3-1　数字化立体仓库

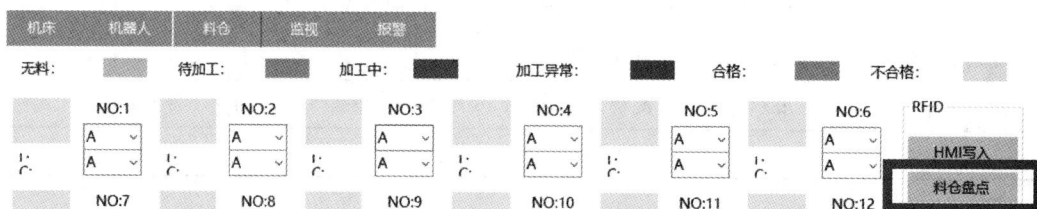

图 6-3-2　MES 软件料仓盘点界面

体仓库是 5 层 6 列的布局,通过行列偏移量和行列偏移次数来计算每一个仓位 RFID 的实际位置,然后利用工业机器人循环指令,按仓位顺序依次运动到位。

【任务准备】

(1) 硬件:一台工业机器人 HSR-JR612,工业机器人一公三母配套手爪,西门子 PLC S7-1200(CPU 1215C DC/DC/DC),一台能运行高版本 TIA Portal(博途)软件和总控 MES 软件的电脑。

(2) 机器人与总控 PLC 交互表、机器人点位信号表、PLC 变量表如表 6-3-1～表 6-3-3 所示。

表 6-3-1　机器人与总控 PLC 交互表

机器人发给总控 PLC		总控 PLC 发给机器人	
定义功能	值说明	定义功能	值说明
RFID 位置	R[14]	RFID 读写完成	R[18]
当前状态	R[24],0 表示状态清零;2 表示 RFID 写入; 9 表示 RFID 盘点完成	RFID 开始读写	R[23]

表 6-3-2　机器人点位信号表

机器人点位信号	数值	注释
JR[1]		机器人原点
JR[2]		料仓过渡点 1
JR[3]		料仓过渡点 2

续表

机器人点位信号	数值	注释
LR[1]	{0,50,0,0,0,0}	RFID 回返距离
LR[100]		RFID 1 号仓
LR[101]		RFID 6 号仓
LR[102]		RFID 13 号仓
LR[120]		RFID 25 号仓
LR[121]		RFID 30 号仓

表 6-3-3　PLC 变量表

通信地址	变量类型	定义
DB100.DBW0	INT	MES 发送给 PLC 的命令码(103 料仓盘点)
DB100.DBW60	INT	PLC 发送给 MES 的响应码(103 料仓盘点)
RbtData.RFID	INT	到达 RFID 位置
RbtData.RFID_Done	INT	RFID 读写完成
RbtData.RFID_ReadOrWrite	INT	机器人去 RFID 1~30 号仓位
RbtData.Robot_Status	INT	1 表示读取 RFID 芯片,2 表示写入 RFID 芯片, 9 表示料仓盘点完成

【任务实施】

1. 机器人数字化仓库初始化程序编写

数字化立体仓库(简称料仓)每个仓位有一个 RFID 芯片,用来记录和保存该仓位工件的信息,在工件加工之前,要对每一个 RFID 芯片信息进行初始化操作。为了保持程序的有序整洁、不杂乱、独立性,我们把机器人程序分成料仓初始化主程序、料仓初始化子程序"DXR"。料仓初始化主程序如表 6-3-4 所示。

表 6-3-4　料仓初始化主程序

序号	机器人程序	注释
1	IF R[23]＝1 THEN	如果 RFID 开始读写
2	R[90]＝1	机器人运行状态
3	WAIT TIME＝10	延时 10 ms
4	CALL "DXR.PRG"	调用子程序"DXR"
5	WAIT TIME＝10	延时 10 ms
6	END IF	结束判断

主程序编写完成后,开始编写被调用的子程序"DXR",如表 6-3-5 所示。

表 6-3-5　料仓初始化子程序"DXR"

序号	机器人程序	注释
1	DXR.PRG	读写 RFID 子程序
2	R[41]=1	R[41]RFID 仓位号
3	J JR[2]	运动至料仓过渡点 1
4	J JR[3]	运动至料仓过渡点 2
5	WHILE R[41]<31	循环 30 次
6	LR[211]=LR[101]−LR[100]	计算圆料当前 RFID 的列偏移量
7	LR[211]=LR[211]/5	计算圆料每列偏移量
8	LR[212]=LR[102]−LR[100]	计算圆料当前 RFID 的行偏移量
9	LR[212]=LR[212]/2	计算圆料每行偏移量
10	LR[221]=LR[121]−LR[120]	计算方料当前 RFID 的行偏移量
11	LR[221]=LR[221]/5	计算方料每列偏移量
12	R[62]=R[41]	料仓号转存到 R[62]
13	R[39]=R[62]−1	计算料仓行列号
14	R[39]=R[39] MOD 6	偏移列号计算
15	R[40]=R[62]−1	计算料仓行列号
16	R[40]=R[40] DIV 6	偏移行号计算
17	IF R[41]>0 AND R[41]<25 THEN	判断是否为圆料
18	LR[60]=LR[100]+R[39] * LR[211]+R[40] * LR[212]	计算 RFID 精确点
19	END IF	结束判断
20	IF R[41]>24 AND R[41]<31 THEN	判断是否为方料
21	LR[60]=LR[120]+R[39] * LR[211]	计算 RFID 精确点
22	END IF	结束判断
23	L LR[60]+LR[1] VEL=200	运动到 RFID 偏移点
24	L LR[60] VEL=50	运动到 RFID 精确点
25	R[14]=R[41]	把 RFID 号传递给 PLC
26	R[24]=2	RFID 写入
27	WAIT R[18]=1	等待 RFID 读写完成
28	WAIT TIME=500	延时 500 ms
29	R[14]=0	RFID 号清零
30	R[24]=0	功能码清零

续表

序号	机器人程序	注释
31	L LR[60]+LR[1] VEL=200	运动到 RFID 偏移点
32	R[41]=R[41]+1	RFID 号加 1
33	END WHILE	结束循环
34	J JR[3]	运动至料仓过渡点 2
35	J JR[2]	运动至料仓过渡点 1
36	R[24]=9	料仓盘点完成信号发给 PLC
37	WAIT TIME=1000	延时 1 s
38	R[41]=0	RFID 号清零
39	J JR[1]	运动到原点
40	R[24]=0	功能码清零

以上就完成了机器人部分的程序。初始化完成后,我们可以进行 PLC 程序编写,并通过总控 MES 软件上的按钮,一键实现料仓初始化功能。

2. PLC 程序编写

(1) 在 MES 仓库界面中按下"料仓盘点"按钮,如图 6-3-3 所示,MES 发送 103 命令给 PLC(按下"料仓盘点"按钮前需处于产线启动状态)。

图 6-3-3 料仓盘点界面

（2）编写 PLC 接收到料仓盘点命令后给机器人发送启动料仓盘点指令的程序,如图 6-3-4 所示。

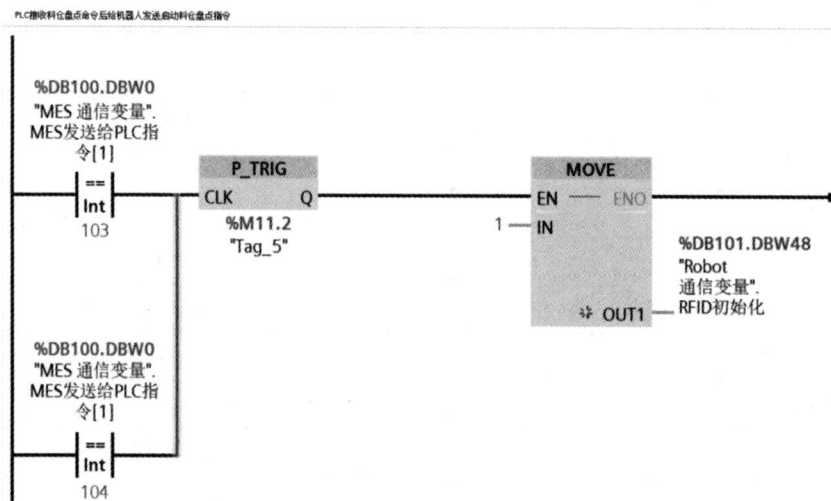

图 6-3-4   启动料仓盘点程序

（3）编写 PLC 接收料仓盘点完成后反馈 MES 命令,并清零机器人盘点指令的程序,如图 6-3-5 所示。

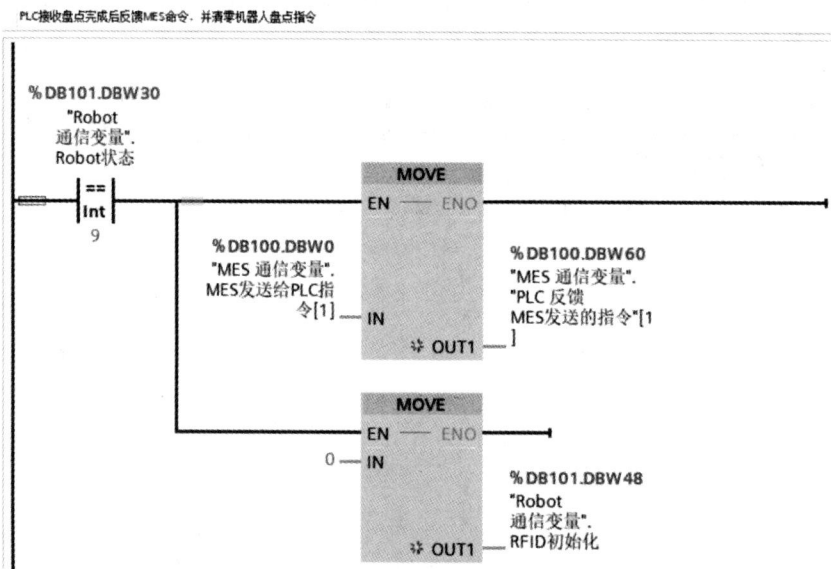

图 6-3-5   料仓盘点响应程序

（4）编写机器人到达仓位位置后,发送初始化(写入)指令调用 RFID 的通信程序,如图 6-3-6 所示。

（5）编写 RFID 通信端口组态程序,如图 6-3-7 所示。

写入芯片程序，写入完成后给机器人发送写入完成指令

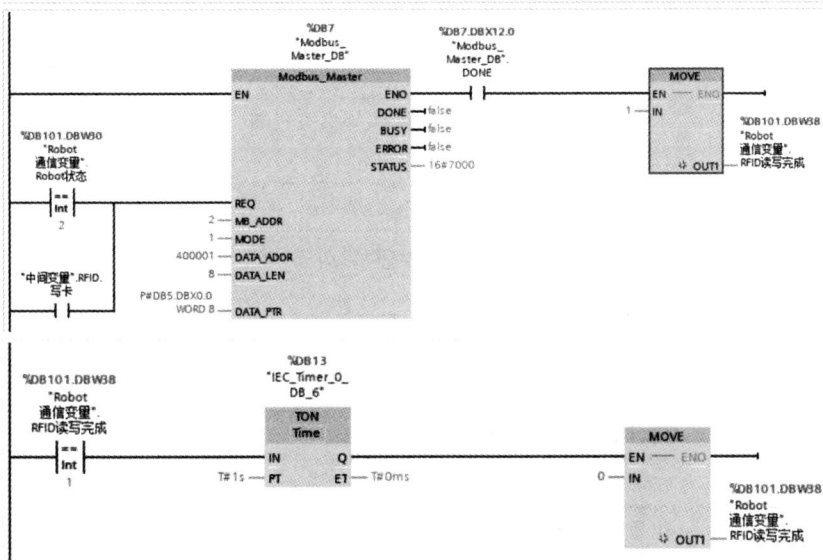

图 6-3-6　RFID 写入通信程序

组态通信模块程序

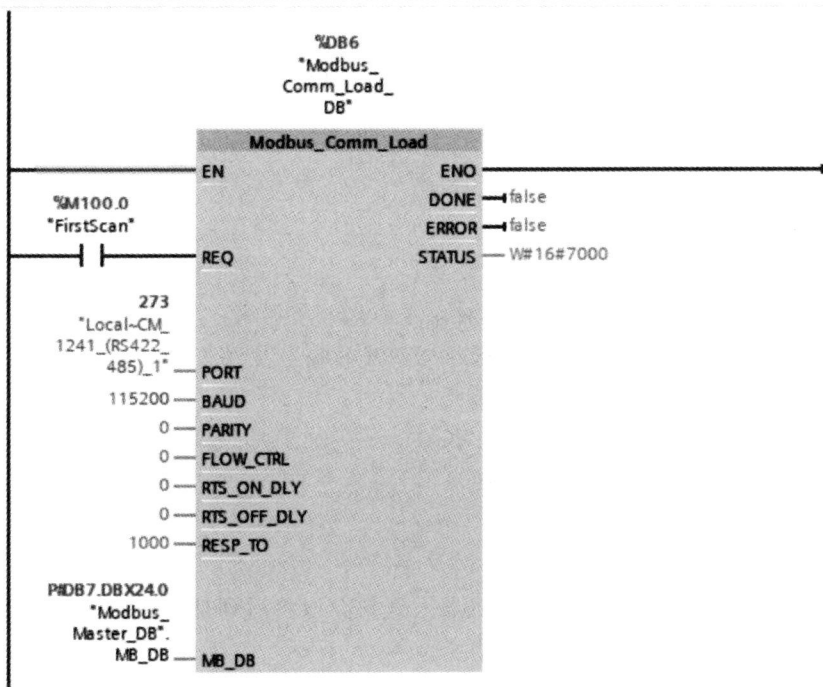

图 6-3-7　RFID 端口组态程序

【任务评价】

评价内容	评分标准	分值	得分
目标认知程度	工作目标明确,能快速准确收集相关资料,能合理列写自评表	10	
情感态度	工作态度端正,注意力集中,工作积极、主动	10	
团队协作	具有一定的组织、协调能力,积极与他人合作,顾全大局,共同完成工作任务	5	
知识运用能力	知识准备充分,运用熟练正确	10	
任务实施情况	按要求正确完成料仓初始化功能程序的编写	40	
	执行安全操作规范	5	
	在规定时间内完成	5	
成果展示情况	作品完善、操作方便、功能多样、符合预期要求	5	
	积极、主动、大方地展示	5	
	展示过程语言流畅、逻辑性强、表达准确到位	5	
总分		100	

任务四　智能制造单元上料功能编程与运行调试

【学习目标】

知识目标

◆ 掌握智能制造单元上料控制基本方法;

◆ 掌握智能制造单元工业机器人上料程序的编写与调试;

◆ 掌握智能制造单元 PLC 上料逻辑控制程序的编写与调试。

能力目标

◆ 能完成工业机器人上料程序的编写;

◆ 能完成 PLC 上料逻辑控制程序的编写。

【任务描述】

（1）利用总控 MES 软件实现工业机器人到料仓取料后到加工中心上料任务,料仓取料之前需要进行 RFID 读取任务。

（2）如图 6-4-1 所示,在总控 MES 软件的"生成订单"界面,生成加工中心订单。

（3）在"订单下发"界面,选择"上料"并点击"确定",如图 6-4-2 所示。机器人可从 16 号仓位将毛坯件取出,并放入加工中心平口钳处,平口钳可正确夹紧。

（4）上料完成后,机器人返回安全位置。

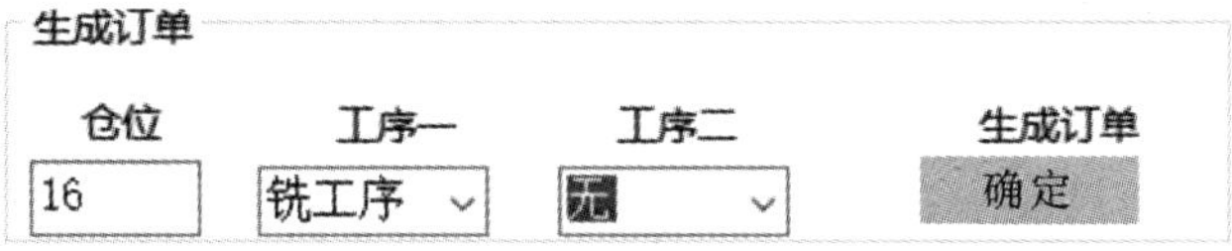

图 6-4-1　MES 软件"生成订单"界面

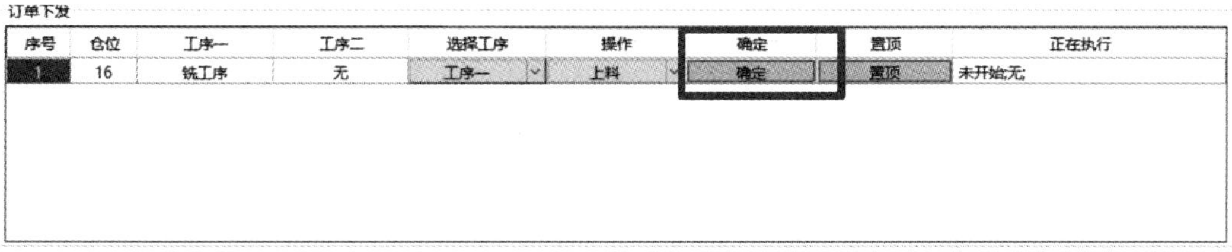

图 6-4-2　MES 软件"订单下发"界面

【任务分析】

智能制造单元上料流程：MES 下发订单→取料位、放料位、设备号数据发送给 PLC→PLC 把数据发送给机器人→机器人取夹爪→机器人去料仓取料→将料仓取料完成信号发送给 MES→机器人放料到机床→机床启动加工→机器人放夹爪。

【任务准备】

本任务所需设备与资料见表 6-4-1。

表 6-4-1　所需设备与资料

序号	设备与资料
1	智能制造单元平台（包含对应的软硬件）
2	MES 与 PLC 数据交互表
3	PLC 与工业机器人交互表
4	PLC 与 RFID 数据交互表
5	智能制造单元 I/O 分配表

【任务实施】

1. 编写总控 PLC 上料逻辑控制程序

（1）编写数控机床联机程序，如图 6-4-3 所示。

（2）PLC 接收到 MES 命令后发送给机器人，相应程序如图 6-4-4 所示。

（3）机器人运动后 PLC 反馈 MES 发送指令，相应程序如图 6-4-5 所示。

（4）PLC 发送加工中心安全门状态给机器人（只有当安全门开才可以进入机床），相应程序如图 6-4-6 所示。

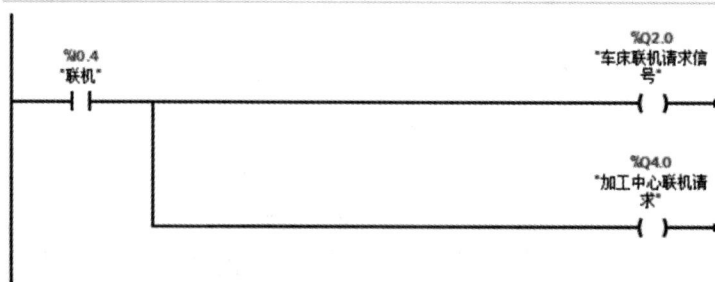

图 6-4-3　联机程序

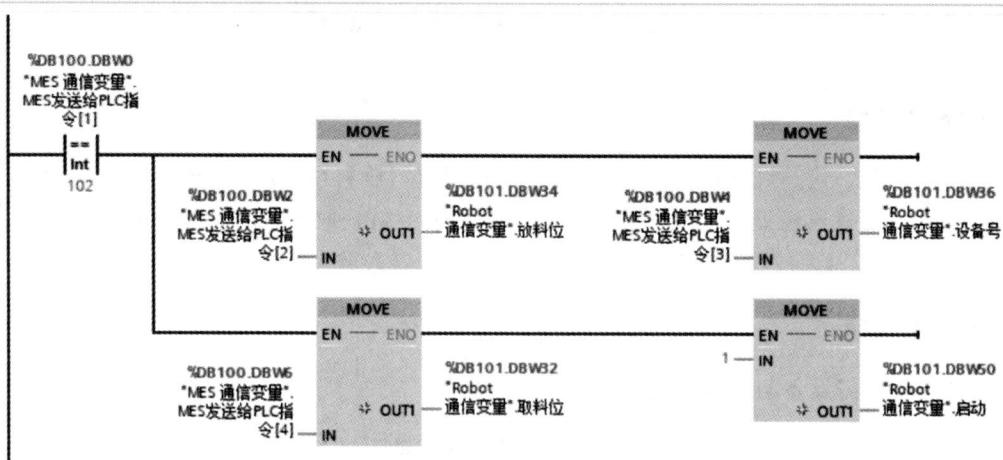

图 6-4-4　MES 订单派发程序

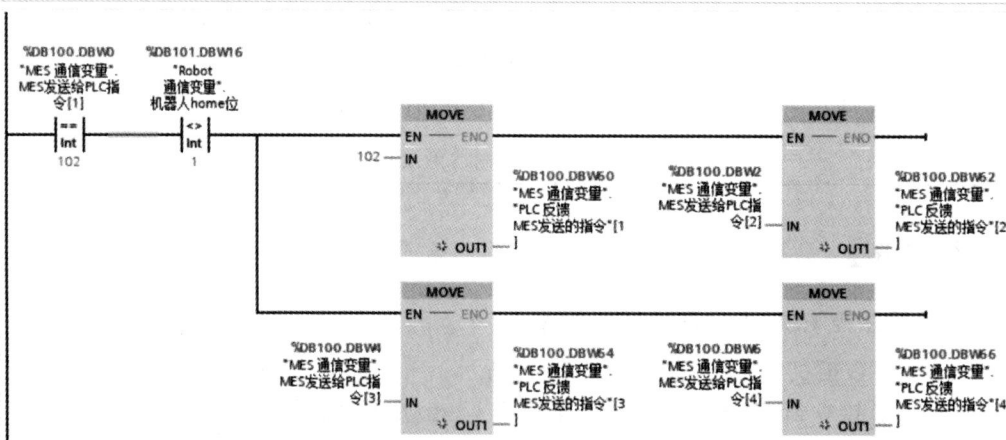

图 6-4-5　PLC 响应 MES 订单派发程序

（5）PLC 发送加工中心夹具状态给机器人（夹具张开才能上料），相应程序如图 6-4-7 所示。

加工中心门状态给机器人

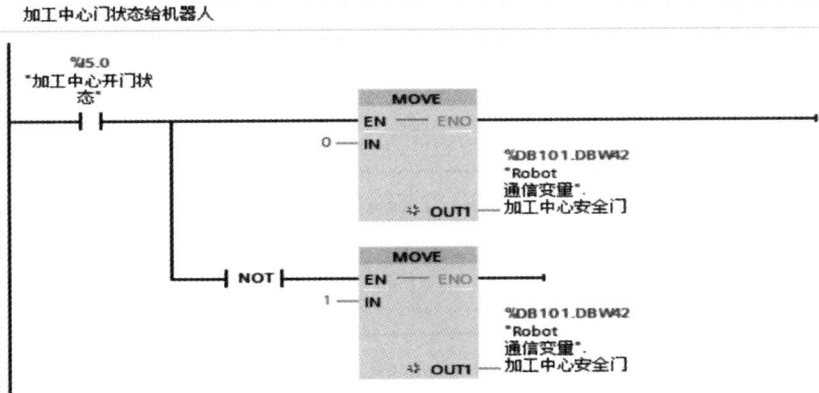

图 6-4-6　加工中心安全门状态转发程序

加工中心卡盘状态给机器人（由于两个卡盘一起控制，只用一个变量即可）

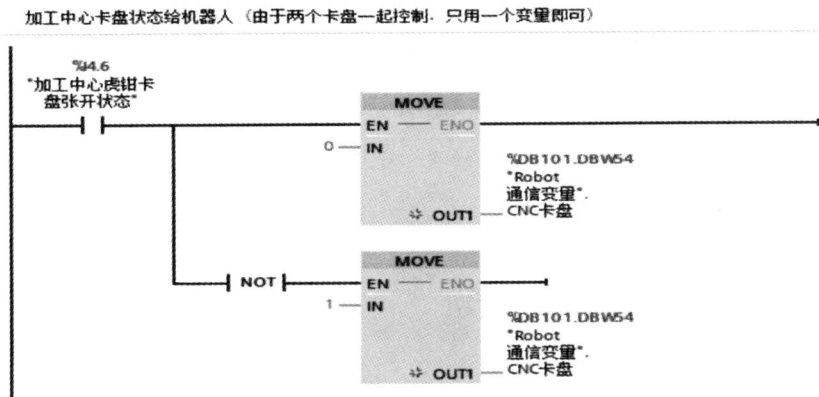

图 6-4-7　加工中心卡盘状态转发程序

（6）机器人到位后加工中心控制卡盘夹紧，相应程序如图 6-4-8 所示。

加工中心卡盘夹紧(同步控制两种夹具)

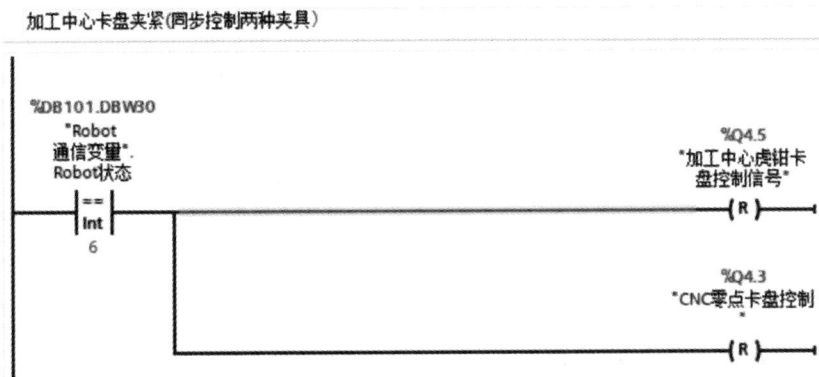

图 6-4-8　加工中心控制卡盘夹紧程序

（7）机器人上料后 PLC 发送上料完成信号给 MES（命令：202，M＝仓位，N＝0，K＝2，其中 M 表示取料位，N 表示放料位，K 表示设备号），相应程序如图 6-4-9 所示。

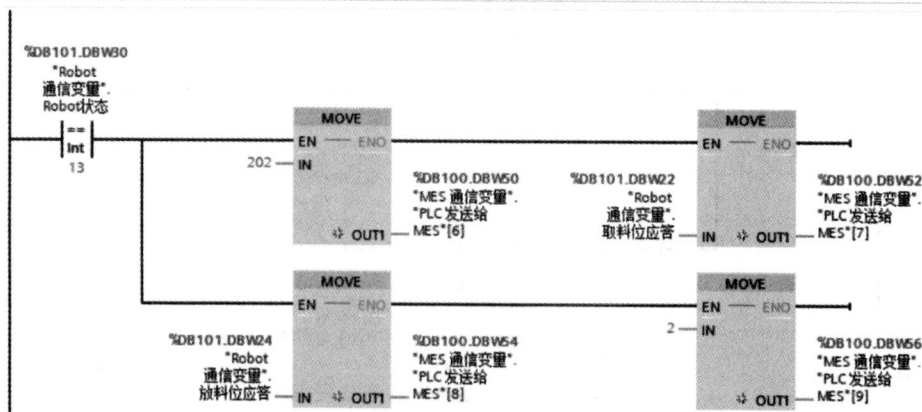

图 6-4-9　上料完成信号发送给 MES 程序

（8）PLC 收到 MES 反馈信号后将命令清零，相应程序如图 6-4-10 所示。

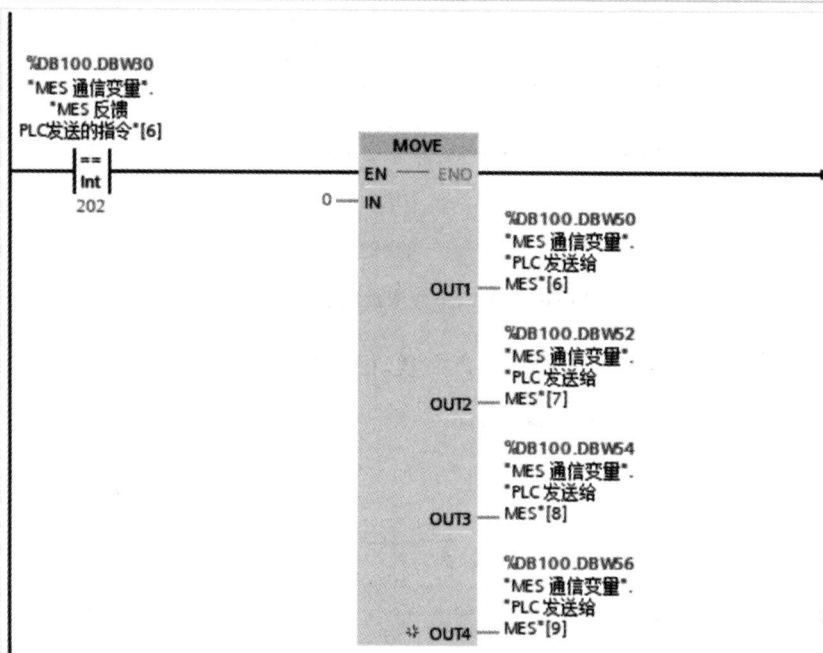

图 6-4-10　PLC 命令码清零

2. 编写工业机器人上料程序

工业机器人上料程序见表 6-4-2。

表 6-4-2　工业机器人上料程序

名称	程序	注释
主程序	R[11]＝0	取料位置响应清零
	R[12]＝0	放料位置响应清零
	R[13]＝0	设备号响应清零
	R[24]＝0	各设备状态命令清零
	R[90]＝0	机器人反馈状态给PLC,当前空闲
	WAIT R[25]＝1	等待PLC运行信号
	R[90]＝1	机器人反馈状态给PLC,当前忙碌
	R[11]＝R[15]	将PLC发送来的取料位置转存到机器人发送给PLC的变量中
	R[12]＝R[16]	将PLC发送来的放料位置转存到机器人发送给PLC的变量中
	R[13]＝R[17]	将PLC发送来的设备号转存到机器人发送给PLC的变量中
	WAIT TIME 10	延时10 ms
	CALL "E.PRG"	调用取快换夹爪程序
	IF R[11]＜＞0 AND R[13]＜＞0 AND R[12]＝0 ,CALL "A.PRG"	取料位置不为0且设备号不为0,调用料仓取料子程序
	CALL "E1.PRG"	调用放快换夹爪程序
料仓取料子程序	A.PRG	料仓取料子程序
	J P[0]	运动到料仓过渡点
	J P[4]	运动到料仓取料过渡点
	J P[5] VEL＝200	运动到取料点上前方偏移点
	L P[6] VEL＝100	运动到取料点上方偏移点
	L P[7] VEL＝50	运动到取料点
	WAIT TIME＝1000	等待1000 ms
	DO[3]＝OFF	夹爪夹紧
	DO[4]＝ON	
	R[24]＝16	料仓取料完成
	WAIT TIME＝1000	等待1000 ms
	R[24]＝0	功能码清零
	L P[6] VEL＝100	运动到取料点上方偏移点
	J P[5] VEL＝200	运动到取料点上前方偏移点
	J P[4]	运动到料仓取料过渡点
	J JR[1]	运动到原点
	IF R[13]＝2,CALL "C1.PRG"	调用加工中心放料子程序

名称	程序	注释
加工中心放料子程序	C1.PRG	加工中心放料子程序
	J P[10]	运动到加工中心过渡点
	WAIT R[20]＝0	等待加工中心门开到位
	R[24]＝6	请求加工中心卡盘夹紧
	WAIT TIME＝100	等待 100 ms
	WAIT R[27]＝1	等待加工中心卡盘夹紧到位
	R[24]＝5	请求加工中心卡盘松开
	WAIT TIME＝100	等待 100 ms
	WAIT R[27]＝0	等待加工中心卡盘松开
	R[24]＝0	功能码清零
	J P[11]	运动到加工中心过渡点 1
	J P[12]	运动到加工中心过渡点 2
	L P[13] VEL＝100	运动到放料点上方偏移点
	L P[14] VEL＝50	运动到放料点
	WAIT TIME＝1000	等待 1000 ms
	DO[3]＝ON	机器人夹爪松开
	DO[4]＝OFF	
	WAIT TIME＝1000	等待 1000 ms
	R[24]＝6	请求加工中心卡盘夹紧
	WAIT TIME＝1000	等待 1000 ms
	WAIT R[27]＝1	等待加工中心卡盘夹紧到位
	L P[13] VEL＝100	运动到放料点上方偏移点
	J P[12]	运动到加工中心过渡点 2
	J P[11]	运动到加工中心过渡点 1
	J P[10]	运动到加工中心过渡点
	R[24]＝13	加工中心放料完成
	WAIT TIME＝1000	等待 1000 ms
	R[24]＝7	机床启动
	WAIT TIME＝500	等待 500 ms
	WAIT R[20]＝1	等待加工中心门关
	R[24]＝0	功能码清零
	J JR[1]	运动到原点

续表

名称	程序	注释
放快换夹爪程序	E1.PRG	放快换夹爪程序
	J P[20]	运动到夹爪取放过渡点
	L P[25] VEL=200	运动到夹爪取放偏移点
	L P[24] VEL=100	运动到夹爪取放偏移点
	L P[23] VEL=50	运动到夹爪取放偏移点
	L P[22] VEL=50	运动到夹爪取放点
	WAIT TIME=1000	等待 1000 ms
	DO[1]=ON	机器人快换松开
	DO[2]=OFF	
	WAIT TIME=1000	等待 1000 ms
	J P[21] VEL=50	运动到夹爪取放上方偏移点
	J P[20]	运动到夹爪取放过渡点
	J JR[1]	运动到原点
取快换夹爪程序	E.PRG	取快换夹爪程序
	DO[1]=ON	机器人快换松开
	DO[2]=OFF	
	J P[20]	运动到夹爪取放过渡点
	J P[21] VEL=50	运动到夹爪取放上方偏移点
	L P[22] VEL=50	运动到夹爪取放点
	WAIT TIME=1000	等待 1000 ms
	DO[1]=OFF	机器人快换夹紧
	DO[2]=ON	
	WAIT TIME=1000	等待 1000 ms
	L P[23] VEL=50	运动到夹爪取放偏移点
	L P[24] VEL=100	运动到夹爪取放偏移点
	L P[25] VEL=200	运动到夹爪取放偏移点
	J P[20]	运动到夹爪取放过渡点
	J JR[1]	运动到原点

【任务评价】

评价内容	评分标准	分值	得分
目标认知程度	工作目标明确,能快速准确收集相关资料,能合理列写自评表	10	
情感态度	工作态度端正,注意力集中,工作积极、主动	10	
团队协作	具有一定的组织、协调能力,积极与他人合作,顾全大局,共同完成工作任务	5	
知识运用能力	知识准备充分,运用熟练正确	10	
任务实施情况	按要求正确完成智能制造单元上料功能编程与运行调试	40	
	执行安全操作规范	5	
	在规定时间内完成	5	
成果展示情况	作品完善、操作方便、功能多样、符合预期要求	5	
	积极、主动、大方地展示	5	
	展示过程语言流畅、逻辑性强、表达准确到位	5	
总分		100	

任务五　智能制造单元下料功能编程与运行调试

【学习目标】

知识目标

◆ 掌握智能制造单元下料控制基本方法;

◆ 掌握智能制造单元工业机器人下料程序的编写与调试;

◆ 掌握智能制造单元 PLC 下料逻辑控制程序的编写与调试。

能力目标

◆ 能完成工业机器人下料程序的编写;

◆ 能完成 PLC 下料逻辑控制程序的编写。

【任务描述】

(1) 利用总控 MES 软件实现工业机器人到加工中心取料后放到料仓的任务,工业机器人将工件放到料仓之后需要进行 RFID 写入任务。

(2) 当加工中心加工完成后,在"订单下发"界面,选中"下料"并点击"确定",机器人可从加工中心将已加工工件取出,并放回至料仓。

【任务分析】

智能制造单元下料流程:MES 下发订单→取料位、放料位、设备号数据发送给 PLC→

图 6-5-1　MES 软件订单创建

PLC 把数据发送给机器人→机器人取夹爪→机器人到机床取料→机器人放料到料仓→机器人放夹爪→放料完成信号发送给 MES。

【任务准备】

本任务所需设备与资料如表 6-5-1 所示。

表 6-5-1　所需设备与资料

序号	设备与资料
1	智能制造单元平台(包含对应的软硬件)
2	MES 与 PLC 数据交互表
3	PLC 与工业机器人交互表
4	PLC 与 RFID 数据交互表
5	智能制造单元 I/O 分配表

【任务实施】

1. 编写总控 PLC 下料逻辑控制程序

参考项目六任务四相应内容,仅 PLC 发送 MES 下料完成信号程序不同,如图 6-5-2 所示。

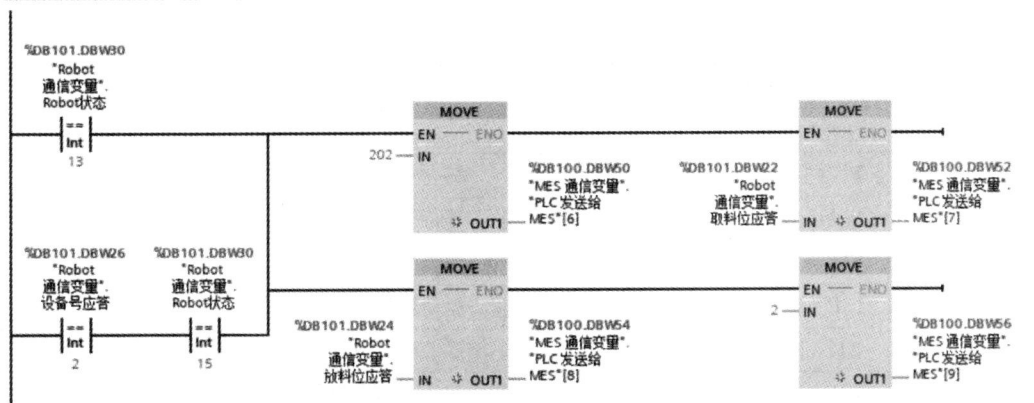

图 6-5-2　PLC 发送 MES 下料完成信号程序

2. 编写工业机器人下料程序

工业机器人下料程序见表 6-5-2。

表 6-5-2　工业机器人下料程序

名称	程序	注释
主程序	R[11]＝0	取料位置响应清零
	R[12]＝0	放料位置响应清零
	R[13]＝0	设备号响应清零
	R[24]＝0	各设备状态命令清零
	R[90]＝0	机器人反馈状态给 PLC，当前空闲
	WAIT R[25]＝1	等待 PLC 运行信号
	R[90]＝1	机器人反馈状态给 PLC，当前忙碌
	R[11]＝R[15]	将 PLC 发送来的取料位置转存到机器人发送给 PLC 的变量中
	R[12]＝R[16]	将 PLC 发送来的放料位置转存到机器人发送给 PLC 的变量中
	R[13]＝R[17]	将 PLC 发送来的设备号转存到机器人发送给 PLC 的变量中
	WAIT TIME 10	延时 10 ms
	CALL "E.PRG"	调用取快换夹爪程序
	IF R[11]＝0 AND R[13]＜＞0 AND R[12]＜＞0 ,CALL "C.PRG"	放料位置不为 0 且设备号不为 0，调用加工中心取料子程序
	CALL "E1.PRG"	调用放快换夹爪程序
料仓放料子程序	D.PRG	料仓放料子程序
	J P[4]	运动到料仓放料过渡点
	J P[5] VEL＝200	运动到放料点上前方偏移点
	L P[6] VEL＝100	运动到放料点上方偏移点
	L P[7] VEL＝50	运动到放料点
	WAIT TIME＝1000	等待 1000 ms
	DO[3]＝ON	夹爪松开
	DO[4]＝OFF	
	R[24]＝15	料仓放料完成
	WAIT TIME＝1000	等待 1000 ms
	R[24]＝0	功能码清零
	L P[6] VEL＝100	运动到放料点上方偏移点
	J P[5] VEL＝200	运动到放料点上前方偏移点
	J P[4]	运动到料仓放料过渡点
	J JR[1]	运动到原点

续表

名称	程序	注释
加工中心取料子程序	C.PRG	加工中心取料子程序
	J P[10]	运动到加工中心过渡点
	WAIT R[20]＝0	等待加工中心门开到位
	R[24]＝6	请求加工中心卡盘夹紧
	WAIT TIME＝100	等待 100 ms
	WAIT R[27]＝1	等待加工中心卡盘夹紧到位
	R[24]＝5	请求加工中心卡盘松开
	WAIT TIME＝100	等待 100 ms
	WAIT R[27]＝0	等待加工中心卡盘松开
	R[24]＝0	功能码清零
	J P[11]	运动到加工中心过渡点 1
	J P[12]	运动到加工中心过渡点 2
	L P[13] VEL＝100	运动到取料点上方偏移点
	L P[14] VEL＝50	运动到取料点
	WAIT TIME＝1000	等待 1000 ms
	DO[3]＝OFF	机器人夹爪夹紧
	DO[4]＝ON	
	WAIT TIME＝1000	等待 1000 ms
	R[24]＝6	请求加工中心卡盘夹紧
	WAIT TIME＝1000	等待 1000 ms
	WAIT R[27]＝1	等待加工中心卡盘夹紧到位
	L P[13] VEL＝100	运动到取料点上方偏移点
	J P[12]	运动到加工中心过渡点 2
	J P[11]	运动到加工中心过渡点 1
	J P[10]	运动到加工中心过渡点
	R[24]＝14	加工中心取料完成
	WAIT TIME＝1000	等待 1000 ms
	R[24]＝0	功能码清零
	J JR[1]	运动到原点
	CALL D.PRG	调用料仓放料子程序

续表

名称	程序	注释
放快换夹爪程序	E1.PRG	放快换夹爪子程序
	J P[20]	运动到夹爪取放过渡点
	L P[25] VEL=200	运动到夹爪取放偏移点
	L P[24] VEL=100	运动到夹爪取放偏移点
	L P[23] VEL=50	运动到夹爪取放偏移点
	L P[22] VEL=50	运动到夹爪取放点
	WAIT TIME=1000	等待 1000 ms
	DO[1]=ON	机器人快换松开
	DO[2]=OFF	
	WAIT TIME=1000	等待 1000 ms
	J P[21] VEL=50	运动到夹爪取放上方偏移点
	J P[20]	运动到夹爪取放过渡点
	J JR[1]	运动到原点
取快换夹爪程序	E.PRG	取快换夹爪子程序
	DO[1]=ON	机器人快换松开
	DO[2]=OFF	
	J P[20]	运动到夹爪取放过渡点
	J P[21] VEL=50	运动到夹爪取放上方偏移点
	L P[22] VEL=50	运动到夹爪取放点
	WAIT TIME=1000	等待 1000 ms
	DO[1]=OFF	机器人快换夹紧
	DO[2]=ON	
	WAIT TIME=1000	等待 1000 ms
	L P[23] VEL=50	运动到夹爪取放偏移点
	L P[24] VEL=100	运动到夹爪取放偏移点
	L P[25] VEL=200	运动到夹爪取放偏移点
	J P[20]	运动到夹爪取放过渡点
	J JR[1]	运动到原点

【任务评价】

评价内容	评分标准	分值	得分
目标认知程度	工作目标明确,能快速准确收集相关资料,能合理列写自评表	10	
情感态度	工作态度端正,注意力集中,工作积极、主动	10	
团队协作	具有一定的组织、协调能力,积极与他人合作,顾全大局,共同完成工作任务	5	
知识运用能力	知识准备充分,运用熟练正确	10	
任务实施情况	按要求正确完成智能制造单元下料功能编程运行调试	40	
任务实施情况	执行安全操作规范	5	
任务实施情况	在规定时间内完成	5	
成果展示情况	作品完善、操作方便、功能多样、符合预期要求	5	
成果展示情况	积极、主动、大方地展示	5	
成果展示情况	展示过程语言流畅、逻辑性强、表达准确到位	5	
总分		100	

附　录

附表 1　智能制造单元"网络 IP 地址规划表"

序号	名称	IP 地址
1	编程电脑	192.168.8.97
2	管控电脑	192.168.8.99
3	工艺电脑	192.168.8.98
4	数控车床	192.168.8.15
5	加工中心	192.168.8.16
6	PLC	192.168.8.10
7	HMI	192.168.8.11
8	机器人	192.168.8.103
9	录像机	192.168.8.30
10	摄像头 1	192.168.8.1
11	摄像头 2	192.168.8.2

注:仅供参考,由于各地组网情况不同,可能会有差异,通常可以将本地 MES 系统中网络设置所分配的地址作为正确设置。

附表 2　智能制造单元"PLC 硬件配置表"

插槽	名称	型号	输入(I)	输出(Q)	版本
	TP700 精智面板	6AV21240GC010AX0			V15.1
101	RS485 串口通信模块	SIE.6ES7 241-1CH32-0XB0			V2.1
1	1215C(DC/DC/DC)模块	SIE.6ES7 215-1AG40-0XB0	0-1	0-1	V4.0
2	SM1223 信号模块(16 入/16 出)	SIE.6ES7 223-1PL32-0XB0	2-3	2-3	V2.0
3	SM1223 信号模块(16 入/16 出)	SIE.6ES7 223-1PL32-0XB0	4-5	4-5	V2.0
4	SM1221 信号模块(16 入)	SIE.6ES7 221-1BH32-0XB0	8-9		V2.0
5	SM1221 信号模块(16 入)	SIE.6ES7 221-1BH32-0XB0	10-11		V2.0

注:智能制造单元一般标配 TP700 精智面板或 TP900 精智面板,HMI 版本需要结合现场具体情况而定,与现场保持一致。PLC 版本建议选择 V4.0,因为 V4.0 对应的 Modbus 通信指令库版本默认为 V3.1,本资料是根据该版本指令引脚填写方法进行编写的。

附表 3　智能制造单元"PLC I/O 信号交互表"

名称	数据类型	地址	备注
启动	Bool	%I0.0	
停止	Bool	%I0.1	
复位	Bool	%I0.2	
急停	Bool	%I0.3	
联机	Bool	%I0.4	
仓库安全门	Bool	%I1.0	
仓库解锁按钮	Bool	%I1.1	
仓库急停按钮	Bool	%I1.2	
车床已联机	Bool	%I2.0	
车床卡盘有工件	Bool	%I2.1	
车床在原点	Bool	%I2.2	
车床运行中	Bool	%I2.3	
车床加工完成	Bool	%I2.4	
车床报警	Bool	%I2.5	
车床卡盘张开状态	Bool	%I2.6	
车床卡盘夹紧状态	Bool	%I2.7	
车床门状态	Bool	%I3.0	1:开门;0:关门
车床允许上料	Bool	%I3.1	
车床预留 1	Bool	%I3.2	
车床预留 2	Bool	%I3.3	
车床预留 3	Bool	%I3.4	
加工中心已联机	Bool	%I4.0	
加工中心卡盘有工件	Bool	%I4.1	
加工中心在原点	Bool	%I4.2	
加工中心运行中	Bool	%I4.3	
加工中心加工完成	Bool	%I4.4	
加工中心报警	Bool	%I4.5	
加工中心虎钳卡盘张开状态	Bool	%I4.6	
加工中心虎钳卡盘夹紧状态	Bool	%I4.7	
加工中心门状态	Bool	%I5.0	1:开门;0:关门

名称	数据类型	地址	备注
加工中心允许上料	Bool	%I5.1	
加工中心零点卡盘夹紧到位	Bool	%I5.2	
加工中心零点卡盘松开到位	Bool	%I5.3	
加工中心预留 1	Bool	%I5.4	
仓格 1	Bool	%I8.0	
仓格 2	Bool	%I8.1	
仓格 3	Bool	%I8.2	
仓格 4	Bool	%I8.3	
仓格 5	Bool	%I8.4	
仓格 6	Bool	%I8.5	
仓格 7	Bool	%I8.6	
仓格 8	Bool	%I8.7	
仓格 9	Bool	%I9.0	
仓格 10	Bool	%I9.1	
仓格 11	Bool	%I9.2	
仓格 12	Bool	%I9.3	
仓格 13	Bool	%I9.4	
仓格 14	Bool	%I9.5	
仓格 15	Bool	%I9.6	
仓格 16	Bool	%I9.7	
仓格 17	Bool	%I10.0	
仓格 18	Bool	%I10.1	
仓格 19	Bool	%I10.2	
仓格 20	Bool	%I10.3	
仓格 21	Bool	%I10.4	
仓格 22	Bool	%I10.5	
仓格 23	Bool	%I10.6	
仓格 24	Bool	%I10.7	
仓格 25	Bool	%I11.0	
仓格 26	Bool	%I11.1	
仓格 27	Bool	%I11.2	

名称	数据类型	地址	备注
仓格28	Bool	%I11.3	
仓格29	Bool	%I11.4	
仓格30	Bool	%I11.5	
三色灯绿灯	Bool	%Q0.0	
三色灯黄灯	Bool	%Q0.1	
三色灯红灯	Bool	%Q0.2	
启动指示灯	Bool	%Q0.4	
停止指示灯	Bool	%Q0.5	
运行灯	Bool	%Q0.6	
解锁许可灯	Bool	%Q0.7	
车床联机请求信号	Bool	%Q2.0	
车床启动信号	Bool	%Q2.1	上完料机器人回安全位后给机床信号 1:启动加工
车床响应信号	Bool	%Q2.2	
机器人急停	Bool	%Q2.3	1:急停;0:正常
车床安全门控制	Bool	%Q2.4	
车床卡盘控制信号	Bool	%Q2.5	上升沿
车床进给保持	Bool	%Q2.6	1:暂停;0:正常
车床吹气	Bool	%Q2.7	1:吹气;0:关闭
加工中心联机请求	Bool	%Q4.0	
加工中心启动信号	Bool	%Q4.1	上完料机器人回安全位后给机床信号 1:启动加工
加工中心响应信号	Bool	%Q4.2	
CNC零点卡盘控制	Bool	%Q4.3	
加工中心安全门控制	Bool	%Q4.4	
加工中心虎钳卡盘控制信号	Bool	%Q4.5	
加工中心进给保持	Bool	%Q4.6	1:暂停;0:正常
加工中心吹气	Bool	%Q4.7	1:吹气;0:关闭

附表 4 智能制造单元"PLC 与机器人信号交互表"

PLC 读取机器人数据

序号	机器人地址	定义	值说明
1	IN_REG[0]	J1	(系统数据)J1 轴实时坐标值
2	IN_REG[1]	J2	(系统数据)J2 轴实时坐标值
3	IN_REG[2]	J3	(系统数据)J3 轴实时坐标值
4	IN_REG[3]	J4	(系统数据)J4 轴实时坐标值
5	IN_REG[4]	J5	(系统数据)J5 轴实时坐标值
6	IN_REG[5]	J6	(系统数据)J6 轴实时坐标值
7	IN_REG[6]	E1	(系统数据)E1 轴实时坐标值
8	IN_REG[7]	状态	(系统数据)机器人报警
9	IN_REG[8]	参考点	(系统数据)机器人 home 位
10	IN_REG[9]	模式	(系统数据)机器人运行模式
11	IN_REG[10]	R[90]	0:空闲;1:忙
12	IN_REG[11]	R[11]	取料位响应
13	IN_REG[12]	R[12]	放料位响应
14	IN_REG[13]	R[13]	设备号响应
15	IN_REG[14]	R[14]	RFID 位置
16	IN_REG[15]	R[24]	功能码 R[24] 1:ROB 请求读 RFID;2:ROB 请求写 RFID; 3:车床卡盘松开;4:车床卡盘加紧; 5:铣床夹具夹紧;6:铣床夹具松开; 7:机床启动;8:报警; 9:RFID 完成;11:车床放料完成; 12:车床取料完成;13:CNC 放料完成; 14:CNC 取料完成;15:料仓放料完成

PLC 写入机器人数据

序号	机器人地址	定义	值说明
1	HOLD_REG[0]	R[15]	取料位
2	HOLD_REG[1]	R[16]	放料位
3	HOLD_REG[2]	R[17]	设备号:1 车,2 铣
4	HOLD_REG[3]	R[18]	RFID 读写完成:1 完成
5	HOLD_REG[4]	R[19]	车床安全门:0 开,1 关
6	HOLD_REG[5]	R[20]	加工中心安全门:0 开,1 关

续表

序号	机器人地址	定义	值说明
7	HOLD_REG[6]	R[21]	手爪类型
8	HOLD_REG[7]	R[22]	预留
9	HOLD_REG[8]	R[23]	料仓盘点启动信号:1 启动
10	HOLD_REG[9]	R[25]	生产启动信号:1 启动
11	HOLD_REG[10]	R[26]	车床卡盘信号:0 松,1 夹
12	HOLD_REG[11]	R[27]	CNC 卡盘信号:0 松,1 夹
13	HOLD_REG[12]	R[28]	预留
14	HOLD_REG[13]	R[29]	预留
15	HOLD_REG[14]	R[31]	流程空跑不加工信号:1 执行
16	HOLD_REG[15]	运行功能	(自动模式)3 暂停运行程序;4 恢复运行程序

附表 5 智能制造单元"PLC 与 RFID 信号交互表"

序号	定义	值说明
1	读场次	0:A;1:B;2:C;3:D;4:E;5:F
2	读类型	0:中间轴;1:连接轴;2:上板;3:下板
3	读材质	1:铝合金;1:45 钢
4	读状态	0:空;1:毛坯;2:正在加工;3:车床加工完成; 4:铣床加工完成;5:不合格品;6:合格品
5	写场次	0:A;1:B;2:C;3:D;4:E;5:F
6	写类型	0:中间轴;1:连接轴;2:上板;3:下板
7	写材质	1:铝合金;1:45 钢
8	写状态	0:空;1:毛坯;2:正在加工;3:车床加工完成; 4:铣床加工完成;5:不合格品;6:合格品

附表 6 智能制造单元"PLC 与 MES 信号交互表"

输入点	信号	说明
DB001	MES_PLC_command	MES 发给 PLC 命令
DB002	Rack_Unload_number_command	MES 发命令给 PLC 的机床下料仓位 n
DB003	Order_type_command	机床编号
DB004	Rack_Load_number_command	MES 发命令给 PLC 的机床上料仓位 m
DB005	预留	预留
DB006	预留	预留

续表

输入点	信号	说明
DB007	预留	预留
DB008	预留	预留
DB009	预留	预留
DB010	预留	预留
DB011	MES_PLC_response	MES 响应车工序流程指令
DB012	Rcak_Load_number_response	MES 响应上料仓位 m
DB013	Rcak_Unlnumber_response	MES 响应下料仓位 n
DB014	Machine_type_response	MES 响应设备号
DB015	预留	预留
DB016	MES_PLC_response_2	MES 响应铣工序流程指令
DB017	Rcak_Load_number_response_2	MES 响应上料仓位 m
DB018	Rcak_Unload_number_response_2	MES 响应下料仓位 n
DB019	Machine_type_response_2	MES 响应设备号
DB020	预留	预留
DB021	PLC_MES_command	PLC 向 MES 发送车工序流程指令
DB022	Rcak_Load_number_command	PLC 向 MES 发送的上料位值 m
DB023	Rcak_Unload_number_command	PLC 向 MES 发送的下料位值 n
DB024	Machine_type_command	PLC 向 MES 发送的设备号
DB025	预留	预留
DB026	PLC_MES_command_2	PLC 向 MES 发送铣工序流程指令
DB027	Rcak_Load_number_command_2	PLC 向 MES 发送的上料位值 m
DB028	Rcak_Unload_number_command_2	PLC 向 MES 发送的下料位值 n
DB029	Machine_type_command_2	PLC 向 MES 发送的设备号
DB030	预留	预留
DB031	PLC_MES_response	PLC 响应 MES 命令
DB032	Rack_Unload_number_response	PLC 响应 MES 机床下料仓位 n
DB033	Order_type_response	PLC 响应 MES 加工类型
DB034	Rack_Load_number_response	PLC 响应 MES 机床上料仓位 m
DB035	预留	预留
DB036	预留	预留
DB037	预留	预留
DB038	预留	预留

输入点	信号	说明
DB039	预留	预留
DB040	预留	预留

注:MES 与 PLC 通信变量表共有 244 个整型变量,甚至更多。受限于篇幅,且本书中用不到那么多信号,因此仅将前 40 个 PLC 与 MES 交互信号列出。